高等职业教育水利类新形态一体化教材

水利工程测量

主　编　李成明

副主编　关春先　孙玲玉　高宏伟　邹飞　薛凌荣

主　审　双学珍　李德利

中国水利水电出版社
www.waterpub.com.cn
·北京·

内 容 提 要

本教材是高等职业教育水利类新形态一体化教材。主要介绍了测量的基本概念、基本理论以及测量误差基本知识，高差、角度、距离测量基本工作；研究了仪器的构造、使用和检校方法；详细介绍了现代测绘技术的新方法、新仪器；介绍了区域控制测量、地形图测绘的基本知识和方法以及地形图应用的基本内容；介绍了测设基本方法，同时，引进了土石坝、水闸、混凝土坝、隧洞等水工建筑物的施工测量技术，以及水工建筑物变形观测。

本教材可供水利水电工程、农业水利工程、水利工程施工、水利工程监理、水利工程造价等专业教学使用，也可供有关技术人员参考。

图书在版编目（CIP）数据

水利工程测量 / 李成明主编. -- 北京 : 中国水利水电出版社, 2021.8(2025.1重印).
高等职业教育水利类新形态一体化教材
ISBN 978-7-5170-9560-6

Ⅰ. ①水… Ⅱ. ①李… Ⅲ. ①水利工程测量－高等职业教育－教材 Ⅳ. ①TV221

中国版本图书馆CIP数据核字(2021)第080791号

书　名	高等职业教育水利类新形态一体化教材 **水利工程测量** SHUILI GONGCHENG CELIANG
作　者	主　编　李成明 副主编　关春先　孙玲玉　高宏伟　邹　飞　薛凌荣 主　审　双学珍　李德利
出版发行	中国水利水电出版社 （北京市海淀区玉渊潭南路1号D座　100038） 网址：www.waterpub.com.cn E-mail：sales@mwr.gov.cn 电话：(010) 68545888（营销中心）
经　售	北京科水图书销售有限公司 电话：(010) 68545874、63202643 全国各地新华书店和相关出版物销售网点
排　版	中国水利水电出版社微机排版中心
印　刷	清淞永业（天津）印刷有限公司
规　格	184mm×260mm　16开本　16.5印张　402千字
版　次	2021年8月第1版　2025年1月第2次印刷
印　数	2001—4000册
定　价	**59.50**元

前言

本教材是高等职业教育水利类新形态一体化教材。测量工作在工程建设中占有非常重要的地位，从勘察设计、施工、竣工及运行管理各个阶段都要用到测量技术，是施工一线工程技术人员必备的岗位能力。本教材根据水利工程发展状况及高等职业技术教学的特色编写。

全书共13个项目，介绍了测量的基础知识，介绍了常规的测量仪器如水准仪、经纬仪，也介绍了现代的测量仪器如全站仪、GPS接收机；既介绍了常规的测量方法如经纬仪导线、经纬仪测绘法，也介绍了现代的测量方法如全站仪导线测量。本教材以岗位要求为依据，以能力培养为本位，由简单到复杂。同时针对不同的水工建筑物介绍了基本放样方法。为方便教学及工程技术人员使用。

本教材由辽宁生态工程职业学院李成明任主编，辽宁生态工程职业学院关春先、孙玲玉、高宏伟、邹飞、薛凌荣任副主编，由四川水利职业技术学院双学珍教授、本溪市水利工程质量与安全监督站李德利副站长担任主审。项目2、项目3、项目4、项目5由辽宁生态工程职业学院关春先编写，项目10、项目11由辽宁生态工程职业学院邹飞编写，项目7、项目8由辽宁生态工程职业学院高宏伟编写，项目6、项目12由辽宁生态工程职业学院孙玲玉编写，项目1、项目9、项目13由辽宁生态工程职业学院李成明、酒泉职业技术学院薛凌荣编写。全书由李成明统稿。

由于编者水平有限，难免存在错误和疏漏，谨请广大读者批评指正。

编者

2020年12月

“行水云课”数字教材使用说明

“行水云课”水利职业教育服务平台是中国水利水电出版社立足水电、整合行业优质资源全力打造的“内容”+“平台”的一体化数字教学产品。平台包含高等教育、职业教育、职工教育、专题培训、行水讲堂五大版块，旨在提供一套与传统教学紧密衔接、可扩展、智能化的学习教育解决方案。

本套教材是整合传统纸质教材内容和富媒体数字资源的新型教材，将大量图片、音频、视频、3D动画等教学素材与纸质教材内容相结合，用以辅助教学。读者登录“行水云课”平台，进入教材页面后输入激活码激活，即可获得该数字教材的使用权限。可通过扫描纸质教材二维码查看与纸质内容相对应的知识点多媒体资源，完整数字教材及其配套数字资源可通过移动终端APP、“行水云课”微信公众号或中国水利水电出版社“行水云课”平台查看。

内页二维码具体标识如下：

▶为知识点视频

多媒体知识点索引

目录

项目1 测量基础知识

【知识目标】

了解测绘学的基本概念及水利工程测量的任务与作用，用水平面代替水准面对距离测量、高程测量和角度测量的影响，测量误差的基本内容；掌握测量的基准面和基准线的含义，常用坐标系统的概念及应用，测量的基本工作和测量工作的基本原则，相对误差的计算；熟悉测量误差的来源和分类。

【技能目标】

能够根据已知高程求解高差，并根据高差判断地面的高低情况；能够根据测区范围的大小判断是否能用水平面代替水准面；能够在后续技能训练中始终遵循测量工作的基本原则；能够进行相对误差的计算。

任务1.1 测绘学概述

测绘学是研究地球的形状和大小，确定地球表面点的位置，以及如何将地球表面的地形、地貌及其他地理信息测绘成图的科学。测绘学的研究对象是地球。我们知道，物体的几何形状和大小都是由组成该物体的一些特定点的位置所决定的，因此，测绘学的实质是确定地球表面点的位置。

1.1.1 测绘学的产生和发展

测绘学是随着人们生产和生活的需要而发展起来的。人类在地球上的存在总要有个生存、发展的场所，土地及地面上的房屋就是最基本的场所。这些场所的建造和使用都离不开点的位置的确定，离不开边界点、边界线的确定，离不开这些场所的面积及工程位置的测定。测绘学正是适应人类生存、发展的需要和工程建设的定位技术需求而发展起来的。漫长人类文明史中的生产活动与测绘科学技术息息相关。最初，人们利用绳子丈量土地，用指南针定向，随着望远镜的发明、最小二乘理论的提出、摄影技术的应用，以及近代航空航天、激光、电子等技术的飞速发展及其在测绘工作中的广泛应用，测绘学正朝着自动化、数字化和高精度化的方向发展。

1.1.2 测绘学的分支学科

1. 大地测量学

大地测量学是研究和确定地球形状、大小、整体与局部运动和地表面点的几何位置，以及其形变理论和技术的学科。近年来，随着人造地球卫星技术的发展，大地测量学又分为常规大地测量学和卫星大地测量学。

2. 地形测量学

地形测量学是研究小区域内测绘地形图的基本理论、技术和方法的学科。它基本上可以不考虑地球曲率的影响，而把小区域内的地球表面当作水平面对待。

3. 摄影测量与遥感学

摄影测量与遥感学是研究利用摄影相片来测定物体的形状、大小和空间位置的学科。由于获得相片的方法不同，摄影测量与遥感学又分为地面摄影测量学、航空摄影测量学、水下摄影测量学和航天摄影测量学。

4. 工程测量学

工程测量学是研究工程建设与自然资源开发中，在规划、勘测设计、施工与管理各个阶段进行测量工作的理论、方法与技术的学科。工程测量学是测绘科学技术在国民经济和国防建设中的直接应用。

5. 海洋测量学

海洋测量学是研究以海洋水体和海底为研究对象的测绘理论与技术的学科。

6. 地图学

地图学是研究模拟地图和数字地图的基础理论、设计、测绘、复制的技术方法及其应用的学科。

1.1.3 测绘学的任务与作用

1. 测绘学的任务

（1）地形图的测绘。地形图的测绘是指用测量仪器经过测量和计算得到一系列测量数据，或将地球表面的地形按一定的比例缩小绘成地形图，供经济建设、国防建设和科学研究使用。地形图的测绘也称为测定。

（2）施工测量。施工测量是指将图纸上规划设计好的建筑物、构筑物的位置在实地标定出来，作为工程施工的依据。施工测量也称为测设。

除此之外，对高层建筑或其他重要建筑物、构筑物进行变形观测已经成为测绘学的又一个重要任务。

2. 测绘学的作用

（1）在国防建设方面。必须应用地形图进行战略部署和战役的指挥工作。

（2）在经济建设方面。工程的勘测和设计需要测绘和使用地形图，工程施工需要测量工作做指导，工程竣工需要测绘竣工图，工程竣工后的使用阶段对一些大型或重要建（构）筑物还要进行变形观测。

（3）在科学研究方面。空间科学技术、地壳变形、海岸变迁、地震预报等方面的研究都要使用地形图。

1.1.4 测绘学在水利工程中的应用

1. 地形图的测绘

（1）库区地形图。在库区地形图的基础上可绘制出水位库容曲线和水位面积曲线，以便于查出不同水位的水面面积和水库蓄水量，并确定水库淹没范围。

（2）流域面积图。在地形图的基础上可勾画出河流的分水线，形成流域面积图。该图主要用于计算坝址以上的集水面积，以便于计算出水库的来水量和来沙量。

（3）坝址区地形图。坝址区地形图是在库区地形图的基础上绘制而成的。该图主要用于布置水库、布置施工场地、进行地勘工作以及填绘地质图。

(4) 堆料场地形图。堆料场地形图是在地形图的基础上配合地质资料绘制而成的。该图主要用于摸清库区料场的分布范围及其储量。

(5) 河流（渠道）带状地形图。河流（渠道）带状地形图是指狭长地带的地形图，带状宽度为100～300m，常用于河流、渠道等线形工程的初步设计和纸上定线。

2. 剖面图的测绘

剖面图可直观地反映地表的形状和走势。无论是计算土方量还是进行土坝脚的定线和清基边线的定线，都需要剖面图。剖面图分为纵剖面图和横剖面图。剖面图可通过实地测绘和在地形图上绘制两种途径获得，其中，经实地测绘得到的剖面图的精度较高。

3. 水利施工及建筑物放样

地形测量是把实地的形状、地物的位置和大小表示到图纸上。放样工作却恰恰相反，它是将图上设计好的点、线、面的位置反映到实地上。

(1) 土坝的施工放样。土坝的施工放样包括坝轴线放样、清基边线放样、坝脚定线、边坡放样、放水涵洞（坝下埋管）放样和溢洪道放样等。

(2) 隧道定线。由于隧道一般由两端同时掘进，因此必须进行隧道中心线及定坡线的定向，以指导掘进，保证其准确贯通。

(3) 中心线及轴线放样。在进行坝和渠道施工时需要测设轴线或进行中心线定位。

(4) 建筑物放样。建筑物放样是指将图上设计好的建筑物准确地在实地找出相应的位置。

无论采用哪一种放样，都要将图上有关的点、线、面的位置相应地标注在实地，并打上标志桩，以指导施工。

4. 变形观测

在水利工程的运行管理初期，应对某些大型的、重要的建筑物进行定期的变形观测。这里的变形主要是指水平方向和竖直方向的位移。若变形超过一定的限度，则工程质量将得不到保证，甚至会出现事故。因此，在水利工程建设中，变形观测占有重要地位。

任务 1.2　地面点位的确定

1.2.1　地球的形状和大小

可以把地球想象成一个处于静止状态的海水面延伸穿过陆地所包围的形体，这个处于静止状态的海水面就是水准面，这个形体基本上代表了地球。但由于水位时高时低，因此水准面有无数个。在高度不同的水准面中选择一个高度适中的水准面作为平均海水面，这个没有风浪、没有潮汐的平均海水面就称为大地水准面。不同的国家或地区，通过验潮站观测潮汐变化来确定平均海水面，以作为该国家或地区的大地水准面。由大地水准面所包围的形体称为大地体，大地体就代表了地球的形状和大小。

1.2.2 测量的基准面和基准线

水准面的特点是其处处与铅垂线方向正交。测量工作是通过安置测量仪器观测数据，并沿着铅垂线方向将这些数据投影到大地水准面上的，因此，大地水准面是测量工作的基准面，铅垂线是测量工作的基准线，如图1.1所示。

由于地球内部质量分布不均匀，引起在铅垂线方向上的不规则变动，使得大地水准面成为一个不规则、复杂的曲面，不便于计算与制图。为此，人们就用一个既可以用数学公式表示又很接近大地水准面的椭球面来代替大地水准面，这个椭球面称为参考椭球面。参考椭球面所包围的形体叫做参考椭球体。参考椭球体是由椭圆 $ABCD$ 绕其短轴 DB 旋转而成的，其形状和大小由椭圆长半轴 a 和短半轴 b 或扁率 α 决定，如图1.2所示。扁率的计算式为

$$\alpha = \frac{a-b}{a}$$

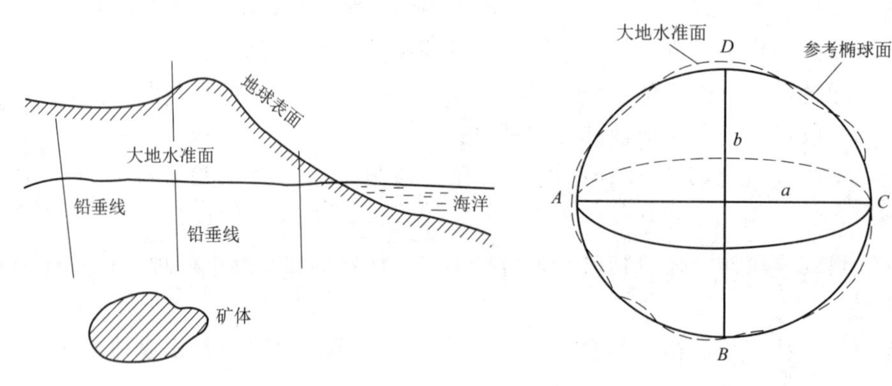

图1.1 大地水准面

图1.2 参考椭球面

参考椭球面与大地水准面不完全一致。对精密测量工作来说，必须考虑两者的差异，要通过计算进行数据转换；对普通测量来说，由于精度要求不高，当测量范围不大时可不考虑两者之间的差异。同时，由于扁率很小，为方便计算，可以将地球看成圆球体来进行处理，经计算其半径约为6371km。

世界各国采用了适合本国的参考椭球。自1980年开始，我国基于1975年国际大地测量与地球物理联合会（IUGG）推荐的地球椭球，建立了新的国家大地坐标系。2008年7月1日，我国正式启用“2000国家大地坐标系”。

1.2.3 水利工程测量中常用的坐标系统

1. 地理坐标系

地理坐标系采用经纬度来表示地面点的投影位置。它表示出物体在地面上的位置，能明确显示出地物的方位（经线与南北方向相应，纬线与东西方向相应）。同时，由于地球的自然特性，可以利用经度差表示时差，利用纬度表示地理现象所处的地理带，研究气候、土壤、植被等的空间分布规律。

我国位于东半球和北半球，所以各地的地理坐标都是东经和北纬，如西安某地的地理坐标为东经108°56′、北纬39°45′。

2. 平面直角坐标系

(1) 高斯平面直角坐标系。

1) 高斯投影原理。地理坐标是球面坐标，若直接将其用于工程建设规划、设计、施工，会给计算和测量带来很多不便。因此，须将球面坐标按一定的数学法则归算到平面上，即测量工作中所称的投影。在测量工作中常用的是高斯投影，如图 1.3 所示。

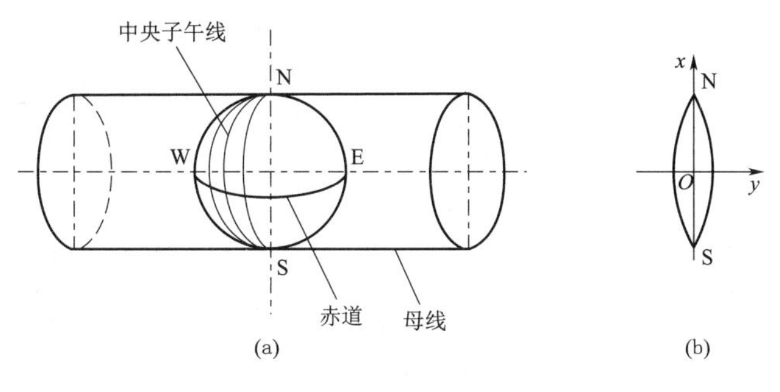

图 1.3 高斯投影法

2) 高斯投影带。为了控制变形，高斯投影法采用分带投影的方法，常用的是 6°带投影法和 3°带投影法。

①6°带投影法。6°带投影法是把地球按 6°的经差分成 60 个带，从首子午线开始自西向东编号，东经 0°～6°为 1 带，6°～12°为 2 带，依此类推，如图 1.4 所示。位于各分带中央的子午线称为中央子午线，设其经度为 λ_0，则在东半球 n 带中央子午线的经度可按式 (1.1) 计算；如果已知地面任意一点的经度 λ [单位为 (°)]，要计算该点所在的统一 6°带编号可按式 (1.2) 计算。

$$\lambda_0 = 6N - 3 \tag{1.1}$$

$$N=\mathrm{INT}\left(\frac{\lambda}{6}+1\right) \tag{1.2}$$

②3°带投影法。投影中，除中央子午线和赤道均为直线外，其余各纬线和经线均为曲线，且距中央子午线距离越大，投影变形越大，因此为了控制变形，可以选择统一 3°带投影。3°带投影是从东经 1°30′起，每隔经差 3°划带，将整个地球分成 120 个带 (图 1.4)。式 (1.3) 表示了 3°带中央子午线经度 λ_0' [单位为 (°)] 与带号 n 的关系。已知任意一点的经度 λ，要计算该点所在的统一 3°带编号可按式 (1.4) 计算。

$$\lambda_0' = 3n \tag{1.3}$$

$$n=\mathrm{INT}\left(\frac{\lambda}{3}+0.5\right) \tag{1.4}$$

③高斯平面直角坐标系分析。由于在参考椭球面上，中央子午线与赤道相互垂直，因此经等角投影后的中央子午线与赤道也相互垂直。以中央子午线为坐标

纵轴（X 轴，向北为正）、赤道为坐标横轴（Y 轴，向东为正）、中央子午线与赤道的交点为坐标原点 O 组成的平面直角坐标系称为高斯平面直角坐标系，如图 1.5 所示。

（2）独立平面直角坐标系。若测区范围较小（半径小于 10m），可将该测区的大地水准面看成平面，直接将地面点沿铅垂方向投影到水平面上，用平面直角坐标系表示该点的位置，这种测区平面直角坐标系即独立平面直角坐标系，如图 1.6 所示。

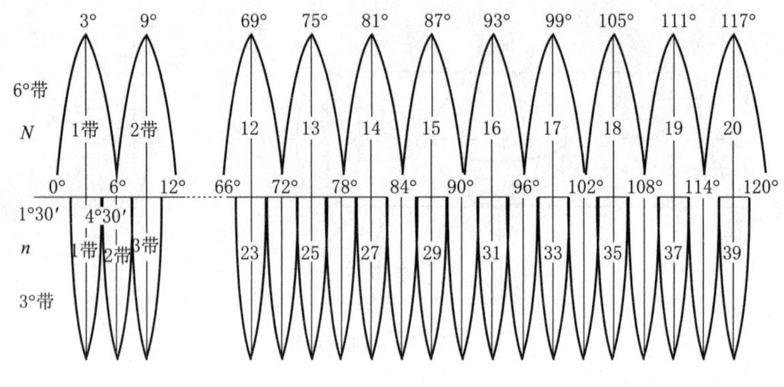

图 1.4 高斯投影分带

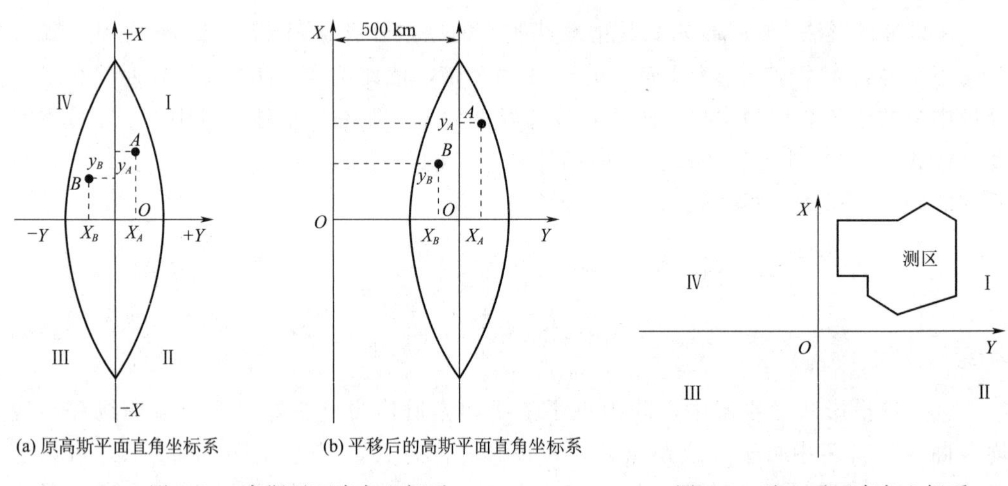

图 1.5 高斯平面直角坐标系

图 1.6 独立平面直角坐标系

3. 地心坐标系

地心坐标系是以地球质心为原点建立的空间直角坐标系，或以球心与地球质心重合的地球椭球面为基准面而建立的大地坐标系。地心坐标系通常分为地心空间直角坐标系（以 X、Y、Z 为坐标元素）和地心大地坐标系（以地心纬度 B、地心经度 L、高程 H 为坐标元素），如图 1.7 所示。

4. 高程坐标系

建立高程坐标系，首先要选择一个基准面。在一般测量工作中都是以大地水准面作为基准面。地面点沿铅垂线到大地水准面的距离称为该点的绝对高程或海拔，简称高程，通常用 H 表示。

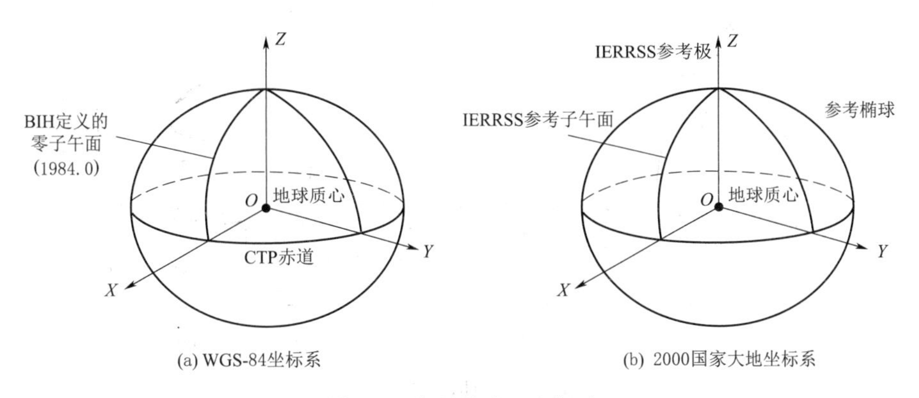

图 1.7　常见的地心坐标系

地面点到任意水准面的铅垂距离，称为假定高程或相对高程，通常用 H'表示。图 1.8 中 A、B 两点的相对高程分别表示为 H'_A、H'_B。

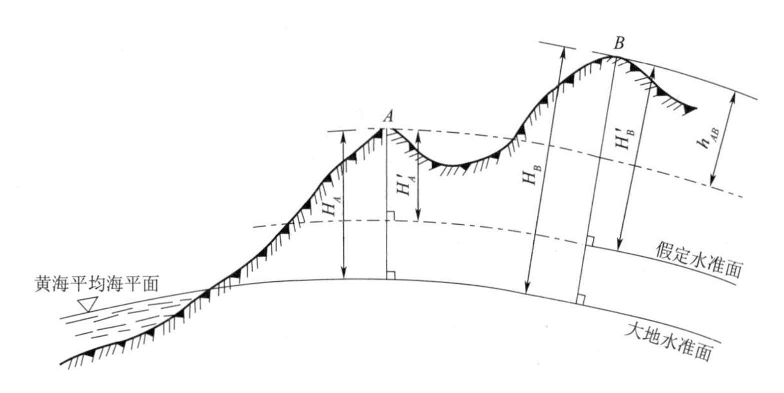

图 1.8　高程与高差

地面两点间的绝对高程或相对高程之差称为高差，用 h 表示。如 A、B 两点的高差为

$$h_{AB} = H_B - H_A = H'_B - H'_A \tag{1.5}$$

由此可见，地面两点之间的高差与采用的高程系统无关。

高差值有正有负。当 $h_{AB}>0$ 时，表明 B 点高于 A 点；反之，B 点低于 A 点。当 $h_{AB}=0$ 时，表明 B 点和 A 点的高程相等。

A 点相对于 B 点的高差与 B 点相对于 A 点的高差绝对值相等，但符号相反。

任务 1.3　用水平面代替水准面对水平距离和高程的影响

1.3.1　用水平面代替水准面对水平距离的影响

用该地区中心点的切平面代替大地水准面，则地面点 A、B 在大地水准面上的

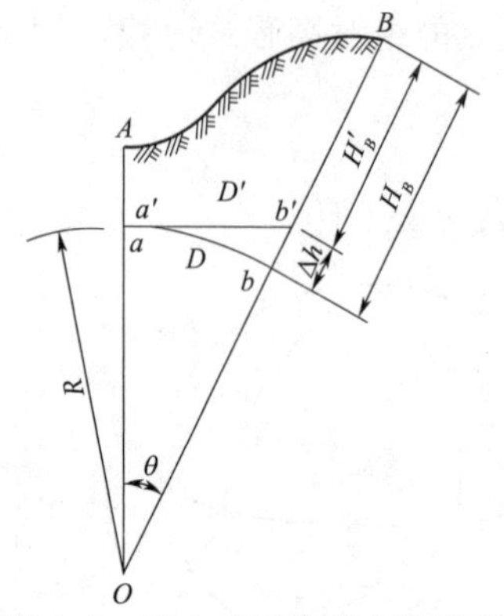

图1.9 用水平面代替水准面对水平距离和高程的影响

投影分别为 a、b，在水平面上的投影分别是 a'、b'，D、D'分别为地面两点在大地水准面上和在水平面上的投影距离（图1.9），据此可推导出用水平面代替水准面对水平距离的影响值，即

当取地球半径 $R=6371\text{km}$，ΔD 及$\frac{\Delta D}{D}$值见表1.1。

从表1.1可以看出，当距离 $D=10\text{km}$ 时，产生的距离相对误差为1/1200000，这样小的误差，即使是精密量距，也是允许的。因此，在以10km为半径的圆面积之内进行距离测量时，可以用切平面代替大地水准面，而不必考虑地球曲率对距离的影响。

表1.1 用水平面代替水准面引起的距离误差和相对误差

D/km	5	10	25	50	100
ΔD/mm	1.0	8.2	128	1026	8212
$\Delta D/D$	1/5000000	1/1200000	1/195000	1/48000	1/12000

1.3.2 用水平面代替水准面对高程的影响

可以推导出用水平面代替水准面对高程的影响值为

$$\Delta h = b_B - b_B{}' \approx \frac{D^2}{2R} \tag{1.6}$$

式中 Δh——高程误差，mm。

当取地球半径 $R=6371\text{km}$ 时，Δh 值见表1.2。

表1.2 用水平面代替水准面引起的高程误差

D/km	0.1	0.2	0.4	0.6	0.8	1
Δh/mm	0.8	3.1	13	28	50	78

1.3.3 用水平面代替水准面对水平角的影响

由球面三角学可知，同一空间多边形在球面上投影的各内角和比在平面上投影的各内角和大一个球面角超值 ε（水平角误差），其值为

$$\varepsilon = \rho \frac{S}{R^2} \tag{1.7}$$

式中 ε——球面角超值，(″)；

S——球面多边形的面积，km²；

R——地球半径，km；

ρ——1弧度的秒值，为206265″。

将不同的面积 S 代入式（1.7）可求出球面角超值，见表1.3。

表1.3 用水平面代替水准面引起的水平角误差

球面多边形面积/km²	球面角超值/(″)
10	0.05
50	0.25
100	0.51
300	1.52

由表 1.3 可以看出，当面积 $S=100\text{km}^2$ 时，用水平面代替水准面所产生的角度误差仅为 0.51″，所以，在测量工作中用水平面代替水准面引起的水平角误差可以忽略不计。

任务 1.4 测量工作的基本内容和原则

1.4.1 测量的基本工作

测量工作的主要目的是确定点的坐标和高程。在实际测量工作中，地面点的坐标和高程一般不能直接测出，而是通过观测坐标和高程已知的点与坐标和高程未知的点之间的几何位置关系，计算出待定点的坐标和高程。

设 A、B 两点为坐标、高程已知的点，C 为待定点。在△ABC 中，AB 边的边长是已知的，只要测量出一条未知边（AC 或 BC）的边长 D_1 或 D_2 和一个水平角（α 或β），就可以推算出 C 点的坐标，如图 1.10 所示。

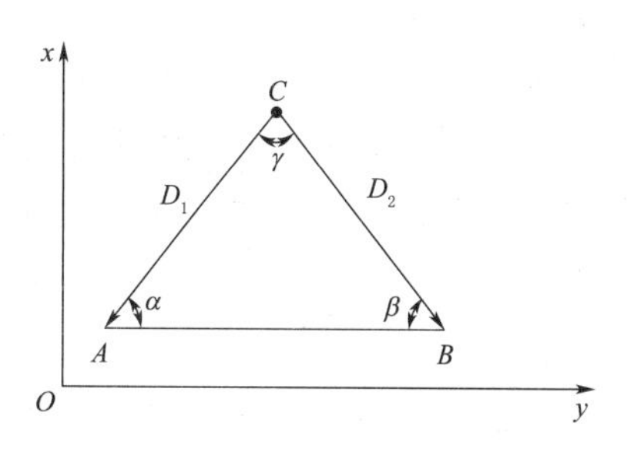

图 1.10 确定地面点位的测量工作

1.4.2 测量工作的基本原则

（1）“从整体到局部，先控制后碎部，由高级到低级”。

（2）“前一步工作未做检核不进行下一步工作”。

任务 1.5 测 量 误 差

1.5.1 测量误差概述

1. 测量误差的概念及对测量人员的要求

测量工作是由观测者使用一定的测量仪器和工具，采用一定的测量方法和程序，在一定的观测环境中进行的。对某一个未知量进行测定的过程，称为观测。对某个量进行重复观测时就会发现，这些观测值之间往往存在一些差异。另一种情况是，即使已经知道某几个量之间应该满足某一理论关系，但当对这几个量进行观测后发现实际观测结果往往不能满足原有的理论关系。

大量实践表明，在测量工作中，当对某一未知量进行多次观测时，无论测量仪器多么精密，观测进行得多么仔细，观测值之间总是存在着差异。这种差异实质上表现为各次测量所得的数值与未知量的真实值之间的差值，即测量误差。

测量误差是不可避免的。为了确保测量成果具有较高的质量，使产生的误差不超过一定限度，测量人员必须要充分了解影响测量结果的误差来源和性质，以便采取适当的措施限制或减小误差的产生；同时要掌握处理误差的理论和方法，以便合理消除误差并取得合理的数值。优秀的测量员不仅要能进行熟练的测量，还应具有对误差情况进行综合分析并恰当地选择和应用与作业目的要求相适应的测量方法的能力。

2. 测量误差的分类

(1) 系统误差。在相同的观测条件下进行一系列的观测，如果误差在大小、符号上表现出一定的规律变化，那么这种误差就称为系统误差。

(2) 偶然误差。在相同的观测条件下做一系列的观测，如果误差在大小和符号上都表现出偶然性，即误差的大小不等，符号不同，那么这种误差就称为偶然误差。

3. 测量误差产生的原因

引起观测误差的根源有：①仪器误差；②周围环境的影响；③观测者的影响。通常将这三方面因素总称为观测条件。观测条件好，测量误差就小，观测质量就高；反之，观测条件差，测量误差就大，观测质量就差。测量工作中，在观测条件基本相同的情况下进行的观测，可以认为其观测质量也基本上是一致的，称为等精度观测；在不同观测条件下进行的各项观测，则认为其观测质量是不一致的，称为非等精度观测。

4. 粗差

在观测结果中，有时还会出现错误，如读错、记错或测错等，这些统称为粗差。粗差在观测结果中是不允许出现的。为了杜绝粗差，除应认真仔细作业外，还必须采取必要的检核措施。例如，对距离进行往、返测量，对角度进行重复观测，对几何图形进行必要的多余观测，用一定的几何条件进行检核等。

1.5.2 评定精度的标准

在相同的观测条件下所进行的一组观测，由于它对应着同一种误差分布，故这一组中的每个观测值均称为等精度观测值。若两组观测成果的误差分布相同，则这两组观测成果的精度相等；反之，则精度不等。

既然精度是指一组误差分布的密集或离散的程度，那么分布越密集，就表示在该组误差中绝对值较小的误差所占的个数相对就越多。在此情况下，该组误差的平均值就反映了该组观测精度的高低。

1. 中误差

中误差即观测误差的标准差 σ，其定义为

$$\sigma^2 = \lim_{n \to \infty} \frac{[\Delta\Delta]}{n} \tag{1.8}$$

式中 $\Delta\Delta$——一组同精度观测误差 Δi 自乘的总和；

n——观测数。

用式 (1.8) 求 σ 值时要求观测数 n 趋近无穷大，但这在实际测量工作中是很难做到的。在实际测量工作中，观测数总是有限的，故一般采用式 (1.9) 计算。

$$m = \pm\sqrt{\frac{[\Delta\Delta]}{n}} \tag{1.9}$$

2. 极限误差

中误差不代表个别误差的大小，因此，在衡量某个观测值的质量，决定其取舍时，还要引入极限误差的概念，极限误差又称为允许误差，简称限差。偶然误差的特

性说明，在一定条件下，误差的绝对值有一定的限值。根据误差理论可知，在等精度观测的一组误差中，误差落在区间（$-\sigma$，σ）、（-2σ，2σ）、（-3σ，3σ）中的概率分别为

$$\left.\begin{aligned}P(-\sigma<\Delta<\sigma)&\approx 68.3\%\\P(-2\sigma<\Delta<2\sigma)&\approx 95.4\%\\P(-3\sigma<\Delta<3\sigma)&\approx 99.7\%\end{aligned}\right\}\tag{1.10}$$

3. 相对误差

中误差和极限误差都是带有测量单位的数值，在测量上称为绝对误差。在某些测量工作中，绝对误差不能完全反映出观测的质量。例如，分别丈量了1000m及50m两段距离，其中误差均为±0.1m，显然不能认为这两段距离的精度相同。为了更客观地反映实际情况，引进了一个新的评定精度标准，即相对误差。

相对误差等于误差的绝对值与相应观测值的比值，常用分子为1的分数形式来表示。显然，相对误差没有量纲，即

$$\text{相对误差}=\frac{\text{误差的绝对值}}{\text{观测值}}=\frac{1}{T}\tag{1.11}$$

项目2 水 准 测 量

【知识目标】

了解水准仪的基本结构及组成；了解水准测量的误差来源的清除方法；掌握水准测量的原理与方法；熟悉DS3型水准仪的读数方法和使用方法。

【技能目标】

能够熟练掌握水准仪的操作方法；能够进行水秤测量的成果计算；能够进行水准仪的检校。

任务2.1 普 通 水 准 测 量

2.1.1 水准测量原理

水准测量是利用水准仪提供的水平视线，对竖立在两个地面点上的水准尺进行读数，从而计算两点间的高差，进而推算高程的一种高程测量方法。其中：

(1) 水准仪：在两个待测点间安置一台能提供水平视线的用于水准测量的仪器。

(2) 水准尺：竖立在待测点上带有刻度的用于水准测量的标尺，又称水准标尺。

如图2.1所示，在待测高差的A、B两点上，分别竖立水准尺，在A、B两点中间安置水准仪，根据水准仪提供的水平视线，在A点水准尺上的读数为a，在B点水准尺上的读数为b；若水准测量是沿着由A点到B点的方向前进（如图2.1中前进方向箭头指示），则前进方向后面的A点称为后视点，其上竖立的水准尺称为后视尺，读数a称为后视读数；前进方向前面的B点称为前视点，其上竖立的水准尺称为前视尺，读数b称为前视读数。两点间的高差等于后视读数减去前视读数，即

$$h_{AB} = a - b \tag{2.1}$$

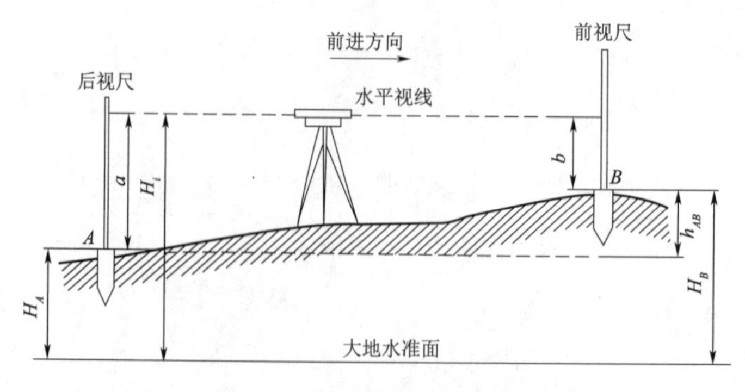

图2.1 水准测量原理示意图

高差有正（+）、有负（−）。当 B 点高程大于 A 点高程时，前视读数 b 小于后视读数 a，高差为正；当 B 点高程小于 A 点高程时，前视读数 b 大于后视读数 a，高差为负。因此，水准测量的高差 h 必须冠以“+”“−”号。

如果 A 点高程已知为 H_A，A、B 点间高差为 h_{AB}，则可推算待定点 B 的高程，即

$$H_B = H_A + h_{AB} \tag{2.2}$$

这种计算高程的方法称为高差法。

如果令 $H_i = H_A + a$，将其称为水平视线高程，简称视线高，则

$$H_B = H_i - b = H_A + a - b \tag{2.3}$$

这种计算高程的方法称为视线高法，常用于工程测量中。

在实际工作中，当待测高差两点 A、B 相距较远，或者高差较大，仅安置一次仪器不能测得其间的高差，则需要分段连续测量。如图2.2所示，分别在两个相邻的立尺点中间安置水准仪和竖立水准尺，连续测量相邻两点间的高差，最后计算其代数和，求得 A、B 两点间的高差，这种测量方法称为连续水准测量。

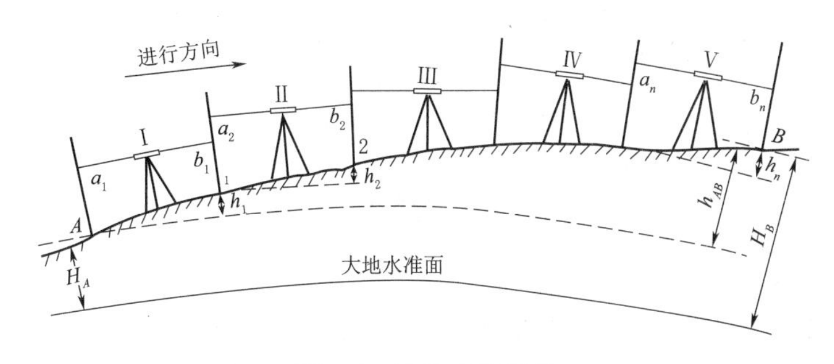

图2.2 连续水准测量

在测量过程中，已知高程的水准点称为已知点，未知高程点称为待定点；安置水准仪的点称为测站点；除水准点外，用于传递高程而临时设立的立尺点称为转点；连续水准测量所经过的路线称为水准测量路线；水准测量路线上相邻两个水准点之间的路线称为测段，一条水准路线由若干个测段组成，一个测段可以观测多个测站点。

2.2

高程传递方法

如图2.2所示，要测量 A、B 两点之间的高差 h_{AB}，则在 A、B 之间增设 n 个测站点，测得每站的高差为

$$h_i = a_i - b_i \quad (i = 1, 2, \cdots, n) \tag{2.4}$$

A、B 两点之间的高差为

$$h_{AB} = \sum h_i = \sum a_i - \sum b_i \tag{2.5}$$

则根据已知点 A 求取 B 点高程为

$$H_B = H_A + h_{AB} \tag{2.6}$$

2.1.2　水准测量的仪器与工具

水准仪分为微倾水准仪、自动安平水准仪、激光水准仪和数字水准仪等，按精度又区分为DS_{05}、DS_1、DS_3、DS_{10}等，其中“D”和“S”分别为“大地测量”和“水准仪”汉语拼音的第一个字母，05、1、3、10等是以毫米为单位的每公里水准测量往、返测量高差中的中误差，通常在书写时省略字母“D”，直接写为S_{05}、S_1、S_3等。本节重点介绍DS_3微倾水准仪和自动安平水准仪。

2.1.2.1　DS_3微倾水准仪

图2.3所示为DS_3微倾水准仪。微倾水准仪有微倾螺旋，旋转微倾螺旋可使望远镜连同管水准器作微量的倾斜，从而可使视线精确水平。它主要由望远镜、水准器和基座三个部分组成。

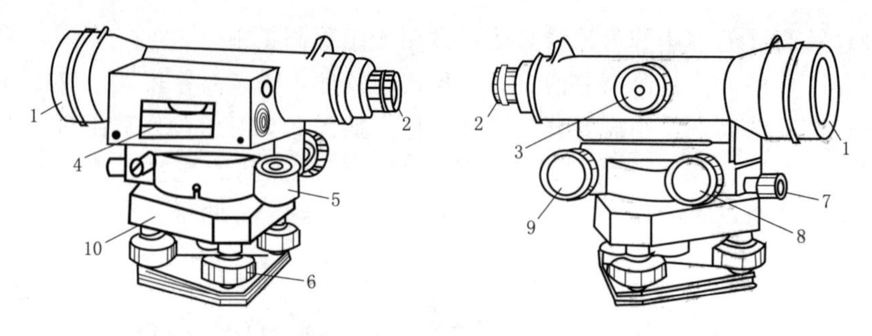

图2.3　DS_3微倾水准仪

1—物镜；2—目镜；3—调焦螺旋；4—管水准器；5—圆水准器；6—脚螺旋；7—制动螺旋；8—微动螺旋；9—微倾螺旋；10—基座

1. DS_3微倾水准仪的构造

（1）望远镜。望远镜的作用是照准目标和对水准尺进行读数，主要由物镜、目镜、物镜调焦透镜（对光透镜）和十字丝分划板组成，如图2.4（a）所示。物镜和目镜都为复合透镜组，十字丝分划板上刻有两条互相垂直的长线，称为十字丝。如图2.4（b）所示，竖直的一条称为纵丝（又称竖丝），中间横的一条称为中丝（又称横丝）。用望远镜瞄准目标或在水准尺上读数，均以十字丝的交点为准。物镜的光心与十字丝交点的连线为望远镜的视准轴，视准轴是水准仪进行水准测量的关键轴线，是用来瞄准和读数的视线。因此，观测时所谓的视线即为视准轴的延长线。横丝上、下对称的两根短线称为上、下丝，由于是用来测量距离的，因此又称为视距丝。十字丝分划板是由平板玻璃圆片制成的并装在望远镜筒上。

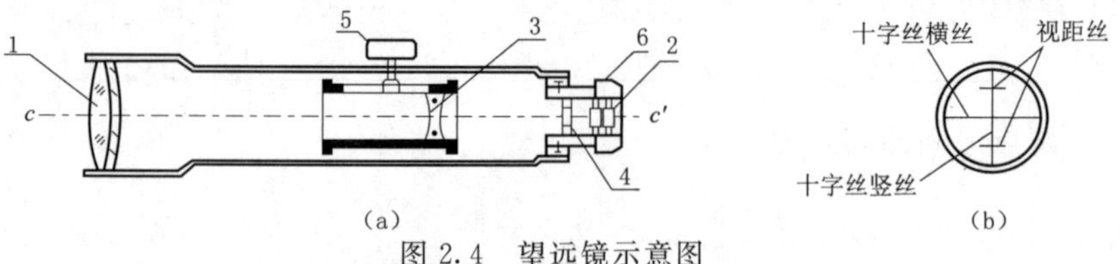

图2.4　望远镜示意图

1—物镜；2—目镜；3—物镜调焦透镜；4—十字丝分划板；5—物镜调焦螺旋；6—目镜调焦螺旋

望远镜成像原理：根据几何光学原理可知，目标AB经过物镜及物镜调焦透镜的作用，在十字丝附近成一倒立缩小的实像ab，如图2.5所示。由于目标离望远镜的远近不同，借转动物镜调焦螺旋使物镜调焦透镜在镜筒内前后移动，即可使其实像落在十字丝平面上，再经过目镜的作用，将倒立的实像和十字丝同时放大，这时倒立的实像成为倒立而放大的虚像。其放大的虚像与用眼睛直接看到目标大小的比值，即为望远镜的放大率V。国产DS_3型水准仪望远镜的放大率一般约为30倍。

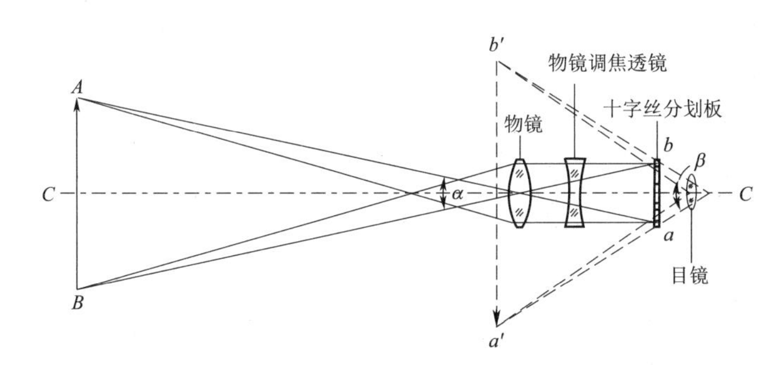

图2.5 望远镜成像原理

(2) 水准器。水准器是水准仪获得水平视线的主要部件。水准器是利用液体受重力作用后气泡居最高处的特性，使水准器的一条特定的直线位于水平或竖直位置的一种装置。分为圆水准器和管水准器。

1) 圆水准器。圆水准器是一个封闭的圆形玻璃容器，顶盖的内表面为一球面，如图2.6所示。容器内装有酒精或乙醚类液体，并留有一个圆气泡。玻璃盖的中央有一小圆圈，其圆心即为圆水准器的零点。连接零点与球面球心的直线称为圆水准轴。当圆水准器气泡的中心与水准器的零点达到重合时，则圆水准轴即成竖直状态。圆水准器在构造上，使其轴线与外壳下表面正交，所以当圆水准轴竖直时，外壳下表面处于水平位置。圆水准器的分划值，是顶盖球面上2mm弧长所对应的圆心角值，水准仪上圆水准器的角值为$8'\sim15'$。显然，圆水准器精度较低。在实际工作中常将圆水准器用来概略整平，精度要求较高的整平，则用管水准器来进行。

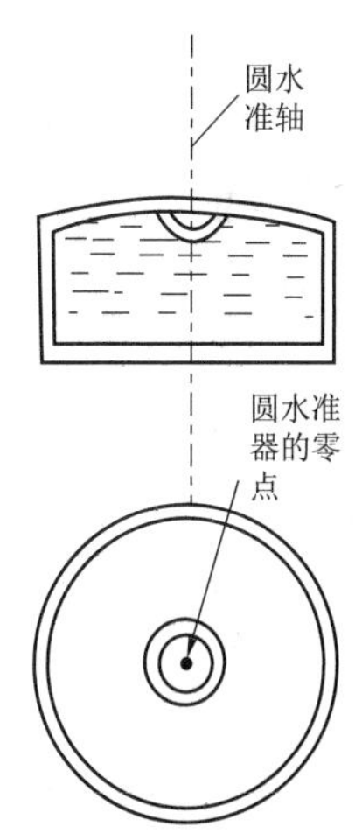

图2.6 圆水准器图

2) 管水准器。管水准器是一个内壁磨成一定曲率半径的封闭玻璃管，管内盛酒精或乙醚或两者混合的液体，并留有一气泡，又称水准管，如图2.7 (a) 所示。

在管水准器上刻有2mm间隔的分划线。分划线与中间的S点成对称状态，如图2.7 (b) 所示，S点称为水准管的零点，零点附近无分划线，零点与圆弧相切的切线LL'称为水准管的水准管轴。根据气泡在管内占有最高位置的特性，当气泡中点位于管子的零点位置时，称气泡居中，也就是管子的零点最高时，水准管轴成水平位置。

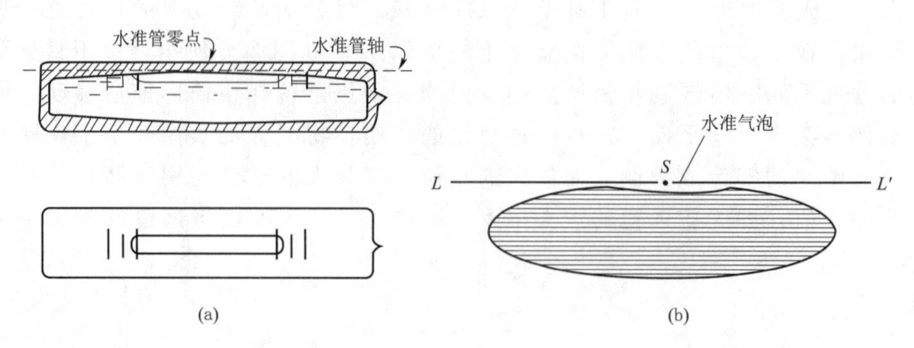

图 2.7 管水准器

气泡中点的精确位置依气泡两端相对称的分划线位置确定。

气泡在水准器内移动，快速度移动到最高点的能力称为灵敏度。水准器灵敏度的高低与水准器的分划值有关。

水准器的分划值是指水准器上相邻两分划线（2mm）间弧长所对应的圆心角值的大小，用 τ 表示。若圆弧的曲率半径为 R，则分划值 τ 为

$$\tau = \frac{2}{R}\rho \tag{2.7}$$

分划值与灵敏度的关系为：分划值越大，灵敏度越低；分划值越小，灵敏度越高。DS_3 级仪器上的水准管的分划值一般为 20″/2mm。

3）符合水准器。当用眼睛直接观察水准气泡两端相对于分划线的位置以衡量气泡是否居中时，其精度受到眼睛的限制。为了提高水准器整平的精度，并便于观察，一般采用符合水准器。

符合水准器就是在水准管的上方安置一组棱镜，通过光学系统的反射和折射作用，把气泡两端各一半的影像传递到望远镜内或目镜旁边的显微镜内，使观测者不移动位置便能看到水准器的符合影像。另外，由于气泡两端影像的偏离是将实际偏移值放大了一倍甚至许多倍，对于格值为 10″以上的水准器，其安平精度可提高 2～3 倍，从而提高了水准器居中的精度。符合水准器的原理如图 2.8 所示，它是利用两块棱镜 1、2，使气泡的 a、b 两端经过二次反射后，符合在一个视场内。两块棱镜 1、2 的接触线 cc' 成为气泡的界线，再经过棱镜 3 放大为人眼看到的影像。

2.4 ▶

水准仪的安置

（3）基座。基座的作用是支撑仪器的上部并与三脚架连接。它主要由轴座、脚螺旋、底板和三角压板构成。基座呈三角形，中间是一个空心轴套，照准部的竖直轴就插在这个轴套内。当照准部绕竖轴在水平方向内转动时，基座保持不动。基座下部装了一块有弹性的三角底板。脚螺旋分别安置在底板的三个叉口内，底板的中央有一个螺母，用于和三脚架头上的中心螺旋连接，从而使水准仪连在三脚架上。

2. DS_3 微倾水准仪的使用

（1）安置水准仪。首先打开三脚架，安置三脚架要求高度适当、架头大致水平并

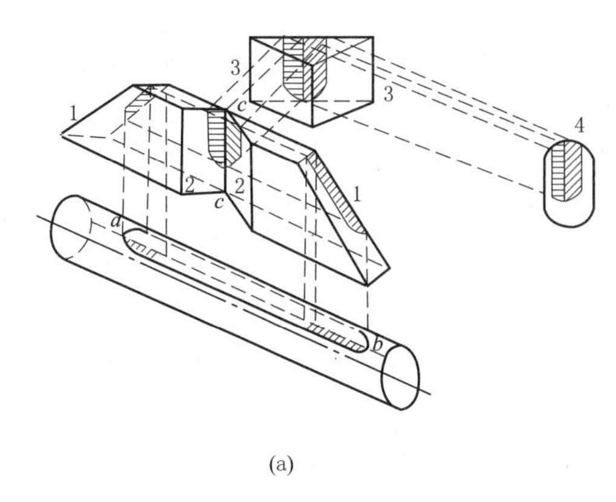

(a)

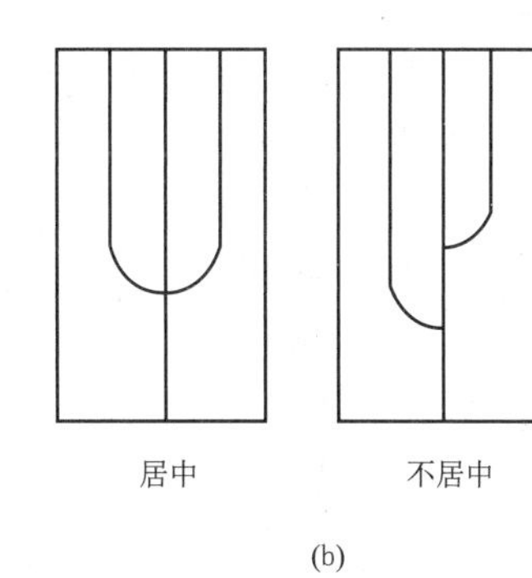

(b)

图 2.8　符合水准器

牢固稳妥，在山坡上应使三脚架的两脚在坡下、一脚在坡上。然后把水准仪用中心连接螺旋连接到三脚架上，取水准仪时必须握住仪器的坚固部位，并确认已牢固地连接在三脚架上之后才可放手。

(2) 仪器的粗略整平。仪器的粗略整平是用脚螺旋使圆水准器的气泡居中。不论圆水准器在任何位置，先用任意两个脚螺旋使气泡移到通过圆水准器零点并垂直于这两个脚螺旋连线的方向上，如图 2.9 所示，气泡自 a 移到 b，如此可使仪器在这两个脚螺旋连线的方向处于水平位置。然后单独用第三个脚螺旋使气泡居中，如此使原两个脚螺旋连线的垂线方向亦处于水平位置，从而使整个仪器置平。如仍有偏差可重复进行。操作时必须记住以下三条要领：

1) 先旋转两个脚螺旋，然后旋转第三个脚螺旋。

2) 旋转两个脚螺旋时必须做相对地转动，即旋转方向应相反。

3) 气泡移动的方向始终和左手大拇指移动的方向一致。

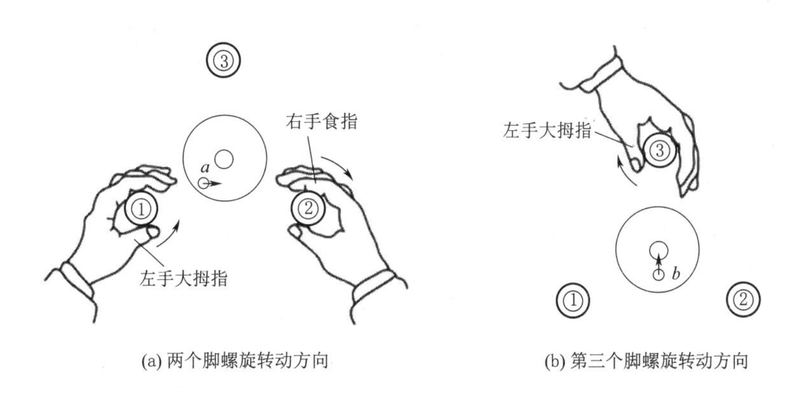

(a) 两个脚螺旋转动方向　　(b) 第三个脚螺旋转动方向

图 2.9　粗略整平方法

(3) 照准目标。用望远镜照准目标，必须先调节目镜使十字丝清晰。然后利用望远镜上的准星从外部瞄准水准尺，再旋转调焦螺旋使尺像清晰，也就是使尺像落到十字丝平面上。最后用微动螺旋使十字丝竖丝照准水准尺，为了便于读数，也可使尺像稍偏离竖丝一些。

(4) 仪器的精确整平。由于圆水准器的灵敏度较低，所以用圆水准器只能使水准仪粗略地整平。因此在每次读数前还必须用微倾螺旋使水准管气泡符合，使仪器精确整平。由于微倾螺旋旋转时，经常改变望远镜和竖轴的关系，当望远镜由一个方向转变到另一个方向时，水准管气泡一般不再符合。所以望远镜每次变动方向后，也就是在每次读数前，都需要用微倾螺旋重新使气泡符合。

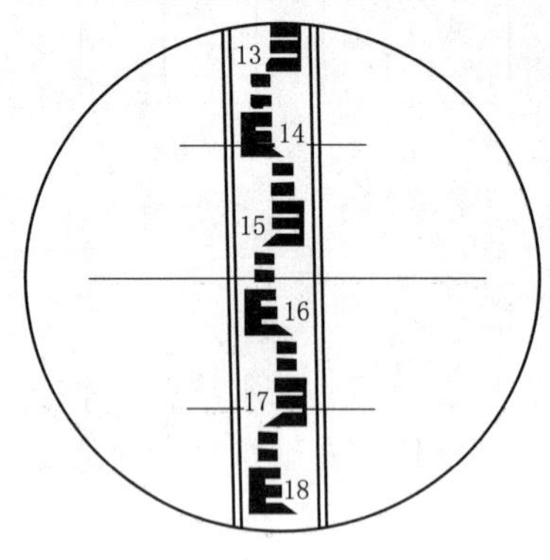

图 2.10 水准尺上读数

(5) 读数。用十字丝中间的横丝读取水准尺的读数。从尺上可直接读出米、分米和厘米数，并估读出毫米数，所以每个读数必须有四位数。如果某一位数是零，也必须读出并记录，不可省略，如1.002m、0.007m、2.100m 等。如果水准仪为正像仪器，从望远镜内读数时应由下向上读；如果水准仪为倒像仪器，从望远镜内读数时应由上向下读，即由小数向大数读。图 2.10 中倒像仪器的读数为 1.538。

读数前应先认清水准尺的分划特点，特别应注意与注字相对应的分米分划线的位置。为了保证得出正确的水平视线读数，在读数前和读数后都应该检查气泡是否符合。

(6) 使用水准仪的注意事项。

1) 搬运仪器前要检查仪器箱是否上锁，提手或背带是否牢固。

2) 从仪器箱中取出仪器时，要注意轻拿轻放，要先留意仪器及其他附件在箱中安放的位置，以便使用过后再原样装箱。

3) 安置仪器时，注意将脚架蝶形螺旋和架头连接螺旋拧紧，仪器安置后，需要人员进行看护，以免被外人损坏。

4) 操作时，要注意制动螺旋不能过紧，微动螺旋不能拧到极限。当目标偏离较远（微动螺旋不能调节正中）时，需要将微动螺旋反松（目标偏移更远），打开制动螺旋重新照准。

5) 迁站时，如果距离较近，可将仪器侧立，左臂夹住脚架，右手托住仪器基座进行搬迁；如果距离较远则应将仪器装箱搬运。

6) 在烈日或雨天进行观测时，应用伞遮住仪器，防止仪器暴晒或淋湿。

7) 测量结束后，仪器应进行擦拭后装箱，擦拭镜头需用专门的擦镜纸或脱脂棉。

8) 仪器的存放地点要保持阴凉、通风、安全，注意防潮并且防止碰撞。

2.6 自动安平水准仪的操作

2.1.2.2 自动安平水准仪

自动安平水准仪是一种不用水准管而能自动获得水平视线的水准仪，如图 2.11 所示。由于自动安平水准仪可以自动补偿使视线水平，所以在观测时只需将圆水准器气泡居中，十字丝中丝读取的标尺读数即为水平视线的读数。自动安平水准仪不仅加快了作业速度，而且能自动补偿对于地面的微小震动、仪器下沉、风力以及温度变化等外界因素影响引起的视线微小倾斜，从而保证测量精度，被广泛地应用在各种等级的水准测量中。

1. 自动安平的原理

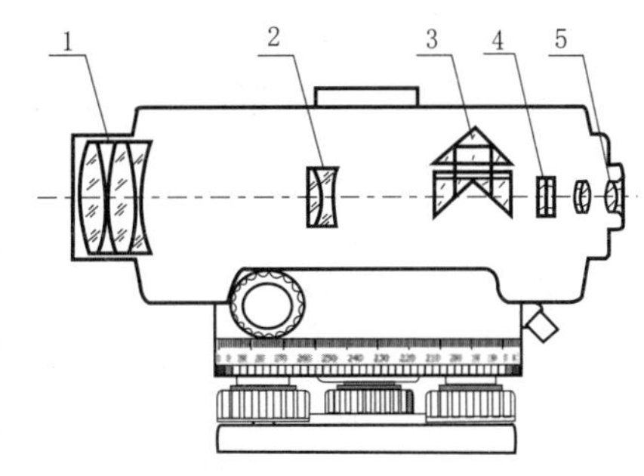

图 2.11 自动安平水准仪

1—物镜；2—物镜调焦透镜；3—补偿器棱镜组；4—十字丝分划板；5—目镜

如图 2.12 所示，照准轴水平时，照准轴指向标尺的 a 点，即 a 点的水平线与照准轴重合；当照准轴倾斜一个小角 α 时，照准轴指向标尺的 a'，而来自 a 点过物镜中心的水平线不再落在十字丝的水平丝上。自动安平就是在仪器的照准轴倾斜时，采取某种措施使通过物镜中心的水平光线仍然通过十字丝交点。

通常有两种自动安平的方法：

(1) 在光路中安置一个补偿器，在照准轴倾斜一个小角 α 时，使光线偏转一个 β 角，使来自 a 点过物镜中心的水平线落在十字丝的水平丝上。

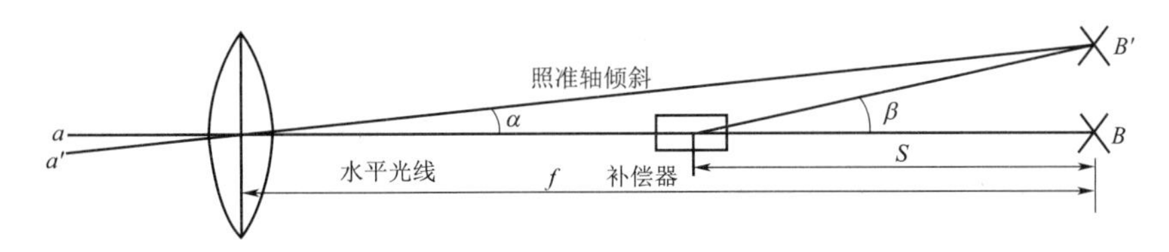

图 2.12 自动安平原理

由于 α、β 均很小，应有

$$\alpha f = s\beta \tag{2.8}$$

式中 f——物镜的焦距；

α——照准轴的倾斜角；

β——补偿角。

α、β 均以弧度表示，则光线的补偿角为

$$\beta = \frac{\alpha f}{s} \tag{2.9}$$

(2) 使十字丝自动地与 a 点的水平线重合而获得正确读数，即使十字丝从 B' 移动到 B 处，移动的距离为 αf 。

两种方法都达到了改正照准轴倾斜偏移量的目的。第一种方法要使光线偏转，需要在光路中加入光学部件，故称为光学补偿。第二种方法则是用机械方法使十字丝在照准轴倾斜时自动移动，故称为机械补偿。常用的仪器中采用光学补偿器的较多。

2. 光学补偿器

光学补偿器的主要部件是一个屋脊棱镜和两个由金属簧片悬挂的直角棱镜。如图 2.13 (a) 所示，光线经第一个直角棱镜反射到屋脊棱镜，再经屋脊棱镜三次反射后到第二个直角棱镜，最后到达十字丝中心。当照准轴倾斜时，若补偿器不起作用，到

达十字丝中心 B 的光线是倾斜的照准轴，而水平光线则到达 A。

由于两个直角棱镜是用簧片悬挂的，当照准轴倾斜 α 时，悬挂的两个直角棱镜在重力的作用下自动反方向旋转 α，使水平光线仍然到达十字丝中心 B，如图 2.13 (b) 所示。

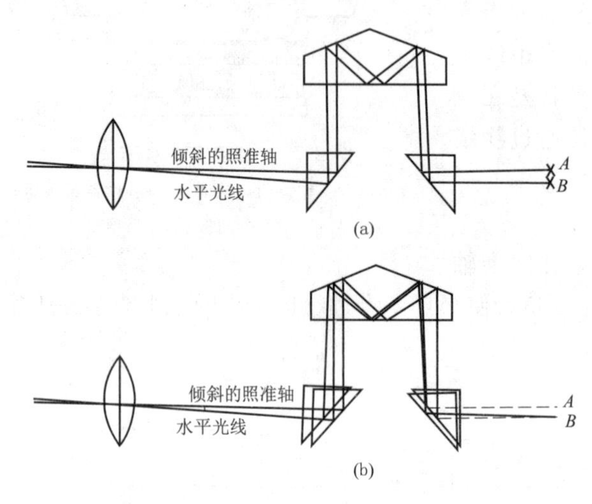

图 2.13 补偿器补偿原理

自动安平水准仪的观测步骤与微倾水准仪相同，不同的是自动安平水准仪只需使圆水准器气泡居中即可。

3. 自动安平水准仪的使用

(1) 用脚螺旋使圆水准器气泡居中，完成仪器的粗略整平，仪器精平由自动安平结构完成。

(2) 用望远镜照准水准尺，即可用十字丝横丝读取水准尺读数，所得的就是水平视线读数。

由于补偿器有一定的工作范围，即能起到补偿作用的范围，所以使用自动安平水准仪时，要防止补偿器贴靠周围的部件而不处于自由悬挂的状态。有的仪器在目镜旁有一按钮，它可以直接触动补偿器。读数前可轻按此按钮，以检查补偿器是否处于正常工作状态，也可以消除补偿器有轻微的贴靠现象。如果每次触动按钮后，水准尺读数变动后又能恢复原有读数表示工作正常。如果仪器上没有这种检查按钮，则可用脚螺旋使仪器竖轴在视线方向稍作倾斜，若读数不变则表示补偿器工作正常。由于要确保补偿器处于工作范围内，使用自动安平水准仪时应十分注意圆水准器的气泡居中。

2.1.2.3 水准尺与尺垫

水准标尺简称“水准尺”。进行水准测量的工具，与水准仪配合使用，要求尺长稳定，分划准确。常用的水准尺有塔尺和双面尺两种，如图 2.14 所示。塔尺多用于等外水准测量，其长度有 2m 和 5m 两种，由两节或三节套接在一起，尺的底部为零点，尺上黑白格相间，每格宽度为 1cm，有的为 0.5cm，每一米和分米处均有注记。双面水准尺多用于三、四等水准测量。其长度有 2m 和 3m 两种，且两根尺为一对；尺的两面均有刻划，一面为红白相间称红面尺；另一面为黑白相间，称黑面尺（也称主尺），两面的刻划均为 1cm，并在分米处注字。两根尺的黑面均由零开始；而红面，一根尺由 4.687m 开始至 6.687m 或 7.687m，另一根尺由 4.787m 开始至 6.787m 或 7.787m。

在进行水准测量时，为了减小水准尺下沉，保证测量精度，每根水准尺都附有一个尺垫，使用时先将尺垫牢固地踩入地面，再将标尺直立在尺垫的半球形的顶部，其形状如图 2.15 所示。根据水准测量等级高低，尺垫的大小和重量有所不同。注意：尺垫只用在转点上，已知点或待定点不能放尺垫。土质特别松软的地区应用尺桩进行测量。

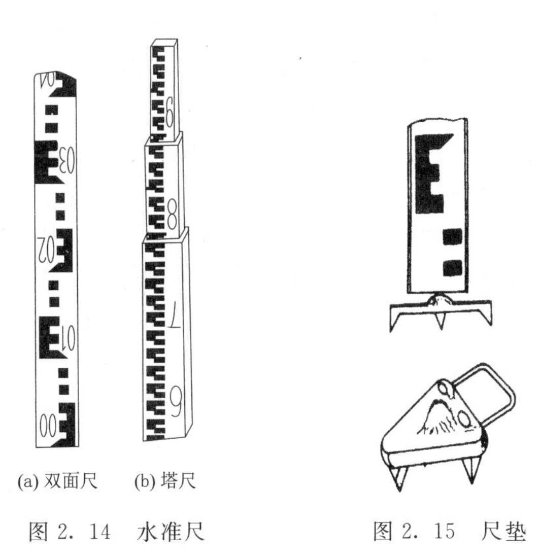

图 2. 14 水准尺

图 2. 15 尺垫

使用标尺应注意以下几点：

(1) 使用双面水准标尺，必须成对使用。例如，三、四等水准测量的普通水准标尺就是红面起点为 4687mm 和 4787mm 的两个标尺为一对。

(2) 观测时，特别是在读取中丝读数时应使水准标尺的圆水准器气泡居中。

(3) 为保证同一标尺在前视与后视时的位置一致，在水准路线的转点上应使用尺垫。标尺立于尺垫球形顶上，保证在水准仪迁站后重放标尺时位置一致。

2.1.3 普通水准测量

2.1.3.1 水准点和水准路线

1. 水准点

用水准测量的方法测定的高程控制点，称为水准点，用 BM 表示。水准点有永久性和临时性两种。国家等级水准点均为永久性水准点，如图 2.16 (a) 所示，永久性水准点多为混凝土制成的标石，标石顶部嵌有半球状的金属标志，作为高程测算的基准，深埋在地面冻结线以下。依据需要，水准点设置在稳定的墙角上，为墙上水准点，如图 2.16 (b) 所示。临时水准点可以利用露出地面的坚硬岩石、木桩等打入地下，在木桩顶部钉以半球形铁钉，如图 2.16 (c) 所示。

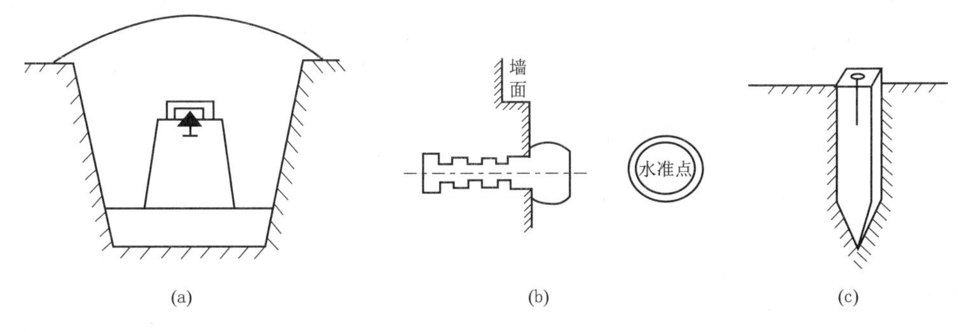

图 2.16 水准点

2. 水准路线

水准测量所经过的路线称为水准路线。根据实际需求，水准路线的布设形式有以下三种：

(1) 附合水准路线：从一已知高级水准点开始，沿一条路线推进施测，获取待定水准点的高程，最后传递到另一个已知的高级水准点上，这种形式的水准路线为附合水准路线，如图 2.17 所示。附合水准路线各段高差的和，理论上应等于两已知高级水准点之间的高差，据此可以检查水准测量是否存在错误或超过允许误差。

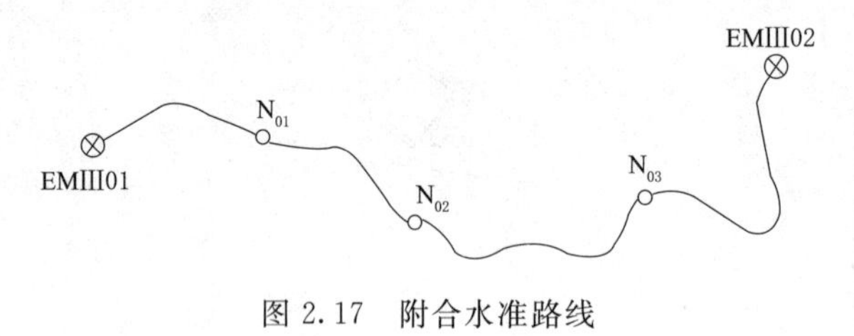

图 2.17 附合水准路线

(2) 闭合水准路线：从一已知高级水准点出发，沿一条路线进行施测，以测定待定水准点的高程，最后仍回到原来的已知点上，从而形成一个闭合环线，这种形式的水准路线为闭合水准路线，如图 2.18 所示。闭合水准路线各段高差的和理论上应等于零，据此可以检查水准测量是否存在错误或超过允许误差。

(3) 支水准路线：从一个高级水准点出发，沿一条路线进行施测，以测定待定水准点的高程，其路线即不闭合又不附合，这种形式的水准路线为支水准路线。由于此种水准路线不能对测量结果自行检核，因此必须进行往测和返测，如图 2.19 所示。支水准路线往测与返测高差的代数和理论上应等于零。

由于起闭于一个高级水准点的闭合水准路线缺少检核条件，即当起始点高程有误时无法发现，因此，在未确认高级水准点的高程时不应当布设闭合水准路线；而对于无检核测量结果的支水准路线，只有在特殊条件下才能使用。因此，水准路线一般应当布设成附合路线。

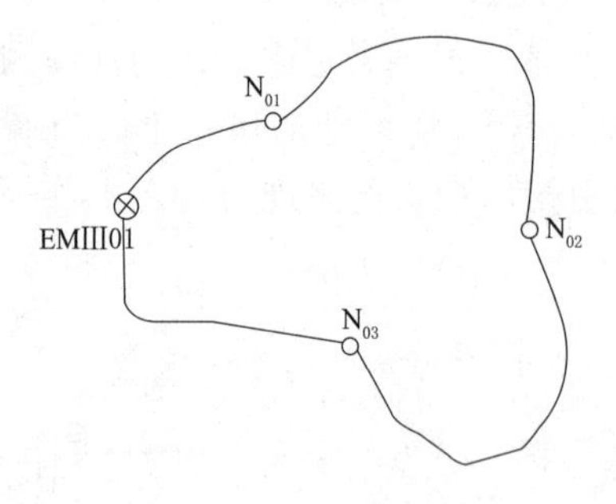

图 2.18 闭合水准路线

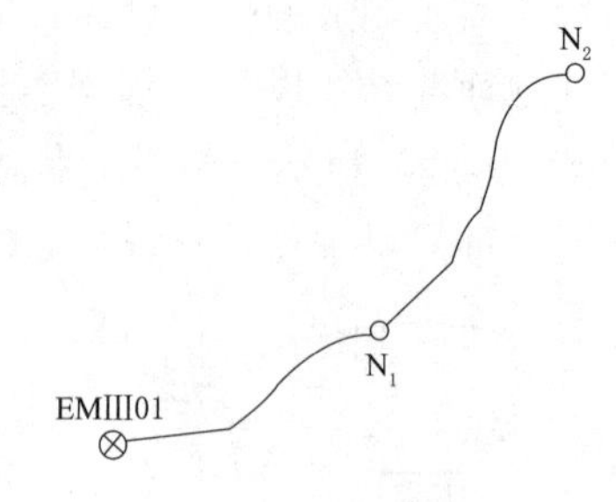

图 2.19 支水准路线

2.1.3.2 普通水准测量方法

1. 普通水准测量技术要求（表 2.1）

2. 普通水准测量观测程序

(1) 将水准尺立于已知高程的水准点上作为后视。

(2) 水准仪置于施测路线附近合适的位置，在施测路线的前进方向上，取仪器至后视距大致相等的距离放置尺垫，将尺垫踩实后，把水准尺立在尺垫上作为前视尺。

表 2.1　普通水准测量的主要技术要求

等级	路线长度/km	水准仪	水准尺	视线长度/m	观测次数		往返较差、附合或环线闭合差	
					与已知点联测	附合或环线	平地/mm	山地/mm
等外	≤5	DS_3	单面	≤100	往返各一次	往一次	$\pm 40\sqrt{L}$	$\pm 12\sqrt{n}$

注　L 为水准路线长度，km；n 为水准路线中测站总数。

（3）观测员将仪器粗平后瞄准后视标尺，消除视差，用微倾螺旋进行精平，用中丝读后视读数读至毫米，记录在相应栏内，见表 2.2。

表 2.2　普通水准测量记录手簿

测区＿＿＿＿＿＿　　＿＿年＿＿月＿＿日　　观测者：＿＿＿＿

仪器型号＿＿＿＿＿＿　　天气＿＿＿＿＿＿　　记录者：＿＿＿＿

测站	测点	水准尺读数/m		高差/m		高程/m	备注
		后视读数	前视读数	+	−		
1	BMA	1.453		0.580		132.815	已知 BMA 点高程 132.815m
	TP1		0.873				
2	TP1	2.532		0.770			
	TP2		1.762				
3	TP2	1.372		1.337			
	TP3		0.035				
4	TP3	0.874			0.929		
	TP4		1.803				
5	TP4	1.020			0.564		
	BMB		1.584			134.009	
6	$\sum$	7.251	6.057	2.687	1.493		
	$\sum a - \sum b = +1.194$			$\sum h = +1.194$		$h_{AB} = H_B - H_A = +1.194$	

（4）调转望远镜瞄准前视标尺，此时水准管气泡一般将会有少许偏离，将气泡居中，用中丝读前视读数。记录员根据观测员的读数在手簿中记下相应数字，并立即计算高差。以上为第一个测站的全部工作。

（5）第一测站结束之后，记录员指示后标尺员向前转移，并将仪器迁至第二测站。此时，第一测站的前视点便成为第二测站的后视点。依第一测站相同的工作程序进行第二测站的工作。依次沿水准路线方向施测直至全部路线观测完为止。

（6）计算检核。为了保证记录表中数据的正确，应对后视读数总和减前视读数总和、高差总和、B 点高程与 A 点高程之差进行检核，这三个数字应相等。

$$\sum a - \sum b = 7.251\text{m} - 6.057\text{m} = +1.194\text{m}$$

$$\sum h = 2.687\text{m} - 1.493\text{m} = +1.194\text{m}$$

$$H_B - H_A = 134.009\text{m} - 132.815\text{m} = +1.194\text{m}$$

（7）水准测量的测站检核。

1）变动仪器高法：同一个测站上用两次不同的仪器高度，测得两次高差进行检核。要求：改变仪器高度应大于10cm，两次所测高差之差不超过允许值（例如等外水准测量允许值为±6mm），取其平均值作为该测站最后结果，否则须重测。

2）双面尺法：分别对双面水准尺的黑面和红面进行观测。利用前、后视的黑面和红面读数，分别算出两个高差。如果不符值不超过规定的限差，取其平均值作为该测站最后结果，否则须重测。三、四等水准测量用双面尺法进行测站检核。

3. 普通水准测量的注意事项

（1）在水准点（已知点或待定点）上立尺时，不得放尺垫。

（2）水准尺应保持直立，不要左右倾斜，前后俯仰。

（3）在记录员未提示迁站前，后视点尺垫不能提动。

（4）前后视距应尽量保持一致，立尺时也可用步量。

（5）外业观测记录必须在手簿上进行。已编号的各页不得任意撕去，记录中间不得留下空页或空格。

（6）一切外业原始观测值和记事项目，必须在现场用铅笔直接记录在手簿中，记录的文字和数字应端正、整洁、清晰，杜绝潦草模糊。

（7）外业手簿中的记录和计算的修改以及观测结果的作废，禁止擦拭、涂抹与刮补，而应以横线或斜线正规地划去，并在本格内的上方写出正确数字和文字。除计算数据外，所有观测数据的修改和作废，必须在备注栏内注明原因及重测结果记于何处。重测记录前需加“重测”二字。

在同一测站内不得有两个相关数字“连环更改”。例如：更改了标尺的黑面前两位读数后，就不能再改同一标尺的红面前两位读数。否则就叫连环更改。有连环更改记录情况时应立即废去重测。

对于尾数读数有错误（厘米和毫米读数）的记录，不论什么原因都不允许更改，而应将该测站的观测结果废去重测。

（8）有正、负意义的量，在记录计算时，都应带上“+”“−”号，正号不能省略，对于中丝读数，要求读记四位数，前后的0都要读记。

（9）作业人员应在手簿的相应栏内签名，并填注作业日期、开始及结束时刻、大气及观测情况和使用仪器型号等。

（10）外业手簿必须经过小组认真地检查（即记录员和观测员各检查一遍），确认合格后，方可提交上一级检查验收。

2.1.4 水准测量的内业计算

2.1.4.1 高差闭合差及其允许值的计算

1. 高差闭合差计算

闭合水准路线成果计算

由于水准测量受各种因素影响总会产生误差，致使所测高差与水准路线已知的理论值不符，从而产生一个差值，将此差值称为高差闭合差，以 f_h 表示。

对于附合水准路线： $$f_h = \sum h_{测} - \sum h_{理} = \sum h_{测} - (H_{终} - H_{始}) \tag{2.10}$$

对于闭合水准路线： $$f_h = \sum h_{测} - \sum h_{理} = \sum h_{测} \tag{2.11}$$

对于支水准路线： $$f_h = \sum h_{往} + \sum h_{返} \tag{2.12}$$

2. 高差闭合差允许值计算

如果高差闭合差不超过允许范围，则认为水准测量符合要求。

对于普通水准测量，有：

平地 $$f_{h允} = \pm 40\sqrt{L} \tag{2.13}$$

山地 $$f_{h允} = \pm 12\sqrt{n} \tag{2.14}$$

式中 $f_{h允}$——高差闭合差允许值，mm；

L——水准路线长度，km；

n——测站数。

对于其他各等级水准测量，参照各等级水准测量技术要求。

2.1.4.2 高差闭合差的调整

对于附合或闭合水准路线，当高差闭合差在允许范围内时，可以进行调整，即给每段高差配赋一个相应的改正数 V_i，使所有改正数的和 $\sum V_i$ 与高差闭合差 f_h 大小相等，符号相反，从而消除高差闭合差。由于各站的观测条件相同，故认为各站产生的误差相等，所以每段改正数的大小应与测段长度（或测站数）成比例，符号与高差闭合差相反，即

$$V_i = -\frac{f_h}{\sum L_i} L_i \tag{2.15}$$

按测站数成比例进行调整时，只需将式中的测段长度换成测站数即可。

计算出各段的改正数后，按代数法则加到各段实测高差中，求得各段改正后的高差。

对于支水准路线，当各段往返测高差符合要求时，计算出各段的平均高差。

$$h = \frac{h_{往} - h_{返}}{2} \tag{2.16}$$

2.1.4.3 待定点高程的计算

对于附合或闭合水准路线，须根据起点高程和各段改正后的高差，依次推算各点

的高程，推算到终点时，应与终点的已知高程相等。

对于支水准路线，须根据起点高程和各段平均高差依次推算各点高程。由于终点没有已知高程可供检核，应反复推算，避免出现错误。

【例 2.1】 图 2.20 为按普通水准测量要求施测的附合水准路线观测成果略图。BM-A 和 BM-B 为已知高程的水准点，图中箭头表示水准测量前进方向，路线上方的数字为测得的两点间的高差（以 m 为单位），路线下方数字为该段路线的长度（以 km 为单位），试计算待定点 1、2、3 点的高程。

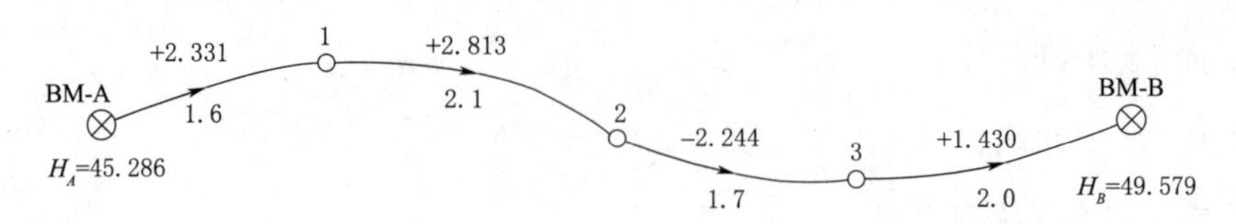

图 2.20 附合水准路线观测成果略图

任务 2.2 四 等 水 准 测 量

三、四等水准测量属于国家等级水准测量，除用于国家的高程控制加密外，通常直接用于地形测量和各种工程建设的高程控制。三、四等水准测量的测量方法、路线布设和普通水准测量是大体相同的，只是在技术要求、观测顺序以及记录计算等方面有更具体的要求及规范。

表 2.3 **高程误差配赋表**

计算员________ 检查员________

点名	测段长度/km	实测高差/m	高差改正数/mm	改正后高差/m	高程/m	备注
BM-A					45.286	已知点
	1.6	+2.331	−8	+2.323		
1					47.609	待定点
	2.1	+2.813	−11	+2.802		
2					50.411	待定点
	1.7	−2.244	−8	−2.252		
3					48.159	待定点
	2.0	+1.430	−10	+1.420		
BM-B					49.579	已知点
Σ	7.4	+4.330	−37	+4.293		
辅助计算	$f_h=\sum h_{测}-(H_{终}-H_{始})=4.330-4.293=37$ (mm) $f_{h允}=\pm 40\sqrt{L}=\pm 108$ (mm)					

2.2.1 四等水准测量一般要求

四等水准路线可以根据施测条件和用途的不同布设为附合水准路线或者闭合水准路线。根据不同的需求沿水准路线埋设水准点（临时性或永久性）。四等水准测量应在标尺分划线成像清晰稳定时进行，若成像欠佳，应酌情缩短视线长度。不同仪器类型对视距的要求也不相同，表2.4为DS_3水准仪的技术要求以及各项限差要求。

表2.4 DS_3**水准仪的技术要求以及各项限差要求**

等级	前后视距/m	前后视距差/m	前后视距累积差/m	视线高度	黑红面读数差/mm	黑红面高差之差/mm	水准路线长度/km	高差闭合差/mm
三等	≤75	≤±2	≤±5	三丝能读数	≤±2	≤±3	≤±50	$\leqslant \pm 12\sqrt{L}$
四等	≤100	≤±3	≤±10		≤±3	≤±5	≤±16	$\leqslant \pm 20\sqrt{L}$

注 L为路线或测段的长度，km。

2.2.2 四等水准测量的观测和记录

三、四等水准测量采用DS_3水准仪和双面水准尺进行观测。三等水准测量观测顺序为后（黑）、前（黑）、前（红）、后（红）。四等水准测量一般观测顺序为后（黑）、后（红）、前（黑）、前（红）。为了抵消因磨损而造成的标尺零点差，每测段的测站数目应为偶数。

在每一测站上，先按步测的方法，在前后视距大致相等的位置安置水准仪；或者先安置仪器，概略整平后分别瞄准后视尺、前视尺，估读视距，如果后视距、前视距或前后视距差超限，应当前后移动水准仪或前视水准尺，以满足要求。

四等水准测量一个测站的观测和记录顺序如下：

（1）照准后视尺黑面，按上丝、下丝、中丝顺序进行读数（正像仪器），分别记入表2.5所示手簿中的（1）、（2）、（3）栏，并且对后视距进行计算。

（2）照准后视尺红面，读取红面中丝读数，记入手簿的（4）栏。

（3）照准前视尺黑面，按上丝、下丝、中丝顺序进行读数（正像仪器），分别记入表2.5所示手簿中的（5）、（6）、（7）栏，并且对前视距进行计算。

（4）照准前视尺红面，读取红面中丝读数，记入手簿的（8）栏。

应当指出的是：如果使用微倾式水准仪，在读取中丝读数时应当调节附合水准器，使气泡影像重合。

2.2.3 四等水准测量手簿的计算与检核

每个测站的观测、记录与计算应同时进行，以便及时发现和纠正错误；测站上的所有计算工作均已完成并且符合限差要求时方可迁站。测站上的计算项目包括以下几个部分。

2.2.3.1 视距部分

（1）后视距(9)=[(1)−(2)]×100。

（2）前视距(10)=[(5)−(6)]×100。

（3）前后视距差(11)=后视距(9)−前视距(10)。

（4）前后视距差累积差。

表 2.5　　　　四等水准测量记录表格

测站与测点	后尺 上丝 / 下丝；后视距；视距差 d /m	前尺 上丝 / 下丝；前视距；累积差 $\sum d$ /m	方向及尺号	水准尺读数 黑面	水准尺读数 红面	K+黑−红 /mm	高差中数 /m	备注
	(1)	(5)	后	(3)	(4)	(13)	(18)	
	(2)	(6)	前	(7)	(8)	(14)		
	(9)	(10)	后−前	(15)	(16)	(17)		
	(11)	(12)						
BM1 1 TP1	1.570	0.738	后 7	1.374	6.161	0	+0.832	
	1.197	0.362	前 6	0.541	5.229	−1		
	37.3	37.6	后−前	+0.833	+0.932	+1		
	−0.3	−0.3						
TP1 2 TP2	2.122	2.196	后 6	1.944	6.631	0	−0.064	$K_1=4.787$ $K_2=4.687$
	1.748	1.821	前 7	2.008	6.796	−1		
	37.4	37.5	后−前	−0.064	−0.165	+1		
	−0.1	−0.4						
TP2 3 TP3	1.918	2.055	后 7_1	1.736	6.523	0	−0.130	
	1.539	1.678	前 6	1.866	6.554	−1		
	37.9	37.7	后−前	−0.130	−0.031	+1		
	+0.2	−0.2						
TP3 4 BM2	1.965	2.141	后 6	2.832	7.519	0	+0.826	
	1.706	1.874	前 7	2.007	6.793	+1		
	25.9	26.7	后−前	+0.825	+0.726	−1		
	−0.8	−1.0						

第一测站：前后视距差累积差(12)＝视距差(11)。

其他各站：前后视距差累积差(12)＝本站(11)＋前站(12)。

2.2.3.2 高差部分

(1) 后视标尺黑红面读数差(13)＝(3)＋K_1－(4)（K_1 为后视标尺红面起点刻划 4.687 或 4.787）。

(2) 前视标尺黑红面读数差(14)＝(7)＋K_2－(8)（K_2 为前视标尺红面起点刻划 4.787 或 4.687）。

(3) 黑面高差(15)＝(3)－(7)。

(4) 红面高差(16)＝(4)－(8)。

(5) 黑红面高差之差(17)＝(15)－[(16)±0.1]＝(13)－(14)。

(6) 高差中数(18)＝{(15)＋[(16)±0.1]}/2。

以上两式中的"±"，当后视标尺红面起点刻划为 4.687 时，取"＋"，否则取"－"。

2.2.4　四等水准测量测站上的限差要求

(1) 前、后视距差 (11) 项≤±3m。

(2) 前、后视视距累积差 (12) 项≤±10m。

(3) 黑红面读数差 (13)、(14) 项≤±3mm。

(4) 黑红面高差之差 (17) 项≤±5mm。

若测站有关观测值限差超限，在本站检查后发现应立即重测，若迁站后才检查发现，则应从固定点起重测。

任务 2.3　DS_3微倾水准仪的检验与校正

2.3.1　DS_3微倾水准仪应满足的几何关系

DS_3微倾水准仪有四条轴线，即视准轴、水准管轴、圆水准器轴和仪器竖轴，如图 2.21 所示。水准测量要求水准仪提供一条水平视线，故各轴线之间应满足的几何关系如下：

(1) 圆水准器轴应平行于仪器的竖轴；

(2) 十字丝的横丝应垂直于仪器的竖轴；

(3) 水准管轴应平行于视准轴。

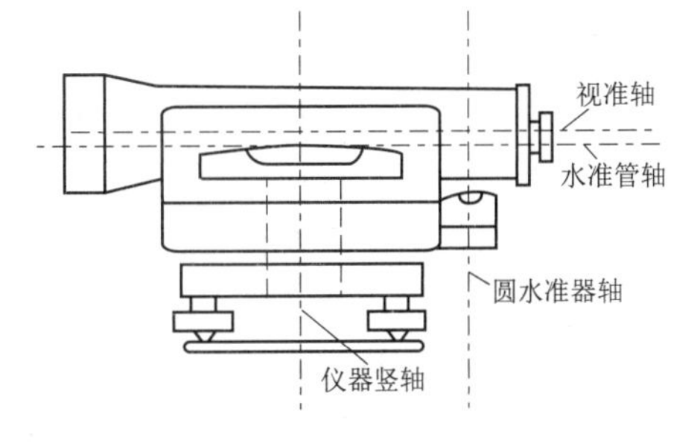

图 2.21　DS_3微倾水准仪的主要轴线

2.3.2　DS_3微倾水准仪的检验与校正

2.3.2.1　圆水准器轴平行于仪器的竖轴

检验：安置水准仪，旋转脚螺旋使圆水准器气泡居中，然后将仪器上部在水平方向绕竖轴旋转 180°，若气泡仍居中，则表示圆水准器轴已平行于竖轴，若气泡偏离中央则需进行校正。

校正：用脚螺旋使气泡向中央方向移动偏离量的一半，然后拨圆水准器的校正螺旋使气泡居中。由于一次拨动不易使圆水准器校正得很完善，所以需重复上述的检验和校正，使仪器上部旋转到任何位置气泡都能居中为止，如图 2.22 所示。

2.3.2.2　十字丝横丝垂直于仪器的竖轴

检验：先用横丝的一端照准一固定的目标或在水准尺上读一读数，然后用微动螺旋转动望远镜，用横丝的另一端观测同一目标或读数，如果目标仍在横丝上或水准尺上读数不变，如图 2.23 (a) 所示，说明横丝已与竖轴垂直。若目标偏离了横丝或水准尺读数有变化，如图 2.23 (b) 所示，则说明横丝与竖轴没有垂直，应予校正。

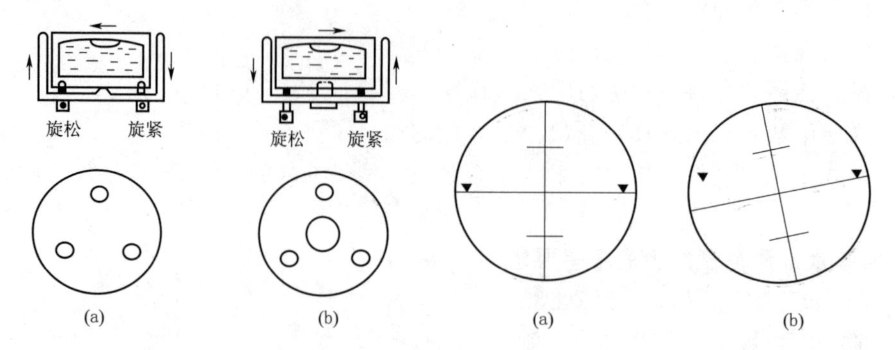

图 2.22　圆水准器的校正　　　　图 2.23　十字丝横丝的检验

校正：打开十字丝分划板的护罩，可见到三个或四个分划板的固定螺丝，如图 2.24 所示。松开这些固定螺丝，用手转动十字丝分划板座，反复试验使横丝的两端都能与目标重合或使横丝两端所得水准尺读数相同，则校正完成。最后旋紧所有固定螺丝。

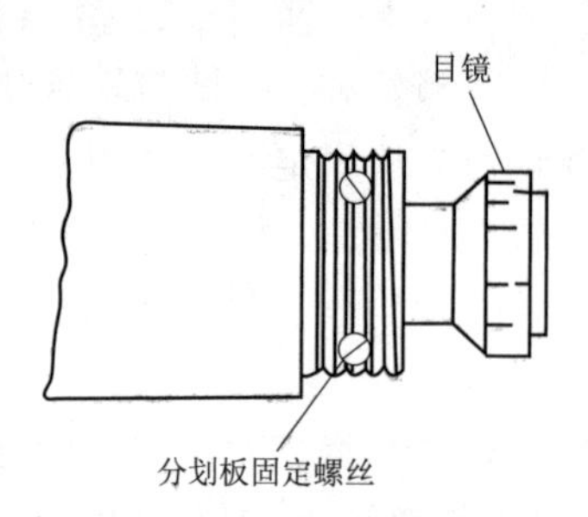

图 2.24　分划板固定螺丝

2.3.2.3　水准管轴平行于视准轴

检验：在平坦地面选相距 40～60m 的 A、B 两点，在两点打入木桩或设置尺垫。水准仪首先置于离 A、B 等距的Ⅰ点，如图 2.25（a）所示，测得 A、B 两点的高差 $h_{\text{I}}=a_1-b_1$。复测 2～3 次，当所得各高差之差小于 3mm 时取其平均值。若视准轴与水准管轴不平行而构成 i 角，由于仪器至 A、B 两点的距离相等，因此由于视准轴倾斜，而在前、后视读数所产生的误差 Δ 也相等，所以所得的 h_{I} 是 A、B 两点的正确高差。然后把水准仪移到 AB 延长方向上靠近 B 的Ⅱ点，如图 2.25（b）所示，再次测 A、B 两点的高差，必须仍把 A 作为后视点，故得高差 $h_{\text{II}}=a_2-b_2$。如果 $h_{\text{II}}=h_{\text{I}}$，说明在测站Ⅱ所得的高差也是正确的，这也说明在测站Ⅱ观测时视准轴是水平的，故水准管轴与视准轴是平行的，即 $i=0$。如果 $h_{\text{II}}\neq h_{\text{I}}$，则说明存在 i 角的误差，如图 2.25（b）所示。

$$i=\frac{\Delta}{D}\rho \tag{2.17}$$

$$\Delta=a_2-b_2-h_{\text{I}}=h_{\text{II}}-h_{\text{I}} \tag{2.18}$$

式中　Δ——仪器分别在Ⅱ和Ⅰ所测得的高差之差；

D——A、B 两点间的距离，对于一般水准测量，要求 i 角不大于 20″，否则应进行校正。

校正：当仪器存在 i 角时，在远点 A 的水准尺读数 a_2 将产生误差 x_A，从图 2.25（b）可知：

$$x_A=\Delta\frac{D+D'}{D} \tag{2.19}$$

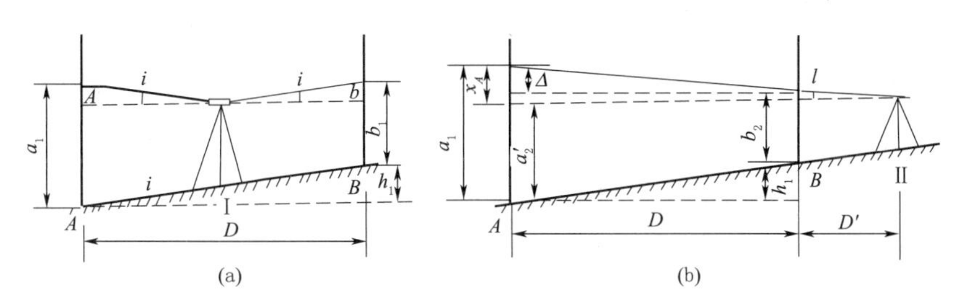

图 2.25　测站高差测量

式（2.19）中，D 常指测站Ⅱ至 B 点的距离，为使计算方便，通常使 $D'=\frac{1}{10}D$ 或 $D'=D$，则 x_A相应为 1.1Δ 或 2Δ。也可使仪器紧靠 B 点，并假设 $D'=0$，则 $x_A=\Delta$，读数 b_2可用水准尺直接量取桩顶到仪器目镜中心的距离。计算时应注意 Δ 的正负号，正号表示视线向上倾斜，与图上所示一致，负号表示视线向下倾斜。

为了使水准管轴和视准轴平行，用微倾螺旋使远点 A 的读数从 a_2 改变到 a_2'，$a_2'=a_2-x_A$。此时视准轴由倾斜位置改变到水平位置，但水准管也因随之变动而气泡不再符合。用校正针拨动水准管一端的校正螺旋使气泡符合，则水准管轴也处于水平位置，从而使水准管轴平行于视准轴。水准管的校正螺旋如图 2.26 所示，校正时先松动左右两校正螺旋，然后拨上下两校正螺旋使气泡符合。拨动上下校正螺旋时，应先松一个再紧另一个逐渐改正，当最后校正完毕时，所有校正螺旋都应适度旋紧。

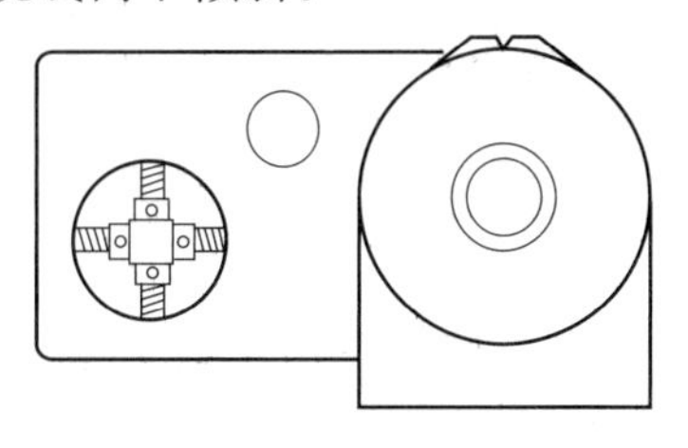

图 2.26　水准管的校正螺旋

以上检验校正也需要重复进行，直到 i 角小于 20″为止。

2.3.3　水准测量的误差来源及消减方法

水准测量中由于仪器、人、环境等各种因素的影响，使测量成果中都带有误差，按其来源可分为：仪器误差、观测误差和外界条件影响产生的误差。为了保证测量成果的精度，需要分析研究产生误差的原因，并采取措施消除和减小误差的影响。

2.3.3.1　仪器误差

由于仪器结构不够完善或检验校正不够完善，因而仪器本身存在误差，此类误差称为仪器误差。水准仪的主要误差是视准轴与水准管轴不平行的误差，称 i 角误差。这种误差的影响，只要在观测时使后视距和前视距相等就能消除。

水准尺分划误差，尺底零点不准确或受到磨损，尺面弯曲或伸缩变形，都会给水准测量带来误差。因此，所用水准尺必须经过检验，符合要求才能使用。其中水准尺的零点误差，可在每段高差测量中采用偶数站观测予以消除。

2.3.3.2　观测误差

1. 水准管气泡居中误差

视线水平是以气泡居中或符合为依据的，但气泡的居中或符合都是凭肉眼来判断，不能绝对准确。气泡居中的精度也就是水准管的灵敏度，它主要取决于水准管

的分划值。一般认为水准管居中的误差约为 0.1 分划值，它对水准尺读数产生的误差为

$$m=\frac{0.1\tau''}{\rho}D \tag{2.20}$$

式中 τ''——水准管的分划值；

ρ——$\rho=206265''$；

D——视线长。

符合水准器气泡居中的误差大约是直接观察气泡居中误差的 1/2～1/5。为了减小气泡居中误差的影响，应对视线长加以限制，观测时应使气泡精确地居中或符合。

2. 估读水准尺分划的误差

水准尺上的毫米数都是估读的，估读的误差决定于视场中十字丝和厘米分划的宽度，所以估读误差与望远镜的放大率及视线的长度有关。通常在望远镜中十字丝的宽度为厘米分划宽度的 1/10 时，能准确估读出毫米数。所以在各种等级的水准测量中，对望远镜的放大率和视线长的限制都有一定的要求。此外，在观测中还应注意消除视差，并避免在成像不清晰时进行观测。

3. 标尺倾斜引起的误差

水准尺没有竖直，无论向哪一侧倾斜都使读数偏大。这种误差随尺的倾斜角和读数的增大而增大。例如尺有 3°的倾斜，读数为 1.5m 时，可产生 2mm 的误差。为使水准尺能够竖直，水准尺上最好装有水准器。没有水准器时，可采用摇尺法，读数时把尺的上端在视线方向前后来回摆动，当视线水平时，观测到的最小读数就是尺竖直时的读数，如图 2.27 所示。这种误差在前后视读数中均可发生，所以在计算高差时可以抵消一部分。

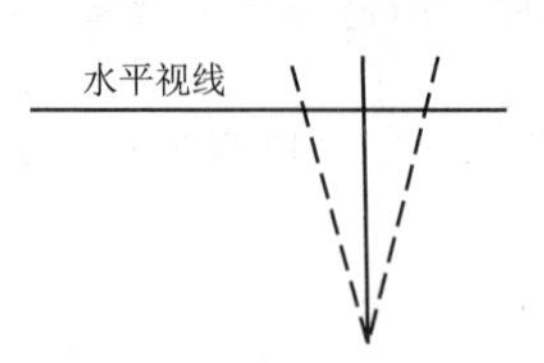

图 2.27 水准尺倾斜误差

2.3.3.3 外界环境的影响

1. 仪器下沉误差

在读取后视读数和前视读数之间，若仪器下沉了 Δ，由于前视读数减少了 Δ，从而使高差增大了 Δ，如图 2.28 所示。在松软的土地上，每一测站都可能产生这种误差。当采用双面尺或两次仪器高时，第二次观测可先读前视点 B，然后读后视点 A，则可使所得高差偏小，两次高差的平均值可抵消一部分仪器下沉的误差。

将仪器安置在土质坚实的地方，操作熟练快速，可以减小仪器下沉的影响，对于精度要求较高的水准测量，可以采用往返观测取平均值或采用“后前前后”的观测顺序来削弱其带来的影响。

2.9 ▶
双面尺法观测高差

2. 标尺下沉误差

在仪器搬站时，若转点（尺垫）下沉了 Δ，则使下一测站的后视读数偏大，使高差也增大 Δ，如图 2.29 所示。在同样情况下返测，则使高差的绝对值减小。所以取

往返测的平均高差，可以减弱水准尺下沉的影响。当然，在进行水准测量时，必须选择坚实的地点放置尺垫，避免标尺的下沉。

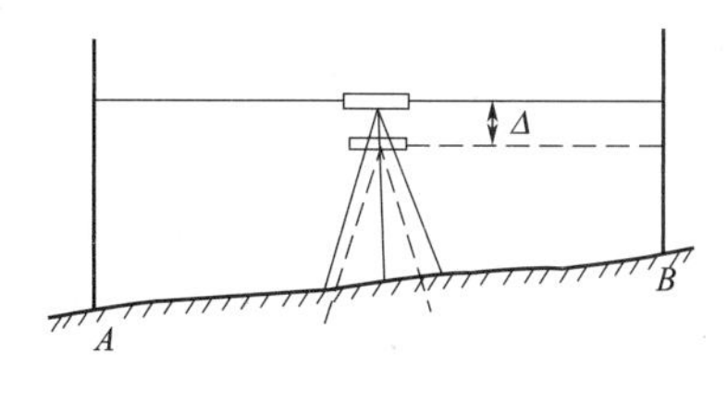

图 2.28　仪器下沉误差

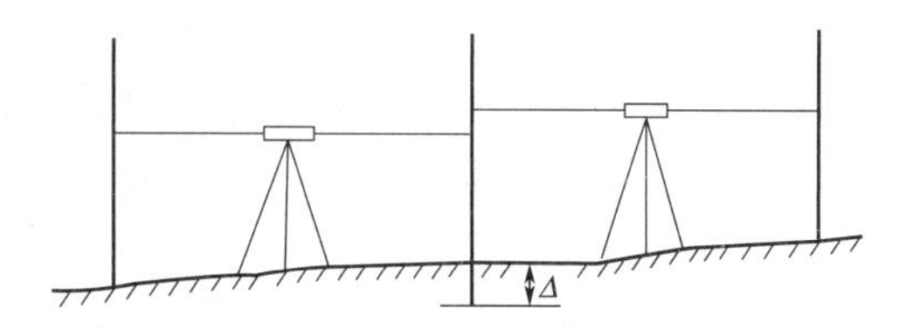

图 2.29　水准尺下沉误差

3. 地球曲率误差

水准测量应根据水准面来求出两点的高差，如图 2.30 所示，但视准轴是一直线，因此使读数中含有由地球曲率引起的误差 p：

$$p=\frac{D^2}{2R} \tag{2.21}$$

式中　D——视线长；

R——地球的半径。

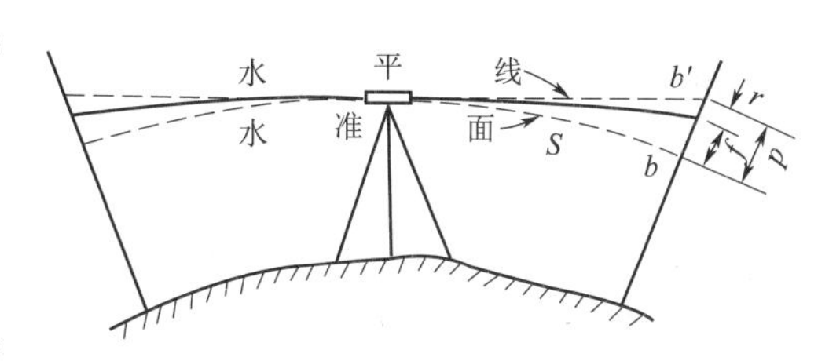

图 2.30　地球曲率误差和大气折光误差

4. 大气折光误差

水平视线经过密度不同的空气层被折射，一般情况下形成一向下弯曲的曲线，它与理论水平线所得读数之差，就是由大气折光引起的误差 r，如图 2.30 所示。实验得出：大气折光误差比地球曲率误差要小，是地球曲率误差的 K 倍，在一般大气情况下，$K=1/7$，故

$$r=K\frac{D^2}{2R}=\frac{D^2}{14R} \tag{2.22}$$

所以水平视线在水准尺上的实际读数位于 b'，它与按水准面得出的读数 b 之差，就是地球曲率和大气折光总的综合影响值，以 f 表示，故

$$f=p-r=0.43\frac{D^2}{R} \tag{2.23}$$

当前视、后视距离相等时，这种误差在计算高差时可自行消除。但是近地面的大气折光变化十分复杂，所以即使保持前视后视距离相等，大气折光误差也不能完全消除。所以观测时视线离地面尽可能高些，可减弱折光变化的影响。

5. 气候的影响

除了上述各种误差来源外，气候的影响也给水准测量带来误差，如风吹、日晒、温度的变化和地面水分的蒸发等，所以观测时应注意气候带来的影响。比如为了防止日光曝晒，仪器应打伞保护；无风的阴天是最理想的观测天气，应选择这样的天气进行作业。

项 目 小 结

本项目介绍了水准测量的原理，DS_3水准仪的构造及使用，普通水准测量、四等水准测量的施测方法以及内业计算、仪器的检验与校正，分析了水准测量误差的主要来源等，其中重点和难点都体现在四等水准测量上。通过本项目的学习，需掌握以下内容：

（1）水准测量原理；

（2）熟练使用DS_3水准仪；

（3）普通（等外）水准测量的观测、记录与外业计算；

（4）四等水准测量的观测、记录与外业计算；

（5）水准测量的内业计算；

（6）水准测量误差来源以及消减的方法。

知 识 检 验

1. 高程测量通常采用的方法有哪几种？
2. 简述水准测量原理。
3. 什么叫水准点？什么叫转点？
4. 什么叫水准路线？水准路线有几种布设形式？
5. 简述四等水准测量一测站的观测程序。
6. DS_3微倾水准仪应满足哪些几何关系？
7. 简述DS_3微倾水准仪水准管轴平行于视准轴的检验方法。
8. 水准测量时前后视距相等可以消除哪些误差？

项目3 角 度 测 量

【知识目标】

了解光学经纬仪，由于经纬仪的基本结构；了解测角误差的影响和误差的解除方法；掌握水平角，竖直角测量的原理与方法；熟悉光学经纬仪的读数与使用方法。

【技能目标】

能熟练操作 DJ_6 型光学经纬仪，并能进行水平角和竖直角的测量；能进行水平角和竖直角的记录，计算；能进行光学经纬仪的校验与校正。

任务3.1 水 平 角 测 量

3.1.1 水平角测量原理

由一点到两个目标的方向线垂直投影在水平面上所成的角，称为水平角。如图3.1，由地面点 A 到 B、C 两个目标的方向线 AB 和 AC，在水平面上的投影为 ab 和 ac，其夹角 β 即为水平角，它等于通过 AB 和 AC 的两个竖直面之间所夹的二面角。二面角的棱线 Aa 是一条铅垂线。垂直于 Aa 的任一水平面（如过 A 点的水平面 V）与两竖直面的交线均可用来量度水平角 β。若在任一点 O 水平地放置一个刻度盘，使度盘中心位于 Aa 铅垂线，再用一个既能在竖直面内转动又能绕铅垂线水平转动的望远镜去照准目标 B 和 C，则可将直线 AB 和 AC 投影到度盘上，截得相应的读数 m 和 n。如果度盘刻划的注记形式是按顺时针方向由 0°递增到 360°，则 AB 和 AC 两方向线间的水平角为：$\beta=n-m$。

3.1.2 角度测量的仪器

经纬仪是测量角度的仪器，它虽也兼有其他功能，但主要是用来测角。根据制造原理，经纬仪分为光学经纬仪和电子经纬仪；根据测角精度的不同，经纬仪分为 DJ_{07}、DJ_1、DJ_2、DJ_6、DJ_{30} 等几个精度等级。D 和 J 分别是大地测量和经纬仪两词汉语拼音的首字母，角码注字是它的精度指标。本任务学习 DJ_6 型光学经纬仪和 DJ_2 型光学经纬仪。

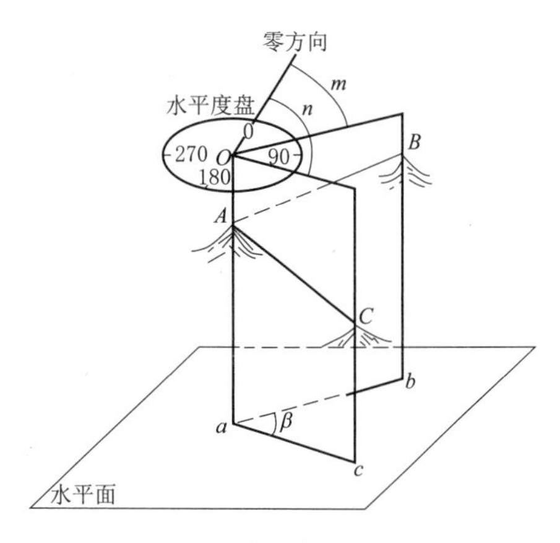

图 3.1 水平角测量原理

3.1.2.1 DJ_6 型光学经纬仪

1. 基本构造

图 3.2 为 DJ_6 型光学经纬仪，它由照准

部、水平度盘和基座3个主要部分组成。各部件名称如图3.2所示。

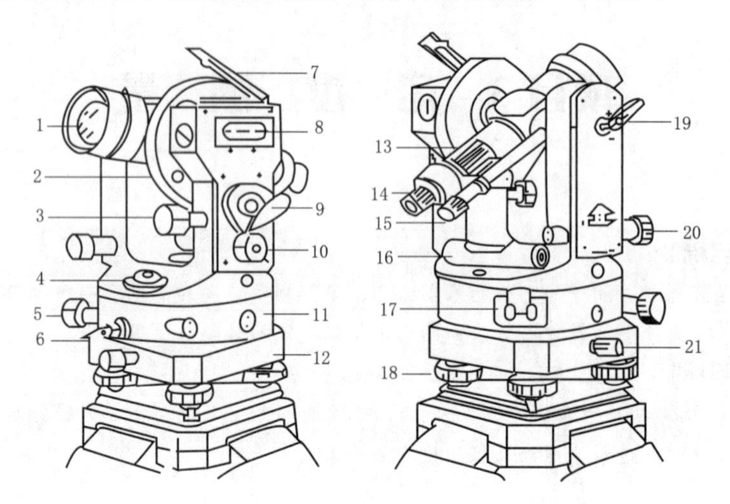

图3.2 DJ_6型光学经纬仪

1—物镜；2—竖直度盘；3—竖盘指标水准管微动螺旋；4—圆水准器；5—照准部微动螺旋；6—照准部制动扳钮；7—水准管反光镜；8—竖盘指标水准管；9—度盘照明反光镜；10—测微轮；11—水平度盘；12—基座；13—望远镜调焦筒；14—目镜；15—读数显微镜；16—照准部水准管；17—复测扳手；18—脚螺旋；19—望远镜制动扳钮；20—望远镜微动螺旋；21—轴座固定螺旋

(1) 照准部。照准部是指水平度盘以上能绕竖轴旋转的部分，包括望远镜、竖直度盘、光学对中器、水准管、光路系统、读数显微镜等，都安装在底部带竖轴（内轴）的U形支架上。其中望远镜、竖盘和水平轴（横轴）固连一体，组装于支架上。望远镜绕横轴上下旋转时，竖盘随着转动，并由望远镜制动螺旋和微动螺旋控制。竖盘是一个圆周上刻有度数分划线的光学玻璃圆盘，用来量度竖直角。紧挨竖盘有一个指标水准管和指标水准管微动螺旋，在观测竖直角时用来保证读数指标的正确位置。望远镜旁有一个读数显微镜，用来读取竖盘和水平度盘读数。望远镜绕竖轴左右转动时，由水平制动螺旋和水平微动螺旋控制。照准部的光学对中器和水准管用来安置仪器，以使水平度盘中心位于测站铅垂线上并使度盘平面处于水平位置。

(2) 水平度盘。水平度盘用于测量水平角，它是由光学玻璃制成的刻有度数分划线的圆盘，按顺时针方向由0°注记至360°，相邻两分划线之间的格值为1°或30′。水平度盘通过外轴装在基座中心的套轴内，并用中心锁紧螺旋使之固紧。当照准部转动时，水平度盘并不随之转动。若需改变水平度盘的位置，可通过照准部上的水平度盘变换手轮或复测扳手，将度盘变换到所需的位置。

(3) 基座。基座用于支撑整个仪器，并通过中心螺旋将经纬仪固定在三脚架上。

基座上有三个脚螺旋，用于整平仪器。

基座上有轴套，仪器竖轴插入基座轴套后，拧紧轴座固定螺旋，可使仪器固定在基座上，使用仪器时，务必将基座上的固定螺旋拧紧，不得随意松动。

2. 测微装置与读数方法

DJ_6型经纬仪水平度盘的直径一般只有93.4mm，周长为293.4mm；竖盘更小。

度盘分划值（即相邻两分划线间所对应的圆心角）一般只刻至1°或30′，但测角精度要求达到6″，于是必须借助光学测微装置。DJ_6型光学经纬仪目前最常用的装置是分微尺。下面介绍分微尺读数方法。

如图3.3所示，在读数显微镜中可以看到两个读数窗口：注有“水平”（或是“H”或“－”）的是水平度盘读数窗；注有“竖直”（或是“V”或“⊥”）的是竖直度盘读数窗口。每个读数窗上刻有分成60小格的分微尺，分微尺长度等于度盘间隔1°的两分划线之间的影像宽度，因此分微尺上1小格的分划值为1′，可估读到0.1′（6″）。

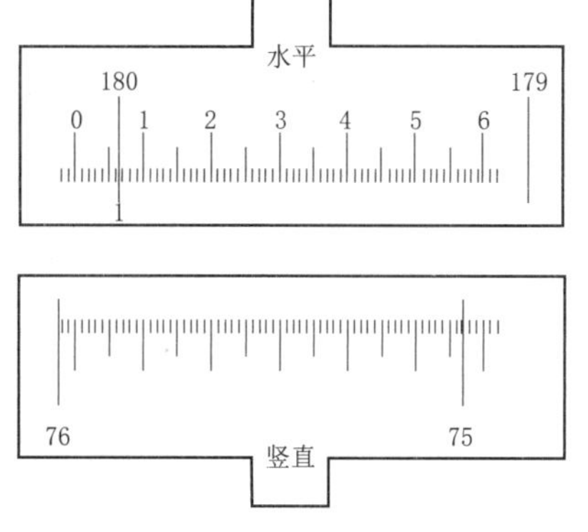

图3.3 分微尺的读数方法

读数时，先调节读数显微镜目镜，使能清晰地看到读数窗内度盘的影像。然后读出位于分微尺内的度盘分划线的注记度数，再以度盘分划线为指标，在分微尺上读取不足1°的分数，并估读秒数（秒数只能是6的倍数）。如图3.3所示，水平度盘读数为180°06.2′＝180°06′12″；竖直度盘为75°57.1′＝75°57′06″。

3. 经纬仪的使用

使用经纬仪进行角度测量，首先在测站点上安置经纬仪，使仪器中心与测站点标志中心位于同一铅垂线上，称为对中；使水平度盘处于水平位置，称为整平。对中通过垂球或者光学对中器完成；整平包括使圆水准器气泡居中的粗平工作和使水准管气泡居中的精平工作。对中和整平工作可以同步进行。

（1）垂球对中。首先将三脚架安置在测站上，使架头大致水平且高度适中，然后将仪器从仪器箱中取出，用连接螺旋将仪器装在三脚架上，再挂上垂球初步对中。如垂球尖偏离测站点较多，可平移三脚架，使垂球尖对准测站点标志中心；如垂球尖偏离测站点较少，可稍旋松连接螺旋，两手扶住仪器基座，在架头上平移仪器，使垂球尖精确对准标志中心，最后旋紧连接螺旋。对中误差一般不应大于3mm。

（2）整平。如图3.4（a）所示，整平时，先转动仪器的照准部，使照准部水准管平行于任意一对脚螺旋的连线，然后用两手同时向里或向外转动该两脚螺旋，使水准管气泡居中，注意气泡移动方向与左手大拇指移动方向一致；再将照准部转动90°，如图3.4（b）所示，使水准管垂直于原两脚螺旋的连线，转动另一脚螺旋，使水准管气泡居中。如此重复进行，直到照准部旋转到任何位置水准管气泡都居中为止。居中误差一般不得大于一格。

（3）光学对中器对中。

1）将三脚架安置在测站上，使架头大致水平且高度适中，大致使架头中心与地面点处于同一条铅垂线上。

2）将仪器连接到三脚架上，如果光学对中器中心偏离地面点较远，两手端着两个架腿移动，使光学对中器中心与地面点重合；如果光学对中器中心偏离地面点较

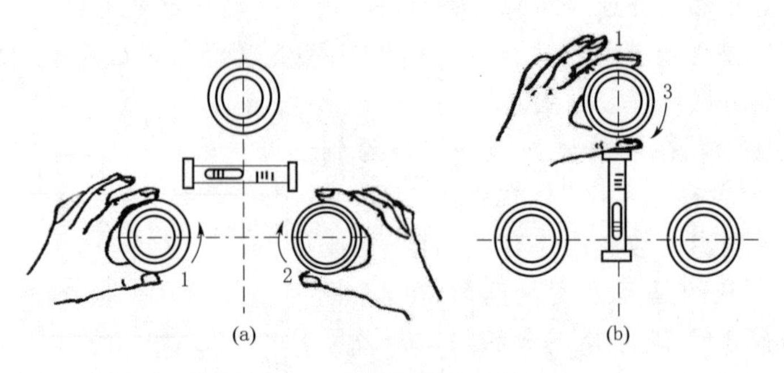

图 3.4 用脚螺旋整平方法

少，旋转脚螺旋使光学对中器中心与地面点重合。

3）伸缩三脚架腿，使圆水准器气泡居中（粗平），再采用图 3.4 所示的方法使水准管气泡居中（精平）。

4）如果光学对中器中心偏离测站点，稍旋松连接螺旋，两手扶住仪器基座，在架头上平移仪器，使光学对中器中心与地面点重合。

5）重新精平仪器，如果对中变化，再重新精确对中，反复进行，直至仪器精平后，光学对中器中心刚好与地面点重合为止。

（4）调焦和照准。照准就是使望远镜十字丝交点精确照准目标。照准前先松开望远镜制动螺旋与照准部制动螺旋，将望远镜朝向天空或明亮背景，进行目镜对光，使十字丝清晰；然后利用望远镜上的照门和准星粗略照准目标，使在望远镜内能够看到物像，再拧紧照准部及望远镜制动螺旋；转动物镜对光螺旋，使目标清晰，并消除视差；转动照准部和望远镜微动螺旋，精确照准目标：测水平角时，应使十字丝竖丝精确地照准目标，并尽量照准目标的底部，如图 3.5 所示；测竖直角时，应使十字丝的横丝（中丝）精确照准目标，如图 3.6 所示（倒像仪器）。

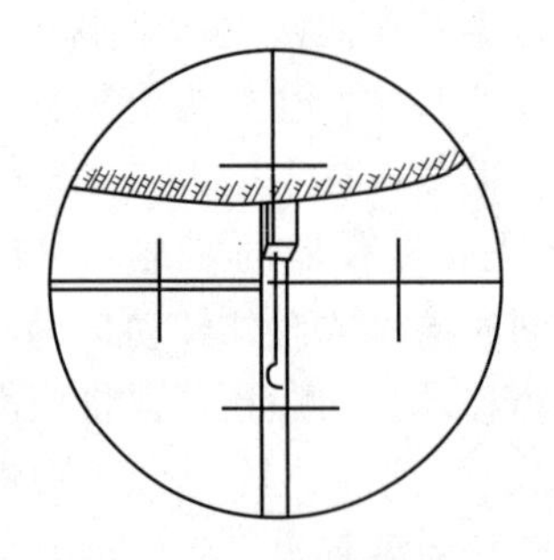

图 3.5 水平角测量照准方法

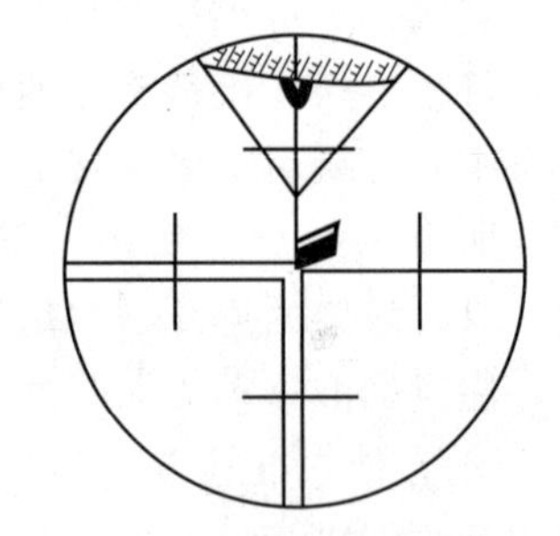

图 3.6 天顶距测量照准方法

（5）读数。调节反光镜及读数显微镜，使度盘与测微尺影像清晰，亮度适中，然后按前述的读数方法读数。如果进行竖盘读数，按照仪器不同，在读数前应打开竖盘补偿开关或者调节竖盘水准管微动螺旋，使竖盘水准管气泡居中。

（6）置数（配盘）。置数（配盘）是指按照事先给定的水平度盘读数去照准目标，使照准之后的水平度盘读数等于所需要的读数。在水平角观测时，常使起始方向的水平度盘读数为某一个指定读数；在放样工作中，常使起始方向的水平度盘读数为零，称为置零。

例如，要使经纬仪瞄准某个目标时，水平度盘读数为0°02′00″，不同型号的仪器采用不同的装置进行置数：

1）度盘变换手轮（北光DJ_6光学经纬仪）。先转动照准部瞄准目标，再按下度盘变换手轮下的杠杆，将手轮推压，松开杠杆；转动手轮，将水平度盘转到0°02′00″读数位置上，按下杠杆，手轮弹出，此时的读数即为设置的读数。

2）复测扳手（华光DJ_6光学经纬仪）。先将复测扳手扳上，转动照准部，使水平度盘读数为0°02′00″，然后把复测扳手扳下（此时，水平度盘与照准部结合在一起，两者一起转动，转动照准部，水平度盘读数不变），再转动照准部，瞄准目标。

3.1.2.2 DJ_2型光学经纬仪

DJ_2型光学经纬仪是一种精度较高的经纬仪，常用于精密工程测量和控制测量中。图3.7为苏州第一光学仪器厂生产的DJ_2型光学经纬仪，其外观和基本结构与DJ_6型经纬仪基本相同，区别主要表现在读数装置和读数方法上。DJ_2型光学经纬仪是利用度盘180°对径分划线影像的重合法（相对于180°对径方向两个指标读数取平均值），来确定一个方向的正确读数。它可以消除度盘偏心差的影响。该类型仪器采用移动光楔作为测微装置。移动光楔测微器的原理是光线通过光楔时，光线会产生偏转，而在光楔移动后，由于光线的偏转点改变了而偏转角不变，因此，通过光楔的光线就产生了平行位移，以实现其测微的目的。

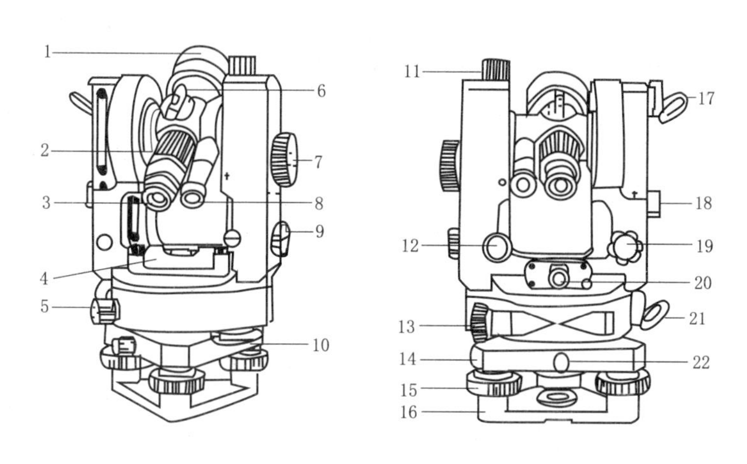

图3.7 DJ_2型光学经纬仪

1—物镜；2—望远镜调焦筒；3—目镜；4—照准部水准管；5—照准部制动螺旋；6—粗瞄准器；7—测微轮；8—读数显微镜；9—度盘换像旋钮；10—水平度盘变换手轮；11—望远镜制动螺旋；12—望远镜微动螺旋；13—照准部微动螺旋；14—基座；15—脚螺旋；16—基座底板；17—竖盘照明反光镜；18—竖盘指标水准器观察镜；19—竖盘指标水准器微动螺旋；20—光学对中器；21—水平度盘照明反光镜；22—轴座固定螺旋

DJ_2型光学经纬仪是在光路上设置了两个光楔组（每组包括一个固定光楔和一个活动光楔），入射光线通过一系列的光学零件，将度盘180°对径两端的度盘分划影像通过各自的光楔组同时反映在读数显微镜中，形成被一横线隔开的正字像（简称正像）和倒字像（简称倒像），如图 3.8 所示。图中，大窗为度盘的影像，每隔 1°注一数字，度盘分划值为 20′。小窗为测微尺的影像，左边注记数字从 0 到 10 以分为单位，右边注记数字以 10″为单位，最小分划值为 1″，估读到 0.1″。当转动测微轮使测微尺由 0′移动到 10′时，度盘正倒像的分划线向相反方向各移动半格（相当于 10′）。

读数时，先转动测微轮，使正、倒像的度盘分划线精确重合，然后找出邻近的正、倒像相差 180°的两条整度分划线，并注意正像应在左侧，倒像在右侧，正像整度数分划线的数字就是度盘的度数；再数出整度正像分划线与对径的整度倒像分划线间的格数，乘以度盘分划值的一半（因正、倒像相对移动），即得度盘上应读取的 10′数；不足 10′的分数和秒数，应从左边小窗中的测微尺上读取。三个读数相加，即为度盘上的完整读数。例如，图 3.8（a）所示度盘读数为 174°02′00″，图 3.8（b）所示度盘读数为 91°17′16″。

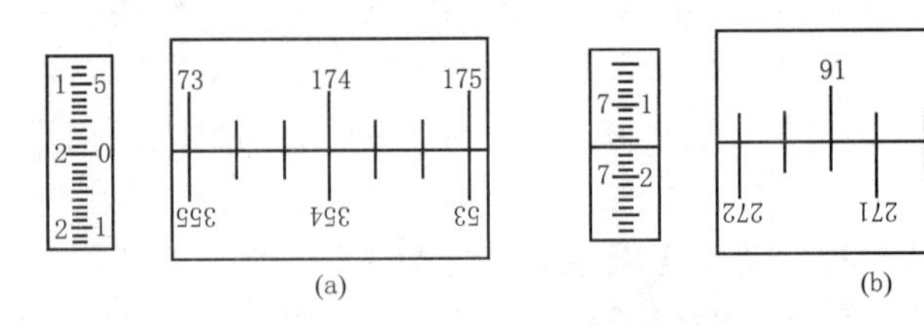

图 3.8　DJ_2型经纬仪读数视窗

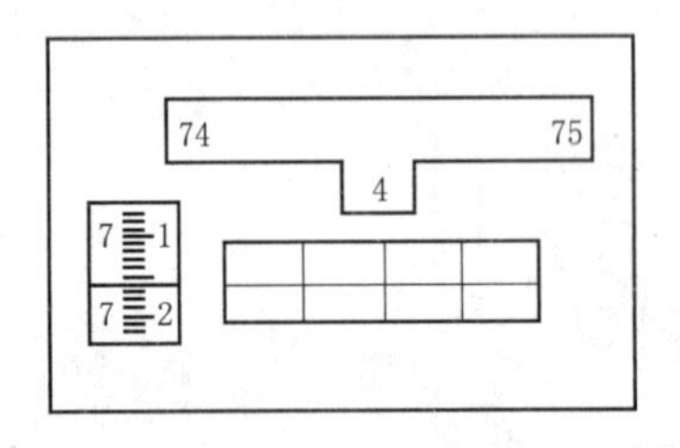

图 3.9　新型 DJ_2读数视窗

DJ_2型光学经纬仪在读数显微镜中，只能看到水平度盘或竖直度盘中的一种影像。如果要读另一种，就要转动换像旋钮（图 3.7 中的 9），同时打开相应的反光镜（图 3.7 中的 21），使读数显微镜中出现需要的度盘影像。

苏州第一光学仪器厂生产的新型的 DJ_2型光学经纬仪，读数原理与上述相同，所不同者是采用了数字化读数形式。如图 3.9 所示，右下侧的小窗为度盘对径分划线重合后的影像，没有注记，上面小窗为度盘读数和整 10′的注记（图中所示为 74°40′），左下侧的小窗为分和秒数（图中为 7′16″.0）。则度盘的整个读数为74°47′16″.0。

3.1.3　水平角测量方法

水平角测量方法常用的有测回法和方向观测法。测回法适用于只有两个照准方向的情况，方向观测法适用于三个及以上照准方向的情况。当照准方向为四个及四个以上时，由于观测时照准部要旋转 360°，故又将方向观测法称为全圆方向法。

无论采用哪种方法进行水平角观测，通常都要用盘左和盘右各观测一次。所谓盘左，就是竖盘位于望远镜的左边，又称为正镜；盘右就是竖盘位于望远镜的右边，又称为倒镜。将正、倒镜的观测结果取平均值，可以抵消部分仪器误差的影响，提高成果质量。如果只用盘左（正镜）或者盘右（倒镜）观测一次，称为半个测回或半测回；如果用盘左、盘右（正、倒镜）各观测一次，称为一个测回或一测回。

3.1.3.1 测回法

1. 观测程序

如图3.10所示，欲测 OA、OB 两方向之间所夹的水平角，要将经纬仪安置在测站点 O 上，并在 A、B 两点上分别设置照准标志（竖立花杆或测钎），其观测方法和步骤如下：

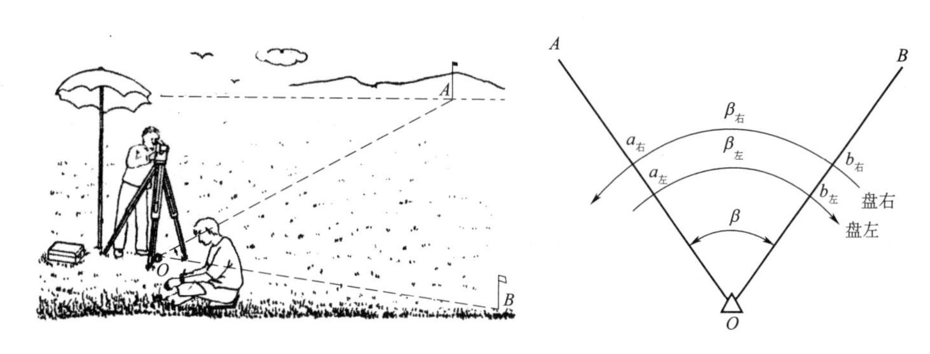

图3.10 测回法观测水平角

（1）使仪器竖盘处于望远镜左边（称盘左或正镜），照准目标 A，配盘，使水平度盘读数略大于0°（一般为0°05′左右），将读数 $a_{左}$ 记入观测手簿（表3.1）。

表3.1 **测回法观测手簿** 测站：O

测站	测回	度盘位置	目标	水平度盘读数 /（° ′ ″）	半测回角值 /（° ′ ″）	一测回角值 /（° ′ ″）	各测回平均角值 /（° ′ ″）
O	1	左	A	0 02 30	95 18 18	95 18 24	95 18 20
			B	95 20 48			
		右	B	275 21 12	95 18 30		
			A	180 02 42			
O	2	左	A	90 03 06	95 18 30	95 18 15	
			B	185 21 36			
		右	B	5 20 54	95 18 00		
			A	270 02 54			

（2）松开水平制动螺旋，顺时针方向转动照准部，照准目标 B，读取水平度盘读数为 $b_{左}$，将读数记入观测手簿。

以上两步骤称为上半测回（或盘左半测回），上半测回角值为

$$\beta_{左} = b_{左} - a_{左} \tag{3.1}$$

（3）纵转望远镜，使竖盘处于望远镜右边（称盘右或倒镜），照准目标 B，读取水平度盘读数为 $b_{右}$，将读数记入手簿。

（4）逆时针转动照准部，照准目标 A，读取水平度盘读数为 $a_{右}$，将读数记入

手簿。

以上（3）（4）两步骤称为下半测回（或盘右半测回），下半测回角值为

$$\beta_{右} = b_{右} - a_{右} \tag{3.2}$$

上下半侧回角值之差符合要求，取其平均值，称为一测回角，一测回角值为

$$\beta = (\beta_{左} + \beta_{右})/2 \tag{3.3}$$

上、下两个半测回合称为一测回，一测回的观测程序概括为：上—左—顺，下—右—逆。

为了提高观测精度，常观测多个测回；为了减弱度盘分划误差的影响，各测回应均匀分配在度盘不同位置进行观测。若要观测 n 个测回，则每测回起始方向读数应递增 $180°/n$。例如，当观测 2 个测回时，每测回应递增 $180°/2=90°$，即每测回起始方向读数应依次配置在 0°00′、90°00′稍大的读数处。

2. 外业手簿计算

（1）一测回角值的计算。一测回角值等于盘左、盘右所测得的角度值的平均值，如

$$\beta_{一} = (\beta_{左} + \beta_{右})/2 = (95°18'18'' + 95°18'30'')/2 = 95°18'24''$$

$$\beta_{二} = (\beta_{左} + \beta_{右})/2 = (95°18'30'' + 95°18'00'')/2 = 95°18'15''$$

（2）各测回平均角值的计算。各测回平均角值等于各个测回所测得的角度值的平均值，如

$$\beta = (\beta_{一} + \beta_{二})/2 = (95°18'24'' + 95°18'15'')/2 = 95°18'20''$$

3. 限差要求

（1）两个半测回角值之差称为半测回差，半测回差不大于 36″。

（2）各测回角值之差称为测回差，测回差不大于 24″。

3.1.3.2 全圆方向法

当照准方向为四个及四个以上时，由于观测时照准部要旋转 360°，故又将方向观测法称为全圆方向法。

1. 观测程序

（1）在测站点 O 安置经纬仪，选一距离适中、背景明亮、成像清晰的目标（如图 3.11 中的 A）作为起始方向，盘左照准 A 目标，配盘，使水平度盘读数略大于 0°（一般为 0°05′左右），将读数记入观测手簿。

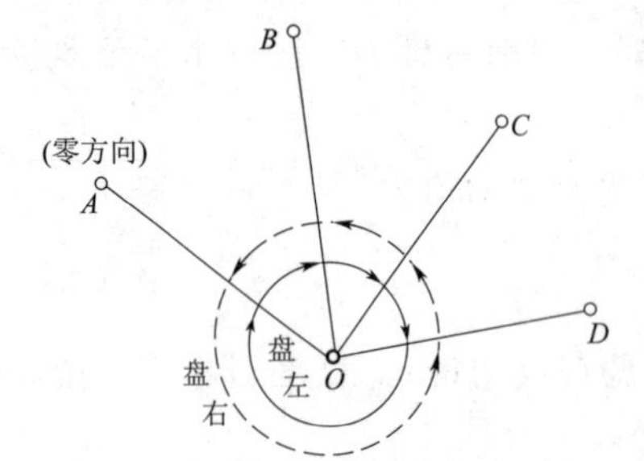

图 3.11 全圆方向法观测水平角

（2）顺时针转动照准部，依次照准 B、C、D 和 A 目标，读取水平度盘读数并将读数记入观测手簿。以上为上半测回。

（3）纵转望远镜，盘右逆时针方向依次照准 A、D、C、B 和 A，读取水平度盘读数并记入观

测手簿，称为下半测回。

以上操作过程称为一测回，为了提高观测精度，常观测多个测回；各测回配盘方法与测回法相同。

2. 外业手簿计算

（1）半测回归零差的计算。每半测回零方向有两个读数，它们的差值称归零差。如表 3.2 中第一测回上下半测回归零差分别为 $\Delta_{左}=06''-00''=+06''$；$\Delta_{右}=18''-12''=+06''$。

（2）平均读数的计算。平均读数为盘左读数与盘右读数±180°之和的平均值。表 3.2 第 7 栏中零方向有两个平均值，取这两个平均值的中数记在第 7 栏上方，并加括号。如第一测回括号内值为

$$(0°02'06''+0°02'12'')/2=0°02'09''$$

（3）归零方向值的计算。表 3.2 第 8 栏中各值的计算，是用第 7 栏中各方向值减去零方向括号内之值。例如：第一测回方向 B 的归零方向值为 $42°33'39''-0°02'09''=42°31'30''$。一测站按规定测回数测完后，应比较同一方向各测回归零后方向值，检查其较差是否超限，如表 3.2 中 D 方向两个测回较差为 18″。如不超限，则取各个测回同一方向值的中数记入表 3.2 中第 9 栏。第 9 栏中相邻两方向值之差即为相邻两方向线之间的水平角，记入表 3.2 中第 10 栏。

3. 限差要求

一测回观测完成后，应及时进行计算，并对照检查各项限差，如有超限，应进行重测。一测回限差符合要求，再进行下一测回观测。全圆方向法各项限差要求见表 3.3。

表 3.2　　方向观测法观测手簿

测站	测回	目标	水平度盘读数		2C /（″）	平均读数 /（° ′ ″）	一测回归零方向值 /（° ′ ″）	各测回平均归零方向值 /（° ′ ″）	水平角 /（° ′ ″）
			盘左 /（° ′ ″）	盘右 /（° ′ ″）					
		A	0 02 00	180 02 12	−12	(0 02 09) 0 02 06	0 00 00	0 00 00	42 31 28
		B	42 33 36	222 33 42	−6	42 33 39	42 31 30	42 31 28	57 49 48
O	1	C	100 23 18	280 23 30	−12	100 23 24	100 21 15	100 21 16	44 58 59
		D	145 22 24	325 22 42	−18	145 22 33	145 20 24	145 20 15	
		A	0 02 06	180 02 18	−12	0 02 12			

续表

测站	测回	目标	水平度盘读数		2C / (″)	平均读数 / (° ′ ″)	一测回归零方向值 / (° ′ ″)	各测回平均归零方向值 / (° ′ ″)	水平角 / (° ′ ″)
			盘左 / (° ′ ″)	盘右 / (° ′ ″)					
O	2	A	90 01 12	270 01 18	−6	(90 01 12) 90 01 15	0 00 00		
		B	132 32 42	312 32 36	+6	132 32 39	42 31 27		
		C	190 22 36	10 22 24	+12	190 22 30	100 21 18		
		D	235 21 24	55 21 12	+12	235 21 18	145 20 06		
		A	90 01 06	270 01 12	−6	90 01 09			

表 3.3　　全圆方向法限差要求

项　　目	DJ_2型	DJ_6型
半测回归零差	12″	24″
同一测回 2C 变动范围	18″	
各测回同一归零方向值较差	12″	24″

任务 3.2　天 顶 距 测 量

3.2.1　天顶距测量原理

在竖直面内，视线与水平线的夹角，称为竖直角，以 α 表示，如图 3.12 所示。视线与铅垂线天顶方向之间的夹角，称为天顶距，以 Z 表示，如图 3.12 所示。当视线仰倾时，α 取正值，$Z<90°$；视线俯倾时，α 取负值，$Z>90°$；视线水平时，$\alpha=0°$，$Z=90°$。因此，竖直角与天顶距之间的关系为

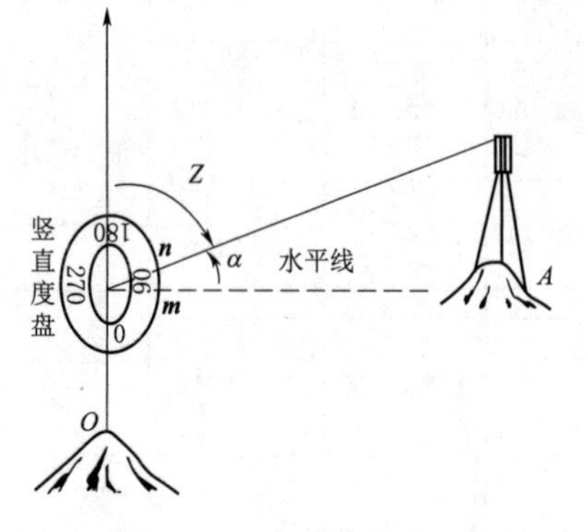

图 3.12　天顶距测量原理

$$\alpha+Z=90° \tag{3.4}$$

在测量工作中，竖直角和天顶距只需测得其中一个即可。如果在测站点 O 上安置一个带有竖直度盘的测角仪器，其竖盘中心通过水平视线，设照准目标点 A 时视线的读数为 n，视线水平时的读数为 m（此读数为一固定值，读数为 90°或 90°的整倍数），则竖直角为：$\alpha=n-m$，天顶距为：$Z=90°-\alpha$。

竖直角和天顶距之和为90°，在测量工作中，两者只需测得其中一个即可。由于现代光学经纬仪竖盘注记多数为天顶距式注记，而且在采用计算器按天顶距计算高差时无须考虑正负号的问题，所以，测量工作中宜观测天顶距。以下介绍天顶距观测及其有关问题。

3.2.2 竖盘的读数系统

光学经纬仪的竖盘读数系统如图3.13所示。

竖盘的特点有以下4点。

(1) 竖盘固定在望远镜横轴的一端，垂直于横轴，竖盘随望远镜的上下转动而转动。

(2) 竖盘注数按顺时针方向增加，并使0°和180°的对径分划线与望远镜视准轴在竖盘上的正射投影重合。

(3) 读数指标线不随望远镜的转动而转动。为使读数指标线位于正确的位置，竖盘读数指标线与竖盘水准管固定在一起，由指标水准管微动螺旋控制。转动指标水准管微动螺旋可使竖盘水准管气泡居中，达到指标线处于正确位置的目的。

(4) 通常情况下，视线水平时（竖盘指标线位于正确位置），竖盘读数为一个已知的固定值（0°、90°、180°、270°四个值中的一个）。

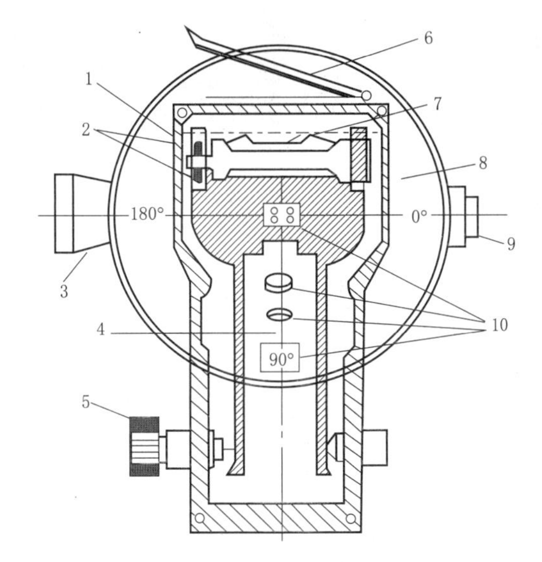

图3.13 竖盘读数系统

1—指标水准管轴；2—水准管校正螺丝；3—望远镜；4—光具组光轴；5—指标水准管微动螺旋；6—指标水准管反光镜；7—指标水准管；8—竖盘；9—目镜；10—光具组的棱镜和透镜

竖盘分划线通过一系列棱镜和透镜组成的光具组10，与分微尺一起成像于读数显微镜的读数窗内。光具组和竖盘指标水准管7固定在一个支架上，并使其指标水准管轴1垂直于光具组光轴4。光轴相当于竖盘的读数指标，观测时就是根据光轴照准的位置进行读数。当调节指标水准管的微动螺旋5使其气泡居中时，光具组的光轴处于竖盘位置，盘左照准的竖盘读数L所对应的角度与天顶距为对顶角，两者相等，如图3.14所示，即

$$Z = L \tag{3.5}$$

盘右照准目标的竖盘读数R所对应的角度，与天顶距的对顶角之和为360°，如图3.14所示，即

$$Z = 360° - R \tag{3.6}$$

所以，同一目标的盘左与盘右之和为360°。

保证光具组的光轴处于正确位置，除了利用水准管装置以外，不同型号仪器还采用吊丝或弹性摆将光具组悬挂起来，利用重力作用使其自然垂直，这种装置称为自动

补偿装置。这种装置没有竖盘水准管，而是设置了一个自动补偿开关，读数前需要将自动补偿开关打开。

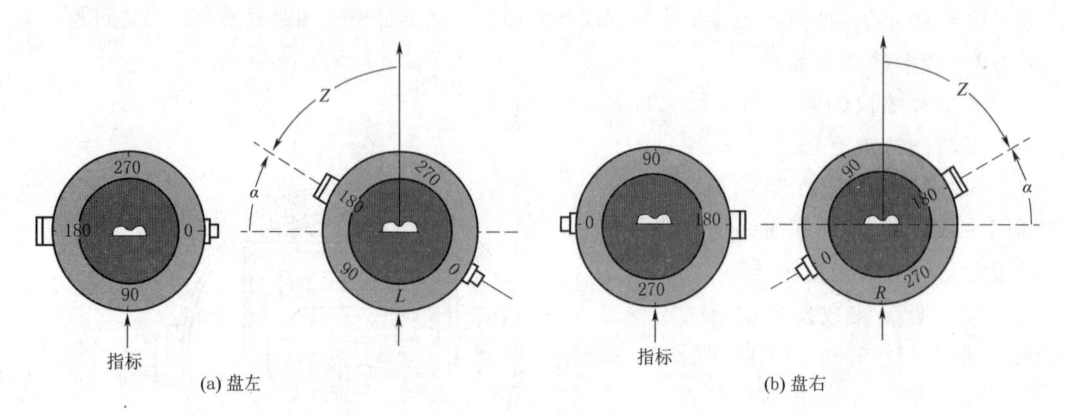

图 3.14　竖盘读数与天顶距的关系

3.2.3　竖盘指标差

如图 3.15 所示，如果竖盘水准管轴与光具组轴互不垂直，当水准管气泡居中时，竖盘读数指标就不在竖直位置，其所偏角度 x 称为竖盘指标差，简称指标差。

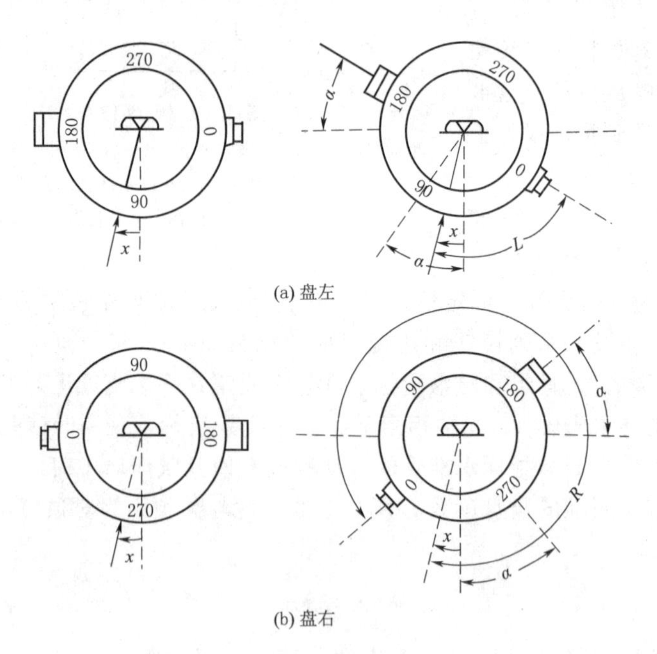

图 3.15　竖盘指标差

图 3.15（a）为盘左位置，由于存在指标差，当望远镜照准目标时，读数大了一个 x 值，正确的天顶距为

$$Z=L-x \tag{3.7}$$

同样，在盘右位置照准同一目标，读数仍然大了一个 x 值，则正确的天顶距为

$$Z=360°-R+x \tag{3.8}$$

式（3.7）和式（3.8）计算的天顶距相等，所以

$$x=\frac{1}{2}(L+R-360°) \tag{3.9}$$

用盘左、盘右观测天顶距，可以消除竖盘指标差的影响。

3.2.4 天顶距的测量方法

在测站上安置经纬仪，在待测点上竖立觇标。一个测回的观测程序如下：

（1）盘左中丝照准目标顶部或某一固定位置，调节指标水准管微动螺旋使气泡居中（或打开自动补偿开关），读数、记录，即为上半测回。如果照准目标有多个，则在盘左位置依次照准各目标，分别读数、记录。

（2）盘右中丝照准目标，调节指标水准管微动螺旋使气泡居中（或打开自动补偿开关），读数、记录，即为下半测回。如果照准目标有多个，则在盘右位置依次照准各目标，分别读数、记录。

天顶距观测手簿见表3.4。

为了提高观测结果的精度，天顶距也可以进行多个测回的观测，各测回无差别。

限差要求：

（1）对于DJ_6型仪器，一个测回中最大指标差和最小指标差之差称为指标差的变动范围，应不超过24″。

（2）对于DJ_6型仪器，各个测回同一方向的天顶距较差不应超过24″。

表3.4 天顶距观测手簿

测站	测回	目标	竖盘读数		指标差/(″)	一测回天顶距/(° ′ ″)	各测回平均天顶距/(° ′ ″)
			盘左/(° ′ ″)	盘右/(° ′ ″)			
O	1	A	94 33 24	265 26 24	−6	94 33 42	94 33 36
		B	92 16 12	267 43 42	−3	92 16 15	92 16 15
		C	84 46 36	275 13 12	−6	84 46 42	84 46 38
		D	86 25 42	273 34 00	−9	86 25 51	86 25 50
	2	A	94 33 30	265 26 30	0	94 33 30	
		B	92 16 18	267 43 48	+3	92 16 15	
		C	84 46 42	275 13 36	+9	84 46 33	
		D	86 25 54	273 34 18	+6	86 25 48	

任务3.3 经纬仪的检验与校正

3.3.1 经纬仪应满足的主要条件

根据水平角以及垂直角的测角原理，能够正确地测出水平角和竖直角（天顶距），

能够精确地将经纬仪安置在测站点上；仪器竖轴能精确地位于铅垂位置；视线绕横轴旋转时能够形成一个铅垂面；当视线水平时竖盘读数应为90°或270°。经纬仪轴线如图3.16所示。

为满足上述要求，仪器的各主要轴线之间应满足如下几何关系：

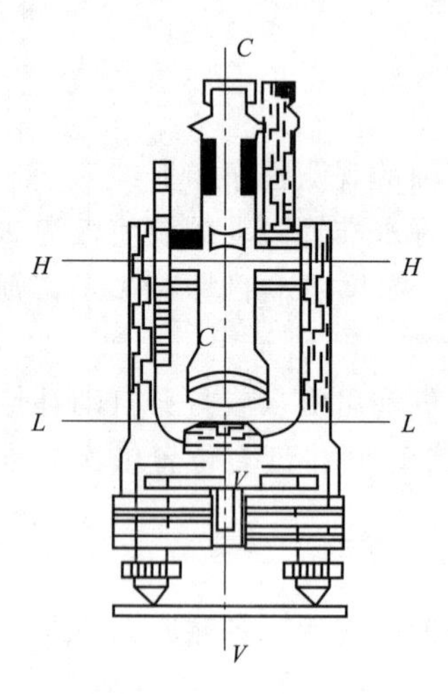

图3.16 经纬仪轴线

(1) 照准部的水准管轴 LL 应垂直于竖轴 VV。满足这样的关系，利用水准管整平仪器后，竖轴才能够精确地位于铅垂位置。

(2) 十字丝竖丝应垂直于横轴 HH。满足这样的关系，当横轴水平时，竖丝才能够位于铅垂位置，既可以判断照准目标是否倾斜，也可以方便地利用竖丝的任一部位照准目标进行观测。

(3) 视准轴 CC 应垂直于横轴 HH。满足这样的关系，则在视线绕横轴旋转时，可形成一个垂直于横轴的铅垂面。

(4) 横轴 HH 应垂直于竖轴 VV。满足这样的关系，当仪器整平后，横轴处于水平位置，视线绕横轴旋转时，可形成一个铅垂面。

(5) 光学对中器的视线应与竖轴 VV 的旋转中心线重合。满足这样的关系，利用光学对中器对中后，竖轴旋转中心才位于过地面点的铅垂线上。

(6) 视线水平时竖盘读数应为90°或270°。满足这样的关系，可以避免由于指标差的存在给计算带来的不便以及对精度的影响。

3.3.2 DJ_6型经纬仪的检验与校正

经纬仪检验的目的，就是检查上述的各种关系是否满足。如果不满足，且偏差超过允许的范围时，则需进行校正。检验和校正应按一定的顺序进行。

1. 照准部水准管轴垂直于竖轴

检验：先将仪器粗略整平后，使水准管平行于任意一对脚螺旋，并用这一对脚螺旋使水准管气泡居中，这时水准管轴 LL 已居于水平位置。如果两者垂直，则竖轴 VV 处于铅垂位置，照准部旋转180°，水准管气泡依然居中；如果两者不相垂直［图3.17 (a)］，则竖轴 VV 不在铅垂位置，照准部旋转180°，由于它是绕竖轴旋转的，竖轴位置不动，则水准管轴偏移水平位置，气泡也不再居中，如图3.17 (b)。如果两者不相垂直的偏差为 α，则旋转后水准管轴与水平位置的偏移量为 2α。

校正：校正时用脚螺旋使气泡退回原偏移量的一半，则竖轴便处于铅垂位置，如图3.17 (c) 所示。再用校正装置升高或降低水准管的一端，使气泡居中，则条件满足，如图3.17 (d) 所示。水准管校正装置的构造如图3.18所示。如果要使水准管的右端降低，则先顺时针转动下边的螺旋，再顺时针转动上边的螺旋；反之，则先逆时针转动上边的螺旋，再逆时针转动下边的螺旋。校正好后，应以相反的方向转动上下两个螺旋，将水准管固紧。

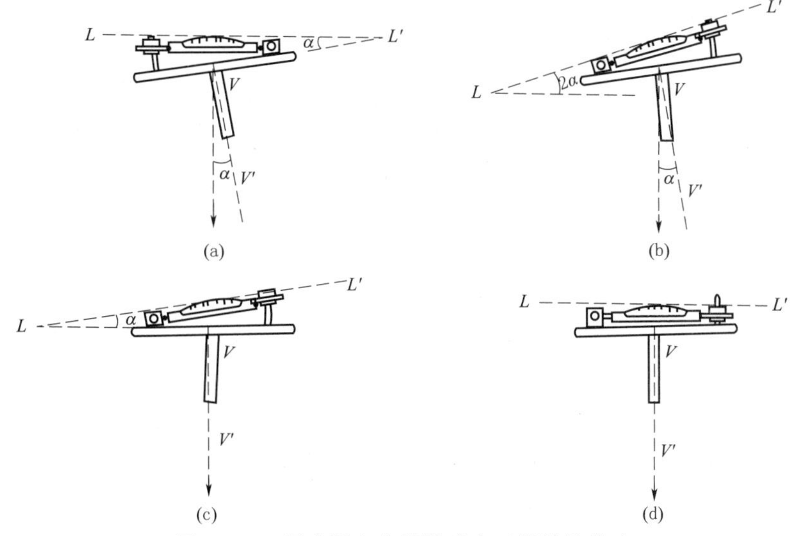

图 3.17　照准部水准管轴垂直于竖轴的检验

2. 十字丝竖丝垂直于横轴

检验：以十字丝竖丝的一端照准一个小而清晰的目标点，再用望远镜的微动螺旋使目标点移动到竖丝的另一端，如果目标点到另一端时仍位于竖丝上，则关系满足。否则，需要校正。

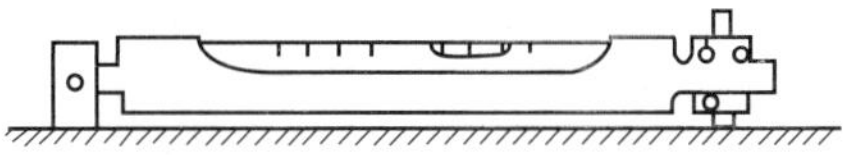

图 3.18　水准管校正装置的构造

校正：校正的部位为十字丝分划板，它位于望远镜的目镜端。将护罩打开后，可看到四个固定分划板的螺旋，如图 3.19 所示。稍微拧松这四个螺旋，则可将分划板转动。待转动至满足上述关系后，再旋紧固定螺旋，并将护罩上好。

3. 视准轴垂直于横轴

检验：选一长约 80m 的平坦地面，将仪器架设于中点 O，并将其整平。如图 3.20 所示，先以盘左位置照准位于离仪器约 40m 的一点 A。再固定照准部，将望远镜倒转 180°，变成盘右，并在离仪器约 40m 垂直横置的小尺上标出一点 B_1。如果上述关系满足，则 A、O、B_1 三点在同一条直线上。当用同样方法以盘右照准 A 点，再倒转望远镜后，视线应落于 B_1 点上；如果视线未落于 B_1 点，而是落于另一点 B_2，按公式 $c''=\frac{B_1B_2}{4OB}\rho''$ 计算出 c，如果 $2c\leqslant60''$，无须校正，否则需要进行校正。

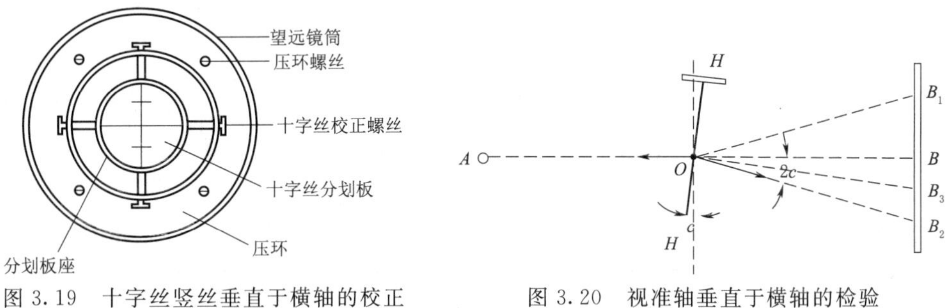

图 3.19　十字丝竖丝垂直于横轴的校正　　图 3.20　视准轴垂直于横轴的检验

校正：由图 3.20 可以看出，如果视准轴与横轴不相垂直，而有一偏差角 c，则 $\angle B_1OB_2=4c$。将 B_1B_2 距离分为四等份，取靠近 B_2 点的等分点 B_3，则可近似地认为 $\angle B_2OB_3=c$。在照准部不动的条件下，将视准轴从 OB_2 校正到 OB_3，则上述关系得到满足。由于视准轴是由物镜光心和十字丝交点构成的，所以校正的部位仍为十字丝分划板。在图 3.19 中，校正分划板左右两个校正螺旋，则可使视线左右摆动。旋转校正螺旋时，可先松一个，再紧另一个。待校正至正确位置后，应将两个螺旋旋紧，以防松动。

4. 横轴垂直于竖轴

检验：在竖轴位于铅垂的条件下，如果横轴不与竖轴垂直，则横轴倾斜。如果视线垂直横轴，则绕横轴旋转时构成的是一个倾斜平面。根据这一特点，在做这项检验时，应将仪器架设在一个高的建筑物附近。当仪器整平以后，在望远镜倾斜 30°左右的高处，以盘左照准一清晰的目标点 P，然后将望远镜放平，在视线上标出墙上的一点 P_1，再将望远镜改为盘右，仍然照准 P 点，并放平视线，在墙上标出一点 P_2，如图 3.21 所示。如果仪器满足上述关系，则 P_1、P_2 两点重合。否则，按公式 $i''=\dfrac{P_1P_2}{2D\tan\alpha}\rho''$ 计算出 i，如果 $i\leqslant20''$，无须校正，否则需要进行校正。

校正：由于盘左盘右倾斜的方向相反而大小相等，所以取 P_1、P_2 的中点 P_M，则 P、P_M 在同一铅垂面内。然后照准 P_M 点，将望远镜抬高，则视线必然偏离 P 点。在保持仪器不动的条件下，校正横轴的一端，使视线落在 P 上，如图 3.21 所示，则完成校正工作。

在校正横轴时，需将支架的护罩打开。其内部的校正装置如图 3.22 所示，它是一个偏心轴承，当松开三个轴承固定螺旋后，轴承可作微小转动，以迫使横轴端点上下移动。待校正好后，要将固定螺旋旋紧，并上好护罩。

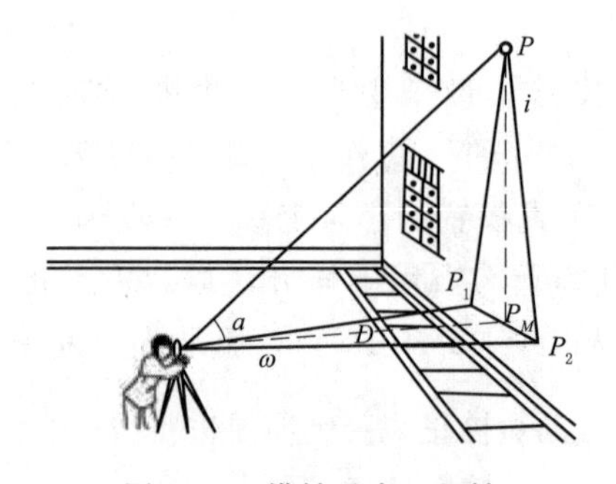

图 3.21 横轴垂直于竖轴

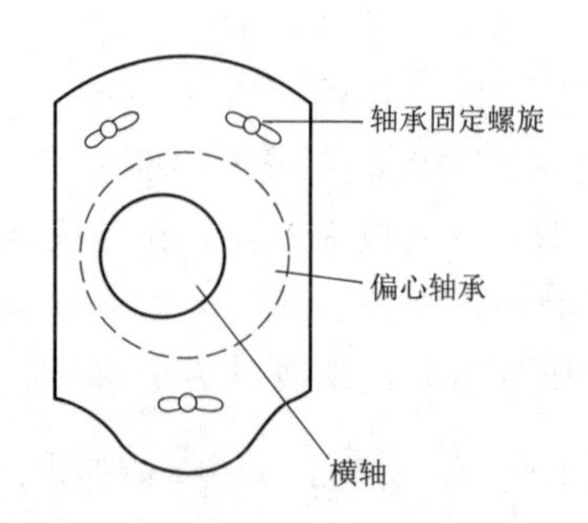

图 3.22 横轴校正装置

5. 光学对中器的视线与竖轴旋转中心线重合

检验：在三脚架上装置经纬仪，在地面上铺以白纸，在纸上标出视线的位置，然后将照准部旋转 180°，如果视线仍在原来的位置，则上述关系满足。否则，需要校正。

校正：由于检验时所得前后两点之差是由二倍误差造成的，因而在标出两点的中间位置后，校正有关的螺旋，使视线落在中间点上即可。对中器分划板的校正与望远镜分划板的校正方法相同。直角棱镜的校正装置位于两支架的中间，图 3.23 为上三光 DJK－6 校正装置的示意图。调节螺旋 1，则视线前后移动，调节螺旋 2、3，则视线左右移动。

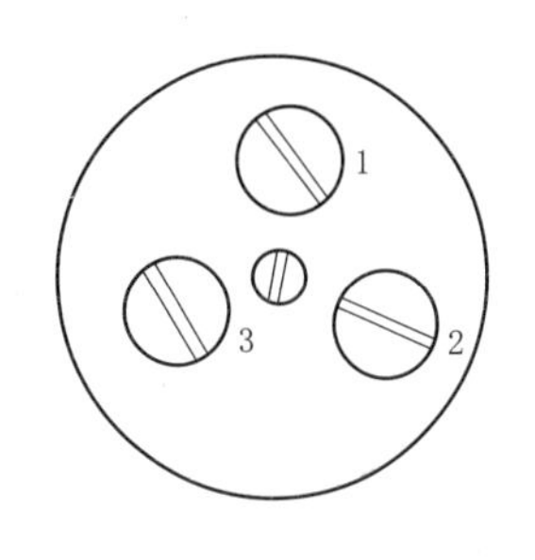

图 3.23　光学对中器的校正（上三光 DJK－6 校正装置示意图）

6. 竖盘指标差

检验：检验竖盘指标差的方法，是用盘左、盘右照准同一目标，并读得其读数 L 和 R 后，按式(3.9)计算其指标差值。指标差大于 $1'$，需要校正。

校正：保持盘右照准原来的目标不变，这时的正确读数应为 $R-x$。用指标水准管微动螺旋将竖盘读数安置在 $R-x$ 的位置上，这时水准管气泡不再居中，调节指标水准管校正螺旋，使气泡居中即可。

上述的每一项校正，一般都需反复进行几次，直至其误差在容许的范围以内。

3.3.3　角度测量的误差

3.3.3.1　仪器误差

仪器误差有两类：一是检验校正不完善而残留的误差，如视准轴误差（视准轴不垂直于横轴所引起的误差）和横轴误差（横轴与竖轴不垂直所引起的误差）；这类误差被限制在一定的范围内，并可通过盘左、盘右观测取平均值的方法予以消除。二是制造不完善而引起的误差，如度盘刻划误差、水平度盘偏心差（度盘旋转中心与度盘中心不一致所引起的误差）和照准部偏心差（照准部旋转中心与度盘中心不一致所引起的误差）；这类误差一般都很小，并且也可通过适当的观测方法消除或削弱。其中，度盘刻划误差可采用每测回变换读盘位置削弱其影响，水平度盘和照准部偏心差的综合影响可以采用盘左盘右观测取平均值予以消除。

3.3.3.2　观测误差

造成观测误差的原因有二：一是工作时不够细心；二是受人的器官及仪器性能的限制。观测误差主要有 4 种。

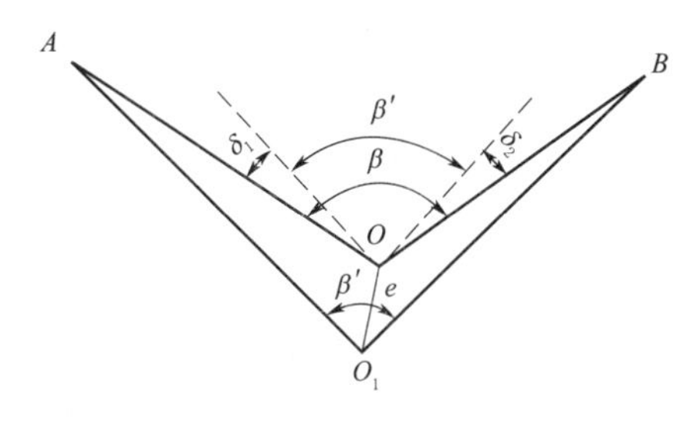

图 3.24　对中误差时测角精度的影响

1. 对中误差

对中误差的大小，取决于仪器对中装置的状况及操作的仔细程度。它对测角精度的影响如图 3.24 所示。设 O 为地面标志点，O_1 为仪器中心，则实际测得的角为 β' 而非应测的 β，两者相差为

$$\Delta\beta=\beta'-\beta=\delta_1+\delta_2 \tag{3.10}$$

由图中可以看出，观测方向与偏离方向越接近 90°，边长越短，偏心距 e 越大，则对测角的影响越大。所以在测角精度要求一定时，边越短，则对中精度要求越高。由于光学对中器对中精度高，观测时尽量采用光学对中器对中，对中误差不超过 1mm。

2. 目标偏心差

在测角时，通常都要在地面点上设置观测标志，如花杆、测钎等。产生目标偏心差的原因可能是标志没有铅垂，而且照准的是标志的上部。所以，在水平角观测中，应尽量照准目标的下部（底部），以减少目标偏心差。

3. 照准误差

照准误差的大小，取决于人眼的分辨能力、望远镜的放大率、目标的形状及大小和操作的仔细程度。

人眼的分辨能力一般为 60″；设望远镜的放大率为 v，则照准时的分辨能力为 $60''/v$。我国统一设计的 DJ_6 型光学经纬仪放大率为 28 倍，所以照准时的分辨力为 2.14″。照准时应仔细操作，对于粗的目标宜用双丝照准，细的目标则用单丝照准。

4. 读数误差

对于分微尺读数，主要是估读最小分划的误差，对于对径符合读法，主要是对径符合的误差所带来的影响，所以在读数时宜特别注意。DJ_6 型仪器的读数误差最大为 ±12″，DJ_2 型仪器为 ±2″～3″。

3.3.3.3 外界条件的影响

影响水平角测量精度的外界因素很多，如气温变化引起仪器主要轴线间关系的变动，地面不坚实或刮风会使仪器不稳定，大气能见度的好坏和光线的强弱影响照准和读数等。因此，在测量精度要求较高时，应选择适当的观测时间和天气条件，以减弱外界条件的影响。

项 目 小 结

本项目主要介绍了 DJ_6 型光学经纬仪观测水平角以及天顶距的方法。水平角观测介绍了只有两个照准方向的测回法和有四个照准方向的全圆方向法，测回法需重点掌握。对于竖直角或天顶距，从实际应用的角度出发，本项目选取了天顶距观测进行了阐述。不论是水平角还是天顶距观测，每种观测方法皆有相关的规程和技术要求。为了帮助理解，本项目还阐述了角度测量误差来源以及减小的方法。总之，通过本项目的学习，需掌握以下内容：

（1）水平角、竖直角的概念以及测角原理。

（2）熟悉经纬仪的操作与使用方法。

（3）水平角的观测、记录与外业计算方法。

（4）天顶距的观测、记录与外业计算方法。

（5）DJ_6 型光学经纬仪的检验与校正。

（6）角度测量误差及其减小方法。

知 识 检 验

1. 什么叫水平角？简述水平角测量原理。

2. 什么叫竖直角？什么叫天顶距？简述天顶距测量的原理。
3. 简述如何用光学对中器对中？
4. 观测水平角常用哪两种方法？简述测回法观测水平角测站上的观测顺序。
5. 简述天顶距的测量方法。
6. 经纬仪应满足哪些主要条件？
7. 水平角观测时盘左盘右能消除哪些误差？

项目4 距 离 测 量

【知识目标】

了解罗盘仪的构造；掌握钢尺量距的一般方法与精密方法，视距测量的原理及观测方法，直线定向的概念；熟悉钢尺量距的误差及改正，视距测量的计算，直线方向的表示，正、反坐标方位角的概念及推算，坐标正、反算的原理及方法。

【技能目标】

能够用钢尺进行距离的一般丈量和精密丈量；能够使用光学经纬仪进行视距测量；能够正确使用罗盘仪测定直线的磁方位角。

距离是确定地面点位置的基本要素之一。测量中的距离是指两点间的水平距离（简称平距），如图4.1中，$A'B'$的长度就代表了地面点A、B之间的水平距离。若测得的是倾斜距离（简称斜距），还须将其改算为平距。

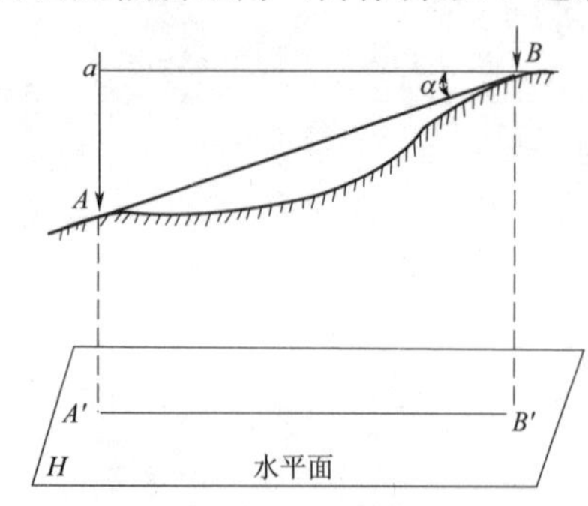

图4.1 两点间的水平距离

距离测量是确定地面点位置的基本测量工作之一。常用的距离测量方法有钢尺丈量、视距测量和电磁波测距等。钢尺丈量是用可以卷起来的钢尺沿地面丈量，属于直接量距；视距测量是利用经纬仪或水准仪望远镜中的视距丝及视距标尺按几何光学原理进行测距；电磁波测距是用仪器发射及接收光波（红外光，激光）或微波，按其传播速度及时间测定距离，属于电子物理测距。后两者属于间接测距。

钢尺丈量，工具简单，但易受地形限制，适用于平坦地区的测距，丈量较长距离时，工作繁重；视距测量充分利用了测量望远镜的性能，能克服地形障碍，工作方便，但其测距精度一般低于直丈量，且随距离的增大而大大降低，适合于低精度的近距离测量（200m以内）；电磁波测距仪器先进，工作轻便，测距精度高，测程远，但也正在向近距离的细部测量等普及，还有很轻便的手持激光测距仪等专门用于近距离室内测量。因此，各种测距方法适合于不同的现场具体情况及不同的测距精度要求。

任务4.1 钢 尺 丈 量

4.1.1 钢尺丈量的工具

1. 基本工具

钢卷尺，为钢制成的带状尺，尺的宽度约10～15mm，厚度约0.4mm，长度有

30m、50m等数种，钢尺可以卷放在圆形的尺壳内，也有卷入在金属的尺架上的，如图4.2（a）所示。

钢尺的基本分划为厘米，每分米及每米处刻有数字注记，全长都刻有毫米分划，如图4.2（b）所示。

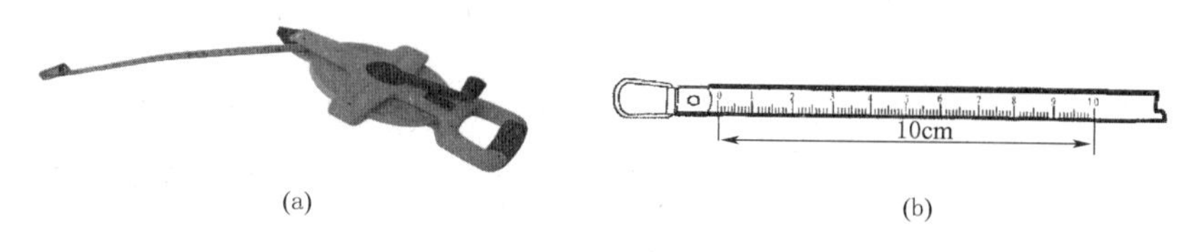

(a) (b)

图4.2 钢卷尺

钢尺由于材料原因、刻划误差、长期使用的变形以及丈量时温度和拉力不同的影响，其实际长度往往不等于尺上所标注的长度即名义长度，因此，钢尺出厂前须经过严格的检定，确定钢尺的实际长度与名义长度之间的函数关系，这种函数关系称为尺长方程式，即

$$l_t = l_0 + \Delta l + \alpha(t - t_0)l_0 \tag{4.1}$$

式中 l_t——钢尺在温度t时的实际长度，m；

l_0——钢尺的名义长度，m；

Δl——钢尺在温度t_0时的尺长改正数，m；

α——钢尺的膨胀系数，即当温度变化1℃时，钢尺每米长度上的变化量，其取值范围为0.0115～0.0125mm/(m·℃)；

t_0——标准温度，一般取20℃；

t——钢尺使用时的温度，℃。

式（4.1）所表示的含义是：钢尺在施加标准拉力下，其实际长度等于名义长度与尺长改正数和温度改正数之和。对于30m和50m的钢尺，其标准拉力分别为100N和150N。

2. 辅助工具

卷尺量距的辅助工具有：花杆、测钎、垂球等，如图4.3所示。花杆直径3～4cm，长2～3m，杆身涂以20cm为间隔的红、白漆，下端装有锥形铁尖，主要用于标定直线方向；测钎亦称测针，用直径5mm左右的粗钢丝制成，长30～40cm，上端弯成环行，下端磨尖，一般以11根为一组，穿在铁环中，用来标定尺的端点位置和计算整尺段数；垂球用于在不平坦地面丈量时将钢尺的端点垂直投影到地面。

当进行精密量距时，还需配备弹簧秤和温度计，如图4.3所示。弹簧秤用于对钢尺施加规定的拉力，温度计用于测定钢尺量距时的温度，以便对钢尺丈量的距离施加温度改正。

4.1.2 直线定线

当地面两点之间的距离大于钢尺的整尺长度，或地面坡度较大时，无法一次量取两点间的距离，需在两点间的直线方向上确定若干临时地面点，使两点间的长度不超

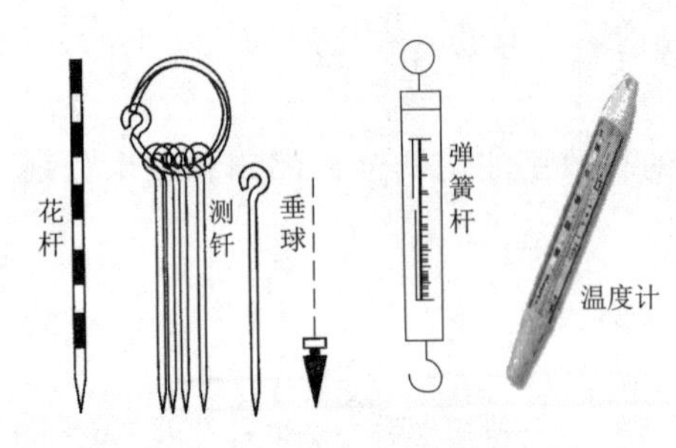

图 4.3 辅助工具

过整尺长，插上花杆或测钎作为分段标志，在每两点之间分别进行丈量。这种把临时地面点确定在同一直线方向上的工作，称为直线定线，其方法有目估定线法和仪器定线法两种。

1. 目估定线法

目测定线适用于钢尺量距的一般方法。如图 4.4 所示，设 A 和 B 为地面上相互通视、待测距离的两点。现要在直线 AB 上定出 1、2 等分段点。先在 A、B 两点上竖立花杆，甲站在 A 杆后约 1m 处，指挥乙左右移动花杆，直到甲在 A 点沿标杆的同一侧看见 A、1、B 三点处的花杆在同一直线上。用同样方法可定出 2 点。

2. 仪器定线法

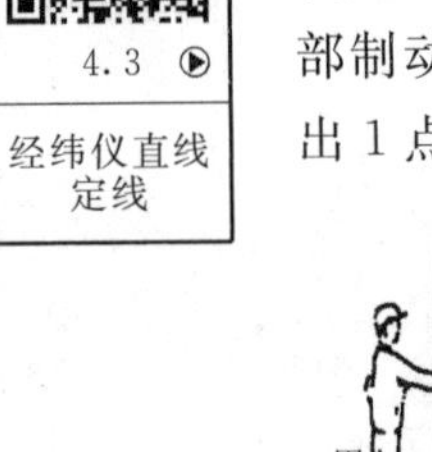

当直线定线精度要求较高时，可用经纬仪定线。如图 4.5 所示，欲在 AB 直线上确定出 1、2、3 点的位置，可将经纬仪安置于 A 点，用望远镜照准 B 点，固定照准部制动螺旋，然后将望远镜向下俯视，将十字丝交点投测到木桩上，并钉小钉以确定出 1 点的位置。同法标定出 2、3 点的位置。

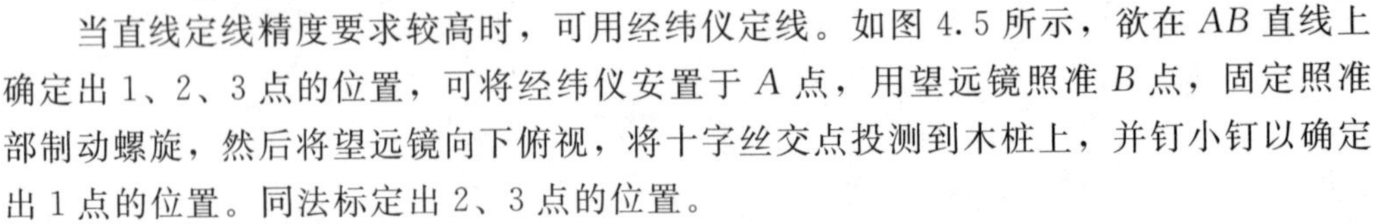

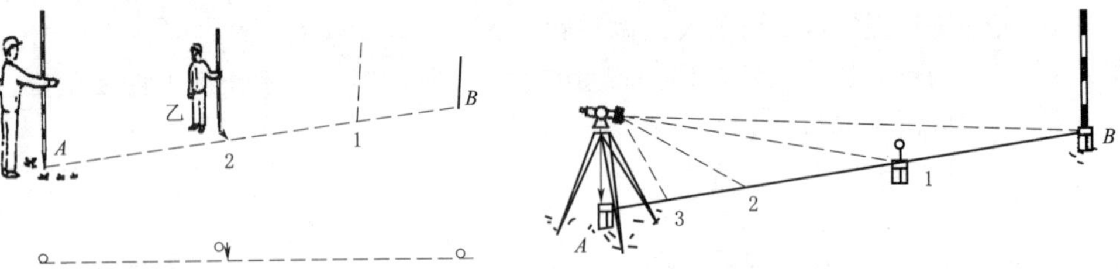

图 4.4 目测定线　　图 4.5 经纬仪定线

4.1.3 钢尺丈量的一般方法

4.4 钢尺测量水平距离的一般方法

4.1.3.1 平坦地面的距离丈量

丈量工作一般由两人进行。如图 4.6 所示，沿地面直接丈量水平距离时，可先在地面上定出直线方向，丈量时后尺手持钢尺零点一端，前尺手持钢尺末端和一组测钎沿 A、B 方向前进，行至一尺段处停下，后尺手指挥前尺手将钢尺拉在 A、B 直线上，后尺手将钢尺的零点对准 A 点，当两人同时把钢尺拉紧后，前尺手在钢尺末端的整尺段长分划处竖直插下一根测钎得到 1 点，即量完一个尺段。前、后尺手抬尺前进，当后尺手到达插测钎处时停住，再重复上述操作，量完第二个

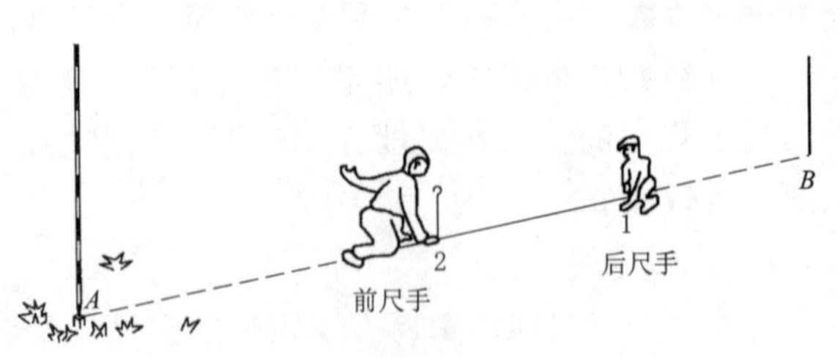

图 4.6 平坦地面的距离丈量

尺段。后尺手拔起地上的测钎，依次前进，直到量完 AB 直线的最后一段为止。

丈量时应注意沿着直线方向进行，钢尺必须拉紧伸直且无卷曲。直线丈量时尽量以整尺段丈量，最后丈量余长，以方便计算。丈量时应记清楚整尺段数，或用测钎数表示整尺段数。然后逐段丈量，则直线的水平距离 D 按下式计算：

$$D = nl + q \tag{4.2}$$

式中　l——钢尺的整尺长，m；

n——整尺段数；

q——不足一整尺的尺段的长度，m。

为了防止丈量中发生错误并提高量距精度，需要进行往返丈量，把往返丈量所得距离的差值得绝对值除以往返丈量的平均值，称为丈量的相对精度，或称相对误差，用 K 表示，即

$$K = \frac{|D_{往} - D_{返}|}{D_{平均}} = \frac{1}{D_{平均}/|D_{往} - D_{返}|} \tag{4.3}$$

例如，AB 的往测距离为 174.982m，返测距离为 175.018m，则丈量的相对精度为

$$K = \frac{1}{D_{平均}/|D_{往} - D_{返}|} = \frac{1}{175.000/|174.982 - 175.018|} = \frac{1}{4861}$$

在计算相对精度时，往、返差数取其绝对值，并化成分子为 1 的分式。相对精度的分母越大，说明量距的精度高。钢尺量距的相对精度一般不应低于 1/3000。量距的相对精度没有超过规定，可取往、返结果的平均值作为两点间的水平距离 D。

4.1.3.2　倾斜地面的距离丈量

1. 平量法

如果地面高低起伏不平，可将钢尺拉平丈量。丈量由 A 向 B 进行，后尺手将尺的零端对准 A 点，前尺手将尺抬高，并且目估使尺子水平，用垂球尖将尺段的末端投于 AB 方向线的地面上，再插以测钎，依次进行丈量 AB 的水平距离。如图 4.7 所示。

2. 斜量法

当倾斜地面的坡度比较均匀时，可沿斜面直接丈量出 AB 的倾斜距离 S，测出 AB 两点间的高差 h，如图 4.8 所示，按下式计算 AB 的水平距离 D。

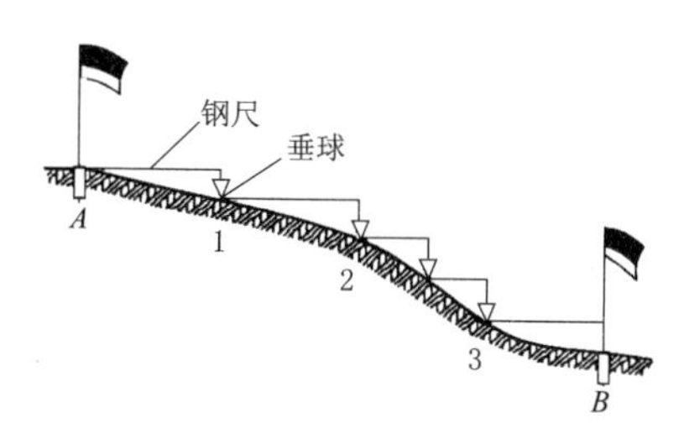

图 4.7　平量法

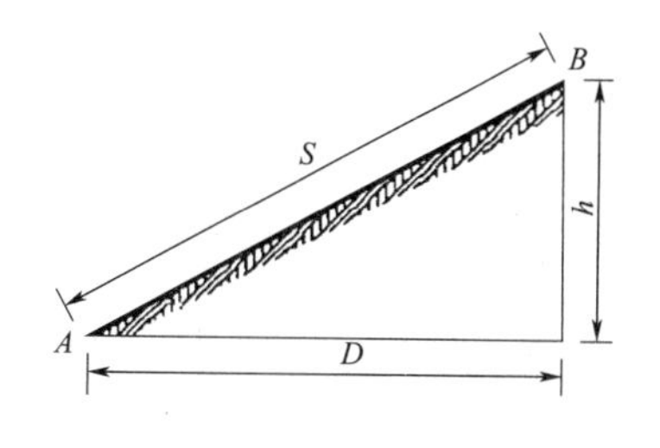

图 4.8　斜量法

$$D=\sqrt{S^2-h^2} \tag{4.4}$$

4.1.4 精密钢尺丈量

当用钢尺进行精密量距时，必须使用经过检定、已经确定了尺长方程式的钢尺。

丈量前应先用经纬仪定线。如地势平坦或坡度均匀，可将测得的直线两端点高差作为倾斜改正的依据；若沿线地面坡度有起伏变化，标定木桩时应注意在坡度变化处两木桩间距离略短于钢尺全长，木桩顶高出地面2～3cm，桩顶用“十”来标示点的位置，用水准仪测定各坡度变换点木桩桩顶间的高差，作为分段倾斜改正的依据。丈量时钢尺两端都对准尺段端点进行读数，如钢尺仅零点端有毫米分划，则须以尺末端某分米分划对准尺段一端以便零点端读出毫米数。每尺段丈量三次，以尺子的不同位置对准端点，其移动量一般在1dm以内。三次读数所得尺段长度之差视不同要求而定，一般不超过2～5mm。丈量完成后还须进行成果整理，即改正数计算，最后得到精度较高的丈量成果。

1. 尺长改正数 Δl_1

由于钢尺的名义长度和实际长度不一致，丈量时就会产生误差。设钢尺在标准温度、标准拉力下的实际长度为 l，名义长度为 l_0，丈量的距离为 S，则尺长改正数为

$$\Delta l_1=\frac{l-l_0}{l_0}S \tag{4.5}$$

钢尺的实长大于名义长度时，尺长改正数为正，反之为负。

2. 温度改正数 Δl_t

设钢尺检定时温度为 t_0，丈量时温度为 t，钢尺的线膨胀系数 α 一般取0.0125mm/(m·℃)，则丈量一段距离 S 的温度改正数 Δl_t 为

$$\Delta l_t=\alpha(t-t_0)S \tag{4.6}$$

若丈量时温度大于检定时温度，改正数 Δl_t 为正；反之为负。

3. 倾斜改正数 Δl_h

设量得的倾斜距离为 S，两点间测得高差为 h，将 S 改算成水平距离 D 需加倾斜改正 Δl_h，一般用下式计算：

$$\Delta l_h=-\frac{h^2}{2S} \tag{4.7}$$

倾斜改正数 Δl_h 永远为负值。

4. 全长计算

将测得的结果加上上述三项改正值，即

$$D=S+\Delta l_1+\Delta l_t+\Delta l_h \tag{4.8}$$

5. 相对误差计算

相对误差 $K=\frac{|D_{往}-D_{返}|}{D_{平均}}$ 在限差范围之内，取平均值为丈量的结果。精密钢尺

丈量的相对精度不应低于 1/10000，如相对误差超限，应重测。钢尺量距记录计算手簿见表 4.1。

对表 4.1 中 $A-1$ 段距离进行三项改正计算。

尺长改正 $\Delta l_1=\dfrac{30.0015-30}{30}\times 29.9218=0.0015(\mathrm{m})$

温度改正 $\Delta l_t=0.0000125\times(25.5-20)\times 29.9218=0.0020(\mathrm{m})$

倾斜改正 $\Delta l_h=\dfrac{(-0.152)^2}{2\times 29.9218}=-0.0004(\mathrm{m})$

经上述三项改正后的 $A-1$ 段的水平距离为

$$D_{A-1}=29.9218+0.0020+(-0.0004)+0.0015=29.9249(\mathrm{m})$$

其余各段的改正计算与 $A-1$ 段相同，然后将各段相加，得到结果为 83.8598m。表 4.1 中，设返测的总长度为 83.8524m，可以求出相对误差，用来检查量距的精度。

相对误差 $K=\dfrac{|D_{往}-D_{返}|}{D_{平均}}=\dfrac{0.0074}{83.8561}=\dfrac{1}{11332}$

符合精度要求，则取往返测的平均值 83.8561m 为最终丈量结果。

表 4.1 **钢尺量距记录计算手簿**

钢尺号：N0.099 钢尺膨胀系数：0.0000125m/℃ 检定温度：20℃ 计算者：××
名义尺长：30m 钢尺检定长度：30.0015m 检定拉力：10kg 日期：2011 年 7 月 7 日

尺段	丈量次数	前尺读数/m	后尺读数/m	尺段长度/m	温度/℃	高差/m	温度改正/mm	高差改正/mm	尺长改正/mm	改正后尺段长/m
1	2	3	4	5	6	7	8	9	10	11
$A-1$	1	29.9910	0.0700	29.9210	25.5	−0.152	+2.0	−0.4	+1.5	29.9249
	2	29.9920	0.0695	29.9225						
	3	29.9910	0.0690	29.9220						
	平均			29.9218						
1−2	1	29.8710	0.0510	29.8200	25.4	−0.071	+1.9	−0.08	+1.5	29.8228
	2	29.8705	0.0515	29.8190						
	3	29.8715	0.0520	29.8195						
	平均			29.8195						
$2-B$	1	24.1610	0.0515	24.1095	25.7	−0.210	+1.6	−0.9	+1.2	24.1121
	2	24.1625	0.0505	24.1120						
	3	24.1615	0.0524	24.1091						
	平均			24.1102						
总和										83.8598

4.1.5 钢尺丈量的误差

影响钢尺量距精度的因素很多，下面简要分析产生误差的主要来源。

1. *尺长误差*

钢尺的名义长度与实际长度不符，就产生尺长误差，用该钢尺所量距离越长，则误差累积越大。因此，精密钢尺丈量所用的钢尺事先必须经过检定，以计算尺长改正值。

2. *温度误差*

钢尺丈量的温度与钢尺检定时的温度不同，将产生温度误差。按照钢的膨胀系数计算，温度每变化1℃，丈量距离为30m时对距离的影响为0.4mm。在一般量距时，丈量温度与标准温度之差不超过±8.5℃时，可不考虑温度误差。但精密量距时，必须进行温度改正。

3. *拉力误差*

钢尺在丈量时的拉力与检定时的拉力不同而产生误差。拉力变化68.6N，尺长将改变1/10000。以30m的钢尺来说，当拉力改变30～50N时，引起的尺长误差将有1～1.8mm。如果能保持拉力的变化在30N范围之内，这对于一般精度的丈量工作是足够的。对于精确的距离丈量，应使用弹簧秤，以保持钢尺的拉力是检定时的拉力，通常30m钢尺施力100N，50m钢尺施力150N。

4. *钢尺倾斜和垂曲误差*

量距时钢尺两端不水平或中间下垂成曲线时，都会产生误差。因此丈量时必须注意保持尺子水平，整尺段悬空时，中间应有人托住钢尺，精密量距时须用水准仪测定两端点高差，以便进行高差改正。

5. *定线误差*

由于定线不准确，所量得的距离是一组折线而产生的误差称为定线误差。丈量30m的距离，若要求定线误差不大于1/2000，则钢尺尺端偏离方向线的距离就不应超过0.47m；若要求定线误差不大于1/10000，则钢尺的方向偏差不应超过0.21m。在一般量距中，用标杆目估定线能满足要求。但精密量距时需用经纬仪定线。

6. *丈量误差*

丈量时插测钎或垂球落点不准，前、后尺手配合不好以及读数不准等产生的误差均属于丈量误差。这种误差对丈量结果影响可正可负，大小不定。因此，在操作时应认真仔细、配合默契，以尽量减少误差。

4.1.6 钢尺丈量的注意事项

（1）伸展钢卷尺时，要小心慢拉，钢尺不可卷扭、打结。若发现有扭曲、打结情况，应细心解开，不能用力抖动，否则容易造成折断。

（2）丈量前，应辨认清钢尺的零端和末端。丈量时，钢尺应逐渐用力拉平、拉直、拉紧，不能突然猛拉。丈量过程中，钢尺的拉力应始终保持鉴定时的拉力。

（3）转移尺段时，前、后拉尺员应将钢尺提高，不应在地面上拖拉摩擦，以免磨损尺面分划；钢尺伸展开后，不能让车辆从钢尺上通过，否则极易损坏钢尺。

（4）测钎应对准钢尺的分划并插直。如插入土中有困难，可在地面上标志一明显记号，并把测钎尖端对准记号。

（5）单程丈量完毕后，前、后尺手应检查各自手中的测钎数目，避免加错或算错整尺段数。一测回丈量完毕，应立即检查限差是否合乎要求，不合乎要求时应重测。

（6）丈量工作结束后，要用软布擦干净尺上的泥和水。然后涂上机油，以防生锈。

任务4.2 视 距 测 量

视距测量是根据几何光学和三角学原理，利用仪器望远镜内的视距装置及视距尺，同时测定两点间水平距离和高差的一种测量方法。这种方法具有操作方便、速度快、不受地形条件限制等优点。但测距精度较低，一般相对误差为1/300～1/200。虽然精度较低，但能满足测定碎部点位置的精度要求，因此被广泛应用于地形测图工作中。视距测量所用的主要仪器和工具是经纬仪和视距尺。

4.2.1 视距测量原理

1. 视线水平时的距离与高差公式

如图4.9所示，欲测定A、B两点间的水平距离D及高差h，可在A点安置经纬仪，B点立视距尺，设望远镜视线水平，瞄准B点视距尺，此时视线与视距尺垂直。若尺上M、N点成像在十字丝分划板上的两根视距丝m、n处，那么尺上MN的长度可由上、下视距丝读数之差求得。上、下视距丝读数之差称为视距间隔或尺间隔。

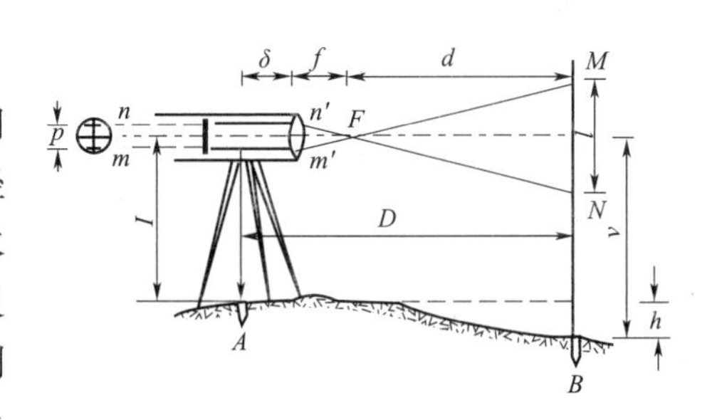

图4.9 视线水平时的视距测量

图4.9中l为视距间隔，p为上、下视距丝的间距，f为物镜焦距，δ为物镜至仪器中心的距离。

由于$\triangle m'n'F \backsim \triangle MNF$，可得

$$\frac{d}{f}=\frac{l}{p},\ d=\frac{f}{p}l$$

由图可知$D=d+f+\delta$，则A、B两点间的水平距离为

$$D=\frac{f}{p}l+f+\delta$$

令$\frac{f}{p}=K$，$f+\delta=C$，则

$$D=Kl+C \tag{4.9}$$

式中 K、C——视距乘常数和视距加常数。

现代常用的内对光望远镜的视距常数，设计时已使$K=100$，C接近于零，所以

式（4.9）可改写为

$$D = Kl \tag{4.10}$$

同时，由图 4.9 可以推出 A，B 的高差。

$$h = i - V \tag{4.11}$$

式中 i——仪器高，是桩顶到仪器横轴中心的高度；

V——瞄准高，是十字丝中丝在尺上的读数。

2. 视线倾斜时的距离与高差公式

在地面起伏较大的地区进行视距测量时，必须使视线倾斜才能读取视距间隔，如图 4.10 所示。由于视线不垂直于视距尺，故不能直接应用上述公式。如果能将视距间隔 MN 换算为与视线垂直的视距间隔 $M'N'$，这样就可按式（4.9）计算倾斜距离 D'，再根据 D' 和竖直角 α 算出水平距离 D 及高差 h。因此解决这个问题的关键在于求出 MN 与 $M'N'$ 之间的关系。

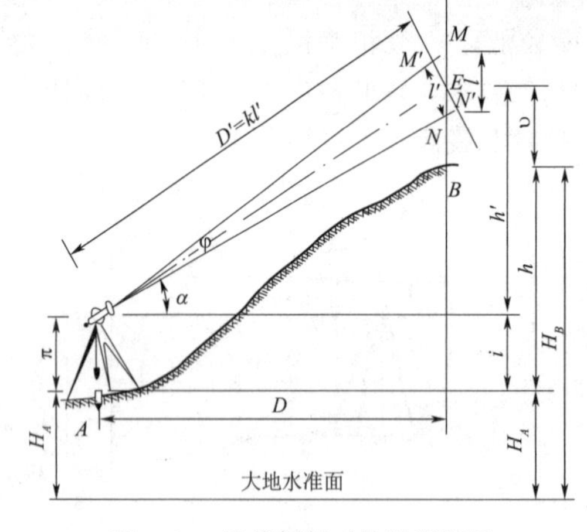

图 4.10 视线倾斜时的视距测量

图中 φ 角很小，约为 34′，故可把 $\angle EM'M$ 和 $\angle EN'N$ 近似地视为直角，而 $\angle M'EM = \angle N'EN = \alpha$，因此由图可看出 MN 与 $M'N'$ 的关系如下：

$$M'N' = M'E + EN' = ME\cos\alpha + EN\cos\alpha$$
$$= (ME + EN)\cos\alpha = MN\cos\alpha$$

设 $M'N'$ 为 l'，则 $l' = l\cos\alpha$

根据式（4.10）得倾斜距离

$$D' = Kl' = Kl\cos\alpha \tag{4.12}$$

所以 A、B 的水平距离

$$D = D'\cos\alpha = Kl\cos^2\alpha \tag{4.13}$$

由图 4.10 中看出，根据式（4.13）计算出 A、B 间的水平距离 D 后，高差 h 可按下式计算：

$$h = D\tan\alpha + i - v \tag{4.14}$$

式中 α——竖直角；

i——仪器高；

v——中丝读数，即目标高。

由于多数经纬仪的竖盘注记都是天顶距式注记，即当忽略竖盘指标差的情况下，盘左的竖盘读数等于天顶距 Z。少数仪器的盘左读数等于天顶距 Z 的补角，所以实际工作当中常采用以下的计算公式：

$$D = Kl\sin^2 Z \tag{4.15}$$

$$h = \frac{D}{\tan Z} + i - v \tag{4.16}$$

4.2.2 经纬仪视距测量的观测程序

(1) 测站点上安置仪器，对中整平，用小卷尺量取仪器高 i（精确至 cm）。测站点高程为 H_0。

(2) 选择立尺点，竖立视距尺。

(3) 以经纬仪的盘左位置照准视距尺，视不同情况采用以下操作方法进行观测。根据不同型号的仪器，竖盘读数前，或者打开竖盘指标补偿器开关，或者使竖盘指标水准管气泡居中。对于天顶距式注记的经纬仪，在忽略指标差的情况下，盘左竖盘读数即天顶距，故计算上采用天顶距表达的公式更加方便。

1) 任意法：望远镜十字丝照准尺面，高度使三丝均能读数即可。

读取上丝读数、下丝读数、中丝读数 v、竖盘读数 l，分别记入手簿。计算：

水平距离 $$D = Kl\sin^2 Z$$

高差 $$h = \frac{D}{\tan Z} + i - v$$

高程 $$H = H_0 + h$$

2) 等仪器高法：望远镜照准视距尺，使中丝读数等于仪器高，即 $i=v$。

读取上丝读数、下丝读数、竖盘读数 l，分别记入手簿。计算：

水平距离 $$D = Kl\sin^2 Z$$

高差 $$h = \frac{D}{\tan Z}$$

高程 $$H = H_0 + h$$

3) 直读视距法：望远镜照准视距尺，调节望远镜高度，使下丝对准视距尺上整米读数，且三丝均能读数。

读取视距 kl、中丝读数 v、竖盘读数 l，分别记入手簿。计算：

水平距离 $$D = Kl\sin^2 Z$$

高差 $$h = \frac{D}{\tan Z} + i - v$$

高程 $$H = H_0 + h$$

4) 平截法（经纬仪水准法）：望远镜照准视距尺，调节望远镜高度，使竖盘读数 l 等于 90°。读取上丝读数、下丝读数、中丝读数 v，分别记入手簿。计算：

水平距离 $$D = Kl$$

高差 $$h = i - v$$

高程 $$H = H_0 + h$$

4.2.3 视距测量的注意事项

为了提高视距测量的精度，消除视距乘常数、视距尺不竖立、外界条件的影响等误差的影响，视距测量时应注意以下事项：

(1) 视距测量前，要严格测定所有仪器的视距乘常数 K，K 值应在 100 ± 0.1 之内。否则，应用测定的 K 值计算水平距离和高差，或者编制改正数表进行改正计算。

(2) 作业时，为了避免视距尺竖立不直，应尽量采用带有水准器的视距尺。

(3) 为减少垂直折光等外界条件的影响，要在成像稳定的情况下进行观测，观测时应尽可能使视线离地面 1m 以上，并且将距离限制在一定范围内。

4.2.4　视距乘常数的测定

用内对光望远镜进行视距测量，计算距离和高差时都要用到视距乘常数 K，因此，K 值正确与否，直接影响测量精度。虽然 K 值在仪器设计制造时已定为 100，但在仪器使用或修理过程中，K 值可能发生变动。因此，在进行视距测量之前，必须对视距乘常数 K 进行测定。

K 值的测定方法，如图 4.11 所示。在平坦地区选择一段直线 AB，在 A 点打一木桩，并在该点上安置仪器。从 A 点起沿 AB 直线方向，用钢尺精确量出 50m、100m、150m、200m 的距离，得 P_1、P_2、P_3、P_4 点并在各点以木桩标出点位。在木桩上竖立标尺，每次以望远镜水平视线，用视距丝读出尺间隔 l。通常用望远镜盘左、盘右两个位置各测两次取其平均值，这样就测得四组尺间隔，分别取其平均值，得 l_1、l_2、l_3 和 l_4。然后依公式 $K=S/l$ 求出按不同距离所测定的 K 值，即

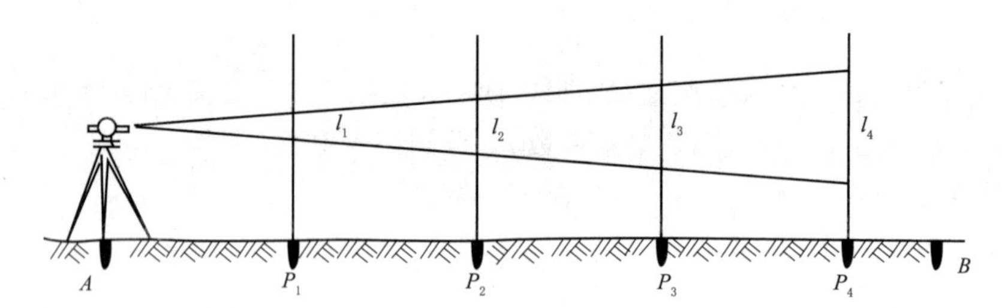

图 4.11　视距乘常数的测定

$$K_1=\frac{50}{l_1},K_2=\frac{100}{l_2},K_3=\frac{150}{l_3},K_4=\frac{200}{l_4}$$

最后用下式计算各 K 值平均值，即为测定的视距乘常数。

$$K=\frac{K_1+K_2+K_3+K_4}{4} \tag{4.17}$$

视距乘常数测定记录及计算列于表 4.2。

表 4.2　视距乘常数测定记录及计算表

距离 S_i			50	100	150	200
盘左	1	下	1.751	2.002	2.251	2.505
		上	1.250	1.000	0.750	0.500
		下－上	0.501	1.002	1.501	2.005
	2	下	1.751	2.000	2.252	2.506
		上	1.249	1.000	0.749	0.499
		下－上	0.502	1.000	1.503	2.007

续表

距离 S_i			50	100	150	200
盘右	3	下	1.753	2.005	2.255	2.510
		上	1.252	1.004	0.755	0.508
		下一上	0.501	1.001	1.500	2.002
	4	下	1.753	2.005	2.257	2.512
		上	1.253	1.004	0.755	0.507
		下一上	0.500	1.001	1.502	2.005
尺间隔平均值			0.5010	1.0010	1.5015	2.0048
K_i			99.80	99.90	99.90	99.76
视距乘常数 K 的平均值　$K=99.84$						

若测定的 K 值不等于100，在1∶5000比例尺测图中，其差数不应超过±0.15；在1∶1000、1∶2000比例尺测图中，不应超过±0.1。若在允许范围内仍可将 k 当100，否则可用测定的 K 值代替100来计算水平距离和高差。

任务4.3 电磁波测距

4.3.1 概述

钢尺丈量和视距测量是过去常用的两种测距方法，这两种方法都具有明显的缺点。比如钢尺丈量，工作繁重、效率低、在复杂的地形条件下甚至无法工作；视距测量虽操作简便可以克服某些地形条件的限制，但测距短，测距精度不高。从20世纪60年代起，由于电磁波测距仪不断更新、完善和愈益精密，电磁波测距以速度快、效率高、不受地形条件限制等优点取代了以上两种测距方法。

电磁波是客观存在的一种能量传输形式，利用发射电磁波来测定距离的各种测距仪，统称为电磁波测距仪。电磁波测距仪按采用的载波不同，分为光电测距仪和微波测距仪两类。以激光、红外光和其他光源为载波的称光电测距仪，以微波为载波的称微波测距仪。因为光波和微波均属于电磁波的范畴，故它们又统称为电磁波测距仪。

由于电磁波测距仪不断地向自动化、数字化和小型轻便化方向发展，大大地减轻了测量工作者的劳动强度，加快了工作速度，所以在实际生产中多使用各种类型的电磁波测距仪。

电磁波测距仪按测程大体分三大类：

(1) 短程电磁波测距仪：测程在3km以内，测距精度一般在1cm左右。这种仪器可用来测量三等以下的三角锁网的起始边以及相应等级的精密导线和三边网的边长，适用于工程测量和矿山测量。

(2) 中程电磁波测距仪：测程在3～15km左右，这类仪器适用于二、三、四等控制网的边长测量。

(3) 远程电磁波测距仪：测程在 15km 以上，精度一般可达 $(5\text{mm}+1\times10^{-6}D)$，能满足国家一、二等控制网的边长测量。

中、远程电磁波测距仪，多采用氦-氖（He-Ne）气体激光器作为光源，也有采用砷化镓激光二极管作为光源，还有其他光源的，如二氧化碳（CO_2）激光器等。由于激光器发射激光具有方向性强、亮度高、单色性好等特点，其发射的瞬时功率大，所以，在中、远程测距仪中多用激光作载波，称为激光测距仪。

根据测距仪出厂的标称精度的绝对值，按 1km 的测距中误差，测距仪的精度分为三级，见表 4.3。

表 4.3　测 距 仪 的 精 度 分 级

测距中误差/mm	测距仪精度等级
<5	Ⅰ
5～10	Ⅱ
11～20	Ⅲ

4.3.2 电磁波测距仪测距的基本原理

电磁波测距是通过测定电磁波束在待测距离上往返传播的时间 t_{2s}，来计算待测距离 S 的，如图 4.12 所示，电磁波测距的基本公式为

4.6 ▶

光电测距

$$S=\frac{1}{2}c\,t_{2s} \tag{4.18}$$

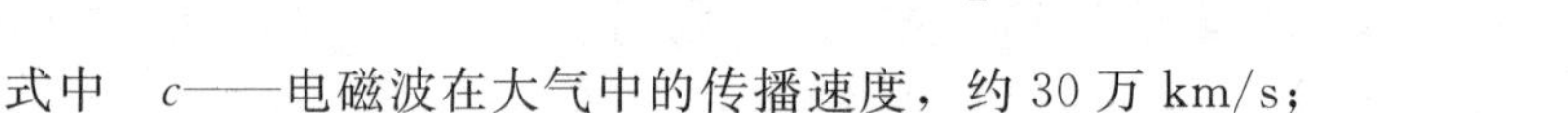

式中　c——电磁波在大气中的传播速度，约 30 万 km/s；

S——为测距仪中心到棱镜中心的倾斜距离；

t——电磁波在两点间往返的时间。

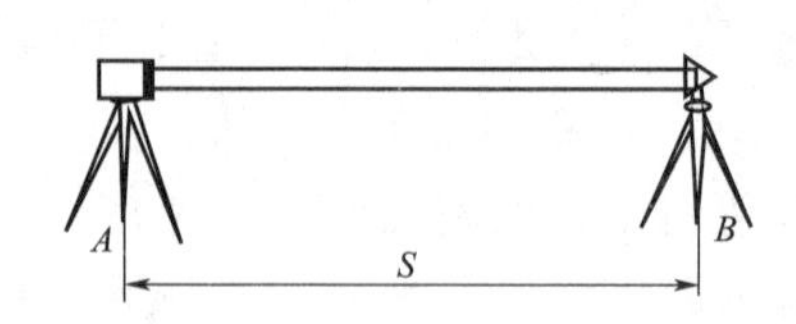

图 4.12　电磁波测距基本原理

电磁波在测线上的往返传播时间 t_{2s}，可以直接测定，也可以间接测定。如图 4.12 所示，直接测定电磁波传播时间是用一种脉冲波，它是由仪器的发送设备发射出去，被目标反射回来，再由仪器接收器接收，最后由仪器的显示系统显示出脉冲在测线上往返传播的时间 t_{2s} 或直接显示出测线的斜距，这种测距方式称为脉冲式测距。间接测定电磁波传播时间采用的是一种连续调制波，它由仪器发射出去，被反射回来后进入仪器接收器，通过发射信号与返回信号的相位比较，即可测定调制波往返于测线的迟后相位差中小于 2π 的尾数。用 n 个不同调制波的测相结果，便可间接推算出传播时间 t_{2s}，并计算（或直接显示）出测线的倾斜距离。这种测距方式称为相位式测距。目前这种方式的计时精度达 10^{-10}s 以上，从而使测距精度提高到 1cm 左右，可基本满足精密测距的要求。现今用于精密测距的测距仪多属于相位式测距。

4.3.3 电磁波测距仪简介

老式的测距仪如图 4.13 所示，它不能独立工作，必须与光学经纬仪或电子经纬仪联机，才能完成测距工作。

测距仪与经纬仪联机又被称为半站式速测仪，如图 4.14 所示。目前，这种类型测距仪已经很少被采用，取而代之的是操作更加方便灵活的全站仪。

图4.13　南方测距仪 ND3000

图4.14　徕卡 DI1001 测距仪

近几年，也出现了能够独立测距的仪器，称为手持式测距仪，如图4.15所示。这种仪器在精度要求不高的测距工作中（如房产测量），应用非常广泛。

图4.15　徕卡 DI4－4L 手持测距仪

4.3.4　全站仪简介

全站型电子速测仪（Electronic Total Station）是由电子测角、电子测距、电子计算和数据存储单元等组成的三维坐标测量系统，测量结果能自动显示，并能与外围设备交换信息的多功能测量仪器。由于全站型电子速测仪较完善地实现了测量和处理过程的电子化和一体化，通常被称为全站型电子速测仪，简称全站仪。

4.3.4.1　全站仪的结构

1. 电子测角系统

全站仪的电子测角系统也采用度盘测角，但不是在度盘上进行角度单位的刻线，而是从度盘上取得电信号，再转换成数字，并可将结果储存在微处理器内，根据需要进行显示和换算，以实现记录的自动化。全站仪的电子测角系统相当于电子经纬仪，可以测定水平角、竖直角和设置方位角。

2. 电磁波测距系统

电磁波测距系统相当于电磁波测距仪，目前主要以激光、红外光和微波为载波进行测距，主要测量测站点到目标点的斜距，可归算为平距和高差。

3. 微型计算机系统

微型计算机系统主要包括中央处理器、储存器和输入输出设备。微型计算机系统使得全站仪能够获得多种测量成果，同时还能够使测量数据与外界计算机进行数据交换、计算、编辑和绘图。测量时，微型计算机系统根据键盘或程序的指令控制各分系统的测量工作，进行必要的逻辑和数值运算以及数字存储、处理、管理、传输、显示等。

4. 其他辅助设备

全站仪的辅助设备主要有整平装置、对中装置、电源等。整平装置除传统的圆水准器和管水准器外，增加了自动倾斜补偿设备；对中装置有垂球、光学对中器和激光对中器；电源为各部分供电。

4.3.4.2 全站仪的使用

以下以拓普康 GTS－330 为例介绍全站仪的基本使用，仪器的外观如图 4.16 所示。

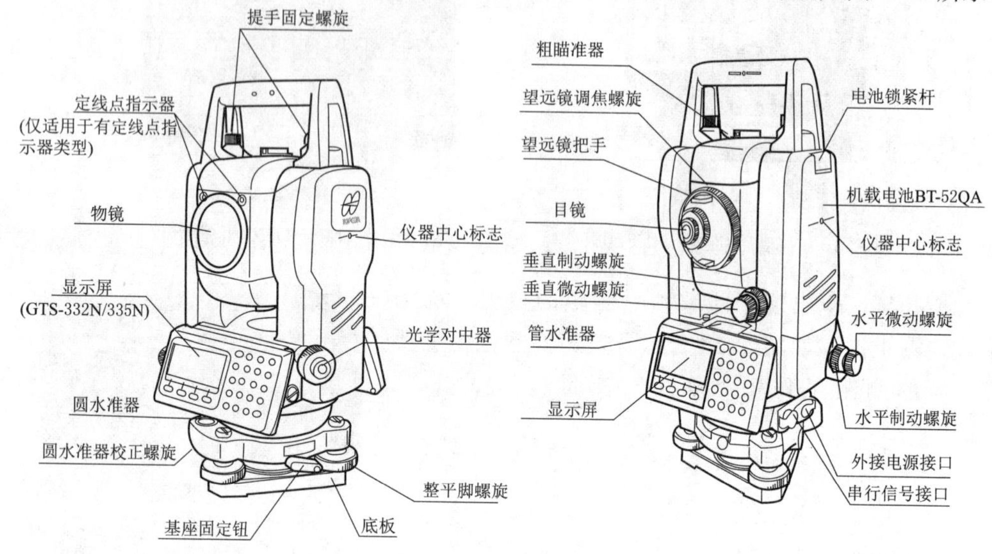

图 4.16 拓普康 GTS－330 全站仪

仪器的操作键如图 4.17 所示，其功能见表 4.4。

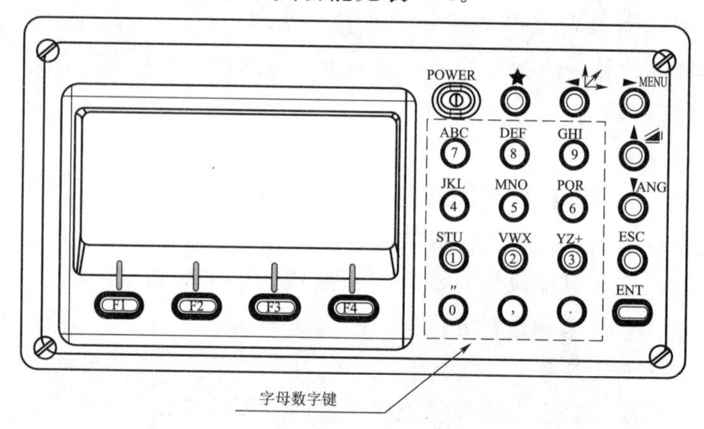

图 4.17 拓普康 GTS－330 全站仪操作键

表 4.4 **拓普康 GTS－330 全站仪操作键的功能**

键	名 称	功 能
★	星键	1. 显示屏对比度；2. 十字丝照明；3. 背景光；4. 倾斜改正；5. 定线点指示器（适用于有此装置仪器）；6. 设置音响模式
↳	坐标测量键	坐标测量模式
◢	距离测量键	距离测量模式
ANG	角度测量键	角度测量模式
POWER	电源键	电源开关
MENU	菜单键	在菜单模式和正常测量模式之间切换，在菜单模式下可设置应用测量与照明调节、仪器系统误差改正

续表

键	名　　称	功　　能
ESC	退出键	返回测量模式或上一层模式，从正常测量模式直接进入数据采集模式或放样模式，也可用作正常测量模式下的记录键
ENT	确认输入键	在输入值末尾按此键
F1～F4	软键（功能键）	对应于显示的软键功能信息

1. 角度测量

(1) 水平角（右角）和垂直角测量。安置仪器并对中整平后，确认仪器处于角度测量模式，按以下程序进行水平角 *HR*（右角）和竖直角 *V* 的测量，具体操作见表4.5。

表4.5　　水平角（右角）和垂直角测量

操作过程	操　　作	显　　示
①照准第一个目标 *A*	照准 *A*	V：　90°　10′　20″ HR：　120°　30′　40″ 置零 锁定 置盘 P1 ↓
②设置目标 *A* 的水平角为 0°00′00″	[F1]	水平角置零 　>OK? … …　[是]　[否]
	[F3]	V：　90°　10′　20″ HR：　0°　00′　00″ 置零 锁定 置盘 P1 ↓
③照准第二个目标 *B*，显示目标 *B* 的 *V*/*H*	照准目标 B	V：　98°　36′　20″ HR：　160°　40′　20″ 置零 锁定 置盘 P1 ↓

(2) 水平角（左角/右角）的切换。按表4.6中程序进行水平角（左角/右角）的切换。

表4.6　　水平角（左角/右角）的切换

操作过程	操　　作	显　　示
①按 [F4]（↓）键两次转到第三页功能	[F4] 两次	V：　90°　10′　20″ HR：　120°　30′　40″ 置零 锁定 置盘 P1 ↓ - - - - - - - - - - - 倾斜 复测 V% P2 ↓ - - - - - - - - - - - H-峰鸣 R/L 竖角 P3 ↓
②按 [F2]（R/L）键，右角模式（HR）切换到左角模式（HL），以左角 HL 模式进行测量	[F2]	V：　90°　10′　20″ HL：　239°　29′　20″ H-峰鸣 R/L 竖角 P3 ↓

(3) 水平角的设置。按表4.7中程序进行水平角的设置。

表4.7 水平角的设置

操作过程	操作	显示
①用水平微动螺旋旋转到所需的水平角	显示角度	V: 90° 10′ 20″ HR: 130° 40′ 20″ 置零 锁定 置盘 P1↓
②按[F2](锁定)键	[F2]	水平角置零 >OK? … … [是] [否]
③照准目标	照准	水平角锁定 HR: 130° 40′ 20″ >设置? … … [是] [否]
④按[F3](是)完成水平角设置,显示窗变为正常角度测量模式	[F3]	V: 90° 10′ 20″ HR: 130° 40′ 20″ 置零 锁定 置盘 P1↓

(4) 垂直角百分度(%)的设置。按表4.8中程序进行垂直角百分度的设置。

表4.8 垂直角百分度(%)的设置

操作过程	操作	显示
①按[F4](↓)键转到第2页	[F4]	V: 90° 10′ 20″ HR: 170° 30′ 20″ 置零 锁定 置盘 P1↓ ------ 倾斜 复测 V% P1↓
②按[F3](V%)键	[F3]	V: −0.30 % HR: 170° 30′ 20″ 倾斜 复测 V% P1↓

2. 距离测量

(1) 大气改正数和棱镜常数的设置。当设置大气改正数时,通过预先测量温度和气压并输入仪器中可求得改正值。拓普康棱镜常数为0,设置棱镜改正为0,如使用其他厂家生产的棱镜,则在使用前应输入相应的棱镜常数。

(2) 距离测量(连续测量)。按表4.9中程序进行距离测量。

表4.9 距离测量(连续测量)

操作过程	操作	显示
①照准棱镜中心	照准	V: 90° 10′ 20″ HR: 120° 30′ 40″ 置零 锁定 置盘 P1↓

续表

操作过程	操　　作	显　　示
②按［◢］键距离测量开始	［◢］	HR：　120°　30′　40″ HD＊［r］　　<<m VD：　　　　　　m 测量 模式 S/A P1 ↓
③显示测量的距离		HR：　120°　30′　40″ HD＊　　123.456　m VD：　　5.678　　m 测量 模式 S/A P1 ↓
④再次按［◢］键，显示变为水平角（HR）、垂直角（V）和斜距（SD）	［◢］	V：　　90°　10′　20″ HR：　120°　30′　40″ SD：　131.678　　m 测量 模式 S/A P1 ↓

（3）距离测量（N次测量/单次测量）。当输入测量次数后，GTS－330系列就将按设置的次数进行测量，并显示出距离平均值，具体操作见表4.10。

表4.10　　　　距离测量（N次测量/单次测量）

操作过程	操　　作	显　　示
①照准棱镜中心	照准	V：　　90°　10′　20″ HR：　120°　30′　40″ 置零 锁定 置盘 P1 ↓
②按［◢］键，连续测量开始	［◢］	HR：　120°　30′　40″ HD＊［r］　　<<m VD：　　　　　　m 测量 模式 S/A P1 ↓
③当连续测量不再需要时，按［F1］键，“＊”消失并显示平均值	［F1］	HR：　120°　30′　40″ HD＊　　123.456　m VD：　　5.678　　m 测量 模式 S/A P1 ↓

（4）精测、跟踪、粗测模式。精测模式是正常测距模式，最小显示单位为0.2mm或1mm；跟踪模式观测时间比精测模式短，在跟踪目标或放样时很有用处，其最小显示单位为10mm；粗测模式观测时间比精测模式短，最小显示单位为10mm或1mm。

表4.11　　　　精测、跟踪、粗测模式

操作过程	操　　作	显　　示
①在距离测量模式下按［F2］键将显示精测、跟踪、粗测	［F2］	HR：　120°　30′　40″ HD＊　　123.456　m VD：　　5.678　　m 测量 模式 S/A P1 ↓ HR：　120°　30′　40″ HD＊　　123.456　m VD：　　5.678　　m 精测 跟踪 粗测 F

续表

操作过程	操 作	显 示
②按［F1］、［F2］或［F3］键，选择精测、跟踪或粗测	［F1］～［F3］	HR： 120° 30′ 40″ HD＊［r］ <<m VD： m 测量 模式 S/A P1 ↓
③要取消设置，按［ESC］键		

4.3.5 电磁波测距的精度

根据对电磁波测距误差来源的分析，知道有一部分误差（例如测相误差等）对测距的影响与距离的长短无关，称为常误差（固定误差），表示为 a，而另一部分误差（例如气象参数测定误差等）对测距的影响与斜距的长度 s 成正比，称为比例误差，其比例系数为 b。因此，电磁波测距的中误差 m_s（又称测距仪的标称精度）以下式表示：

$$m_s=\pm(a+bs) \tag{4.19}$$

式中 b——比例系数，mm/km。

例如测距仪的测距中误差为±(5mm+5ppm)，即相当于上式中 $a=5$mm，$b=5$mm/km，此时，s 的单位为 km。

4.3.6 电磁波测距的注意事项

（1）电磁波测距仪属于贵重仪器，在其运输、携带、装卸、操作过程中，都必须十分注意。在运输和携带中要防震、防潮；在装卸和操作中要连接牢固，电源插接正确，严格按操作程序使用仪器；搬站时仪器必须装箱。

（2）在有阳光的天气，必须撑伞保护仪器；在通电作业时，严防阳光及其他强光直射接收物镜，避免损坏接收系统中的光敏二极管。

（3）设置测站时，要避免强电磁场的干扰，如不宜在变压器、高压线附近设站。

（4）气象条件对电磁波测距有较大的影响。在强烈的阳光下而视线又靠近地面时，往往使望远镜中成像晃动剧烈，此时，应停止观测。在高温（35℃以上）天气下连续作业对仪器有损害，无风的阴天是观测的良好时机。

项 目 小 结

本项目主要介绍了常用的距离测量方法，有钢尺丈量、视距测量、电磁波测距等三种。钢尺丈量适用于平坦地区的短距离量距，易受地形限制。视距测量是利用经纬仪或水准仪望远镜中的视距丝及视距标尺按几何光学原理测距，这种方法能克服地形障碍，适用于200m以内低精度的近距离测量。电磁波测距是用仪器发射并接收电磁波，通过测量电磁波在待测距离上往返传播的时间计算出距离，这种方法测距精度高，测程远，一般用于高精度的远距离测量和近距离的细部测量。

用钢尺进行精密量距的距离丈量精度要达到1/10000～1/40000时，在丈量前必须对所用钢尺进行检定，以便在丈量结果中加入尺长改正。另外还需配备弹簧秤和温度计，以便对钢尺丈量的距离施加温度改正，并保持钢尺的拉力是检定时的拉力。若为倾斜距离时，还需加倾斜改正。在对钢尺量距进行误差分析时，要注意尺长误差、温度误差、拉力误差、钢尺倾斜和垂曲误差、定线误差及丈量误差的影响。

视距测量主要用于地形测量的碎部测量，分为视线水平时的视距测量、视线倾斜时的视距测量两种。在观测中需注意用视距丝读取尺间隔的误差、标尺倾斜误差、大气竖直折光的影响，并选择合适的天气作业。

电磁波测距仪与传统测距工具和方法相比，具有高精度、高效率、测程长、作业快、工作强度低、几乎不受地形限制等优点。

现在的红外测距仪已经和电子经纬仪及计算机软硬件制造在一起，形成了全站仪，并向着自动化、智能化和利用蓝牙技术实现测量数据的无线传输方向飞速发展。

本项目分别介绍了三种距离测量方法，通过本项目的学习，需掌握以下内容：

（1）一般钢尺丈量方法和精密钢尺丈量方法。

（2）视距测量原理和视距测量方法。

（3）理解全站仪测距的基本原理。

（4）学会全站仪的操作，掌握用全站仪进行距离测量的方法。

知 识 检 验

1. 常用的距离测量方法有哪几种？
2. 精密钢尺丈量要进行哪几项改正？
3. 经纬仪视距测量有哪几种不同的操作方法？
4. 简述电磁波测距仪测距的基本原理。
5. 简述全站仪的结构组成。

项目5 控制测量

【知识目标】

掌握导线测量相关知识；掌握交会测量方法及计算；掌握三角高程测量操作及计算方法；掌握全站仪及 GPS 测量。

【技能目标】

能够依据测区和精度要求布设导线；能够计算并检核导线内业计算成果资料；能够确定方位角；能够利用经纬仪进行三角高程测量并计算；能够操作全站仪和 GPS；能够运用交会测量的方法进行控制点加密。

测量工作必须遵循“从整体到局部，先控制后碎部”的原则，先建立控制网，然后根据控制网进行碎部测量和测设。控制网按其建立的范围分为国家控制网、城市控制网和小地区控制网；按其测量内容分为平面控制网和高程控制网两种。

在全国范围内建立的平面控制网称为国家平面控制网。它是全国各种比例尺测图的基本控制，也是工程建设的基本依据，同时为确定地球的形状和大小及其他科学研究提供资料。国家平面控制网是使用精密测量仪器和方法进行施测的，按照测量精度由高到低分为一、二、三、四等 4 个等级，它的低等级点受高等级点逐级控制。

在城市地区进行测图或工程建设而建立的平面控制网称为城市平面控制网。它一般是在国家平面控制网的基础上，根据测区的大小、城市规划和施工测量的要求，布设成不同的等级，以供地形测图和施工放样使用。

在面积小于 $10km^2$ 范围内建立的平面控制网称为小地区平面控制网。小地区平面控制网测量应与国家平面控制网或城市平面控制网连测，以便建立统一的坐标系统。若无条件进行连测，也可在测区内建立独立的平面控制网。小地区平面控制网，应根据测区面积的大小按精度要求分级建立。在测区范围内建立的精度最高的控制网称为首级控制网，直接为测图需要而建立的控制网称为图根控制网。直接供地形测图使用的控制点，称为图根控制点，简称图根点。图根点的密度（包括高级点）取决于测图比例尺和地物、地貌的复杂程度。

在全国范围内建立的高程控制网称为国家高程控制网。它是全国各种比例尺测图的基本控制，并为确定地球形状和大小提供研究资料。国家高程控制网布设成水准网，是采用精密水准测量方法建立的，所以也称国家水准网。其布设也是按照从整体到局部、由高级到低级，分级布设逐级控制的原则。国家水准网分一、二、三、四等 4 个等级。

在城市地区，为测绘大比例尺地形图、进行市政工程和建筑工程放样，在国家高程控制网的控制下而建立的高程控制网，称为城市高程控制网。城市高程控制网一般布设为二、三、四等水准网。首级高程控制网，一般要求布设成闭合环形，加密时可布设成附合路线和结点图形。各等级水准测量的精度和国家水准测量相应等级的精度一致。测定图根点高程的工作，称为图根高程控制测量。

在面积小于 $10km^2$ 范围内建立的高程控制网称为小地区高程控制网。小地区高程控制网也是根据测区面积大小和工程要求采用分级的方法建立。三、四等水准测量经常用于建立小地区首级高程控制网，在全测区范围内建立三、四等水准路线和水准网，再以三、四等水准点为基础，测定图根点的高程。三、四等水准测量的起算和校核数据应尽量与附近的一、二等水准点连测，若测区附近没有国家一、二等水准点，也可在小地区范围内建立独立高程控制网，假定起算数据。

为建立测量控制网而进行的测量工作称为控制测量。控制测量具有控制全局和限制测量误差累积和传播的作用。控制测量按测量的内容不同分为平面控制测量和高程控制测量两种。平面控制测量一般采用导线测量、交会测量等方法，也可采用GPS进行测量。高程控制测量一般采用三、四等水准测量和三角高程测量等方法，也可采用GPS进行测量。

任务5.1 导 线 测 量

在测区范围内按要求选定的具有控制意义的点称为导线点，相邻控制点连成直线称导线边，相邻导线边的夹角称转折角，导线边与已知边的夹角称连接角。导线测量就是依次测定各导线边的长度和各转折角以及连接角，再根据起算数据，推算各边的坐标方位角，求出各导线点的坐标，从而确定各点平面位置的测量方法。导线测量在建立小地区平面控制网中经常采用，更是图根平面控制网建立的最主要的方法之一，尤其在地物分布较复杂的建筑区、视线障碍较多的隐蔽区及带状地区常采用这种方法。

使用经纬仪测量转折角，用钢尺测定边长的导线，称为经纬仪导线；若使用光电测距仪或全站仪测定导线边长，则称为电磁波测距导线。

导线测量平面控制网根据测区范围和精度要求分为一级、二级、三级和图根4个等级。

5.1.1 导线的布设形式

根据测区的情况和工程要求不同，导线主要可布设成以下三种形式。

1. 闭合导线

如图5.1（a）所示，导线从一条已知边 BA 出发，经过若干条导线边，最后又回到已知边 BA，这种起止于同一条已知边的导线称为闭合导线。闭合导线自身具有严密的几何条件可进行检核。应尽量使导线与附近的高级控制点连接，以获得起算数据，并建立统一坐标系统。闭合导线常用在面积较宽阔的独立地区。

2. 附合导线

如图5.1（b）所示，导线从一条已知边 BA 开始，经过若干个导线边，最后附合到另一条已知边 CD 上，这种布设在两条已知边之间的导线称为附合导线。附合导线多用在带状地区。

3. 支导线

如图5.1（c）所示，导线由一条已知边开始，既不闭合也不附合，称为支导线。

支导线没有检核条件，常用于图根控制加密，导线边数不能超过 3 条。

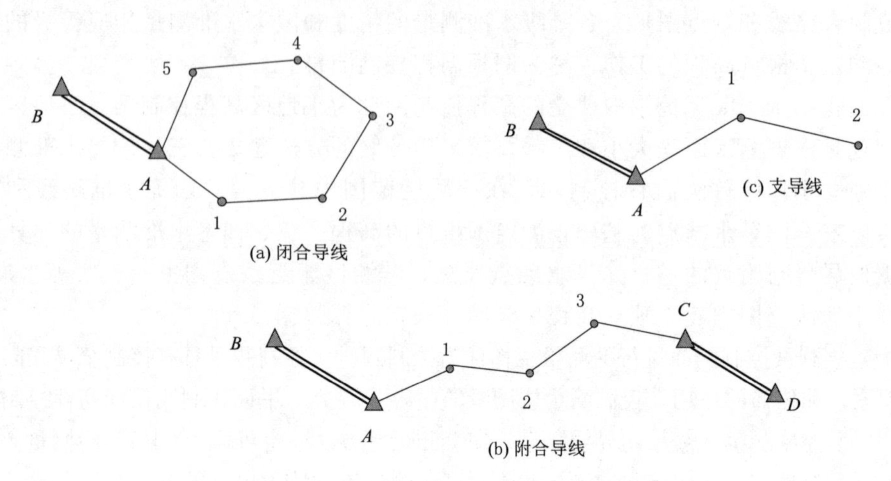

(a) 闭合导线 (b) 附合导线 (c) 支导线

图 5.1 导线的基本形式

5.1.2 导线测量的技术要求

1. 经纬仪导线的主要技术要求（表 5.1）

表 5.1 **经纬仪导线的主要技术要求**

等级	测图比例尺	附合导线长度/m	平均边长/m	往返丈量相对误差	测角中误差/(″)	导线全长相对闭合差	测回数		角度闭合差/(″)
							DJ_2	DJ_6	
一级		2500	250	≤1/20000	≤±5	≤1/10000	2	4	$\leqslant\pm10\sqrt{n}$
二级		1800	180	≤1/15000	≤±8	≤1/7000	1	3	$\leqslant\pm16\sqrt{n}$
三级		1200	120	≤1/10000	≤±12	≤1/5000	1	2	$\leqslant\pm24\sqrt{n}$
图根	1∶500	500	75						
	1∶1000	1000	110			≤1/2000		1	$\leqslant\pm60\sqrt{n}$
	1∶2000	2000	180						

注 n 为测站数。

2. 光电测距导线的主要技术要求（表 5.2）

表 5.2 **光电测距导线的主要技术要求**

等级	测图比例尺	附合导线长度/m	平均边长/m	测距中误差/mm	测角中误差/(″)	导线全长相对闭合差	测回数		角度闭合差/(″)
							DJ_2	DJ_6	
一级		3600	300	≤±15	≤±5	≤1/14000	2	4	$\leqslant\pm10\sqrt{n}$
二级		2400	200	≤±15	≤±8	≤1/10000	1	3	$\leqslant\pm16\sqrt{n}$
三级		1500	120	≤±15	≤±12	≤1/6000	1	2	$\leqslant\pm24\sqrt{n}$
图根	1∶500	900	80						
	1∶1000	1800	150			≤1/4000		1	$\leqslant\pm40\sqrt{n}$
	1∶2000	3000	250						

注 n 为测站数。

5.1.3　导线测量的外业工作

导线测量的外业工作主要有：踏勘选点并建立标志、测量导线边长、测量导线转折角和连接测量。

1. 踏勘选点并建立标志

首先调查搜集测区已有地形图和高等级的控制点的成果资料，然后将控制点展绘在地形图上，并在地形图上拟定出导线的布设方案，最后到野外去踏勘，实地核对、修改、落实点位并建立标志。若测区没有地形图资料，则需到现场详细踏勘，根据已知控制点的分布、测区地形条件及测图和工程要求等具体情况，合理选定导线点的位置。

实地选点时应注意以下几点：

（1）点位视野开阔，便于进行碎部测量；土质坚实，便于安置仪器和保存标志。

（2）相邻点间通视良好，地势平坦，方便测角和量距。

（3）相邻导线边应大致相等，以免测角时因望远镜调焦幅度过大引起测角误差。

（4）导线点的数量要足够，分布较均匀，便于控制整个测区。

（5）导线平均边长、导线总长应符合有关技术要求。

选定导线点后，应马上建立标志。若是临时性标志，通常在各个点位处打上大木桩，在桩周围浇灌混凝土，并在桩顶钉一小钉，如图5.2（a）所示；若导线点需长时间保存，应埋设混凝土桩或石桩，桩顶刻“十”字，作为永久性标志，如图5.2（b）所示。为了便于寻找，导线点还应统一编号（应按逆时针方向标号），绘制选点略图，并做好点之记，注明导线点与附近固定而明显的地物点的尺寸及相互位置关系，如图5.3所示。

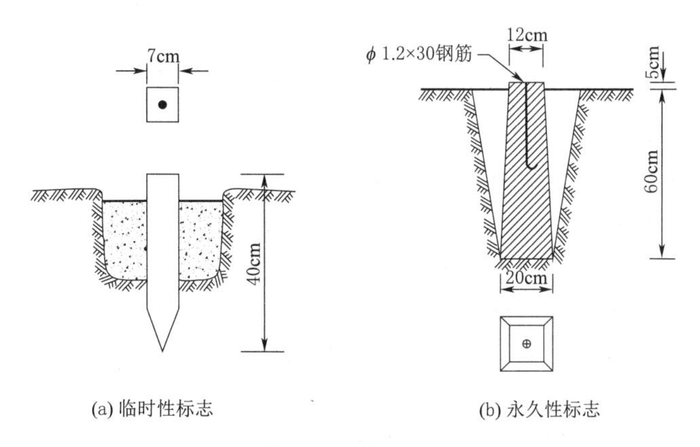

图5.2　导线点标志

2. 测量导线边长

可用光电测距仪（或全站仪）测定导线边长，对于图根控制测量，直接测量水平距离即可。若用钢尺量距，钢尺使用前须进行检定，并按钢尺量距的精密方法进行量距。

3. 测量导线转折角

采用测回法测量导线转折角，各等级导线测角时应符合相应的技术要求。图根导线，一般用 DJ_6 型光学经纬仪观测一个测回。

导线转折角分左角和右角，在导线前进方向左侧的转折角为左角，在导线前进方向右侧的转折角为右角。一般在闭合导线中均测内角，若导线前进方向为顺时针则为右角，导线前进方向为逆时针则为左角；在附合导线中常测左角，也可测右角，但要统一；在支导线中既要测左角也要测右角，以便进行检核。

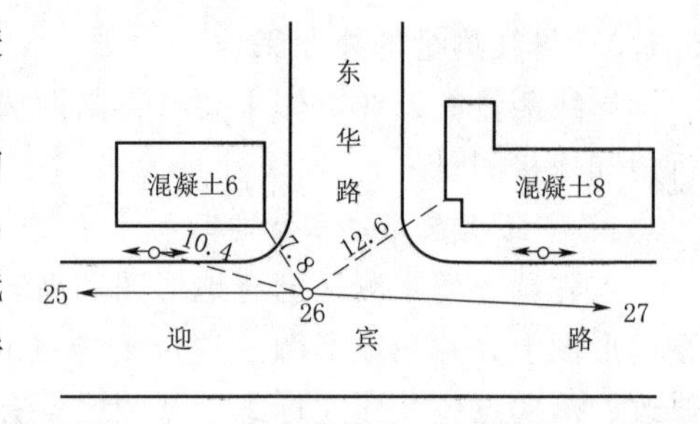

图 5.3 导线点点之记（单位：m）

4. 连接测量

当导线与高级控制点连接时，须进行连接测量，即进行连接边和连接角测量，作为传递坐标方位角和坐标的依据。若附近没有高级控制点，则应用罗盘仪施测导线起始边的磁方位角，并假定起始点的坐标作为起算数据。

5.1.4 导线测量的内业计算基础

5.1.4.1 直线定向

确定地面上两点之间的相对位置，除了需要测定两点之间的水平距离外，还需确定两点所连直线的方向。一条直线的方向是根据某一标准方向来确定的。确定直线与标准方向之间的关系，称为直线定向。

1. 标准方向

直线定向时，常用的标准方向有：真子午线方向、磁子午线方向和轴子午线方向。

(1) 真子午线方向（真北方向）。过地球南北极的平面与地球表面的交线叫真子午线。通过地球表面某点的真子午线的切线方向，称为该点的真子午线方向，指向北端的方向为真北方向。真子午线方向用天文测量方法或用陀螺经纬仪测定。

(2) 磁子午线方向（磁北方向）。磁子午线方向是在地球磁场作用下，磁针在某点自由静止时其轴线所指的方向。指向北端的方向为磁北方向。磁子午线方向可用罗盘仪测定。

5.1
罗盘仪测定磁子午线

(3) 轴子午线方向（坐标北方向）。轴子午线方向就是与高斯平面直角坐标系或假定坐标系的坐标纵轴平行的方向，指向北端的方向为轴北方向或坐标北方向。

在测量工作中通常采用高斯平面直角坐标或独立平面直角坐标确定地面点的位置，因此取轴子午线方向，作为直线定向的标准方向。

在独立平面直角坐标系中，可以测区中心某点的磁子午线方向作为标准方向。

2. 方位角和象限角

(1) 方位角。直线方向常用方位角来表示。方位角就是以标准方向为起始方向顺时针转到该直线的水平夹角，所以方位角取值范围是 0°～360°，如图 5.4 所示。直线 OM 的方位角为 A_{OM}；直线 OP 的方位角为 A_{OP}。

由于每点都有真北、磁北和坐标北三种不同的指北方向线，因此，从某点到某一目标，就有以下三种不同方位角。

1) 真方位角。由真子午线方向的北端起顺时针量到直线间的夹角，称为该直线的真方位角，一般用 A 表示。

2) 磁方位角。由磁子午线方向的北端起，顺时针量至直线间的夹角，称为该直线的磁方位角，用 A_M 表示。

3）坐标方位角。由坐标纵轴方向的北端起，顺时针量到直线间的夹角，称为该直线的坐标方位角，常简称方位角，用 α 表示。

测量工作中，一般采用坐标方位角表示直线方向。

因标准方向选择的不同，使得同一条直线有三种不同的方位角，三种方位角之间的关系如图5.5所示。

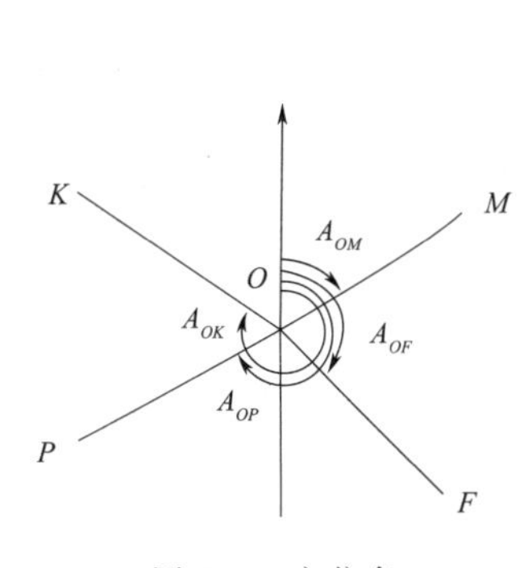

图5.4　方位角

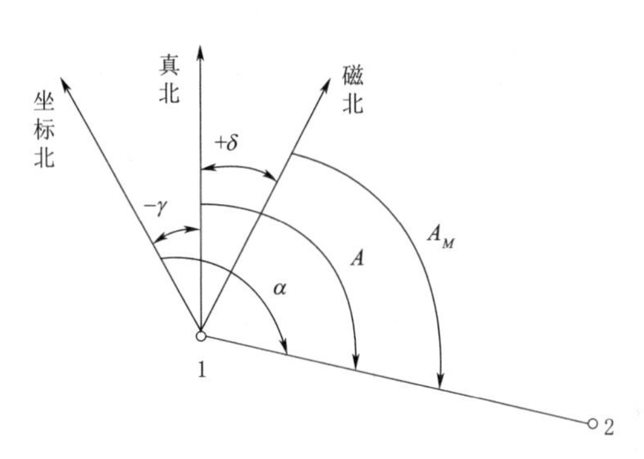

图5.5　三种方位角之间的关系

过1点的真北方向与磁北方向之间的夹角称为磁偏角（δ），过1点的真北方向与坐标纵轴北方向之间的夹角称为子午线收敛角（γ）。

δ 和 γ 的符号规定相同：当磁北方向或坐标纵轴北方向在真北方向东侧时，δ 和 γ 的符号为“＋”；当磁北方向或坐标纵轴北方向在真北方向西侧时，δ 和 γ 的符号为“－”。

因标准方向选择的不同，使得一条直线有不同的方位角。同一直线的三种方位角之间的关系为

$$A = A_M + \delta$$
$$A = \alpha + \gamma$$
$$\alpha = A_M + \delta - \gamma$$

（2）象限角。由坐标纵轴的北端或南端起，沿顺时针或逆时针方向量至直线的锐角，并注出象限名称，称为该直线的象限角，用 R 表示，其角值范围为0°～90°。

坐标方位角与象限角的换算关系如图5.6和表5.3所示。

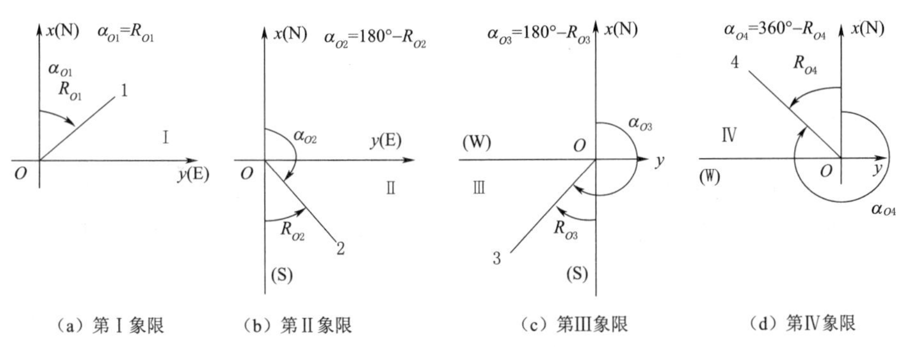

（a）第Ⅰ象限　（b）第Ⅱ象限　（c）第Ⅲ象限　（d）第Ⅳ象限

图5.6　坐标方位角与象限角的换算关系

表 5.3　　坐标方位角与象限角的换算关系表

直线定向	由坐标方位角推算坐标象限角	由坐标象限角推算坐标方位角
北东（NE），第Ⅰ象限	$R=\alpha$	$\alpha=R$
南东（SE），第Ⅱ象限	$R=180°-\alpha$	$\alpha=180°-R$
南西（SW），第Ⅲ象限	$R=\alpha-180°$	$\alpha=180°+R$
北西（NW），第Ⅳ象限	$R=360°-\alpha$	$\alpha=360°-R$

3. 正、反坐标方位角的关系

测量中任何直线都有一定的方向。如图 5.7，直线 AB，A 为起点，B 为终点。过起点 A 的坐标北方向与直线 AB 的夹角 α_{AB} 称为直线 AB 的正方位角。过终点 B 的坐标北方向，与直线 BA 的夹角 α_{BA} 称为直线 AB 的反方位角。由于 A、B 两点的坐标北方向是平行的，所以正、反方位角相差 180°，即

$$\alpha_{反}=\alpha_{正}\pm180°$$

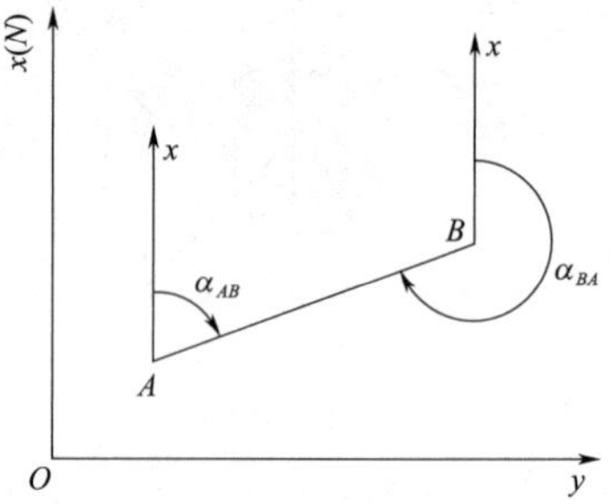

图 5.7　正反方位角的关系

4. 坐标方位角的推算

测量工作中，并不是直接确定各条直线的方位角，而是通过测量某一条直线与已知方位角的直线之间的夹角，然后根据已知直线的方位角，推算出与之相连直线的方位角。导线测量就是采取这样的方式进行方位角的推算。

如图 5.8 所示，起始导线边 12 的方位角为 α_{12}，沿着测量路线的前进方向，测得边 12 与边 23 的转折角为 β_2（右角），边 23 与边 34 的转折角为 β_3（左角），现推算 α_{23}、α_{34}。

由图中几何关系可以看出

$$\alpha_{23}=\alpha_{21}-\beta_2=\alpha_{12}+180°-\beta_2=\alpha_{12}-\beta_2+180°$$

$$\alpha_{34}=\alpha_{32}-(360°-\beta_3)=\alpha_{23}+180°+\beta_3-360°=\alpha_{23}+\beta_3-180°$$

由此可推算出方位角的通用公式为

左角公式　　$$\alpha_{前}=\alpha_{后}+\beta_{左}\pm180° \quad (5.1)$$

右角公式　　$$\alpha_{前}=\alpha_{后}-\beta_{右}\pm180° \quad (5.2)$$

注意：

（1）加减号的取法按前两项的和确定，前两项的和≥180°时取“－”，否则取“＋”；

（2）计算中，若推算出的 $\alpha_{前}\geqslant360°$，则又前减 360°，推算出的 $\alpha_{前}<0°$，则又前加 360°；

（3）实际工作中，对于同一施测前进方向的左角，或者同一施测前进方向的右角，无论哪种情况，皆可直接采用左角公式或右角公式推算。

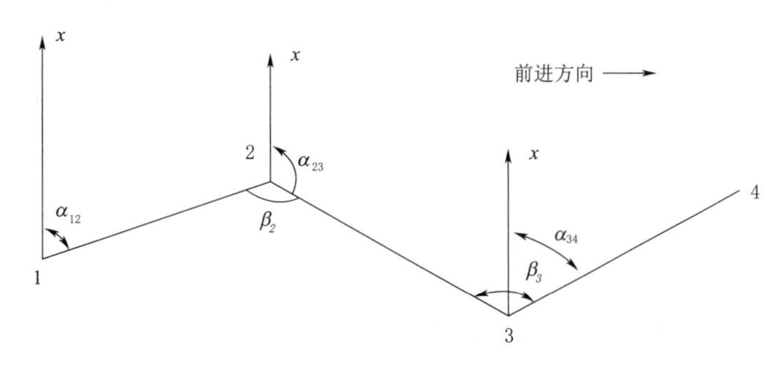

图 5.8　坐标方位角推算

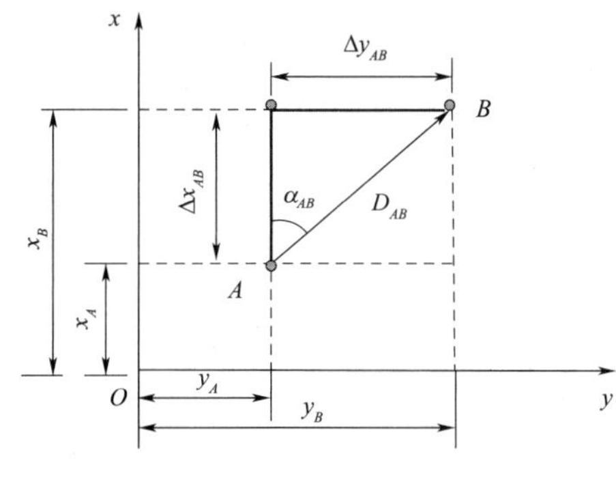

图 5.9　导线坐标计算示意图

5.1.4.2　坐标计算

1. 坐标正算

根据已知点坐标、已知边长及该边的坐标方位角计算未知点的坐标称为坐标正算。

如图 5.9 所示，在直角坐标系中已知 A 点坐标（x_A，y_A），AB 的边长 D_{AB} 及 AB 边的坐标方位角 α_{AB}，计算未知点 B 的坐标（x_B，y_B）。

由图可知：

$$\left.\begin{aligned} x_B &= x_A + \Delta x_{AB} \\ y_B &= y_A + \Delta y_{AB} \end{aligned}\right\} \tag{5.3}$$

而坐标增量的计算公式可由三角形的几何关系得到：

$$\left.\begin{aligned} \Delta x_{AB} &= D_{AB}\cos\alpha_{AB} \\ \Delta y_{AB} &= D_{AB}\sin\alpha_{AB} \end{aligned}\right\} \tag{5.4}$$

所以：

$$\left.\begin{aligned} x_B &= x_A + D_{AB}\cos\alpha_{AB} \\ y_B &= y_A + D_{AB}\sin\alpha_{AB} \end{aligned}\right\} \tag{5.5}$$

2. 坐标反算

由两个已知点的坐标反算其坐标方位角和边长称为坐标反算。

如图 5.9 所示，已知 A 点坐标（x_A，y_A）、B 点坐标（x_B，y_B），则可得坐标反算公式为

$$\alpha'_{AB} = \arctan\frac{\Delta y_{AB}}{\Delta x_{AB}} = \arctan\frac{y_B - y_A}{x_B - x_A} \tag{5.6}$$

$$D_{AB} = \sqrt{(\Delta x_{AB})^2 + (\Delta y_{AB})^2} = \sqrt{(x_B - x_A)^2 + (y_B - y_A)^2} \tag{5.7}$$

需要指出的是：按式（5.6）计算出来的角属象限角，应根据坐标增量 Δx 和 Δy

的正负号判别直线 AB 所在的象限后将象限角换算成坐标方位角。判别与换算方法如下：

当 $\Delta x>0$，$\Delta y>0$ 时，AB 边在第Ⅰ象限，则 $\alpha_{AB}=\alpha'_{AB}$；

当 $\Delta x<0$，$\Delta y>0$ 时，AB 边在第Ⅱ象限，则 $\alpha_{AB}=180°-\alpha'_{AB}$；

当 $\Delta x<0$，$\Delta y<0$ 时，AB 边在第Ⅲ象限，则 $\alpha_{AB}=180°+\alpha'_{AB}$；

当 $\Delta x>0$，$\Delta y<0$ 时，AB 边在第Ⅳ象限，则 $\alpha_{AB}=360°-\alpha'_{AB}$。

5.1.5 导线测量的内业计算

5.1.5.1 闭合导线计算

导线测量的内业计算就是根据已知的起算数据和外业的观测数据，经过误差调整，推算出各导线点的平面坐标的计算。

计算前，应先全面、认真检查导线测量的外业记录，检查数据是否齐全、正确，成果精度是否符合要求，起算数据是否准确。然后绘制导线观测略图，并将各项数据标注在图上相应位置。

1. 准备工作

将校核过的外业观测数据及起算数据填入闭合导线坐标计算表中。

2. 角度闭合差的计算与调整

由平面几何可知，闭合 n 边形内角和的理论值为

$$\sum\beta_{理}=(n-2)\times 180° \tag{5.8}$$

因观测角不可避免地存在误差，使实测内角和不等于理论值而产生的差值，称为角度闭合差，用 f_β 表示，其值为

$$f_\beta=\sum\beta_{测}-\sum\beta_{理} \tag{5.9}$$

各级导线角度闭合差若超过表 5.1 或表 5.2 的规定，则说明所测角度不符合要求，应检查角度错误或重新观测。若不超限，则通过计算角度改正数，将角度闭合差反符号平均分配到各观测角中。角度改正数为

$$v_\beta=-\frac{f_\beta}{n} \tag{5.10}$$

若上式不能整除，而有余数，可将余数调整到短边的邻角上，使改正后的内角和等于理论值 $(n-2)\times180°$，以此作为计算校核。

3. 用改正后的转折角推算各边的方位角

根据起始边的已知方位角及改正后的转折角，按式（5.1）或式（5.2）推算其他各导线边的方位角。注意最后推算出的起始边方位角，应与原有的已知方位角相等，否则应检查错误，重新计算。

4. 坐标增量闭合差的计算与调整

先按式（5.4）计算坐标增量值，然后计算各导线边坐标增量的代数和。由闭合导线本身的几何特点可知，各导线边纵横坐标增量的代数和的理论值应等于 0，即：$\sum\Delta x_{理}=0$，$\sum\Delta y_{理}=0$。但实际测量中因其存在误差，造成 $\sum\Delta x_{测}\neq0$，$\sum\Delta y_{测}\neq0$，

从而使导线边纵横坐标增量产生闭合差。

$$\left.\begin{aligned} f_x &= \sum \Delta x_{测} \\ f_y &= \sum \Delta y_{测} \end{aligned}\right\} \tag{5.11}$$

由于 f_x、f_y的存在，使得导线不能完全闭合而有一个缺口，这个缺口的长度称为导线全长闭合差，按下式计算。

$$f_D = \sqrt{f_x{}^2 + f_y{}^2} \tag{5.12}$$

因导线越长，其全长闭合差也越大，所以 f_D值的大小无法反映导线测量的精度，而应当用导线全长相对误差，即用相对闭合差 K_D来衡量导线测量的精度更合理。

$$K_D = \frac{f_D}{\sum D} = \frac{1}{\sum D / f_D} \tag{5.13}$$

当 $K_D \leqslant K_{允}$时，说明测量成果精度符合要求，可进行坐标增量的调整计算。否则，应重新检查成果，甚至重测。坐标增量改正数的计算公式为

$$\left.\begin{aligned} v_{xi} &= -\frac{f_x}{\sum D} D_i \\ v_{yi} &= -\frac{f_y}{\sum D} D_i \end{aligned}\right\} \tag{5.14}$$

导线纵横坐标增量改正数之和应符合下式要求。

$$\left.\begin{aligned} \sum v_{xi} &= -f_x \\ \sum v_{yi} &= -f_y \end{aligned}\right\} \tag{5.15}$$

改正后的坐标增量计算式为

$$\left.\begin{aligned} \Delta x_{i改} &= \Delta x_i + v_{xi} \\ \Delta y_{i改} &= \Delta y_i + v_{yi} \end{aligned}\right\} \tag{5.16}$$

5. 推算各导线点的坐标

根据导线起始点的已知坐标及改正后的坐标增量，可依次推算出各导线点的坐标。注意最后推回已知点的坐标应与已知坐标相等，以此进行计算检核。

【例5.1】 图5.10所示为一选定的图根闭合导线，共有A、B、C、D、E、F 6个导线点。已知起始点坐标为A(504.328，806.497)，起始边的方位角 $\alpha_{AB} = 140°27'39''$，外业观测数据如图

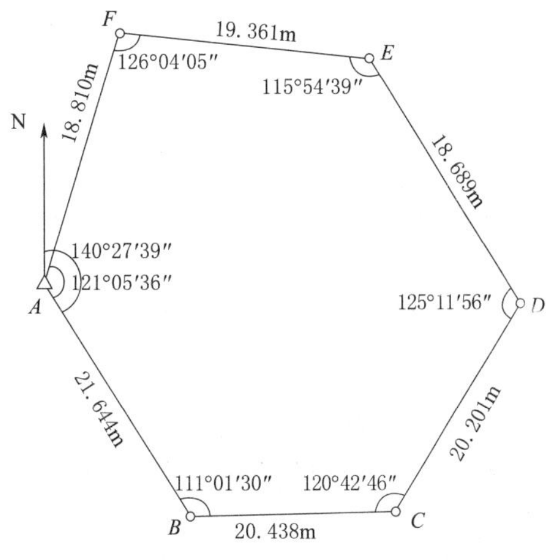

图5.10 闭合导线观测略图

5.10 所示。计算各导线点的坐标，填入表 5.4。

表 5.4　　闭合导线坐标计算表

点名	改正数 (″) 观测角值 /(° ′ ″)	改正后 角值 /(° ′ ″)	方位角 /(° ′ ″)	边长 /m	改正数/mm 增量计算值/m		改正后的坐标 增量值/m		坐标 /m	
					Δx_i	Δy_i	$\Delta x_{i改}$	$\Delta y_{i改}$	x	y
A									504.328	806.497
			140 27 39	21.644	+2 −16.692	+2 13.779	−16.690	13.781		
B	−5 111 01 30	111 01 25							487.638	820.278
			71 29 04	20.438	+2 6.490	+2 19.380	6.492	19.382		
C	−5 120 42 46	120 42 41							494.130	839.660
			12 11 45	20.201	+2 19.745	+1 4.268	19.747	4.269		
D	−5 125 11 56	125 11 51							513.877	843.929
			317 23 36	18.689	+1 13.755	+1 −12.652	13.756	−12.651		
E	−6 115 54 39	115 54 33							527.633	831.278
			253 18 09	19.361	+2 −5.563	+1 −18.545	−5.561	−18.544		
F	−6 126 04 05	126 03 59							522.072	812.734
			199 22 08	18.810	+1 −17.745	+1 −6.238	−17.744	−6.237		
A	−5 121 05 36	121 05 31							504.328	806.497
			140 27 39							
B										
Σ	−32 720 00 32	720 00 00		119.143	+10 −0.010	+8 −0.008	0	0		

辅助计算：$f_\beta=\sum\beta_{测}-\sum\beta_{理}=720°00'32''-(6-2)\times180°=+32''$　　$f_{\beta允}=\pm60''\sqrt{n}=\pm147''$

$f_x=\sum\Delta x=-0.010\text{m}$　　$f_y=\sum\Delta y=-0.008\text{m}$

$f_D=\sqrt{f_x^2+f_y^2}=0.013\text{m}$　　$K_D=\frac{f_D}{\sum D}=\frac{1}{9100}\leqslant\frac{1}{2000}$

5.1.5.2 附合导线计算

附合导线的计算步骤与闭合导线基本相同，只是角度闭合差及坐标增量闭合差的计算公式有区别。

1. 角度闭合差的计算

根据下式推算出终边的坐标方位角。

左角公式　　$$\alpha_{终}=\alpha_{始}+\sum\beta_{左}-n\times180° \tag{5.17}$$

右角公式　　$$\alpha'_{终}=\alpha_{始}-\sum\beta_{右}+n\times180° \tag{5.18}$$

式中　n——所有观测角的个数，包括连接角和转折角；

$\alpha_{始}$——起始边的方位角。

推算的终边方位角应与已知的终边方位角相等。若不等，两者的差值即为角度闭合差 f_β。

$$f_\beta = \alpha'_{终} - \alpha_{终} \tag{5.19}$$

角度闭合差 f_β 若不超过相应等级技术要求的规定，即可进行角度闭合差的调整计算，否则应查找原因或重测。调整的方法与闭合导线相同。

2. 坐标增量闭合差的计算

理论上各边纵横坐标增量的代数和应等于终始两已知点间的纵、横坐标差，即应符合下式要求：

$$\left.\begin{aligned}\sum \Delta x_{理} = x_{终} - x_{始}\\ \sum \Delta y_{理} = y_{终} - y_{始}\end{aligned}\right\} \tag{5.20}$$

而实际上因存在误差，上式并不满足要求，将实际计算的各边的纵横坐标增量的代数和与附合导线终点与起点的纵横坐标之差的差值称为纵横坐标增量闭合差 f_x 和 f_y，其计算公式为

$$\left.\begin{aligned}f_x = \sum \Delta x - \sum \Delta x_{理} = \sum \Delta x - (x_{终} - x_{始})\\ f_y = \sum \Delta y - \sum \Delta y_{理} = \sum \Delta y - (y_{终} - y_{始})\end{aligned}\right\} \tag{5.21}$$

其他计算与闭合导线相同。

【例5.2】　图5.11所示为一选定的图根附合导线，共有 A、B（1）、2、3、4、C（5）、D 7个导线点。已知起始点坐标为 A（843.40，1264.29）、B（640.93，1068.44）、C（589.97，1307.87）、D（793.61，1399.19），外业观测数据见图上所注。计算各导线点的坐标填入表5.5。

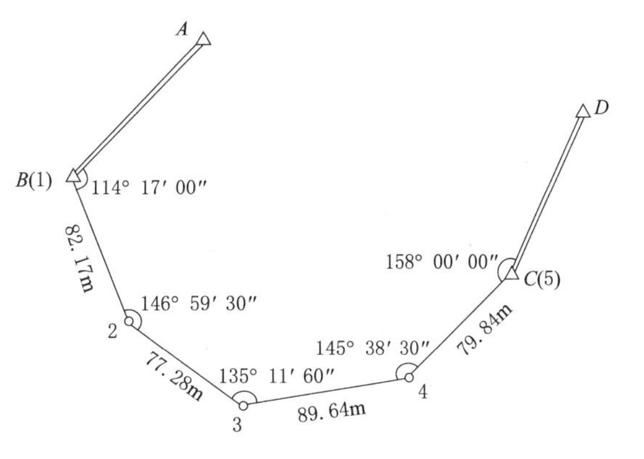

图5.11　附合导线观测略图

5.1.5.3　支导线计算

由于支导线既不闭合，也不附合，因此支导线没有检核限制条件，也就不需要计算角度闭合差与坐标增量闭合差，只要根据已知边的方位角和已知点的坐标，由外业测定的转折角和导线边长，直接计算各边的方位角及各边坐标增量，最后推算出待定导线点的坐标即可。

【例5.3】　图5.12所示为一选定的支导线，有 A、B、$T1$、$T2$、$T3$ 共5个点为导线点。已知起始点坐标为 A（343.058，779.072）、B（282.291，744.324），外业观测数据见图上所注。计算各导线点的坐标填入表5.6。

表 5.5 **附合导线坐标计算表**

点号	观测角/(° ′ ″)	改正数/(″)	改正角/(° ′ ″)	方位角/(° ′ ″)	距离/m	改正数/cm 增量计算值/m		改正后增量值/m		坐标值/m	
						ΔX_i	ΔY_i	$\Delta X_{i改}$	$\Delta Y_{i改}$	X_i	Y_i
A										843.40	1264.29
				224 02 52							
$B(1)$	114 17 00	−2	114 16 58							640.93	1068.44
				158 19 50	82.17	+0 −76.36	+1 +30.34	−79.36	+30.35		
2	146 59 30	−2	146 59 28							564.57	1098.79
				125 19 18	77.28	+0 −44.68	+1 +63.05	−44.68	+63.06		
3	135 11 30	−2	135 11 28							519.89	1161.85
				80 30 46	89.64	+0 +14.77	+2 +88.41	+14.77	+88.43		
4	145 38 30	−2	145 38 28							534.66	1250.28
				46 09 14	79.84	+0 +55.31	+1 +57.58	+55.31	+57.59		
$C(5)$	158 00 00	−2	157 59 58							589.97	1307.87
				24 09 12							
D										793.61	1399.19
Σ	700 06 30	−10	700 06 20		328.93	0 −50.96	+5 +239.38	−50.96	+239.43		

计算：

$\alpha_{AB}=\arctan\dfrac{y_B-y_A}{x_B-x_A}=224°02'52''$ $\alpha_{CD}=\arctan\dfrac{y_D-y_C}{x_D-x_C}=24°09'12''$

$\alpha_{终}=\alpha_{始}+\sum\beta_{左}-n\times180°=224°02'52''+700°06'30''-5\times180°=24°09'22''$

$f_\beta=\alpha'_{终}-\alpha_{终}=24°09'22''-24°09'12''=+10''$ $f_{\beta容}=\pm60''\sqrt{5}=\pm134''$

$f_x=\sum\Delta X-(X_C-X_B)=\pm0.00\text{m}$ $f_y=\sum\Delta Y-(Y_C-Y_B)=-0.05\text{m}$

$f_D=\sqrt{f_x^2+f_y^2}=0.05\text{m}$ $K=\dfrac{f_D}{\sum D}=\dfrac{0.05}{328.93}=\dfrac{1}{6600}\leqslant\dfrac{1}{2000}$

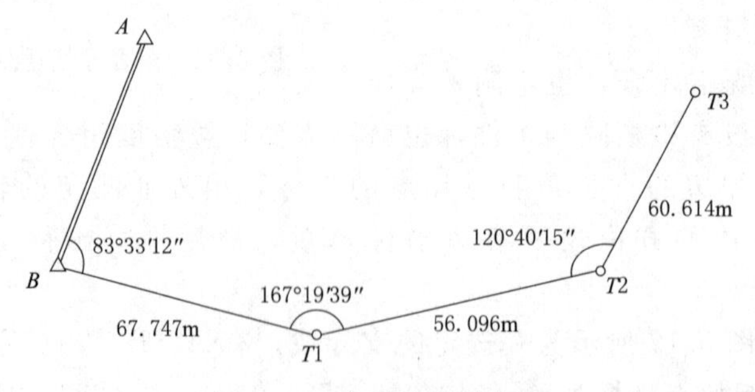

图 5.12 支导线观测略图

表 5.6　　支导线坐标计算表

点名	转折角 /(° ′ ″)	方位角 /(° ′ ″)	边长 /m	增量计算值/m		坐标/m	
				Δx	Δy	x	y
A						343.058	779.072
		209 45 43					
B	83 33 12					282.291	744.324
		113 18 55	67.747	−26.814	62.215		
$T1$	167 19 39					255.477	806.539
		100 38 34	56.096	−10.360	55.131		
$T2$	120 40 15					245.117	861.670
		41 18 49	60.614	45.528	40.016		
$T3$						290.645	901.686
辅助计算	$\alpha_{AB}=\arctan\dfrac{y_B-y_A}{x_B-x_A}=209°45'43''$						

任务5.2 交 会 测 量

当测区内已有控制点的密度不能满足工程施工或测图要求，而且需要加密的控制点数量又不多时，可以采用交会法加密控制点，称为交会测量。交会测量的方法有角度前方交会、侧方交会、单三角形、后方交会和测边交会。本任务介绍前方交会和测边交会。

5.2.1 前方交会

如图5.13所示，A、B为坐标已知的控制点，P为待定点。在A、B点上安置经纬仪，观测水平角α、β，根据A、B两点的已知坐标和α、β角，计算出P点的坐标，这就是前方交会。P点坐标计算公式：

$$\left.\begin{aligned} x_P &= \frac{x_A\cot\beta + x_B\cot\alpha + (y_B - y_A)}{\cot\alpha + \cot\beta} \\ y_P &= \frac{y_A\cot\beta + y_B\cot\alpha + (x_A - x_B)}{\cot\alpha + \cot\beta} \end{aligned}\right\} \tag{5.22}$$

式(5.22)称为余切公式。注意：在使用上述公式时，A、B、P的编号应是逆时针方向的。A点观测角编号为α，B点观测角编号为β。

为保证计算结果和提高交会精度，规定如下：

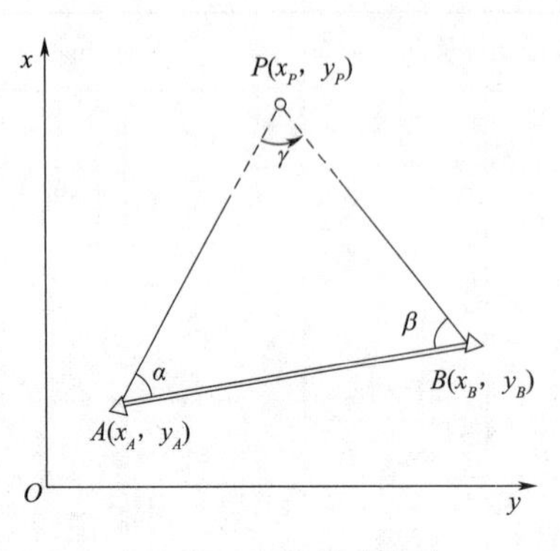

图 5.13 两点前方交会

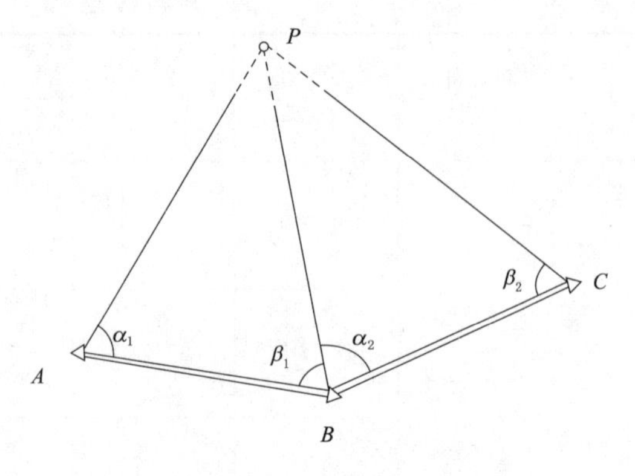

图 5.14 三点前方交会

(1) 前方交会中，由未知点至相邻两已知点方向间的夹角称为交会角，要求交会角一般应大于 30°，小于 150°。交会角过大或过小，都会影响交会点的精度。

(2) 水平角应观测两个测回，根据已知点数量选用测回法或方向观测法。

(3) 在实际工作中，为了保证交会点的精度，避免测角错误的发生，一般要求从三个已知点 A、B、C 分别向 P 点观测水平角 α_1、β_1、α_2、β_2，作两组前方交会。如图 5.14 所示，按式（5.22），分别在△ABP 和△BCP 中计算出 P 点的两组坐标 P'（$x_P{}'$，$y_P{}'$）和 P''（$x_P{}''$，$y_P{}''$）。当两组坐标较差符合要求时，取其平均值作为 P 点的最后坐标。一般要求，两组坐标较差 e 不大于两倍比例尺精度，用公式表示为

$$e=\sqrt{\delta_x^2+\delta_y^2}\leqslant e_{容}=2\times 0.1M \quad (\text{mm}) \tag{5.23}$$

$$\delta_x=x'_P-x''_P\ ;\ \delta_y=y'_P-y''_P$$

式中 M——测图比例尺分母。

5.2.2 测边交会

如图 5.15 所示，A、B、C 为已知控制点，P 为待定点，测量了边长 AP、BP、CP，根据 A、B、C 点的已知坐标及边长 AP、BP、CP，计算出 P 点坐标，这就是测边交会。随着电磁波测距仪的普及应用，测边交会也成为加密控制点的一种常用方法。

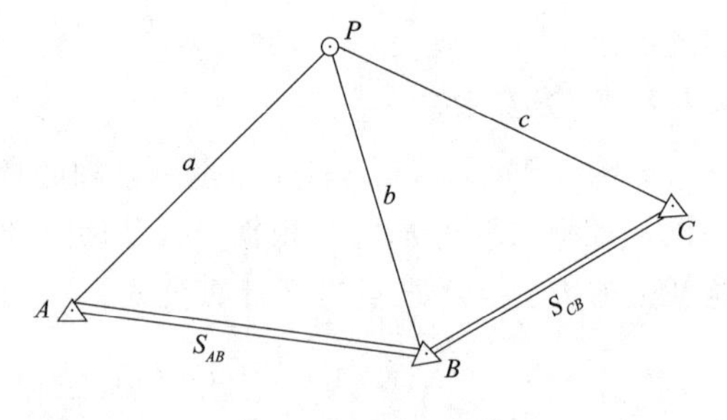

图 5.15 测边交会

由已知点坐标反算方位角 α_{AB}、α_{CB} 和边长 D_{AB}、D_{CB}。在三角形 ABP 中，

$$\cos A=\frac{D_{AB}^2+a^2-b^2}{2S_{AB}a} \tag{5.24}$$

则

$$\alpha_{AP}=\alpha_{AB}-A \tag{5.25}$$

$$\left.\begin{aligned}x'_P &= x_A + a\cos\alpha_{AP}\\ y'_P &= y_A + a\sin\alpha_{AP}\end{aligned}\right\} \tag{5.26}$$

同样，在三角形 CBP 中，

$$\cos C = \frac{D_{CB}^2 + c^2 - b^2}{2S_{CB}c} \tag{5.27}$$

$$\alpha_{CB} = \alpha_{CP} + C \tag{5.28}$$

$$\left.\begin{aligned}x''_P &= x_C + c\cos\alpha_{CP}\\ y''_P &= y_C + c\sin\alpha_{CP}\end{aligned}\right\} \tag{5.29}$$

按式（5.26）和式（5.29）计算的两组坐标，其较差在容许限差内，则取平均值作为 P 点的最后坐标。

任务5.3 三 角 高 程 测 量

5.3.1 经纬仪三角高程测量

1. 三角高程测量的基本原理

三角高程测量是通过观测两点间的水平距离或倾斜距离以及竖直角或天顶距，求定两点间高差的方法。三角高程测量又可分为经纬仪三角高程测量和光电测距三角高程测量。这种方法较之水准测量灵活方便，但精度较低，主要用于山区的高程控制和平面控制点的高程测定。利用平面控制测量中，已知的边长和用经纬仪测得的两点间的竖直角或天顶距来求得高差。如图 5.16 所示，已知 AB 水平距离 D，A 点高程 H_A，在测站 A 观测垂直角 α，则

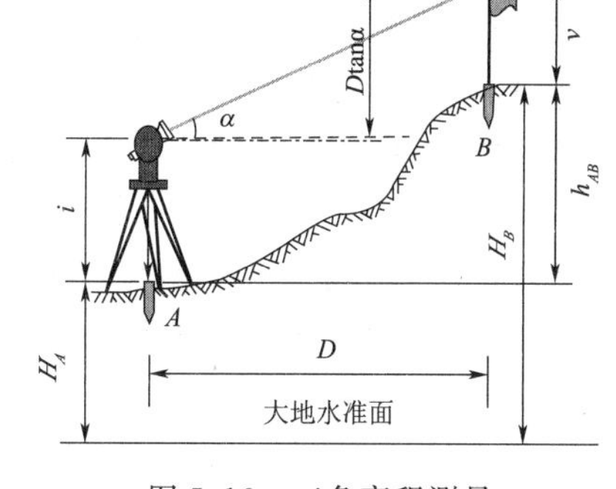

图 5.16 三角高程测量

$$h_{AB} = D_{AB}\tan\alpha_{AB} + i_A - v_B \tag{5.30}$$

$$H_B = H_A + h_{AB} \tag{5.31}$$

式中 i——仪器高；

v——觇标高。

为了提高三角高程测量的精度，一般要进行直、返觇双向观测，并取平均值作为最后结果。

直觇观测：$$H_B = H_A + h_{AB} = H_A + D_{AB}\tan\alpha_{AB} + i_A - v_B \tag{5.32}$$

反觇观测：$$H_B = H_A + h_{AB} = H_A - h_{BA} = H_A - (D_{BA}\tan\alpha_{BA} + i_B - v_A) \tag{5.33}$$

直、反觇双向观测的高差平均值：

$$h_{AB中} = \frac{h_{AB} - h_{BA}}{2} \tag{5.34}$$

待定点 B 的直、反觇双向观测所得的高程：

$$H_B = H_A + h_{AB中} \tag{5.35}$$

2. 经纬仪三角高程测量的技术要求

经纬仪三角高程测量的技术要求见表 5.7。

表 5.7 经纬仪三角高程测量的技术要求

等级	仪器	测回数	竖盘指标差 /(″)	竖直角较差 /(″)	直、反觇高差较差 /mm	路线高差闭合差 /mm
四等	DJ_2	3	7	7	$\pm 40\sqrt{D}$	$\pm 20\sqrt{\sum D}$
五等	DJ_2	2	10	10	$\pm 60\sqrt{D}$	$\pm 30\sqrt{\sum D}$
图根	DJ_6	1	25	25	$\pm 400D$	$\pm 0.1H_D\sqrt{n}$

注　D 为测距边长度，km；n 为边数；H_D 为等高距，m。

3. 经纬仪三角高程测量的外业观测

(1) 量取仪器高 i 及觇标高 v。

(2) 竖直角（天顶距）观测。注意 3 点：①观测时一般利用十字丝中丝横切觇标的顶端；②进行竖盘读数必须调整竖盘指标水准管气泡居中或打开竖盘补偿开关；③计算竖盘指标差 x、竖直角 α（天顶距 Z），并检查是否超限。

(3) 应尽可能地采用对向直、反觇观测，以削弱地球曲率和大气折光对高差观测值的影响。

4. 经纬仪三角高程测量的外业验算

(1) 由三角高程测量的对向观测所求得的直、反觇高差（经过两差改正）之差 $\Delta h_{AB} = h_{AB} - h_{BA}$ 不大于表 5.7 的规定。

(2) 三角高程附（闭）合路线的附（闭）合高差 $f_h = \sum h_{测} - (H_{终} - H_{始})$ 不大于表 5.7 的规定。

5. 经纬仪三角高程测量的内业平差计算

(1) 绘制三角高程内业计算略图并抄录外业观测数据。

(2) 设计并编制三角高程内业计算表格。

(3) 抄录点名、起算点高程及外业观测数据（直、反觇高差平均值，边长）。

(4) 计算三角高程路线附（闭）合差 f_h 并检核。

(5) 按路线距离成比例反号分配附（闭）合差 f_h 并检核。

(6) 计算各边高差平差值 h。

(7) 计算各待定点高程平差值 H。

6. 经纬仪三角高程测量内业计算示例

表 5.8、表 5.9 为某图根三角高程测量的内业计算示例。

表5.8　三角高程测量直、反觇高差计算表

边号	距离/m	直觇				反觇				直反觇高差较差/m	$\Delta h_{允}$/m	平均高差/m
		天顶距/(° ′ ″)	仪器高/m	目标高/m	直觇高差/m	天顶距/(° ′ ″)	仪器高/m	目标高/m	反觇高差/m			
A－*T*1	81.370	86 39 43	0.975	0.991	＋4.730	93 57 42	1.295	0.397	－4.737	－0.007	±0.032	＋4.734
*T*1－*T*2	72.606	88 27 47	1.295	0.991	＋2.252	91 59 22	1.253	0.991	－2.260	－0.008	±0.029	＋2.256
*T*2－*T*3	53.292	89 55 44	1.253	0.991	＋0.328	90 40 58	1.299	0.991	－0.327	＋0.001	±0.021	＋0.328
*T*3－*T*4	61.580	90 12 29	1.299	0.991	＋0.087	90 18 51	1.252	0.991	－0.077	＋0.010	±0.025	＋0.082
*T*4－*T*5	86.932	90 21 38	1.252	0.991	－0.286	90 00 21	1.279	0.991	＋0.279	－0.007	±0.035	－0.282
*T*5－*T*6	83.377	92 56 44	1.279	0.991	－4.002	87 25 16	1.231	0.991	＋3.995	－0.007	±0.033	－3.998
*T*6－*T*7	68.637	92 58 04	1.231	0.991	－3.318	87 28 16	1.281	0.991	＋3.321	＋0.003	±0.027	－3.320
*T*7－*T*8	79.348	91 23 01	1.281	0.991	－1.627	89 07 33	1.396	0.991	＋0.616	－0.011	±0.032	－1.622
*T*8－*A*	71.099	88 51 23	1.396	0.986	＋1.829	92 03 17	0.975	0.265	－1.841	－0.012	±0.028	＋1.835

表5.9　闭合三角高程路线高差闭合差调整与高程计算

点号	距离/m	高差观测值/m	高差改正数/m	改正后高差/m	高程/m	辅助计算
A					100.121	已知高程 $H_A=100.121$m
	81.370	＋4.734	－0.002	＋4.732		
*T*1					104.853	
	72.606	＋2.256	－0.001	＋2.255		
*T*2					107.108	
	53.292	＋0.328	－0.001	＋0.327		$f_h=\sum h=+0.013$m
*T*3					107.435	
	61.580	＋0.082	－0.001	＋0.081		
*T*4					107.516	$f_{h容}=0.1H_D\sqrt{n}=0.300$m
	86.932	－0.282	－0.002	－0.284		
*T*5					107.232	
	83.377	－3.998	－0.002	－4.000		
*T*6					103.232	
	68.637	－3.320	－0.001	－3.321		
*T*7					99.911	
	79.348	－1.622	－0.002	－1.624		
*T*8					98.287	
	71.099	＋1.835	－0.001	＋1.834		
A					100.121	
Σ	658.241	＋0.013	－0.013	0		

5.3.2　电磁波测距三角高程测量

除了以上介绍的经纬仪三角高程测量外，还可以采用电磁波测距三角高程测量方法，即高程导线测量。

采用高程导线测量方法进行四等高程控制测量时，高程导线应起闭于不低于三等的水准点，边长不应大于1km，路线长度不应大于四等水准路线的最大长度。布设高程导线时，宜与平面控制网相结合。

高程导线可采用每点设站或隔点设站的方法施测。隔点设站时，每站应变换仪器高度并观测两次，前后视线长度之差不应大于100m。

采用高程导线测定的高程控制点或其他固定点的高差，应进行正常水准面不平行改正，计算方法应符合《国家三、四等水准测量规范》（GB/T 12898—2009）的规定。

高程导线测量的限差应符合《城市测量规范》（CJJ/T 8—2011）的规定，见表5.10。

表5.10　　高程导线测量的限差　　单位：mm

观测方法	两测站对向观测高差不符值	两照准点间两次观测高差不符值	附合路线或环路线闭合差		检测已测测段高差之差
			平原、丘陵	山区	
每点设站	$\pm 45\sqrt{D}$	—	$\pm 20\sqrt{L}$	$\pm 25\sqrt{L}$	$\pm 30\sqrt{L_i}$
隔点设站	—	$\pm 14\sqrt{D}$			

注　D为测距边长度，km；L为附合路线或环线长度，km；L_i为检测测段长度，km。

任务5.4　GPS控制测量

GNSS是Global Navigation Satellite System的缩写，是所有在轨工作的卫星导航系统的总称，它包括美国GPS全球定位系统、俄罗斯全球卫星导航系统GLONASS、欧盟全球卫星导航定位系统GALILEO（伽利略）、中国北斗卫星导航定位系统BEIDOU/COMPASS。

GPS是全球定位系统Global Positioning System，是一种同时接收来自多颗卫星的电波导航信号，测量地球表面某点准确地理位置的技术系统。这个系统可以保证在任意时刻，地球上任意一点都至少可以同时观测到4颗卫星，以保证卫星可以采集到该观测点的平面位置和大地高程，以便实现导航、定位、授时等功能。GPS具有定位精度高、观测时间短、观测站间无须通视、能提供全球统一的地心坐标等特点，被广泛应用于大地控制测量中。

5.4.1　GPS系统组成

GPS系统包括三大部分：地面控制部分、空间部分和用户部分。图5.17显示了GPS定位系统的三个组成部分及其相互关系。

1. 地面控制部分

GPS的地面控制部分由分布在全球的若干个跟踪站组成的监控系统所构成。根据其作用的不同，跟踪站分为主控站、监控站和注入站。地面控制部分提供每颗 GPS 卫星所播发的星历，并对每颗卫星工作情况进行监测和控制。地面控制部分的另一重要作用是保持各颗卫星处于同一时间标准——GPS 时间系统（GPST）。

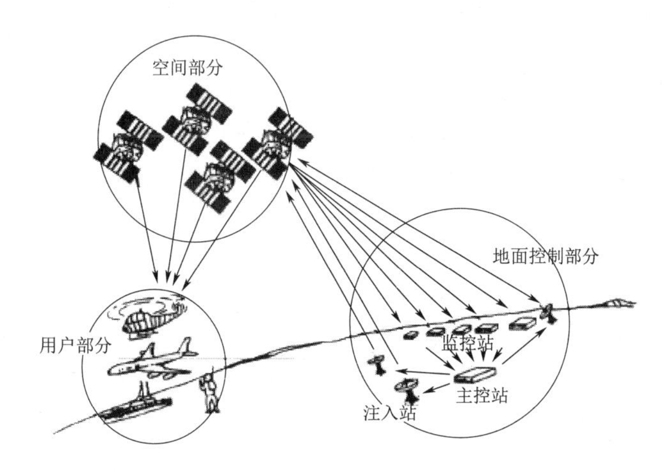

图 5.17 GPS 系统组成

2. 空间部分

GPS 卫星星座由 21 颗工作卫星和 3 颗在轨备用卫星组成，记作（21＋3）GPS 星座。24 颗卫星均匀分布在 6 个轨道平面内，卫星轨道面相对地球赤道面的倾角为 55°，各个轨道平面之间夹角为 60°，即轨道的升交点赤经各相差 60°。每个轨道平面内各颗卫星之间的升交角相差 90°。每颗卫星的正常运行周期为 11h58min，若考虑地球自转等因素，将提前 4min 进入下一周期。

3. 用户部分

主要指 GPS 接收机，此外还包括气象仪器、计算机、钢尺等仪器设备。GPS 接收机主要由天线单元、信号处理部分、记录装置和电源组成。GPS 接收机的基本类型主要分为测地型、导航型和授时型三种。

5.4.2 GPS 系统的特点

1. 定位精度高

应用实践已经证明，GPS 相对定位精度在 50km 以内可达 10^{-6}m，100～500km 可达 10^{-7}m，1000km 可达 10^{-9}m。在 300～1500m 工程精密定位中，1h 以上观测的解算其平面位置误差小于 1mm，与 ME－5000 电磁波测距仪测定的边长比较，其边长较差最大为 0.5mm，较差中误差为 0.3mm。

2. 观测时间短

随着 GPS 系统的不断完善，软件的不断更新，目前，20km 以内相对静态定位仅需 15～20min；快速静态相对定位测量时，当每个流动站与参考站相距在 15km 以内时，流动站观测时间只需 1～2min。

3. 测站间无需通视

GPS 测量不要求测站之间互相通视，只需测站上空开阔即可，因此可节省大量的费用。由于无需点间通视，点位位置可根据需要，可稀可密，使选点工作甚为灵活，也可省去经典大地网中的传算点、过渡点的测量工作。

4. 可提供三维坐标

经典大地测量将平面与高程分别采用不同方法施测。GPS 可同时精确测定测站点的三维坐标（平面＋大地高）。目前通过局部大地水准面精化，GPS高程可达到四等水准测量精度。

5. 操作简便

随着GPS接收机不断改进，自动化程度越来越高，有的已达“傻瓜化”的程度，接收机的体积越来越小，重量越来越轻，极大地减轻测量工作者的工作紧张程度和劳动强度。

6. 全天候作业

目前，GPS观测可在一天24小时内的任何时间进行，不受阴天、黑夜、起雾、刮风、降水等天气的影响。

7. 功能多、应用广

GPS系统不仅可用于测量、导航、精密工程的变形监测，还可用于测速、测时。测速的精度可达0.1m/s，测时的精度优于0.2ns，其应用领域在不断扩大。起初，设计GPS系统的主要目的是用于导航、收集情报等军事目的。但是，后来的应用开发表明，GPS系统不仅能够达到上述目的，而且用GPS卫星发来的导航定位信号能够进行厘米级甚至毫米级精度的静态相对定位，米级至亚米级精度的动态定位，亚米级至厘米级精度的速度测量和毫微秒级精度的时间测量。因此，GPS系统展现了极其广阔的应用前景。

5.4.3 GPS基本定位原理

GPS的基本定位原理为把卫星视为“动态”的控制点，以GPS卫星和用户接收机天线之间的距离（或距离差）为观测量，根据已知的卫星瞬时坐标进行空间距离后方交会，从而确定用户接收机天线相位中心处的位置。

如图5.18所示，架设于地面点的GPS接收机，接收空中卫星信号，测量出接收机天线相位中心至GPS卫星之间的距离，根据空间距离后方交会，按下式计算接收机天线相位中心的三维坐标。

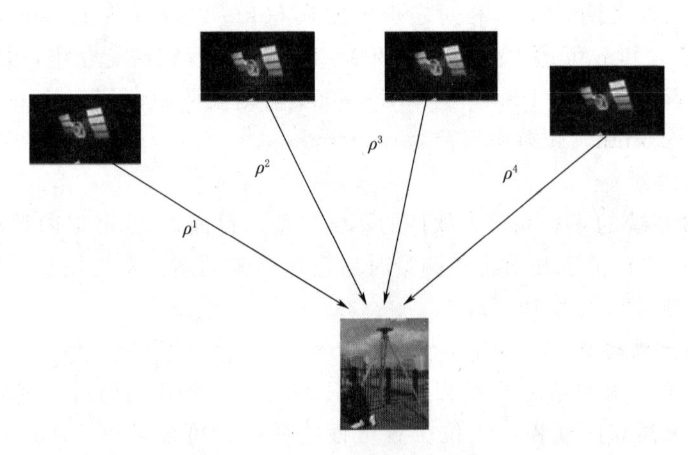

图5.18 GPS基本定位原理

$$\rho = \sqrt{(X - X^i)^2 + (Y - Y^i)^2 + (Z - Z^i)^2} + c\delta t$$

式中　　　　c——光速；

δt——接收机钟差；

(X, Y, Z)——待求的地面坐标；

(X^i, Y^i, Z^i)——第 i 颗卫星的坐标；

ρ——用户接收机天线相位中心至 GPS 卫星的距离。

公式中未知数为：(X, Y, Z)，δt。根据方程解算的规律，也应至少 4 颗卫星才能解算，所以，GPS 定位至少需要 4 颗星才能完成。

GPS 定位的关键是测定用户接收机天线相位中心至 GPS 卫星之间的距离，方法包括以下 5 点。

1. 伪距测量

伪距测量（pseudo-range measurement）是在用全球定位系统进行导航和定位时，用卫星发播的伪随机码与接收机复制码的相关技术，测定测站到卫星之间的、含有时钟误差和大气层折射延迟的距离的技术和方法。测得的距离含有时钟误差和大气层折射延迟，而非“真实距离”，故称伪距。它是为实现伪距定位，利用测定的伪距组成以接收机天线相位中心的三维坐标和卫星钟差为未知数的方程组，经最小二乘法解算以获得接收机天线相位中心三维坐标，并将其归化为测站点的三维坐标。由于方程组含有 4 个未知数，必须有 4 个以上经伪距测量而获得的伪距。此法既能用于接收机固定在地面测站上的静态定位，又可用于接收机置于运动载体上的动态定位。但后者的绝对定位精度较低，只能用于精度要求不高的导航。

2. 载波相位测量

载波相位测量是利用接收机测定载波相位观测值或其差分观测值，经基线向量解算以获两个同步观测站之间的基线向量坐标差的技术和方法。载波相位测量理论上是 GPS 信号在接收时刻的瞬间载波相位值。但实际上是无法直接测量出任何信号的瞬间载波相位值，测量接收到的是具有多普勒频移的载波信号与接收机产生的参考载波信号之间的相位差。

3. 相对定位

相对定位是目前 GPS 测量中精度最高的一种定位方法，它广泛用于高精度测量工作中。GPS 测量结果中不可避免地存在着种种误差，这些误差对观测量的影响具有一定的相关性，所以利用这些观测量的不同线性组合进行相对定位，便可能有效地消除或减弱上述误差的影响，提高 GPS 定位的精度，同时消除了相关的多余参数，也大大方便了 GPS 的整体平差工作。如果用平均误差量与两点间的长度相比的相对精度来衡量，GPS 相位相对定位的方法的相对定位精度一般可以达 10^{-6}（1ppm），最高可接近 10^{-9}（1ppb）。

静态相对定位的最基本情况是用两台 GPS 接收机分别安置在基线的两端，固定不动；同步观测相同的 GPS 卫星，以确定基线端点在 WGS-84 坐标系中的相对位置或基线向量，在测量过程中通过重复观测取得了充分的多余观测数据，从而改善了 GPS 定位的精度。

4. 单点定位

单点定位（Single Point Positioning，SPP），其优点是只需用一台接收机即可独立确定待求点的绝对坐标；且观测方便，速度快，数据处理也较简单。主要缺点是精度较低，一般来说，只能达到米级的定位精度，目前的手持 GPS 接收机大多采用的这种技术。

5. 精密单点定位

精密单点定位（Precise Point Positioning，PPP），是利用载波相位观测值以及由 IGS（国际卫星全球定位服务）等组织提供的高精度的卫星钟差来进行高精度单点定位的方法。目前，根据一天的观测值所求得的点位平面位置的精度可达 2～3cm，高程精度可达 3～4cm，实时定位的精度可达分米级。但该定位方式所需顾及方面较多，如精密星历、天线相位中心偏差改正、地球固体潮改正、海潮负荷改正、引力延迟改正、天体轨道摄动改正等，所以精密单点定位目前还处于研究、发展阶段，有些问题还有待深入研究解决。由于该定位方式只需一台 GPS 接收机，作业方式简便自由，所以 PPP 已成为当前 GPS 领域一个研究热点。

5.4.4 GPS 控制测量

5.4.4.1 GPS 外业观测的作业方式

同步图形扩展式的作业方式具有作业效率高，图形强度好的特点，是目前在 GPS 测量中普遍采用的一种布网形式。采用同步图形扩展式布设 GPS 基线向量网时的观测作业方式主要有以下几种。

1. 点连式

(1) 观测作业方式。在观测作业时，相邻的同步图形间只通过一个公共点相连，如图 5.19 (a) 所示。这样，当有 m 台仪器共同作业时，每观测一个时段，就可以测得$m-1$个新点，当这些仪器观测了 s 个时段后，就可以测得 $1+s\times(m-1)$个点。

(2) 特点。作业效率高，图形扩展迅速；缺点是图形强度低，如果连接点发生问题，将影响到后面的同步图形。

2. 边连式

(1) 观测作业方式。在观测作业时，相邻的同步图形间有一条边（即 2 个公共点）相连，如图 5.19 (b) 所示。这样，当有 m 台仪器共同作业时，每观测一个时段，就可以测得 $m-2$ 个新点，当这些仪器观测了 s 个时段后，就可以测得 $2+s\ (m-2)$ 个点。

(2) 特点。具有较好的图形强度和较高的作业效率。

3. 网连式

(1) 观测作业方式。在作业时，相邻的同步图形间有 3 个（含 3 个）以上的公共点相连，如图 5.19 (c) 所示。这样，当有 m 台仪器共同作业时，每观测一个时段就可以测得 $m-k$ 个新点，当这些仪器观测了 s 个时段后，就可以测得 $k+s\ (m-k)$ 个点。

(2) 特点。所测设的 GPS 网具有很强的图形强度，但网连式观测作业方式的作业效率很低。

4. 混连式

(1) 观测作业方式。在实际的 GPS 作业中，一般并不是单独采用上面所介绍的某一种观测作业模式，而是根据具体情况，有选择地灵活采用这几种方式的混连式作业。

(2) 特点。实际作业中最常用的作业方式，它实际上是点连式、边连式和网连式的一个结合体。

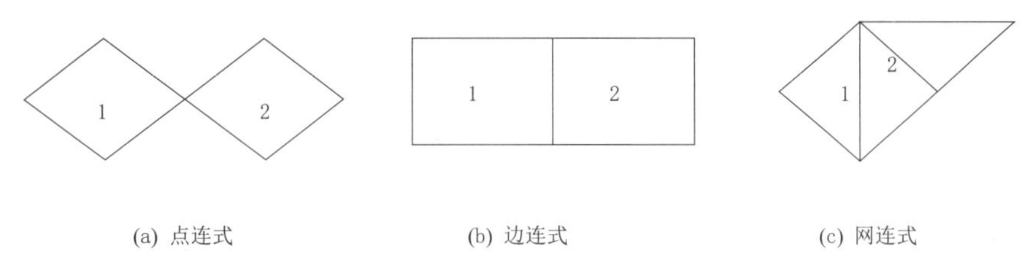

图 5.19 GPS外业观测的作业方式

5.4.4.2 GPS 外业观测作业

1. 外业观测作业流程

GPS 外业观测的作业流程如下：

(1) 网形规划及时段安排。GPS 网形规划与控制点的分布有关，为使整个网形的点位中误差值能够均匀，最好网形能依控制点的分布规划。时段的安排最好能避开中午（11：00AM—1：00PM）。时段安排后，填写计划时段表，并明确指示测量员的测站行程。

(2) 测站观测。测站观测人员应明确测站点名、点号及开关机时间等信息，按要求架设仪器并记录相关数据。架设 GPS 的操作程序及注意事项如下：

1) 找寻点位。该点若已去过，应该不会发生问题；若是没去过的点位，而按点之记找寻者，在到达点位之后应确认该点之标石号码，检核无误后再架设仪器。

2) 架设仪器，如图 5.20 和图 5.21 所示，包括对中、整平、量取仪器高等。

图 5.20 静态 GPS 测量

图 5.21 动态 GPS 测量

3) 记录观测手簿（表 5.11）。手簿是数据下载及内业计算最重要的信息记录，外业所发生的错误都必须要经由手簿的记载来改正之，因此要求手簿数据的记载务必正确、详尽。记录过程中，应注意点名、点号书写是否正确，天线高、天线盘及接收仪的型号、序号记录是否正确，开关机时间务必记录等。

表 5.11　　C、D、E 级测量记录手簿

点号		点名		图幅编号	
观测记录员		日期段号		观测日期	
接收机名称 及编号		天线类型 及其编号		存储介质编号 数据文件名	
温度计类型 及编号		气压计类型 及编号		备份存储 介质编号	
近似纬度	° ′ ″N	近似经度	° ′ ″E	近似高程	m
采样间隔	s	开始记录时间	h min	结束记录时间	h min

天线高测定	天线高测定方法及略图	点位略图
测前：　测后： 测定值______ ______ m 修正值______ ______ m 天线高______ ______ m 平均值______ ______ m		

时间（UTC）	跟踪卫星号（PRN）信噪比	纬度 /（° ′ ″）	经度 /（° ′ ″）	大地高 /m	PDOP

记事	

（3）资料下载。GPS 外业收集的数据须经由传输线的连接下载（DOWNLOAD），或经由记忆磁卡（PCMCIA 卡）传输至计算机中，再经由仪器商所提供的计算软件计算基线，最后再组成网形计算坐标。因此，数据下载也是一项重要的工作，外业上所发生的一些错误就必须在这个阶段完成纠错。

（4）资料检核。测量工作最重要的就是数据的正确性，因此在外业交付内业的最后阶段，必须再次确认各项数据是否有误，检核后将下列各档案移交内业人员：①当日计划时段表，交付网形、时段规划者。②测站手簿、实际观测时段表、下载磁性数据（rawdata 及 RINEXdata），交付内业计算人员。

2. 外业观测作业的注意事项

目前接收机的自动化程度较高，操作人员作业时需要注意以下几点：

（1）各测站的观测员应按计划规定的时间作业，确保同步观测。

（2）确保接收机存储器（目前常用 CF 卡）有足够存储空间。

（3）开始观测后，正确输入高度角，天线高及天线高量取方式。

（4）观测过程中应注意查看测站信息、接收到的卫星数量、卫星号、各通道信噪比、相位测量残差、实时定位的结果及其变化和存储介质记录等情况。一般来讲，主要注意 DOP 值的变化，如 DOP 值偏高（GDOP 一般不应高于 6），应及时与其他测站观测员取得联系，适当延长观测时间。

（5）同一观测时段中，接收机不得关闭或重启；将每测段信息如实记录在 GPS 测量手簿上。

（6）进行长距离高等级 GPS 测量时，要将气象元素、空气湿度等如实记录，每隔一小时或两小时记录一次。

5.4.4.3　GPS 测量数据处理与成果检核

GPS 测量外业结束后，必须对采集的数据进行处理，以求得观测基线和观测点位的成果，同时进行质量检核，以获得可靠的最终定位成果。数据处理是用专用软件进行的，不同的接收机以及不同的作业模式配置各自的数据处理软件。GPS 测量数据处理主要包括基线解算和 GPS 网平差。通过基线解算，对外业采集的数据文件进行整理分析检验，剔除粗差，检测和修复整周跳变，修复整周模糊度参数，对观测值进行各种模型改正，解算出合格的基线向量解（一般选择合格的双差固定解）。在此基础上，进行 GPS 网平差，或与地面网联合平差，同时将结果转换为地面网的坐标。

由于种种原因，GPS 技术施测的成果，会存在一些误差，使用时应对成果进行检测。检测的方法很多，可以视实际情况选择合适的方法。GPS 测量成果质量的检核的内容包括：外业数据质量检核、GPS 网平差结果质量检核。

5.4.5　GPS 的应用领域

1. 定位导航

GPS 主要是为船舶、汽车、飞机等运动物体进行定位导航。例如：船舶远洋导航和进港引水；飞机航路引导和进场降落；汽车自主导航；地面车辆跟踪和城市智能交通管理；紧急救生；个人旅游及野外探险；个人通信终端（与手机、PDA、电子地图等集成一体）。

2. 授时校频

每个 GPS 卫星上都装有铯原子钟作星载钟；GPS 全部卫星与地面测控站构成一个闭环的自动修正系统（图 5.17）；采用协调世界时 UTC（USNO/MC）为参考基准。

当前精密的 GPS 时间同步技术可以适用 10^{-10}～10^{-11} s 的同步精度。这一精度可以用于国际上各重要时间和相关物理实验室的原子钟之间的时间传递。利用它可以在地球上不同区域相当远的距离（数千公里）的实验室上利用各种精密仪器设备对太空的天体、运动目标，如脉冲星、行星际飞行探测器等进行同步观测，以确定它们的太空位置、物理现象和状态的某些变化。

3. 高精度测量

应用于各种等级的大地测量、控制测量；道路和各种线路放样；水下地形测量；

地壳形变测量、大坝和大型建筑物变形监测；GIS数据动态更新；工程机械（轮胎吊、推土机等）控制；精细农业等。

近些年来，随着大量的建筑工程项目开工建设，对测绘工作提出了新的要求：快速、经济、准确。传统的测量方法越来越难以跟上设计技术的步伐和快速的施工速度。GPS技术的出现正迎合了现代测绘的新要求。目前GPS技术已被成功应用于建筑勘测设计、施工放样以及运营过程中的安全检测等各个方面。

30余年的实践证明，GPS系统是一个高精度、全天候和全球性的无线电导航、定位和定时的多功能系统。GPS技术已经发展成为多领域、多模式、多用途、多机型的高新技术国际性产业，已遍及国民经济各个部门，并开始逐步深入人们的日常生活。

项 目 小 结

本项目介绍了现今生产实际当中常用的平面控制测量方法——导线测量，以及能应用在控制点加密上的平面控制测量方法——交会测量；介绍了高程控制测量方法当中的三角高程测量；介绍了可以同时确定平面位置和高程的GPS控制测量。通过本项目的学习，需掌握以下内容：

（1）导线测量的概念与导线布设形式；

（2）导线测量的外业工作；

（3）闭合导线计算、附合导线计算以及支导线计算；

（4）前方交会法、测边交会法的外业观测方法以及内业计算；

（5）三角高程测量的基本原理、基本要求、外业观测和内业计算；

（6）GPS概念、组成、特点和定位原理；

（7）GPS控制测量的外业观测、测量数据处理与成果检核等。

知 识 检 验

1. 控制测量按测量的内容不同分为哪两种？
2. 什么叫导线测量？导线测量有哪几种布设形式？
3. 导线测量外业选点有哪些注意事项？
4. 什么叫直线定向？什么叫方位角？
5. 有哪些交会测量方法？
6. GPS系统的特点有哪些？
7. GPS外业观测的作业方式有哪些？

项目6　全站仪测量技术

【知识目标】

了解全站仪的概念、分类、结构原理、主要技术指标；掌握全站仪的安置及初始设置，全站仪角度测量、距离测量和三维坐标测量的原理和操作方法，全站仪放样测量、后方交会测量的原理和方法；熟悉全站仪的操作键及显示屏的基本信息。

【技能目标】

能够安置全站仪并进行初始设置；能够使用全站仪进行角度测量、距离测量和三维坐标测量；能够使用全站仪进行放样测量、后方交会测量。

任务6.1　认识全站仪

6.1.1　全站仪的分类及使用

随着电子测距仪、电子经纬仪、微处理机的产生及其性能的不断完善，在20世纪60年代末出现了把电子测距、电子测角和微处理机结合成一个整体，能自动记录、存储并具备某些固定计算程序的电子速测仪。因该仪器在一个测站点能快速进行三维坐标测量、定位和自动数据采集、处理、存储等工作，较完善地实现了测量及数据处理过程的电子化和一体化，所以被称为全站型电子速测仪，通常又称为电子全站仪，简称全站仪。

1. 全站仪的分类

（1）普通全站仪。这类全站仪具有常规测量和程序测量功能，测程为1～5km，测距精度为5mm左右，测角精度为2″～5″，价格相对低廉，使用最广泛，在全站仪产品中占比例较大。

（2）Windows全站仪。Windows全站仪是在普通全站仪中引入了WinCE操作系统，虽然仪器的技术参数变化不大，但仪器的操作性、机动性提高很多，代表了全站仪信息化、可视化的发展方向，是普通全站仪未来的替代产品。但因价格较高的原因，其目前市场占有率还不高。

（3）免棱镜全站仪。免棱镜或无合作目标是全站仪的发展方向之一。这类仪器目前发展较快，但在测程和测距精度方面有待进一步提升。

（4）智能全站仪。智能全站仪俗称测量机器人，是全站仪中的高端产品，其自动化程度高，精度高，适用于某些特殊场合和科研项目。

（5）超站仪。超站仪即GPS和全站仪的组合，将GPS测量与全站仪测量相结合，以GPS测量方法确定全站仪的测站点坐标和高程，据此全站仪再测定其他未知点。超站仪的最大特点是不需要已知点，可以在任何位置设站进行测量，极大地提高了全站仪使用的便利性。

2. 全站仪的使用

国外产品的主要代表是美国的天宝（Trimble）、瑞士的徕卡（Lecia）和日本的拓普康（Topcon），它们走在全站仪发展的前沿，仪器产品的创新能力强，科技含量高，综合性能和稳定性好，但价格相对较高。这类产品的国内用户主要集中在大中型国有企业、高校、科研机构和实力较强的工程部门。相对而言，在国内市场上徕卡全站仪和拓普康全站仪占有一定份额，而天宝全站仪用户较少。

国内产品的主要代表是南方、苏一光、科力达和瑞得等品牌。国产全站仪目前还处在应用进口芯片阶段，跟着国际发展方向走，产品的稳定性、可靠性有待提高，但价格优势明显，大多数公司的售后服务周到，因而拥有大量的中小客户。随着国产仪器的不断成熟，进口仪器在稳定性、可靠性、品牌的综合优势上不断遭遇挑战。近几年国产全站仪的年产销量呈上升趋势，已经成为我国全站仪市场上的主流产品。

早期的全站仪由于体积大、重量大、价格贵等因素，在推广应用上受到很大限制。自20世纪80年代起，随着大规模集成电路、微处理器及半导体发光元件性能的不断完善和提高，全站仪进入成熟与蓬勃发展阶段。其表现特征是小型、轻巧、精密、耐用，并具有强大的软件功能。目前，全站仪的应用范围不仅是测绘工程、建筑工程、交通与水利工程、地籍与房产测量，而且在大型工业生产设备和构件的安装调试、船体设计施工、大桥水坝的变形观测、地质灾害监测及体育竞技等领域中都得到了广泛应用。

6.1.2 全站仪的结构及原理

1. 全站仪的结构

以索佳SET10K系列全站仪为例，全站仪结构如图6.1所示。

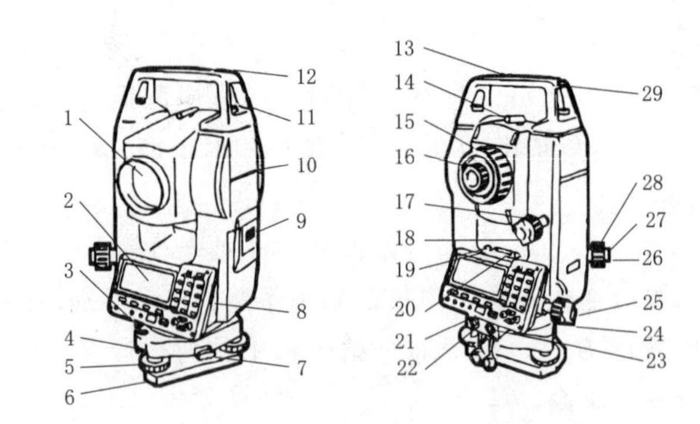

图6.1 索佳SET10K系列全站仪

1—物镜；2—显示窗；3—圆水准器；4—圆水准器校正螺丝；5—脚螺旋；6—底板；7—三角基座制动控制杆；8—操作面板；9—电池盒盖；10—仪器高标志；11—提柄固紧螺丝；12—提柄；13—仪器中心标志；14—粗照准器；15—望远镜调焦环；16—望远镜目镜；17—垂直微动手轮；18—垂直制动轮；19—长水准管校正螺丝；20—长水准管；21—遥控键盘感应器；22—外接电源插口；23—数据通信插口；24—水平微动手轮；25—水平制动钮；26—光学对中器目镜；27—光学对中器分划板护盖；28—光学对中器调焦环；29—管式罗盘插口

(1) 照准部分。照准部的望远镜可以在平面内和垂直面内做360°的旋转，便于照准目标。为了精确照准目标，设置了水平制动、垂直制动、水平微动和垂直微动螺旋。全站仪的制动与微动螺旋在一起，外螺旋用于制动，内螺旋用于微动。望远镜上下的粗瞄器用于镜外粗照准。望远镜目镜端有目镜调焦螺旋和物镜调焦螺旋，用于获得清晰的目标影像。

显示屏用于显示观测结果和仪器的工作状态，旁边的操作键和软键用于实现各种功能的操作。

(2) 基座部分。基座用于仪器的整平和与三脚架的连接。旋转脚螺旋可以改变仪器的水平状态，仪器的水平状态可以通过圆水准器和管水准器反映出来。圆水准器用于粗平，管水准器用于精平。

全站仪的对中器是仪器的对中设备。电池为仪器供电，可卸下充电，充好电后再装上。为了方便仪器的装卸，全站仪一般在照准部的上部设置了提手。

2. 全站仪的原理

全站仪由测角部分、测距部分、补偿部分、微处理装置（中央处理器）四大部分组成，如图6.2所示，它本身就是一个带有特殊功能的计算机控制系统，其微处理装置由微处理器、存储器、输入/输出设备等部分组成。由微处理器对获取的倾斜距离、水平角、竖直角、竖直轴倾斜误差、视准轴误差、横轴误差、竖直度盘指标差、棱镜常数、气温、气压等信息加以处理，从而获得各项改正后的观测数据和计算数据。在仪器的只读存储器中固化了测量程序，测量过程由该程序完成。

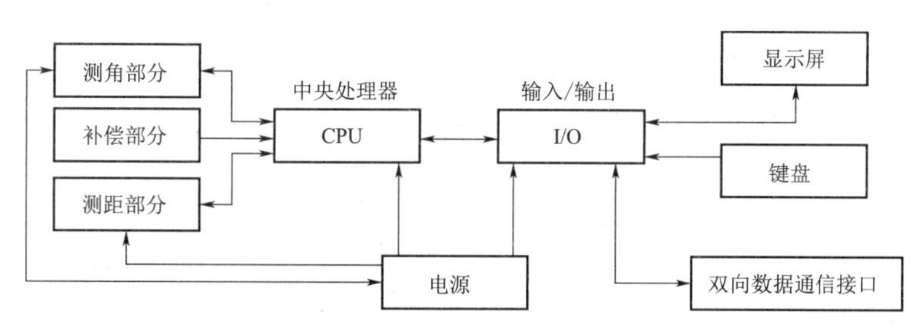

图6.2 全站仪的原理

6.1.3 全站仪的主要技术指标

(1) 望远镜放大倍数。望远镜放大倍数是反映全站仪光学性能的指标之一，普通全站仪一般为30×（倍）左右。

(2) 望远镜视场角。望远镜视场角也是反映全站仪光学性能的指标之一，普通全站仪一般为1°30′。

(3) 管水准器的格值。管水准器用于全站仪安置时的精确整平，管水准器格值的大小反映了其灵敏度的高低。灵敏度越高的管水准器，整平精度越高。普通全站仪管水准器的格值为20″/2mm或30″/2mm。

(4) 圆水准器的格值。圆水准器用于全站仪安置时的粗略整平，其格值也代表灵敏度。普通全站仪圆水准器的格值为8′/2mm。

（5）测角精度。测角精度是全站仪重要的技术参数之一。普通全站仪测角精度有10″、5″、2″几种。

（6）测程。测程是指全站仪在良好的外界条件下可能测量的最远距离。普通全站仪在单棱镜时的测程一般为1km左右，在三棱镜时的测程为2km左右。测程也是全站仪重要的技术参数之一。

（7）测距精度。测距精度是全站仪重要的技术参数之一，测距精度又称为标称精度，其表示方法为±（$a+bD\times10^{-6}$）。其中，a为固定误差（mm），b为比例误差系数，D为所测距离长度（m）。标称精度有时简写成±（$a+b$）。普通全站仪的标称精度一般为2+2，即观测1km长的距离，误差为4mm。其中，固定误差和比例误差各为2mm。

（8）测距时间。测距时间是表示测距速度的指标。普通全站仪一般单次精测时间为1～3s，跟踪时间为0.5～1s。

（9）距离气象改正。普通全站仪一般可输入参数自动进行距离气象改正。

（10）高差球气差改正。普通全站仪一般可输入参数自动进行高差球气差改正。

（11）棱镜常数改正。普通全站仪一般可输入参数自动进行棱镜常数改正。

（12）补偿功能。全站仪能对垂直轴倾斜进行补偿，补偿范围为±（3′～5′）。补偿类型分为单轴补偿、双轴补偿和三轴补偿。普通全站仪一般配有单轴补偿功能或双轴补偿功能。补偿功能也是全站仪重要的技术参数之一。

（13）显示行数。显示行数的多少代表了显示屏的大小。

（14）内存容量。内存容量表示记录储存数据的能力。全站仪的内存容量也是越来越大。

（15）尺寸及重量。尺寸及重量反映全站仪的体积和重量大小。

任务6.2 全站仪的操作及使用

6.2.1 全站仪的按键功能、测量模式及合作目标

以索佳SET10K系列全站仪为例进行讲述。

1. 全站仪的按键功能及测量模式

（1）显示屏。显示屏为5行信息显示、1行软件功能显示。图6.3中显示的内容为测距状态下的测距结果。其中，第一行提示现在正处于测量模式中（索佳仪器包括测量、内存和配置三种模式），当前使用的棱镜常数PC＝－30；第二行显示气象改正数（part per million，ppm），当前的ppm＝0；第三行左边为斜距观测值，右边显示电池的电量；第四行左边为天顶距，右边显示双轴补偿器的开关状态；第五行是水平度盘的读数，右边的黑色小方框里显示了当前操作界面处于测量模式的第几页，在测量模式下有三页菜单的内容（P1～P3），可使用翻页键切换。图中距离的单位为米（m）。

（2）操作键。索佳SET10K系列全站仪共有27个操作键，详见表6.1。

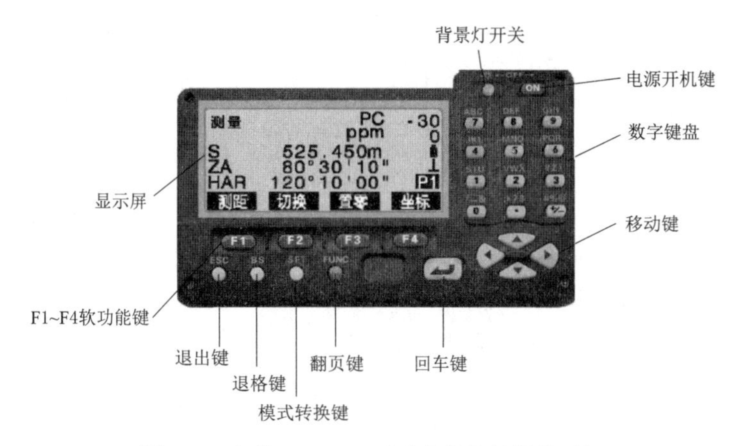

图 6.3　索佳 SET10K 系列全站仪的操作面板

表 6.1　　索佳 SET10K 系列全站仪的操作键及其功能

按　键　名　称	按键数量	按　键　功　能
软功能键（F1、F2、F3、F4）	4	启动对应显示屏下方的软键功能
数字、字母键	12	用于输入操作
照明键（✧）	1	打开或关闭显示窗和键盘背光
电源开关键（ON）	1	用于开关机（关机需按住 ON 键后再按照明键）
退出键（ESC）	1	取消输入
回车键（↵）	1	确认选取选项
移动键（▲▼◀▶）	4	移动光标或选取选项
模式转换键（SFT）	1	在输入字母或数字时进行切换
退格键（BS）	1	删除光标左侧的第一个字母
翻页键（FUNC）	1	测量菜单翻页

（3）显示符号。索佳 SET10K 系列全站仪的显示符号及其含义见表 6.2。

表 6.2　　索佳 SET10K 系列全站仪的显示符号及其含义

显示符号	含　　义	显示符号	含　　义
S	斜距	S-A	测距模式为均值，精测时的距离平均值
H	平距	NBS	后视定向点的 X 坐标
V	高差主值（对边测量中为高差）	EBS	后视定向点的 Y 坐标
ZA	天顶距	ZBS	后视定向点的高程
VA	垂直角	ha	公顷（面积单位，1ha=10000m²）
HAR	水平角（右角）	EDM	测距参数设置
HAL	水平角（左角）	ZA%	坡度类型选择（用天顶距或%表示坡度）

续表

显示符号	含　　义	显示符号	含　　义
N	X坐标	右/左	左、右水平角选择
E	Y坐标	PC	棱镜常数
Z	高程	ppm	气象改正数
放样平距	放样时的平距差值	hPa	气压单位百帕，1hPa=0.75mmHg
水平角差	放样时的水平角差值	P1、P2、P3	页面

2. 全站仪的按键功能及测量模式

（1）显示屏。显示屏有5行信息显示和1行软件功能显示。图6.4显示的是测距状态下的测距结果。其中，第一行为竖直度盘的读数；第二行为水平度盘的读数；第三行为距离观测值，右边显示电池电量；第四行显示平距；第五行显示高差。图中距离的单位为英尺（ft，1ft=0.3048m）。

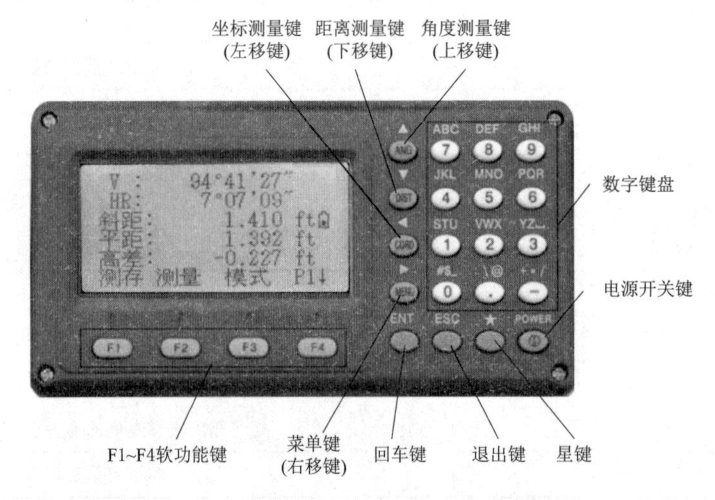

图6.4　南方NTS360系列全站仪的操作面板

（2）操作键。南方NTS360系列全站仪共有24个操作键，详见表6.3。

表6.3　　南方NTS360系列全站仪操作键的说明

按　键　名　称	按键数量	按　键　功　能
软功能键（F1、F2、F3、F4）	4	启动对应显示屏下方的软键功能
数字、字母键	12	用于输入操作
星键	1	用于某些设置
电源开关键（POWER）	1	用于开关机
退出键（ESC）	1	退出当前工作状态
回车键（ENT）	1	确认
角度测量键（ANG）	1	进入角度测量状态（兼光标上移功能）

续表

按　键　名　称	按键数量	按　键　功　能
距离测量键（DIST）	1	进入距离测量状态（兼光标下移功能）
坐标测量键（CORD）	1	进入坐标测量状态（兼光标左移功能）
菜单键（MENU）	1	显示菜单目录（兼光标右移功能）

（3）显示符号。南方 NTS360 系列全站仪的显示符号及其含义，详见表 6.4。

表 6.4　　南方 NTS360 系列全站仪的显示符号及其含义

显示符号	含　　义	显示符号	含　　义
V	天顶距	m	距离单位为米
V%	以坡度显示的垂直角	ft	距离单位为英尺
HR	水平角（右角）	fi	距离单位为英尺与英寸
HL	水平角（左角）	m/f/i	距离单位选择
HD	水平距离	PSM	棱镜常数
VD	高差	ppm	气象改正数
SD	斜距	T－P	温度、气压设置
N	*X* 坐标	hPa	气压单位百帕，1hPa=0.75mmHg
E	*Y* 坐标	R/L	水平右角/左角选择
Z	高程	*	测距正在进行
dHD	放样时的平距差值	NE/AZ	后视坐标/后视方位角选择
dZ	放样时的高程差值	P1、P2	页面

3. 全站仪的合作目标

如图 6.5 所示，单棱镜常用于对中杆及支架安置；三棱镜一般由基座与三脚架连接安置，适用于远距离测量；微棱镜用于狭小空间作业和短距离作业；反射片用于粘贴物体的被测部位。

(a) 单棱镜

(b) 三棱镜

(c) 微棱镜

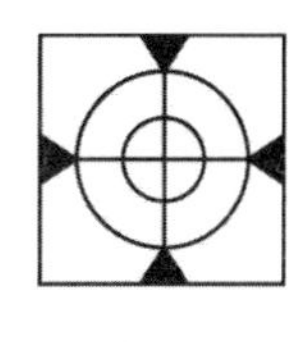

(d) 反射片

图 6.5　全站仪的合作目标

用于单棱镜的对中杆及支架比三脚架轻便，便于野外作业时携带，在测距精度要求不高时，也可以卸下支架，手持对中杆操作。对中杆及支架均采用铝合金材料制造，对中杆可以伸缩，支架的两条脚也可以在一定范围内伸缩，并采用握式锁紧机构锁定位置，以便于在不同场地快速设置目标。单棱镜也可以通过基座与三脚架连接。单棱镜对中杆及支架、单棱镜基座及三脚架如图 6.6 所示。

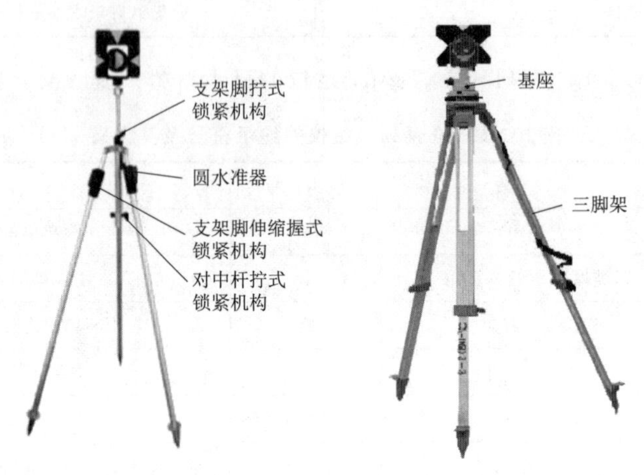

(a) 单棱镜对中杆及支架　　(b) 单棱镜某座及三脚架

图 6.6　单棱镜对中杆及支架、单棱镜基座及三脚架

6.2.2　全站仪的安装及初始设置

1. 全站仪的安装

(1) 架设三脚架。使三脚架腿间等距，三脚架的架头位于测点上并近似水平，将三脚架架腿牢固地支撑在地面上。

(2) 架设仪器。将仪器放在三脚架的架头上，用一只手扶住仪器，另一只手旋紧中心连接螺旋，使仪器固定在三脚架上。

(3) 对中。通过光学对中器目镜观察，旋转对中器目镜至分划板十字丝看得最清楚，再旋转对中器调焦环使地面测点看得最清楚（若仪器采用的是激光对中，则可直接将仪器开机，打开激光对中器，投射激光点至地面），稍松开中心连接螺旋，在架头上轻移仪器，直到十字丝中心（或是激光点）对准测站点标志的中心。

(4) 整平。伸缩脚架使圆水准气泡居中，达到粗平仪器的目的。松开水平制动螺旋，转动仪器使水准管平行于某一对脚螺旋 A、B 的连线，旋转脚螺旋 A、B 使水准管气泡居中。将照准部旋转 90°，调节脚螺旋 C 使气泡居中完成精平（图 6.7）。转动仪器照准部，检查气泡位置是否在任何方向上都保持不变，否则应重复上述步骤再次精平。此时的精平有可能会破坏之前的对中，因此需要重复第（3）步，再次对中。同样地，再次对中又有可能影响到精平的结果，所以对中、整平需反复进行，直至两者同时满足条件，旋紧脚架连接螺旋。

(5) 调节电子气泡。对于第（4）步中的精平过程还可以借助全站仪的电子气泡功能来完成。以索佳 SET10K 系列仪器为例，按 ON 键开机，在测量模式菜单下按“倾斜”键，进入电子水准器的显示界面。

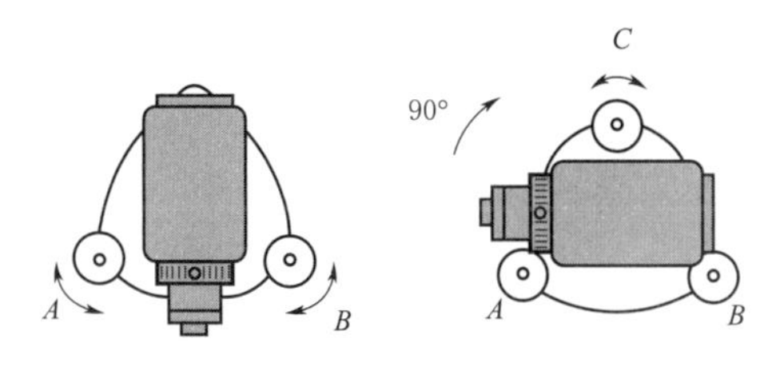

图6.7　全站仪的精平方法

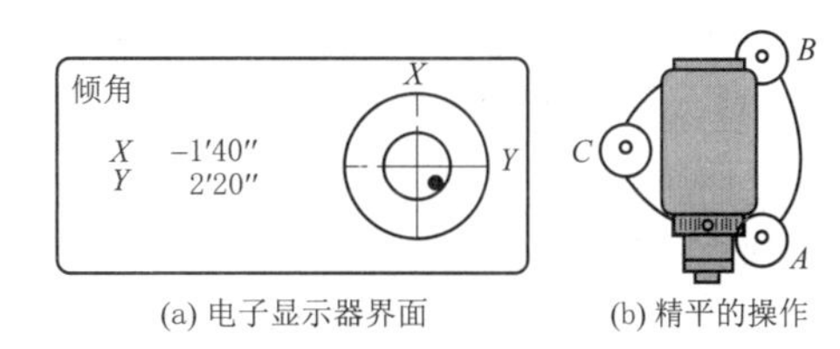

(a) 电子显示器界面　(b) 精平的操作

图6.8　索佳SET10K系列电子气泡精平

如图6.8所示，“●”为电子水准器的圆气泡，水准器内、外圆的倾角显示范围分别为±3′和±6′。只有脚架头倾斜量较小，在水准器的补偿范围内时气泡才会出现在内外圆内，同时X、Y方向上的倾角值显示在屏幕上，否则将无数值显示，而出现“＊”。转动仪器照准部使望远镜平行于脚螺旋A、B的连线后旋紧水平制动螺旋，旋转脚螺旋A、B使X方向的倾角值为“0”，然后再旋转脚螺旋C使Y方向的倾角为“0”，完成精平。

(6) 架设棱镜。若采用对中杆及支架架设棱镜，则应先将对中杆底尖对准控制点点位的中心，以合适的角度张开两支架脚，并用力踩紧；然后用左右手分别压住两握式锁紧机构，伸缩两支架脚，摇动对中杆，使圆水准器的气泡居中后，松手即可。安置对中杆时应注意控制对中杆的高度，并将棱镜对准全站仪方向。带三脚架的棱镜的安置与经纬仪的安置方法相同。

在控制测量作业时，全站仪和反射棱镜都应在控制点上对中、整平。在碎部测量作业时，全站仪应在控制点上对中、整平，棱镜不必连接支架或三脚架进行严格的对中、整平，可手持对中杆进行对中、整平操作。

(7) 目镜调焦与照准目标。旋转目镜调焦螺旋，看清十字丝；利用粗瞄准器内三角标志的顶尖瞄准目标点，照准时眼睛与瞄准器之间应保持一定距离，瞄准后水平制动；利用物镜调焦螺旋使目标成像清晰；当眼睛在目镜上下或左右移动发现有视差时，说明调焦或目镜屈光度未调好，这将影响观测的精度，应再仔细进行目镜调焦看清十字丝，调节物镜调焦螺旋消除视差。

2. 全站仪的初始设置

(1) 测角参数的设置。

全站仪的测站设置

1) 角度测量的仪器参数设置。角度测量的主要误差是仪器的三轴误差，包括视准轴误差、横轴（水平轴）误差、竖轴（垂直轴）误差。其中，视准轴误差C是由于视准轴和横轴之间不垂直所引起的误差，又称为照准误差；横轴误差i是由于横轴不垂直于竖轴所引起的误差，又称为水平轴倾斜误差；竖轴误差v是由于竖轴偏离铅垂位置所引起的误差，又称为垂直轴倾斜误差。这些误差的改正可按设置由仪器自动完成，具体如下。

①视准差改正。视准轴误差可通过双盘观测予以消除，也可以由仪器检验校正后通过内置程序计算改正数自动加入，即先用仪器测定出C值，然后在仪器设置中将“视准差改正”开关打开，仪器便会将观测的角值自动改正一个C值。

②双轴倾斜补偿改正。仪器横轴误差可通过盘左、盘右观测抵消，竖轴误差不能通过观测方法消除。横轴误差和竖轴误差对测角的影响可由仪器补偿器检测后，通过内置程序计算改正数自动加入改正，在仪器设置中将“倾斜改正”设置成双轴补偿，打开补偿器的开关。

2）度盘格式的设置。

①水平角格式的选择。对于水平右角和水平左角，前者是顺时针转动照准部，水平度盘读数增大；后者是逆时针转动照准部，水平度盘读数增大，按照习惯（与经纬仪保持一致），水平角格式通常选择水平右角。

②竖直角格式的选择。竖直角格式包括天顶距（望远镜垂直指向天顶方向为0°、顺时针旋转至360°）、水平0°（望远镜水平时为0°、逆时针旋转至360°）、水平0°±90°（望远镜水平时为0°、上至+90°、下至-90°，即测量学定义中的竖直角）。竖直角格式通常选择天顶距或水平0°±90°（竖直角），有的全站仪的竖直角格式可能没有水平0°的选择。

3）其他相关设置。

①球气差（两差）改正。球气差是对两点间的观测高差进行地球曲率和垂直大气折光的改正。地球曲率改正按平均地球半径6370km计算，垂直大气折光改正按所选垂直折光系数0.142和0.200计算。一般地区、季节和时段选择0.142，垂直大气折光较大的地区、季节和时段选择0.200。球气差改正选择不会对斜距和平距产生影响。

②角度最小值的选择。角度最小值可选1″和5″。测角精度为2″的全站仪的角度最小值一般选择1″。

③角度单位的选择。角度单位选择项包括degree（360度制）、gon（百分度制）和mil（密位制），通常选择degree（360度制）。

④作业文件的选择。选择作业文件是为观测数据指定记录文件。

索佳SET10K系列全站仪部分测角参数的设置如图6.9所示。

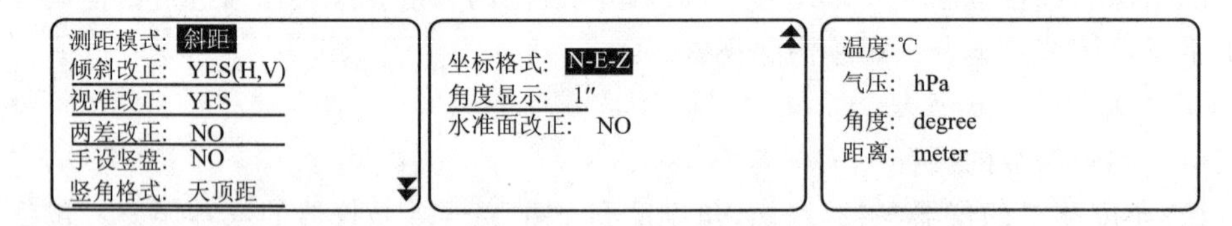

图6.9　索佳SET10K系列全站仪部分测角参数的设置

（2）测距参数的设置。

1）EDM设置。很多全站仪的测距参数设置都在电子测距（EDM）这个功能项中完成。EDM用来设置测距的光源类型、测距的次数或者反射棱镜的常数等。

①测距模式的选择。测距模式包括精测、粗测和跟踪测量，一般选择精测模式，其他测距模式精度较低，但可以节省观测时间和电池用量。

②合作目标（反射器）的选择。合作目标包括棱镜、微棱镜、反射片或免棱镜。

在免棱镜状态下，禁止照准棱镜或反射片进行距离测量。

③棱镜常数的设定。按选定的棱镜输入棱镜常数。由于光在玻璃中的传播速度要比在空气中慢，因此光在反射棱镜中传播所用的超量时间会使所测距离增大某一数值，通常称这个增大的数值为棱镜常数。棱镜常数取决于玻璃的折射率和棱镜的厚度（光通过的长度）。当用全站仪测量仪器到反射棱镜之间的距离时，仪器测量的距离比实际的距离要长，多出的这部分距离值就是棱镜常数。要得到测站点与棱镜点之间的正确距离，需要加上一个棱镜常数的改正值，棱镜常数设置得正确与否直接关系到测距的最终结果。通常棱镜常数已在生产厂家所附的说明书上或棱镜上标出，供测距时使用。当使用与全站仪不配套的反射棱镜时，应先确定其棱镜常数，因为不同型号、品牌的棱镜常数可能不一样。棱镜常数常用 PC 表示，也有用 PSM 表示的。

④气象改正参数的设定。全站仪发射红外光的光速随大气的温度和气压不同而改变，因此需要根据观测时的温度和气压对观测距离进行气象改正。可以在观测时输入当时的温度和大气压值，仪器会自动对测距结果进行气象改正。也可以将温度和大气压值代入计算公式（全站仪操作手册上一般会给出仪器的气象改正计算公式），计算出每千米距离的气象改正数（ppm，以 mm 为单位），或者在仪器中输入 ppm 的值，仪器同样会自动对测距结果进行气象改正。实际上，气象改正还与测距光波的波长有关。不同品牌的全站仪，其红外光的波长不尽相同，因而气象改正公式中的常数和系数也不一样。有的全站仪还有气象改正开关的选择，如果选择了气象改正关，即使已经输入了气象改正参数或 ppm 的值，仪器也不会对观测距离进行气象改正计算。

2）其他相关设置。

①温度单位的选择。温度单位可选 ℃和°F，一般选择 ℃。

②气压单位的选择。气压单位可选 hPa、mmHg 和 inHg，一般根据所用气压计的单位进行选择。

③距离单位的选择。距离单位可选 m、ft、in。

④测程的选择。有的全站仪没有测程选择，选择普通红外光时测程为 1～2km，选择激光测距时测程可达 5km。当所测距离超过普通红外测距测程时，可选择激光测距。但选择激光测距，既会增大对人体的伤害风险，也会增大电池的损耗。

索佳 SET10K 系列全站仪测距参数的设置如图 6.10 所示。

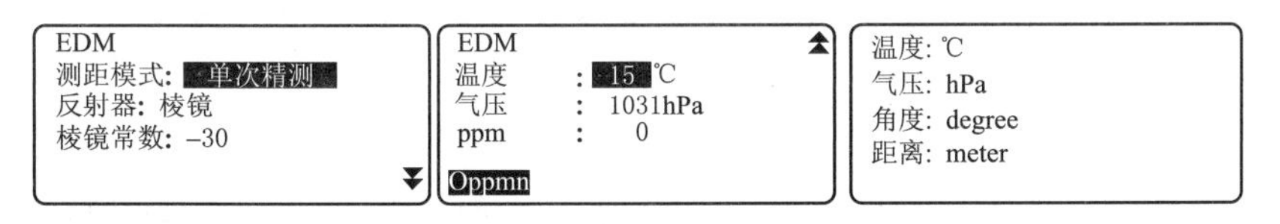

图 6.10 索佳 SET10K 系列全站仪测距参数的设置

6.2.3 全站仪的基本测量功能

1. 角度测量

（1）角度测量（表 6.5）可能用到的操作功能。

1）水平角置零。通过“置零”键，将当前水平角读数设置为 0°00′00″。

2）水平角设角。通过“设角”键，将当前水平角读数设置为任意值。此项功能在有的全站仪中称为“输入”。

3）水平角锁定与解锁。通过“锁定”键，将当前水平角读数锁定（旋转照准部时水平角读数不变），照准目标后再按“锁定”键，解除水平角读数锁定。此项功能在有的全站仪中称为“保持”。

（2）角度测量过程。

1）选择水平角的显示方式。一般选择水平右角模式，即当照准部顺时针转动时，水平度盘的读数为增大状态。HAR 表示的是右角模式水平度盘的读数，如图 6.11（a）所示右角为 120°10′00″。“右/左”键定义在测量模式第 1 页 F2 键上，进入其中可设定左右角模式，如图 6.11（b）所示。若为左角设置，则屏幕上显示的是 HAL。

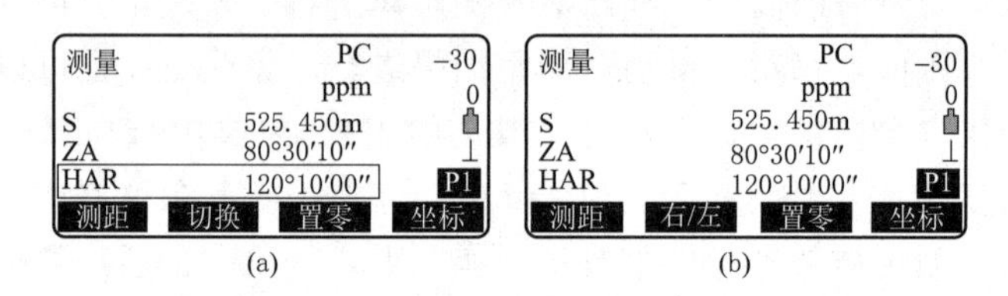

图 6.11　索佳 SET10K 系列水平角模式的设定

2）起始方向水平度盘读数的设置。在表 6.5 中，测定两目标（点 1 和点 2）间的水平角，选择其中一个方向为起始方向（表中为点 1），也称为后视方向，照准起始方向，设置当前水平度盘的读数为 0°00′00″，即水平度盘置零。也可以将起始方向水平度盘的读数设置成已知角度，即水平度盘设角，完成水平度盘的定向。

3）水平角的测量。照准起始方向目标点 1，设置完水平度盘读数后，顺时针转动望远镜，照准前视方向目标点 2，此时显示的水平度盘读数即两方向之间的水平夹角，如表 6.5 中显示的 52°32′20″。若起始方向进行了设角，则水平角为前视方向读数减去后视方向读数（起始方向读数）。如表 6.5 中为 78°04′40″，若前视读数小于后视读数，需要将前视读数加上 360°后再减后视读数。

竖直角观测时只需照准目标点，在表 6.5 中，屏幕显示的 ZA 即竖直度盘读数，ZA 这种竖盘格式表示的是天顶距，即望远镜视线方向与天顶方向（铅重线的反向）的夹角。

2. 距离测量

（1）距离测量可能用到的操作功能。在距离测量状态下，可能用到下列操作功能。

1）测距信号检测。测距信号检测用于检查返回测距信号的强弱。当测程较近或较远时，或在特殊气象条件下，可能会用到此项功能。要注意的是测距信号强并不能保证测量精度，因此，测量时必须确认已正确照准棱镜中心；另外，周围的闪烁光会影响距离的测量精度，如出现这种情况，需进行若干次测距后再取其均值作为最后结果。

表 6.5　　　　索佳 SET10K 系列仪器角度测量

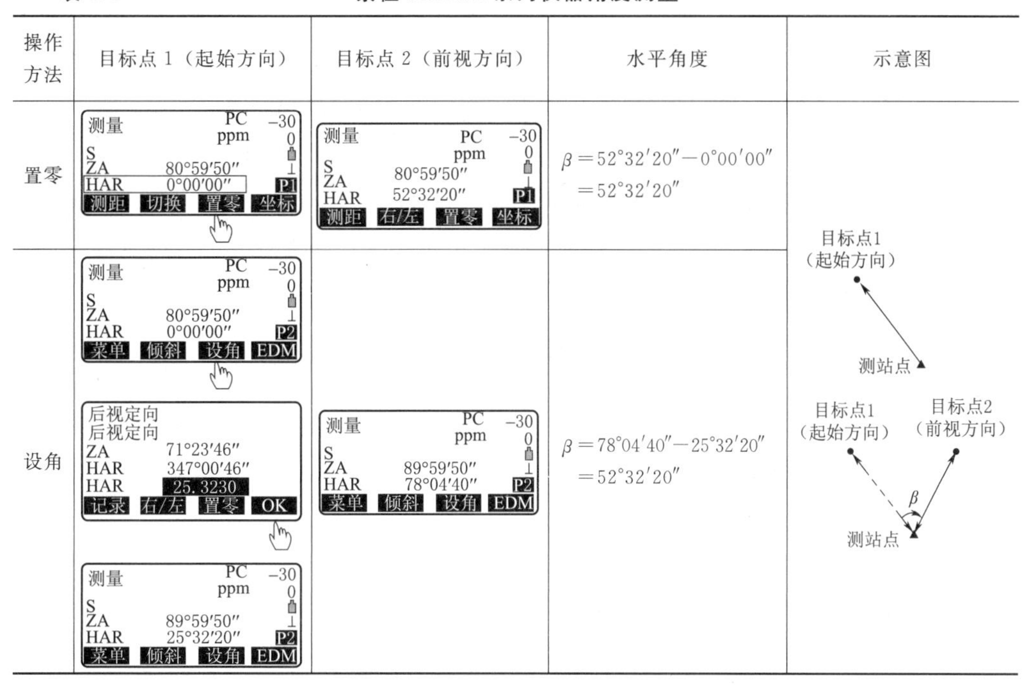

操作方法	目标点 1（起始方向）	目标点 2（前视方向）	水平角度	示意图
置零	测量 PC −30 ppm 0 S ZA 80°59′50″ HAR 0°00′00″ P1 测距 切换 置零 坐标	测量 PC −30 ppm 0 S ZA 80°59′50″ HAR 52°32′20″ P1 测距 右/左 置零 坐标	$\beta=52°32'20''-0°00'00''$ $=52°32'20''$	目标点1（起始方向） 测站点
设角	测量 PC −30 ppm 0 S ZA 80°59′50″ HAR 0°00′00″ P2 菜单 倾斜 设角 EDM 后视定向 后视定向 ZA 71°23′46″ HAR 347°00′46″ HAR 25.3230 记录 右/左 置零 OK 测量 PC −30 ppm 0 S ZA 89°59′50″ HAR 25°32′20″ P2 菜单 倾斜 设角 EDM	测量 PC −30 ppm 0 S ZA 89°59′50″ HAR 78°04′40″ P2 菜单 倾斜 设角 EDM	$\beta=78°04'40''-25°32'20''$ $=52°32'20''$	目标点1（起始方向） 目标点2（前视方向） β 测站点

2）“测距”键。“测距”键用于启动测距动作，有的全站仪称为“测量”键。在测量模式下按“测距”键，仪器进入测距状态，按当前设定的模式进行测距，并按相关设置进行改正计算，最后显示改正后的观测值。观测结果的显示有多种选择，可通过翻页键切换查看。距离观测值有三种显示形式：斜距（S、SD）、平距（H、HD）和高差（V、VD）。此处应注意，有些型号的全站仪在进行距离测量时不能设置仪器高和棱镜高，故显示的高差值是棱镜中心与仪器中心之间的高差，也就是三角高程中的初算高差（高差主值），即以斜距（斜边）和平距（直角边）构成的直角三角形的另一条直角边，而不是测站点与目标点之间的真正高差。

3）免棱镜测距。免棱镜测距又称为无合作目标测距，测距时不需要安置目标反射棱镜，仪器直接照准所测物体，便可测得仪器至该物体的距离。

（2）距离测量过程。使用全站仪进行距离测量时，首先要进行 EDM 和一些相关参数的设置，包括测距模式（粗测、精测、跟踪）、棱镜常数、气象改正数和单位等，长距离测量时还应进行返回信号检测。观测时，照准棱镜中心，按“测距”键开始测量，索佳 SET10K 系列仪器的测距操作过程详见表 6.6。

一般精度要求比较高，应严格检查有关测距的各种参数设置是否正确，应精密对中、整平仪器，反射棱镜应安置在三脚架或对中支架上，且精密对中、整平，测距模式应选择单次精测或多次精测，对测距有毫米级的影响因素都不能忽略。

3. 碎部测量中的距离

测量一般精度要求不高（不同的比例尺，精度要求也不一样），厘米级的影响因素也可以忽略，观测时可以手持棱镜杆对中、整平，不必选择多次精测的测距模式，气象改正可开可不开。

表6.6　　　　　　　　索佳 SET10K 系列仪器的测距操作过程

操　作　步　骤	仪器界面显示	操　作　步　骤	仪器界面显示
（1）照准目标（棱镜中心）。 （2）在测量模式第1页菜单下按“测距”键开始距离测量	测量　PC　-30 ppm　0 S ZA　80°30′15″ HAR　120°10′00″　P1 测距　右/左　置零　坐标	（4）一声短声响后屏幕上显示出距离S、天顶距ZA和水平角HAR的测量值	测距　PC　-30 ppm　0 S　525.450m ZA　80°30′15″ HAR　120°10′00″　P1 停
（3）测距开始后，仪器闪动显示测距模式（这里选择的测距模式为重复精测）、棱镜常数改正值（−30）、气象改正值（ppm=0）等信息	测距 重复精测　PC　-30 ppm　0 停	（5）按“停”键停止距离测量。 （6）按“切换”键可使距离值的显示在 *S*（斜距）、*H*（平距）和 *V*（高差）之间转换	测量　PC　-30 ppm　0 S　525.450m H　518.248m V　86.699m　P1 测距　切换　置零　坐标

4．三维坐标测量

全站仪的坐标测量就是确定地面点的空间位置，通过全站仪的电子测角、测距、计算、存储一体化操作快速获取地面点的三维坐标（*X*，*Y*，*H*）。

全站仪平面坐标（*X*，*Y*）的测量原理是基于坐标正反算展开的，而高程的测量原理利用的则是三角高程的测量原理。

（1）平面坐标的测量原理。平面坐标的测量是根据已知点的平面坐标和已知边的坐标方位角计算未知点平面坐标的一种方法，其实质是在已知点处同时采集角度和距离，经微处理器实时进行数据处理，由显示器输出测量结果。

假设实地上有*A*、*B*两个已知点，现在要测未知点*P*的坐标。*A*、*B*两点已知，等同于实地上已经有了一个已知方位角 α_{AB}。由*A*点的坐标（x_A，y_A）观测*A*、*P*两点间的水平距离*DAP*及*AP*的坐标方位角 α_{AP}，就能够求出*P*点的坐标。而要得到*AP*的坐标方位角，实际直接观测的是已知方向*AB*和待测方向*AP*之间的水平夹角 β，然后以*AB*作为起算方向，由 α_{AB} 加上一个 β 角即可得到*AP*的坐标方位角 α_{AP}。

实地观测时，在测站点*A*上安置仪器，在后视点*B*和待测点*P*上立棱镜。首先，在测站上输入或调取测站点*A*的已知坐标，这个步骤称为测站设置。然后，将仪器望远镜精确照准后视点*B*后，在仪器中输入或调取*B*点的坐标，这一步通常称为后视定向，这种采用后视点坐标进行定向的方法称为坐标定向法（如果已知*A*点的坐标和*AB*的坐标方位角 α_{AB}，就可以选用角度定向法，即在照准后视点*B*后，直接在仪器中输入*AB*后视方向的角度值）。测站设置与后视定向这两个步骤合称为测站定向。

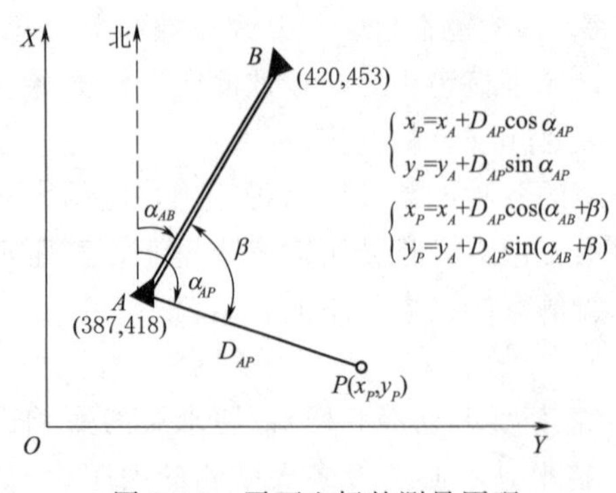

图6.12　平面坐标的测量原理

测站定向完成后，仪器内存中已经获取

了计算已知方向 AB 坐标方位角的基本条件，并且调用其内置的坐标反算程序解算出已知方向 α_{AB} 的角度值，并输出显示在屏幕上，同时将望远镜视线方向（AB 后视方向）上的水平度盘读数设置成 α_{AB} 的角度值。接下来，转动仪器照准部使望远镜精确照准待测点 P，仪器会得到 AP 方向的水平度盘读数值，这个值即待测方向 AP 的坐标方位角，此时仪器要解算出 P 点坐标还需要测出 AP 的距离。按下仪器上的“观测”键进行测距，测距结束后屏幕上会显示 P 点的平面坐标。

（2）高程的测量原理。如图 6.13 所示，要获取 P 点的高程，需要测出 A、P 两点间的高差 h，再由 A 点高程加上 h 推算出 P 点的高程 h_P。先将仪器望远镜瞄到 P 点棱镜中心，按“观测”键测得仪器中心至棱镜中心的斜距 S 及望远镜视线方向与天顶方向的夹角天顶距 Z，仪器通过三角函数关系可以求出棱镜中心与仪器中心的高差值等于 $S\cos Z$。接着量取仪器高 i 和棱镜高即目标高 v，通过图上的几何平行关系推出 A、P 两点间的高差计算公式 $h=S\cos Z+i-v$，那么 P 点的高程就等于 A 点的高程加上 h，这个就是三角高程的测量原理。

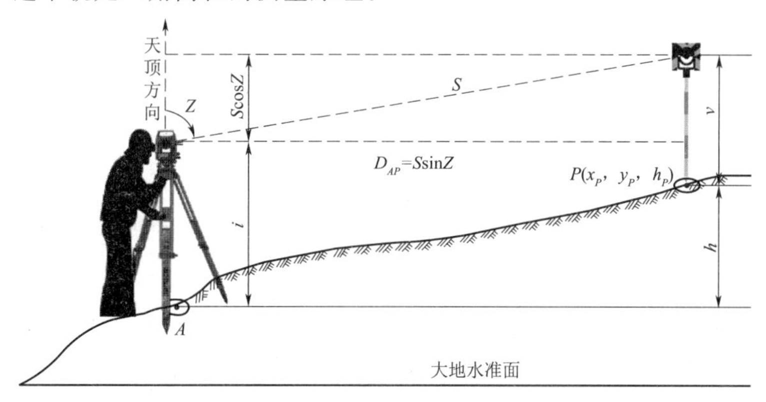

图 6.13　三角高程的测量原理

全站仪三维坐标测量实际上是将平面坐标测量和高程测量同步进行，在进行测站设置时，输入项与平面坐标测量相比多出了三项内容，即除了要输入测站点的平面坐标外，还要提供测站点的高程值、测站上的仪器高和待测点上的棱镜高，其他步骤与平面坐标测量相同。计算过程都是由仪器来完成的，仪器在计算 P 点平面坐标的同时，还会调用三角高程测量公式来求解 P 点的高程值，最终输出显示 P 点的三维坐标（x_P，y_P，h_P）。

【例 6.1】 实测场地内有两个已知点 A（387.000，418.000，200.000），B（420.000，453.000，200.015），试用索佳 SET10K 系列全站仪观测 P_1 和 P_2 两点的三维坐标。

【解】 P_1 和 P_2 两点三维坐标的测量过程见表 6.7。

表 6.7　　**P_1 和 P_2 两点三维坐标的测量过程**

按键步骤	按键及选项名	显示
（1）在已知点 A 上安置仪器作为测站。在后视点 B 和待测点 P_1 上分别立棱镜。 （2）按“坐标”键进入坐标测量界面，选择“坐标测量”中的“测站定向”选项	坐标 坐标测量 测站定向	坐标测量 **测站定向** 测量 EDM

续表

按　键　步　骤	按键及选项名	显　示
（3）选择“测站定向”中的“测站坐标”选项，输入或调用测站点 A 的坐标数据（387.000，418.000，200.000），输入在 A 点上量取的仪器高 1.590 和在 P 点上量取的棱镜高 1.542，核对无误后，按“确认”键完成测站设置	测站坐标 确认	测站定向 测站坐标 后视定向 N0: 387.000 E0: 418.000 Z0: 200.000 仪器高: 1.590m 目标高: 1.542m 调取 记录 确认
（4）照准后视点 B 的棱镜中心。 （5）选择“后视定向”中的“坐标定向”选项，输入或调取后视点 B 的坐标（420.000，453.000），核对无误后，按“OK”键。显示屏上显示仪器计算得到的已知方向 AB 的坐标方位角为 46°41′05″，确认望远镜十字丝精确瞄准后视点后，按“YES”键完成测站定向	后视定向 从标定向 OK YES	后视定向 角度定向 坐标定向 后视坐标 NBS: 420.000 EBS: 453.000 ZBS: <Null> 调取 OK 后视定向 后视读数 ZA 89°53′18″ HAR 11°49′13″ 方位角 46°41′05″ 记录 NO YES
（6）转动仪器照准部，用望远镜瞄准待测点 P 上的棱镜中心。 （7）按“测量”键，测距结束后屏幕上显示待测点 P 的三维坐标为（390.637，443.412，200.087）	测量	N 390.637 E 443.412 Z 200.087 ZA 89′54′40′ HAR 81′51′21′ 观测 仪器高 记录
（8）在一个测站上可观测多个待测点的三维坐标，测站定向只做一次。假设还有第 2 个待测点 P_2 要观测，转动照准站瞄准 P_2 点上的棱镜中心。 （9）若 P_2 点上的棱镜发生了变化，由原来的 1.542 变成了 1.600，则必须按“仪器高”键修改棱镜高，按“确认”键完成修改。 （10）按“观测”键即可测得 P_2 点的坐标为（397.362，442.270，199.990）	仪器高 确认 观测	N 390.637 E 443.412 Z 200.087 ZA 89′54′40′ HAR 81′51′21′ 观测 仪器高 记录 N0: 387.000 E0: 418.000 Z0: 200.000 仪器高: 1.590m 目标高: 1.600m 记录 确认 N 390.637 E 443.412 Z 200.029 ZA 89′54′40′ HAR 81′51′21′ 观测 仪器高 记录 N 397.362 E 442.270 Z 199.990 ZA 90′00′00′ HAR 66′52′47′ 观测 仪器高 记录

6.2.4　全站仪的程序测量功能

1. 全站仪放样测量

根据已有的控制点，按工程设计要求将建（构）筑物的特征点（放样点）在实地标定出来的过程，称为放样。放样测量是工程施工部门的主要测量工作。平面放样测量主要确定建（构）筑物的轴线、轮廓和尺寸。

6.4

全站仪坐标放样

平面位置放样的已知条件是：施工场地内能提供至少两个已知点，或者一个已知点和一个已知方向，这与坐标测量是一样的（见图 6.14）。将仪器安置在已知点 A 上，先进行测站定向，然后输入放样点 P 的设计坐标值（平面坐标），确认后便可开始放样。在放样过程中，仪器通过屏幕上显示的两项差值来指导放样，分别为角度差 $\Delta\beta$ 和距离差 ΔD。仪器通过对预估位置的棱镜点进行角度和距离的观测，会得到一个实测的水平角 $\beta_{测}$ 和一段实测的水平距离 $D_{测}$，内置程序中会对实测值与预先计算好的放样值 $\beta_{放}$、$D_{放}$ 求差，当显示的两项差值都同时为零时的棱镜点即放样点。当然，放样测量本身是一个逐渐趋近的过程，放样结束后，通常应对放样点进行测量并记录，以检核放样是否正确。

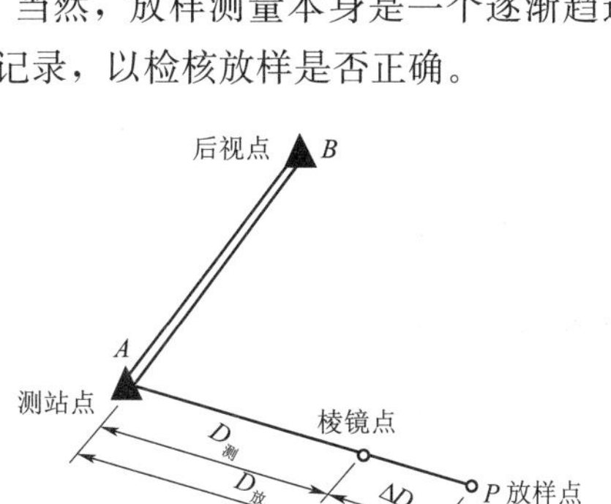

(a) 角度测量　(b) 距离测量

图 6.14　全站仪放样的测量原理图示

【例 6.2】 假设放样场地内有 A（387.000，418.000）、B（420.000，453.000）两个已知点，试将设计图纸上的 P 点按照其设计坐标值（370.000，458.000）在实地标定出来。

【解】 标定点 P 的操作过程见表 6.8。

表 6.8　　**标定点 P 的操作过程**

操 作 步 骤	按键及选项名	显 示
（1）在已知点 A 上安置仪器。 （2）按“放样”键进入放样测量界面。选择“放样测量”中的“测站定向”选项。 （3）选择“测站定向”中的“测站坐标”选项，输入或调用测站 A 的坐标（387.000，418.000）	放样 放样测量 测站定向 测站坐标	放样测量 测站定向 放样数据 测量 EDM 测站定向 测站坐标 后视定向 N0：387.000 E0：418.000 Z0：〈Null〉 仪器高：0.000m 目标高：0.000m 调取　记录　确认

续表

操作步骤	按键及选项名	显示
(4) 将望远镜照准后视定向点 B，选择“后视定向”中的“坐标定向”选项，输入或调取后视定向点 B 的坐标（420.000，453.000）。核对无误后，按“OK”键。显示屏上显示仪器计算得到的已知方向 AB 的坐标方位角为 46°41′05″，确认望远镜十字丝是否精确瞄准后视点后，按“YES”键完成测站定向	后视定向 坐标定向 OK YES	后视定向 角度定向 坐标定向 后视坐标 NBS: 420.000 EBS: 453.000 ZBS: <Null> 调取 OK 后视定向 后视读数 ZA 81°39′02″ HAR 342°04′11″ 方位角 46°41′05″ 记录 NO YES
(5) 选择“放样测量”中的“放样数据”选项，并按“模式”键直至显示放样测量坐标。 (6) 输入或调取放样点 P 的坐标（370.000，458.000）。 (7) 按“OK”键确认输入的放样坐标值	放样测量 放样数据 模式 OK	放样测量 测站定向 放样数据 测量 EDM 放样测量 坐标 Np: 370.000 Ep: 458.000 Zp: <Null> 目标高: 0.000m P1 调取 模式 OK
(8) 旋转仪器直至“水平角差”显示为 0°00′00″，在视线方向上的适当位置安置棱镜		放样平距 水平角差 66°20′27″ H ZA 81°39′10″ HAR 46°41′05″ 观测 模式 ←→ 记录 放样平距 水平角差 0°00′00″ H ZA 75°04′50″ HAR 113°01′32″ 观测 模式 ←→ 记录
(9) 照准棱镜后按“观测”键，屏幕显示棱镜点与放样点间的放样平距，此项数值显示的是水平距离差值 0.276m，说明此时棱镜点的位置大于放样点的位置，棱镜应该向靠近测站点的方向移动	观测	放样平距 0.276m 水平角差 0°00′00″ H 43.739m ZA 91°53′59″ HAR 113°01′32″ 观测 模式 ←→ 记录
(10) 根据放样平距差值在望远镜视线方向上前后移动棱镜，直至放样平距差值为 0.000m，此时的棱镜点即放样点，由此便确定了 P 点在实地的位置		放样平距 0.000m 水平角差 0°00′00″ H 43.463m ZA 91°54′34″ HAR 113°01′32″ 观测 模式 ←→ 记录

2. 全站仪后方交会测量

全站仪后方交会测量用于仪器安置在未知点上的测站点设置，包括测量测站点的坐标、设置测站和后视定向。全站仪后方交会测量需要至少观测两个已知点（测边模式下）或三个已知点（测角模式下），全站仪通过对已知点的观测，实时计算测站点的坐标，并可将其设置为测站点坐标，将某一观测方向设置为后视方位角。

通过 P_1、P_2、P_3、P_4 四个已知点的坐标就可以交会出测站点 P_0 的坐标（图 6.15）。

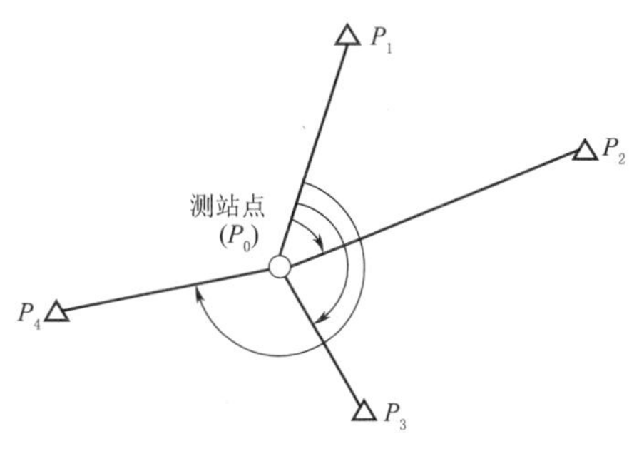

图 6.15　全站仪后方交会

【例 6.3】 试用实地上的三个已知点 A（3793103.563，506448.576，456.240）、B（3793117.138，506472.636，456.181）、C（3793088.425，506495.966，456.181）来交会出未知测站点 O 的三维坐标。

【解】 交会点 O 的操作过程见表 6.9。

表 6.9　　**交会点 O 的操作过程**

操　作　步　骤	按键及选项名	显　　示
（1）在 O 点上安置仪器，量取仪器高。在 A、B、C 三个已知点上立棱镜，分别量取棱镜高。 （2）按“仪器高”键输入测站点的仪器高 1.590m。 （3）按“菜单”键，选择“后方交会”选项中的“交会坐标”。 （4）输入或调取第一个已知点 A 的三维坐标（3793103.563，506448.576，456.240），并输入 A 点上的棱镜高 1.600m（输入点坐标和目标高或按“调取”键）。 （5）按“往下”键输入或调取第二个已知点 B 的三维坐标（3793117.138，506472.636，456.18），并输入 B 点上的棱镜高 1.590m，直至输入或调取全部待观测的已知点坐标值，这里只有三个已知点，最后一点为 C 点。 （6）按“往下”键输入或调取第三个已知点 C 的三维坐标（3793088.425，506495.966，456.181），并输入 C 点上的棱镜高 1.600m。 （7）按“测量”键，根据仪器的提示，按照输入已知点的顺序逐个瞄点观测	仪器高 菜单 后方交会 交会坐标 往下 测量	仪器目标高 仪器高　1.590m 目标高　0.000m OK 后方交会 交会坐标 交会高程 第1点 Np:　3793103.563 Ep:　506448.576 Zp:　456.240 目标高:　1.600m 调取　记录　往下 第2点 Np:　3793117.138 Ep:　506472.636 Zp:　456.181 目标高:　1.590m 调取　记录　往下　测量 第3点 Np:　3793088.425 Ep:　506495.966 Zp:　456.181 目标高:　1.600m 调取　记录　往下　测量

续表

操作步骤	按键及选项名	显示
(8) 先照准 A 点的棱镜中心，按“测距”键观测。按“YES”键确认第一个点的测量值，屏幕显示自动转入对第二个点的观测	测距 YES	后方交会　第1点 N　3793103.563 E　506448.576 Z　456.240 测距　测角 后方交会　第1点 S　23.597m ZA　89″50′41″ HAR　313′36′33′ 目标高　1.600m NO　YES
(9) 照准第二个已知点 B 上的棱镜中心，按“测距”键完成对第二个点的观测。 (10) 按“YES”键确认第二个点的测量值，屏幕显示自动转入对第三个点的观测	测距 YES	后方交会　第2点 N　3793117.138 E　506472.636 Z　456.181 测距　测角 后方交会　第2点 S　30.655m ZA　90″00′34′ HAR　13′09′00′ 目标高　1.590m 计算　NO　YES
(11) 照准第三个已知点 C 上的棱镜中心，按“测距”键完成对第三个点的观测。 (12) 按“YES”键确认第三个点的测量值，界面上直接显示三点交会出来的测站点 O 的三维坐标值（3793087.287，506465.662，456.186）和标准差	测距 YES	后方交会　第3点 N　3793088.425 E　506495.966 Z　456.181 测距　测角 后方交会　第3点 S　30.325m ZA　89″59′26′ HAR　87′50′58′ 目标高　1.600m 计算　NO　YES N　3793087.287 E　506465.662 Z　456.186 6N　0.0010m 6E　0.0007m 显示　记录　OK

续表

操作步骤	按键及选项名	显示
(13) 按“显示”键可查看每个观测点的观测误差。对误差大的测量结果可以按“超限”键去掉该观测值，然后按“重算”键重新计算结果。也可以按“重测”键重新观测该已知点，然后再计算结果	显示 超限 重算 (重测)	δN δE 第1点 -0.001 0.000 第2点 0.005 0.010 第3点 -0.000 0.001 超限 重算 重测 增加
(14) 按“ESC”键退出；按“OK”键，再按“YES”键可将后方交会的第一个已知点作为后视定向点，完成测站定向；按“NO”键就是不设置后视方位角，返回测量模式	ESC OK YES	N 3793087.287 E 506465.662 Z 456.186 δN 0.0010m δE 0.0007m 显示 记录 OK 后方交会 设置方位角？ NO YES

当后方交会测量有误时，其后的数据采集或施工放样均是错误的。为保证后方交会测量的可靠性，在后方交会测量完成后要进行检核。对一个没有观测过的已知点进行观测，将观测结果与已知数据进行比较。若相差很小，则认可后方交会测量的结果，可进行后续测量工作；否则，应重新进行后方交会测量。

6.2.5 全站仪使用时的注意事项

(1) 一个测站可对多个点进行观测，测站定向只做一次。当待测点上的棱镜高发生变化时，应及时修改仪器上的目标高，才能保证得到正确的高程值。

(2) 测站定向应注意检核，如果测站定向有误，那么在这个测站上观测到的所有点的坐标值都不正确。测站定向完成后，通常把观测的第一个点作为后视点，观测后视点具有检查功能。当观测的后视点的三维坐标与已知坐标相差甚微时，表明测站设置无误，否则应检查测站点、后视点数据输入的正确性。用观测后视点来检查测站设置不能发现方位角的错误。利用全站仪进行坐标测量时，应对测站的设置进行严格检查，利用第三个已知点进行第三方检核。

(3) 进行坐标测量时，不仅要检查测站设置是否正确，在测量过程中和测量结束时还应检查水平度盘的读数是否正确。通常是在测站设置完成后，选择一个明显标志（如避雷针、电杆等）记录其水平度盘的读数，在测量过程中或测量结束时再观测其水平度盘的读数，比较变化情况，判断仪器的水平度盘是否变动，确保观测数据的可靠性。

(4) 若观测点较多，则需要先设置当前作业文件，为观测数据指定一个记录文件存储数据。

(5) 在碎部点数据采集中，对碎部点的精度要求不是很高，通常以手持对中杆来保持棱镜的对中、整平，这样会使测量效率提高很多。

项目7　地形图的测绘与应用

【知识目标】

了解地形图的基础知识、大比例尺地形图的测绘方法；掌握大比例尺地形图的测绘原理，碎部点的选择、测图的方法，数字化地形图测绘的方法，地形图的基本应用；熟悉大比例尺地形图的检查、拼接与整饰及地形图的工程应用。

【技能目标】

能够正确利用经纬仪传统测图方法进行大比例尺地形图的测绘；能够利用全站仪进行大比例尺数字地形图的测绘；能够识读地形图并进行实际应用。

任务7.1　地形图测绘的基础知识

7.1.1　地形图概述

在地面上进行测量工作时，可以得到一系列的数据，如点的平面坐标、高程等，通常根据不同的目的将这些数据绘制成各种表示地面情况的图形。按图的内容和成图方法的不同，图形可分为平面图、地图、地形图、专题图和断面图等。

1. 平面图

当测区范围较小时，可将水准面看作水平面，将地面上的地物点按正射投影（投影线与投影面垂直相交的正投影）的原理垂直投影到水平面上，并将投影在水平面上的地物的轮廓按一定的比例尺缩绘到图纸上去，这种图称为平面图。平面图上的图形与地面上相应的地物的图形是相似的，即它们的相应角度相等，边长成比例。

2. 地图

当在较大范围内测绘地面图形时，就不能将水准面看作平面了，必须考虑地球曲率的影响。这时通常采用地图投影的方法，将参考椭球面上的图形编绘成平面图形，这种图形称为地图。地图有严格的数学基础、科学的符号系统和完善的文字标记规则。地图上的图形因投影的关系都有一定的变形。

3. 地形图

把地面上的房屋、道路、河流、耕地、植被等一系列固定物体及地面上各种高低起伏的形态经过综合取舍，按一定比例尺缩小，以专门的图式符号加注记描绘在图纸上的正射投影图，都可以称为地形图。在地形图上一般用等高线表示地貌，用图式符号加注记表示地物。

4. 专题图

专题图以普通地图为底图，着重表示自然地理和社会经济各要素中的一种或几种，反映主要要素的空间分布规律、历史演变和发展变化等。专题图又称为专门地图、主题地图、专业地图等。专题图的种类很多，但大体上可分为自然地图、社会经济图和工程技术图三大类，如地质图、气候图、人口分布图、交通图、工程布局图等。

5. 断面图

为了了解某一方面的地面起伏情况，而把该方向的起伏状况按一定比例尺缩绘成的带状图，称为断面图（假想用剖切面将物体的某处切断，仅画出该剖切面与物体接触部分的图形，称为断面图）。

7.1.2　地形图的比例尺

地面上的各种地物不可能按其真实的大小描绘在图纸上，通常总是将实地尺寸缩小为若干分之一来描绘。地形图上某直线的长度与地面上相应线段实际的水平长度之比，称为地形图的比例尺。

1. 比例尺的种类

（1）数字比例尺。图的比例尺一般用 $1/M$ 的分数形式表示。设图上某一直线的长度为 l，地面相应长度为 L，则该图比例尺为

$$\frac{1}{M}=\frac{l}{L}=\frac{1}{\frac{L}{l}} \tag{7.1}$$

式中　M——比例尺分母。

常用的比例尺有 $\frac{1}{500}$、$\frac{1}{1000}$、$\frac{1}{2000}$、$\frac{1}{5000}$、$\frac{1}{10000}$、$\frac{1}{25000}$ 等。比例尺的大小视分数值的大小而定，分数值越大，则比例尺越大；分数值越小，则比例尺越小。以分数形式表示的比例尺叫作数字比例尺。

数字比例尺也可写成 1∶500、1∶1000、1∶2000、1∶5000、1∶10000 及 1∶25000等形式。了解了比例尺，就可以根据图上的长度求出地面上相应的水平长度，见式（7.2）；也可以由地面上的水平长度换算为图上的相应长度，见式（7.3）。例如，在比例尺为 1∶10000 的图上，两点间的距离 $l=2.38\text{cm}$，则地面上相应的水平距离 L 为

$$L=Ml=10000\times 2.38=23800\text{cm}=238\text{m} \tag{7.2}$$

又如，实地两点的水平长度 L 为 118m，若换算到比例尺为 1/2000 的图上，则图上两点间的距离为

$$l=\frac{L}{M}=\frac{118}{2000}=0.059\text{m}=5.9\text{cm} \tag{7.3}$$

（2）图示比例尺。如果应用数字比例尺来绘制地形图，那么每一段距离都要换算，非常不方便。此时可采用图示比例尺。直线比例尺（图 7.1）便是其中的一种。为了用图方便，一般地形图上都绘有直线比例尺。因图纸在干湿情况不同时会伸缩，使用时间长了会变形，所以在绘图时就绘出直线比例尺，用图时以图上所绘的比例尺

为准，就可以消除因图纸伸缩而产生的误差。

图 7.1 直线比例尺

直线比例尺是在一段直线上截取若干相等的线段，这些线段称为比例尺的基本单位，一般为1cm或2cm。比例尺左边的一段基本单位又被分成10个或20个等分小段。图7.1所示20等分，即每一个小分划为1mm，它相当于实地长度为1mm×2000=2m。为了使用方便，在直线比例尺上标的一般是实地长度值。图7.1表示的一段距离为117m。应用时，用量角规的两个脚尖对准图上需要量测的两点，然后把量角规移至直线比例尺上，使一个脚尖对准零点右边的一个适当的大分划线，而使另一个脚尖落在零点左边的小分划线上，估读小分划的零头数就能直接读出长度，无需再计算了。

2. 比例尺的精度

测图用的比例尺越大，就越能表示出测区地面的详细情况，但测图所需工作量也就越大。因此，测图比例尺关系到实际需要、成图时间及测量费用。一般以工作需要为决定比例尺的主要因素，即以在图上所需要表示出最小地物的大小、点的平面位置或两点间的距离要精确到的程度为准。这里首先需要说明的一个问题是，由于人的眼睛受到视觉的限制，其通常能分辨的最短距离一般取0.1mm，因此实地丈量地物的边长或丈量地物与地物间的距离，只能精确到按比例尺缩小后相当于图上的0.1mm。在测量工作中称相当于图上0.1mm的实际水平距离为比例尺的精度。表7.1为几种比例尺地形图的比例尺精度。

表 7.1 几种比例尺地形图的比例尺精度

比例尺	1∶500	1∶1000	1∶2000	1∶5000	1∶10000
比例尺精度/m	0.05	0.1	0.2	0.5	1

比例尺精度可根据以下两种情况来确定。

(1) 按工作需要，如需在图上表示出多大的地物或测量地物要求精确到什么程度，来参考决定测图的比例尺。若要求测量能反映出量距精度为±10cm的图，则应选比例尺为1∶1000的地形图。

(2) 当测量比例尺已经确定时，可以推算出测量地物时应该精确到什么程度。如在进行1∶500的地形图测绘时，量距精度应需达到±5cm。

7.1.3 地形图的图式

将实地的地物和地貌在图纸上表示出来的各种符号统称为地形图图式。地形图图式是由国家测绘局（2011年更名为国家测绘地理信息局）统一制定的，是测绘、认读和使用地形图的重要工具。根据绘图比例尺的不同，地形图图式符号的大小详略也有所不同。地形图图式符号主要分为地物符号和地貌符号两种。

1. 地物及其表示

地球表面上的固定性物体，通称为地物。地物分为两类：一类为自然地物，如河流、森林、湖泊等；另一类为人工地物，如房屋、道路、水库、桥涵、通信和输电线路等。

在地形图上，地物是用相似的几何图形或特定的符号来表示的。测绘地形图时，将地面上各种形状的地物按一定比例，用垂直投影的方法缩绘在地形图上。对难以缩绘的地物，则按特定的符号和要求表示在地形图上。

由于地物种类繁多、形状各异，因此，要求表示地物的图形和符号既要简明、形象、清晰，又要便于记忆和容易描绘，并能区分地物的种类性质和数量。地形图图式中表示地物的符号分为比例符号、半比例符号（线状符号）、非比例符号（点状符号）和注记符号。

（1）比例符号。比例符号又称为面积符号或轮廓符号，是把地物的轮廓按测图比例尺缩绘于图纸上的相似图形。比例符号正确地表示了地物的位置、形状和大小，如房屋、桥梁、稻田、运动场（图7.2）等。

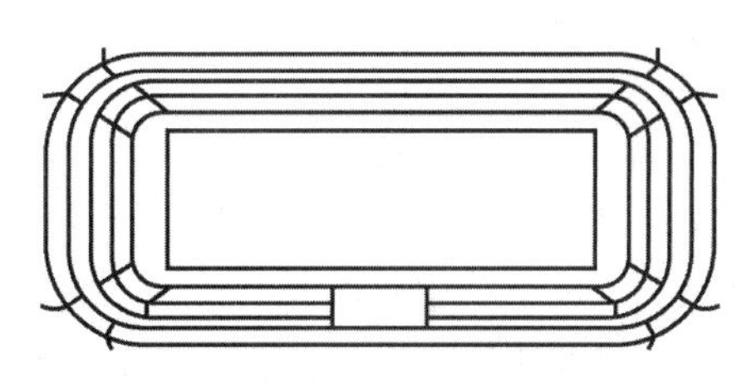
图7.2　运动场的比例符号

（2）半比例符号。对延伸地物，如小路、通信线路、管道等，其长度可按比例尺缩绘，而宽度却不能按比例尺缩绘。这种符号称为半比例符号（线状符号）。线状符号的中心线表示出了地物的正确位置，该类符号如图7.3所示。

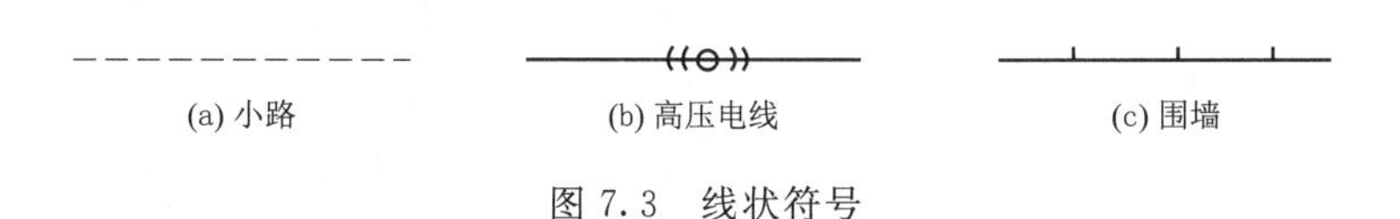

图7.3　线状符号

（3）非比例符号。当地物轮廓很小，无法按比例尺在图上表示出来时，就必须采用统一规定的符号将其表示在图上，这类符号属于非比例符号（点状符号）。非比例符号只能准确地表示地物几何中心或其他定位中心位置，它能表明地物类别，但不能反映地物的大小，如三角点、水准点、电线杆、水井、水塔等，该类符号如图7.4所示。

图7.4　非比例符号

（4）注记符号。地物在图上除用一定的符号表示外，为更好地表达地面情况，还应配合以文字、数字的注记或说明，如机关单位名称，山、河流、湖泊、道路等的地理名称，地面点高程等注记。

必须指出，比例符号与非比例符号并非一成不变的，还应根据测图比例尺与实物轮廓的大小而定，如直径为3m的圆形亭子，在1∶500比例尺图上可先按比例描绘为外接于圆（直径为6mm）的多边形，再在其内部注写亭子的符号；而在1∶5000比例尺图上表示直径为0.6mm的小圆会有困难，这时就必须用非比例符号描绘。一般来说，测图比例尺越小，使用非比例符号的机会越多。各种地物具体表示方法可参阅《国家基本比例尺地图图式 第1部分：1∶500 1∶1000 1∶2000地形图图式》(GB/T 20257.1—2017)，以下简称《图式》）及相关规范。

2. 地貌及其表示

地貌有平地、丘陵地、山地、盆地等。坡度在2°以下的地貌称为平地，坡度为2°～6°的地貌称为丘陵地，坡度为6°～25°的地貌称为山地，坡度大于25°的地貌称为高山地。四周高而中间低的地貌称为盆地，小的盆地也称为坝子，很小的盆地称为洼地。

地貌的独立凸起为山。山的高处像兽类的脊梁骨似的高起部分称为山脊，其棱线起分雨水的作用，称为分水线，又称山脊线。山脊的两侧到山脚的部分称为山坡。相邻并由山脊相交或相连的两个山头之间在山脊相交处或山脊线的最低处形成山垭口，山垭口周围的地貌像马鞍，故称为鞍部。山脊相交时从山垭口向山脚延伸有两山坡的面相交，使雨水汇合形成合水线，经水流冲蚀形成山谷，合水线又称为山谷线。山谷的搬运作用可在山谷口形成冲积三角洲。

在地形图上用等高线来表示地貌及地面的高低起伏形态，如图7.5所示。

(1) 等高线。等高线就是将地表高程相等的相邻点顺序连接起来形成的闭合曲线。一座山如果被几个不同高度的水平面切割，每一个平面和山的交线都是一条闭合的曲线，将此组曲线沿着各自的铅垂线方向投影到大地水准面 H 上，即得到一组等高线图。等高线越接近山顶，曲线面积就越小。如果将一组等高线投影到平面上，那么高的等高线将被套在低的等高线内，如图7.6所示。

1) 等高线的种类。

①首曲线。在图上绘出的等高线是用基本等高距 h 来确定的，按基本等高距绘制而成的等高线，称为基本等高线，也称为首曲线。

②计曲线。为了方便利用等高线判读地貌高低起伏和确定高程，每隔4条基本等高线，对高程为等高距整5倍的等高线进行加粗，称为加粗等高线，也称为计曲线。

③间曲线。由于地面的坡度变化，为了反映地貌的细节，有时候需要在相邻等高线之间绘出一条高程为两基本等高线中值的等高线来反映局部地貌。这种按照1/2基本等高距绘制而成的等高线称为半距等高线，也称为间曲线。

④助曲线。为了反映更细节的地貌，在间曲线和首曲线之间用1/4等高距绘制出的等高线称为辅助等高线，也称为助曲线。助曲线和间曲线用于表现局部细节地貌，允许不完全绘出一整条等高线。

2) 等高线的特性。等高线有以下五个特性。

(a) 地貌

(b) 等高线

图 7.5　地貌与等高线

①等高性。等高线上点的高程相等。

②闭合性。每一条等高线都将是闭合的曲线，即使在一幅图上不闭合，在相邻的图上也要闭合。

③非交性。不同高程的等高线不会相交，在遇到陡崖的时候，在平面图上等高线有相交的可能。但在空间中等高线不会相交。等高线也不会有分叉的线。

④等高线与地形线有正交性。地形线有两种：一种是由

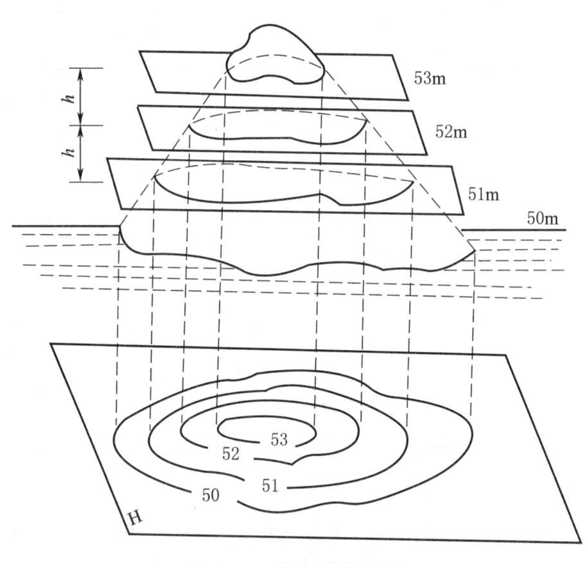

图 7.6　等高线的画法

两个不同走向的坡面相交而成的棱线，称为方向变换线，如山脊线和山谷线；另一种是由两个不同倾斜的坡面相交而组成的棱线，称为坡度交换线，如陡坡与缓坡的交界线、山坡与平地交界处的坡麓线等。等高线的等高水平性使它与山脊线、山谷线保持正交。山脊的等高线是一组凸向下坡的曲线，并和山脊线保持正交。山谷的等高线是一组凸向山顶的曲线，并和山谷线保持正交。

⑤缓稀陡密性。在选定等高距后，等高线稀时坡度小，等高线密时坡度大。

(2) 等高距和等高线平距。相邻等高线之间的高差称为等高距，相邻等高线之间的水平距离称为等高线平距。等高距越小，反映的地貌就越详细，但如果等高距过小，就会造成图面不清晰。因此地形图的等高距要根据测图比例尺、地面坡度大小及用途目的来选取。通常规定一幅图内只允许有一种基本等高距。

(3) 五种典型地貌的等高线。山头、洼地、山脊、山谷和鞍部五种典型地貌的等高线，如图7.7所示。

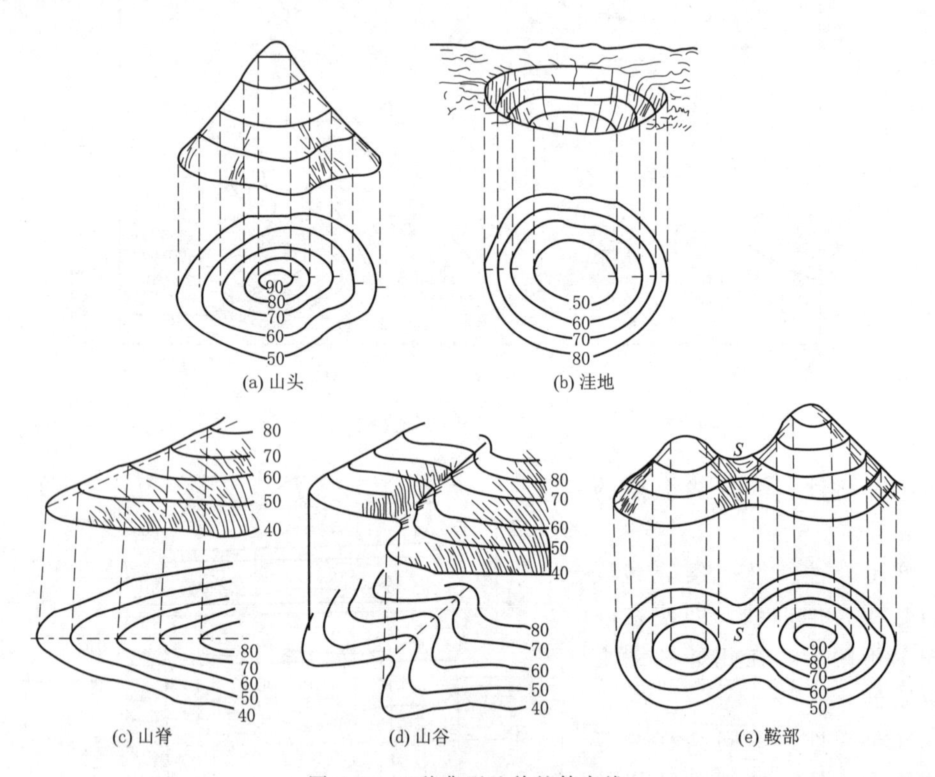

图7.7　五种典型地貌的等高线

7.1.4　地形图的分幅与编号

为了便于测绘、拼接、使用和保管地形图，需要将各种比例尺的地形图进行分幅与编号。

根据地形图比例尺的不同，地形图分幅与编号的方法可分为矩形和梯形两种。大比例尺地形图一般采用矩形分幅与编号的方法；中、小比例尺地形图采用梯形分幅与编号的方法。对于大面积的1∶5000的地形图，有时也采用梯形分幅与编号的方法。

1. 矩形分幅与编号

（1）矩形分幅。大比例尺地形图通常以平面直角坐标系的纵、横坐标轴为界限进行分幅，图幅的大小通常为 50cm×50cm、40cm×50cm 和 40cm×40cm，每幅图中以 10cm×10cm 为基本方格。一般规定，对比例尺为 1∶5000 的地形图，采用纵、横各为 40cm 的图幅；对比例为 1∶2000、1∶1000 和 1∶500 的地形图，采用纵、横各为 50cm 的图幅。以上分幅称为正方形分幅。也可以采用纵距为 40cm、横距为 50cm 的分幅，这种分幅称为矩形分幅。

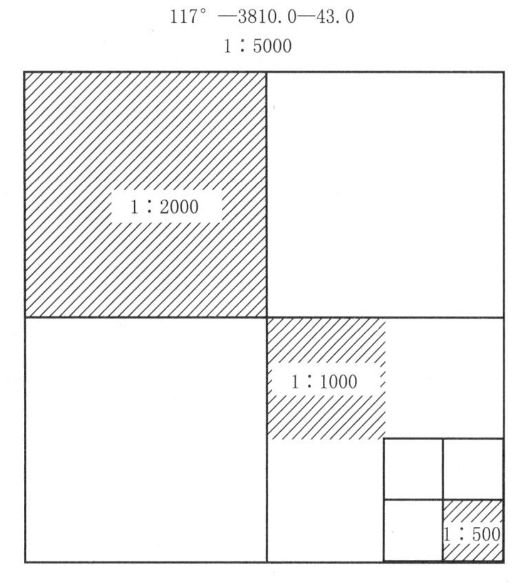

图 7.8　正方形分幅与编号

如图 7.8 所示，一幅比例尺为 1∶5000 的地形图包括四幅比例尺为 1∶2000 的地形图，一幅比例尺为 1∶2000 的地形图包括四幅比例尺为 1∶1000 的地形图，一幅比例尺为 1∶1000 的地形图包括四幅比例尺为 1∶500 的地形图。正方形图幅的规格见表 7.2。

（2）矩形图幅编号的方法。常见的矩形图幅编号的方法有以下几种。

1）坐标编号法。坐标编号由以下两项组成：图幅所在投影带的中央子午线的经度、图幅西南角的纵横坐标值（以 km 为单位）。

表 7.2　　正方形图幅的规格

测图比例尺	图幅大小 /(m×m)	实地面积 /km^2	一幅 1∶5000 地形图中所包含的图幅数	图幅西南角坐标 /m
1∶5000	40×40	4	1	1000 的整倍数
1∶2000	50×50	1	4	1000 的整倍数
1∶1000	50×50	0.25	16	500 的整倍数
1∶500	50×50	0.0625	64	50 的整倍数

图 7.8 所示为 1∶5000 地形图的图幅号，“117°—3810.0—43.0”表示该图幅所在投影带的中央子午线的经度为 117°，图幅西南角的坐标 $x=3810.0$km，$y=43.0$km。

2）图幅西南角坐标编号法。该编号方法是以每幅图的图幅西南角坐标值 x、y 的公里数作为图幅编号，如图 7.9 所示为 1∶1000 比例尺的地形图，按图幅西南角坐标编号法分幅，其中画阴影线的两幅图的编号分别为“3.0—1.5”和“2.5—2.5”。这种方法的编号与测区的坐标值联系在一起，便于按坐标查找。

3）数字顺序编号法。对于小面积的测区，可按数字顺序等方法进行编号。图

7.10中的虚线表示××规划区范围；数字表示图号，数字的排列顺序一般为从左到右、从上到下。

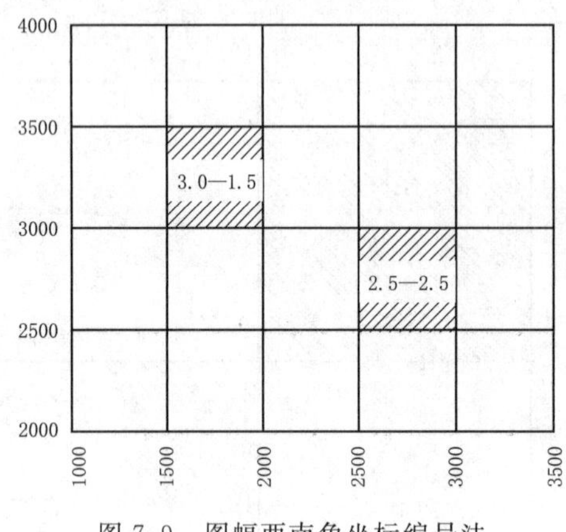

图7.9　图幅西南角坐标编号法

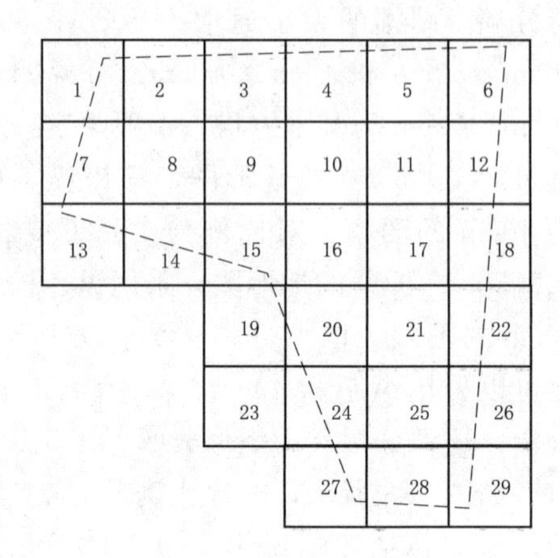

图7.10　数字顺序编号法

4）基本图号逐次编号法。当比例尺为1∶5000～1∶500的地形图采用正方形分幅时，1∶5000比例尺地形图的图幅大小为40cm×40cm，其他比例尺地形图的图幅大小为50cm×50cm。其编号的方法如下。

①以1∶5000比例尺地形图的图幅西南角的坐标数字（使用阿拉伯数字，以km为单位）作为它的图号，并且作为包括本图幅中1∶2000～1∶500比例尺地形图在内的基本图号。

②在1∶5000比例尺地形图的基本图号的末尾附加一个子号数字（用罗马数字）作为1∶2000比例尺图幅的图号。

③同样在1∶2000、1∶1000比例尺地形图的图号末尾附加个子号数字（用罗马数字）作为1∶1000、1∶500比例尺图幅的图号。

现举例说明正方形分幅编号的具体方法。

如图7.11所示，某幅1∶5000比例尺地形图西南角P的坐标为$x_P=20$km、$y_P=30$km，则其中有阴影线的图幅编号（只表示了起始编号）如下。

（1）1∶5000比例尺图的图幅编号为20—30。

（2）1∶2000比例尺图的图幅编号为20—30—Ⅲ。

（3）1∶1000比例尺图的图幅编号为20—30—Ⅱ—Ⅰ。

（4）1∶500比例尺图的图幅编号为20—30—Ⅰ—Ⅰ—Ⅰ。

这种方法的编号也能将测区的坐标值联系在一起，便于按坐标查找。

2. 梯形分幅与编号

梯形分幅是按经线和纬线来划分图幅的，左、右以经线为界，上、下以纬线为界，图幅形状近似梯形，故称为梯形分幅。

（1）1∶1000000比例尺地形图的分幅与编号。1∶1000000比例尺地形图的分幅与编号是国际统一的，故称为国际分幅编号。

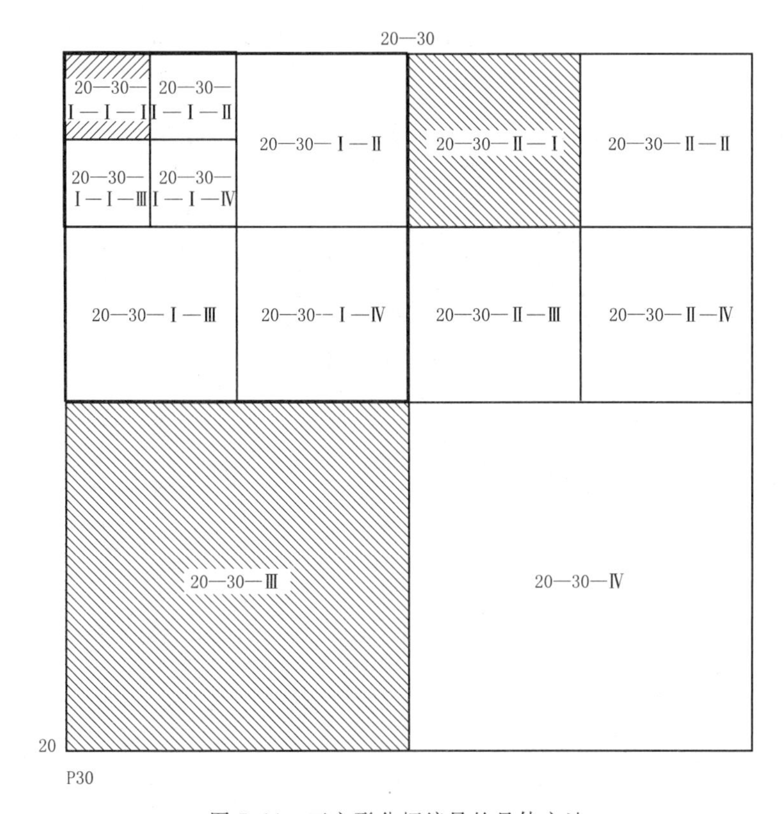

图 7.11　正方形分幅编号的具体方法

如图 7.12 所示，国际分幅编号规定由经度 180°起，自西向东，沿逆时针方向按经差 6°分成 60 个纵行，并用阿拉伯数字 1～60 编号；由赤道起，向北、向南分别按纬差 4°各分成 22 个横列，由低纬度向高纬度各以字母 A、B、C、…、V 表示。这样，每幅 1∶1000000 地形图就是经差 6°和纬差 4°的梯形图幅。每个图幅的编号由该图幅所在的字母区域与数字区域所组成。例如，我国北京市在 1∶1000000 地形图上的编号为 J—50，重庆市在 1∶1000000 地形图上的编号为 H—48。

（2）1∶100000 比例尺地形图的分幅与编号。1∶100000 比例尺地形图是在 1∶1000000比例尺地形图的基础上划分的，分别以 1、2、3、…、144 来表示。因此，每幅 1∶100000 比例尺地形图的纬差为 20′，经差为 30′。如图 7.13（a）所示，有斜线的小梯形为北京市某地所在的图幅，它的图幅编号为 J—50—5；如图 7.13（b）所示，有斜线的小梯形为重庆市某地所在的图幅，它的编号为 H—48—139。

（3）1∶50000、1∶25000、1∶10000 比例尺地形图的分幅与编号。这三种比例尺地形图的分幅与编号是在 1∶100000 地形图的分幅和编号的基础上进行的。

将一幅 1∶100000 比例尺地形图按纬差为 10′、经差为 15′划分为四幅 1∶50000 的地形图，其编号是在 1∶100000 比例尺地形图的编号后加上自身代号 A、B、C、D。如图 7.14 所示，影线较稀疏部分为北京市在 1∶50000 比例尺地形图上的位置，图号为 J—50—5—B。

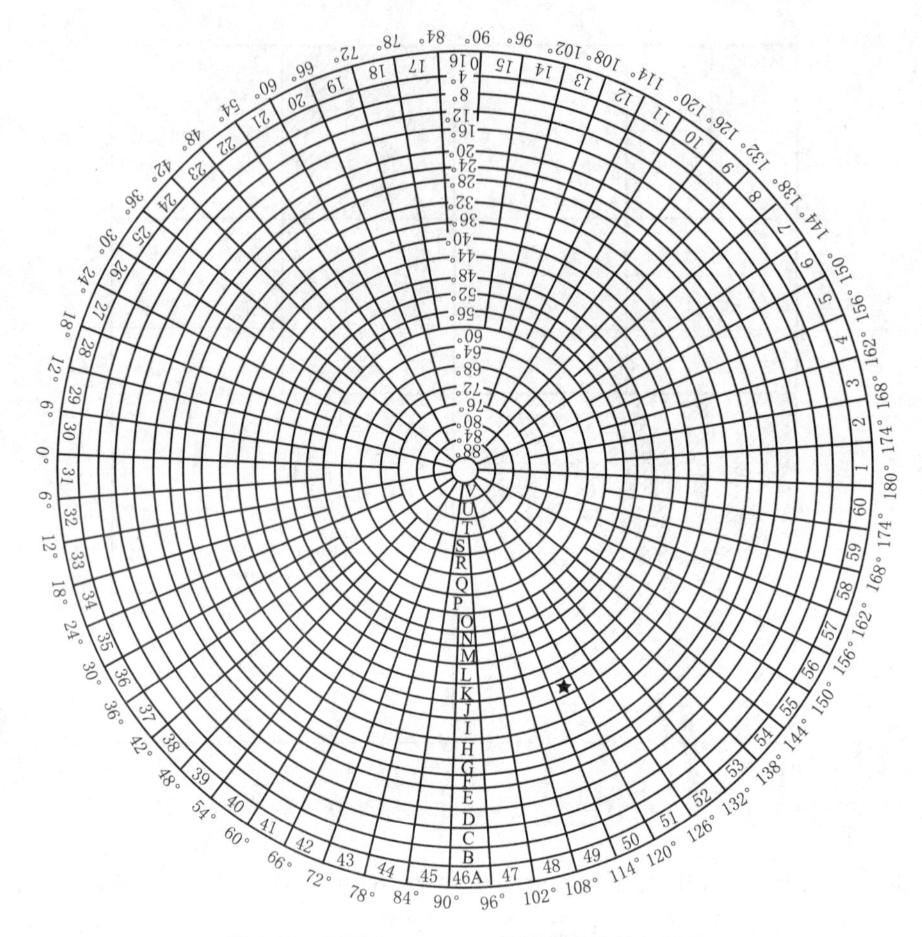

图 7.12　国际 1∶1000000 地形图的分幅与编号

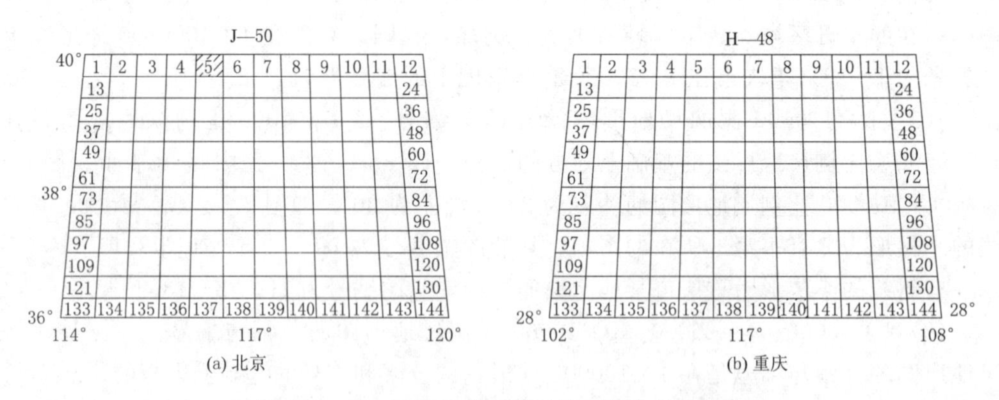

(a) 北京　　(b) 重庆

图 7.13　1∶100000 比例尺地形图的分幅与编号

每幅 1∶50000 比例尺地形图又可分为四幅 1∶25000 比例尺地形图，其编号是在 1∶50000 比例尺地形图编号后面加上自身代号 1、2、3、4，其纬差为 5′，经差为

7.5′。如图 7.14 中阴影线较密的部分为北京市所在的 1∶25000 比例尺地形图的位置，图号为 J—50—5—B—4。

每幅 1∶100000 比例尺的地形图可分为八行八列共 64 幅 1∶10000 比例尺的地形图，分别用（1）、（2）、（3）、…、（64）表示，其纬差为 2′30″、经差为 3′45″。1∶10000比例尺地形图的编号是在 1∶100000 比例尺地形图的编号后加上自身代号所组成的。如图7.15所示，阴影线部分表示北京市在 1∶10000 地形图上的位置，其图号为 J—50—5—（24）。

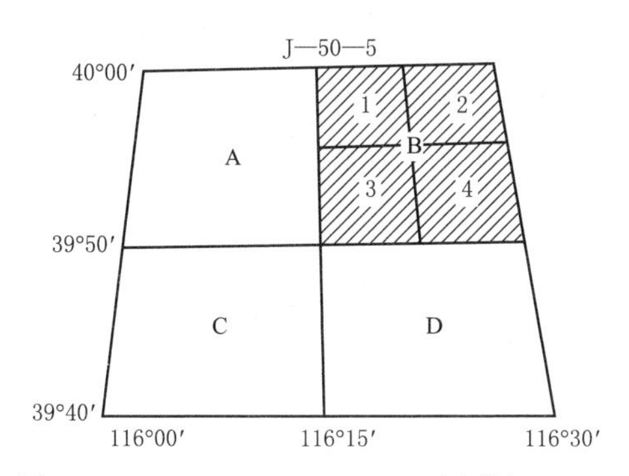

图 7.14　1∶50000、1∶25000 比例尺地形图的分幅与编号

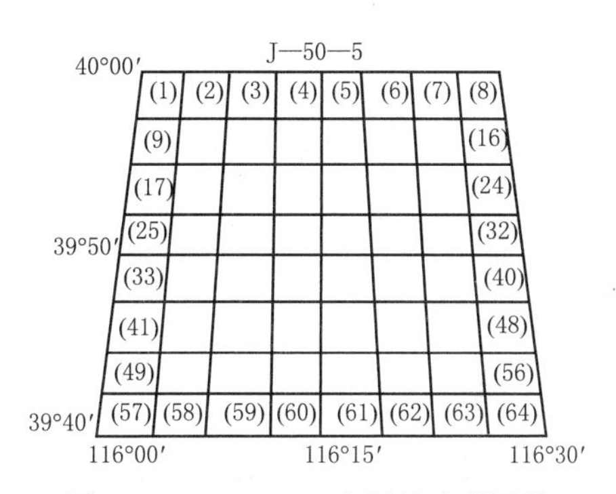

图 7.15　1∶10000 比例尺地形图的分幅与编号

（4）1∶5000 比例尺地形图的分幅与编号。1∶5000 比例尺地形图的分幅与编号是在 1∶10000 比例尺地形图上进行的。每幅 1∶10000 比例尺地形图可分为四幅1∶5000比例尺地形图，用 a、b、c、d 表示，其纬差为 1′15″，经差为 1′52.5″。1∶5000 比例尺地形图的编号是在 1∶10000 地形图的编号后加上自身的代号所组成的。如图 7.16 所示，北京某地在 1∶5000 比例尺地形图上的编号为 J—50—5—(24)—b。

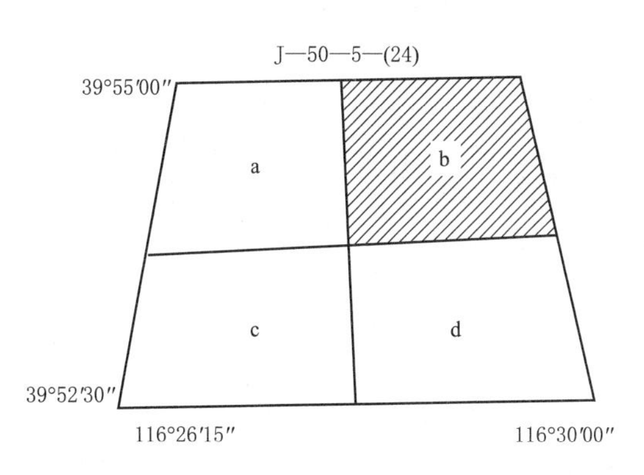

图 7.16　1∶5000 比例尺地形图的分幅与编号

表 7.3 列出了梯形分幅与编号中各种比例尺地形图的图幅大小、图幅间的数量关系，并表示了北京某地所在的图幅编号。

7.1.5　地形图的图廓要素

为规范大比例尺地形图的表示样式，我国制定了《国家基本比例尺地图图式　第 1 部分：1∶500　1∶1000　1∶2000 地形图图式》（GB/T 20257.1—2007）等标准，以统一地形图的图幅规格、地形表示方法和整饰标准。读图时需要明确以下基本概念：大比例尺地形图有效图幅的边缘线称为内图廓线，在其外间隔 1.1cm 绘有外图廓线。外图廓线的外面有本幅地形图的相关标示注记。地形图图廓要素如图 7.17 所示。

表7.3　　梯形分幅与编号各种比例尺地图的关系

比例尺		1∶1000000	1∶100000	1∶50000	1∶25000	1∶10000	1∶5000
图幅大小	纬度	4°	20′	10′	5′	2′30″	1′15″
	经度	6°	30′	15′	7.5′	3′45″	1′52.5″
图幅数量关系		1	144 1	576 4 1	2304 16 4 1	9216 64 16 4 1	36864 256 64 16 4 1
代号字母或数字			1，2，3，…，144	A，B，C，D	1，2，3，4	(1) (2)，…，(64)	a，b，c，d
图幅编号举例		J—50	J—50—5	J—50—5—B	J—50—5—B—4	J—50—5— (24)	J—50—5—(24)—b

地形图上应标记的内容及注记方法如下。

(1) 在地形图的正上方标明地形图的图名和图号。图7.17中的“红旗小学”表示图名，用中等线体24K字。图名下面的“0.0—0.0”表示本幅图纸的图号。图名与图号之间间隔3mm，图号与外图廓之间间隔5mm。地形图的图名应尽可能描述图内最大的地物或地貌，或最有名的地物。

(2) 在外图廓的左上角绘制接图表。为便于寻找与本幅图纸相邻的图纸，应在其左上角图幅外、与外图廓距离3mm且分别与左边和内图廓对齐处绘制一个三行三列的表格，此表格称为接图表。中间一格代表本幅图，其他的八格分别代表相邻接的图幅，在表内分别填写上各自的图名。

(3) 在外图廓的右上角，与右内图廓线对齐处用18K扁等线体标注图纸的密级(我国一般将密级分为绝密、机密、秘密三个等级)。对于有密级的图件，在使用过程中要按照保密的有关要求进行。图纸在使用后也要按照有关要求进行销毁，以免失密；一旦失密，责任人要按照保密法规承担相应的法律责任。

(4) 在外图廓线左下方，与内图廓线对齐处标注测图日期和测图方法(包括测图用的平面坐标系、高程系及测图用的图式版本等内容)。每个项目占一行，用12K细等线体书写，与外图廓相距3mm，行间距为1mm。

(5) 在外图廓线正下方标注该图幅的比例尺。需用数字比例尺和直线比例尺两种方式表示。

(6) 在左外图廓线外的左下方，与外图廓线间隔3mm处，用16K细等线体竖向标注测绘本图件的单位的全称。

上述注记都是构成图件不可缺少的要素，也是使用地形图时必需的要素。

红旗小学

0.0—0.0

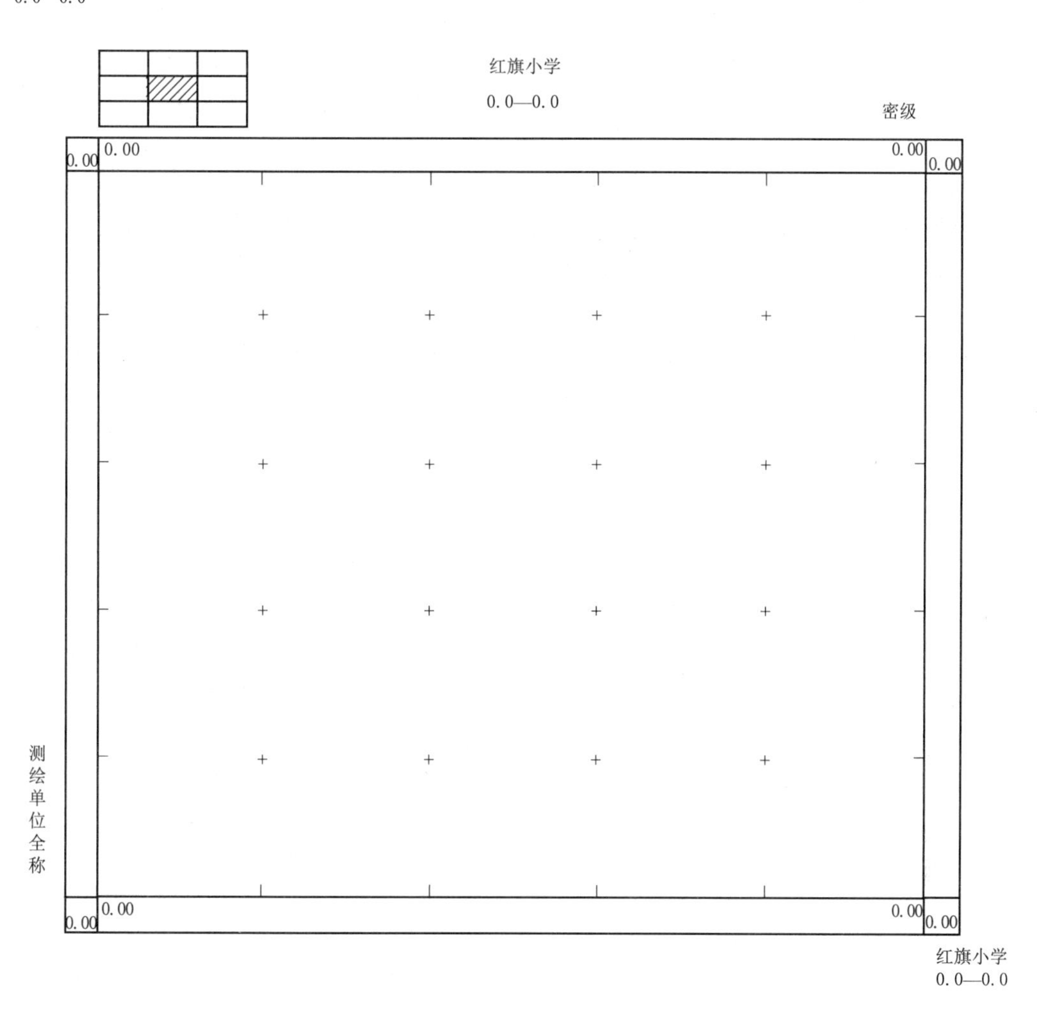

图 7.17　地形图图廓要素（以红旗小学为例）

任务 7.2　大比例尺地形图的测绘

遵循“从整体到局部、先控制后碎部”的原则，在控制测量工作结束后，就可根据图根控制点来测定地物特征点和地貌特征点的平面位置及高程，按照测图比例尺缩绘在图纸上，并根据地形图图式勾绘出地物和地貌的位置、大小及形状，形成地形图。根据碎部测量的方法来划分，地形图的测绘方法主要分为三种：以经纬仪、光电测距仪为主要测量工具的传统测绘方法；以全站仪、GPS 为主要测量工具的数字化测图方法及摄影测量方法。本节主要讲述地形图的传统测绘方法及全站仪数字化测图方法。

7.2.1 测绘前的准备工作

1. 收集资料

测绘前应收集有关测区的自然地理和交通情况资料、中等比例尺地形图等，了解对所测地形图的专业要求，抄录测区内各级平面和高程控制点的成果资料。对抄录的各种成果资料应仔细核对，确认无误后，方可使用。测绘前还应取得有关测量规范、图式等。

2. 准备仪器及工具

对所有用于测图的仪器和工具（如经纬仪、全站仪等）都必须进行仔细的检查和必要的校正，各项指标应符合规范的要求。

3. 准备图纸

过去是将高质量的绘图纸裱糊在胶合板或铝板上，以备测图之用。现在的手工绘图普遍采用聚酯薄膜来代替绘图纸。聚酯薄膜比绘图纸具有伸缩性小、耐湿、耐磨、耐酸、透明度高、抗张力强和便于保存的优点。地形测图宜选用厚度为0.07～0.10mm、经过热定型处理、变形率小于0.2‰的聚酯薄膜作为原图纸。

经过热定型处理的聚酯薄膜经打磨加工后，可增加对铅粉和墨汁的吸附力，如图面污染，还可以用清水或淡肥皂水洗涤。清绘后对地形图可以直接晒图或制版印刷。其缺点是高温下易变形、怕折，故在使用和保管中应予以注意。

聚酯薄膜一般可以用透明胶带粘贴或用铁夹固定在平板上。为了容易看清薄膜上的铅笔线条，最好在薄膜下垫一张浅色薄纸。

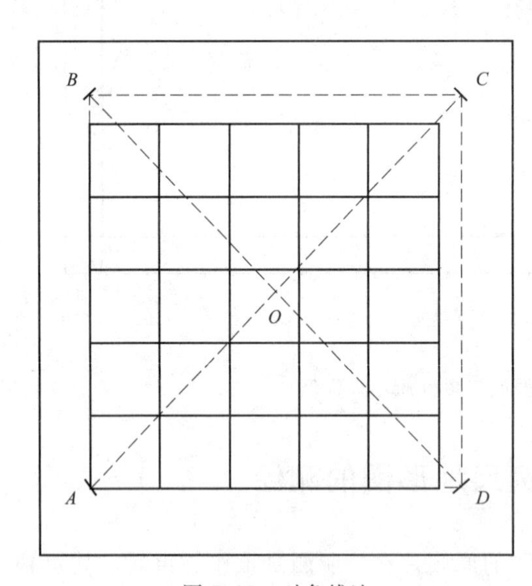

图7.18 对角线法

4. 绘制坐标方格网

有时为了临时需要，需要手工绘制或用绘图仪绘制坐标方格网。大比例尺地形图平面直角坐标方格网是由边长为10cm的正方形组成的。

(1) 绘制方法。

1) 对角线法。如图7.18所示，沿图纸四个角用一把长约1m的金属直线尺绘出两条对角线交于O点，从O点所在的对角线上量取OA、OB、OC、OD四段相等的长度得到A、B、C、D四点，并作连线，即得矩形$ABCD$。从A、B两点起分别沿AD和BC向右每隔10cm截取一点；再从A、D两点起分别沿AB和DC向上每隔10cm截取一点。连接相对的各点，即得由10cm×10cm的正方形组成的坐标格网。

2) 绘图仪法。在计算机中用AutoCAD软件编辑好坐标方格网图形，然后把该图形通过绘图仪绘制在图纸上的方法称为绘图仪法。

(2) 格网的检查和注记。绘好坐标格网以后，应进行检查：将直尺边沿方格的对角线方向放置，各方格的角点应在一条直线上，偏离不应大于0.2mm；再检查方格的对角线长度和各边的长度，其限差见表7.4，若超过允许值，应将方格网进行修改或重绘。

表7.4　　**坐标格网精度要求**

项　目	限差/mm	
	用直角坐标展点仪	用格网尺等
方格网实际长度与名义长度之差	0.15	0.2
图廓对角线长度与理论长度之差	0.20	0.3
控制点间的图上长度与坐标反算长度之差	0.20	0.3

坐标格网的旁边要注记坐标值，每幅图的格网线的坐标是按照图的分幅来确定的。

5. 展绘控制点

在展绘控制点时，首先要确定控制点所在的方格。如图7.19所示，要展绘控制点A，已知控制点A的坐标为$x_A=324.30$m，$y_A=266.15$m。根据坐标，确定其位置应该在$klnm$方格内。从m点和n点分别向上用比例尺量24.30m，得到a、b两点，再从k点和m点分别向右量66.15m，得到c、d两点，连接ab和cd，其交点即控制点A在图上的位置。用同样的方法将其他控制点展绘在图纸上。最后用比例尺在图纸上量取相邻控制点间的距离并和已知距离相比较，作为展绘控制点的检核，其误差不大于0.3mm。否则应重新展绘控制点。

将控制点展绘在图上后，还应注上点名和高程。

7.2.2　碎部点的选择

碎部点是指地物特征点、地貌特征点的合称。碎部点的选择直接影响成图质量及测图效率。

1. 地物特征点的选择

反映地物轮廓和几何位置的点称为地物特征点，简称地物点，如房角点、道路转折点、交叉点、河岸线转弯点、检查井中心点等。连接这些特征点，便可得到与实地相似的地物形状。一般规定主要地物凹凸部分在地形图上大于0.4mm的均要表示出来，在地形图上小于0.4mm的，可以用直线连接。

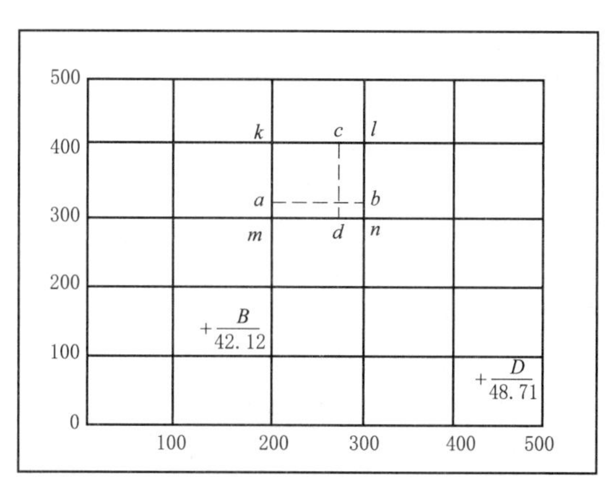

图7.19　控制点的展绘

2. 地貌特征点的选择

地貌特征点是能代表地貌特征线形状和位置的点。地面上的地貌虽然复杂，但可以看成由向着多个方向倾斜且具有不同坡度的面组成的多面体，而山脊线、山谷线等地形线是多面体的棱线。因此，地貌特征点应选择在这些地形线的转折点（方向变化和坡度变化处）上。此外，还应选择山头、鞍部、洼地底部等处。根据这些特征点的高程可以绘制等高线，即可将地貌在地形图上表示出来。

7.2.3　碎部测量的方法

1. 极坐标法

极坐标法是以测站点为极点，以过测站点的某已知方向作为极轴，测定测站点至碎部点连线方向与已知方向间的水平夹角，并量出测站点至碎部点的水平距离，从而确定碎部点的平面位置。

如图 7.20 所示，高级点 A、B 为两个测站点，欲测定 B 点附近的房屋位置，可在测站 B 上安置经纬仪或全站仪，以 BA 为起始方向（又称为后视方向或零方向）测定房屋角点 1、2、3 的方向值 β_1、β_2、β_3，并测量出测站 B 至相应房屋角点的水平距离 D_1、D_2、D_3，即可按测图比例尺在图上绘出该房屋的平面位置。

2. 直角坐标法

直角坐标法又称为支距法。如图 7.21 所示，设 A、B 两点为图根导线点，地物点 1、2、3 靠近该导线边，以 AB 方向为 X 轴，找出地物点在 AB 线上的垂足，用卷尺量 x_1 及其垂直方向的支距 y_1，即可定出地物点 1。同法可以定出地物点 2、地物点 3。直角坐标法适用于地物靠近控制点的连线且支距 y 较短的情况。垂直方向可以用简单工具如直角棱镜、方向架等定出。

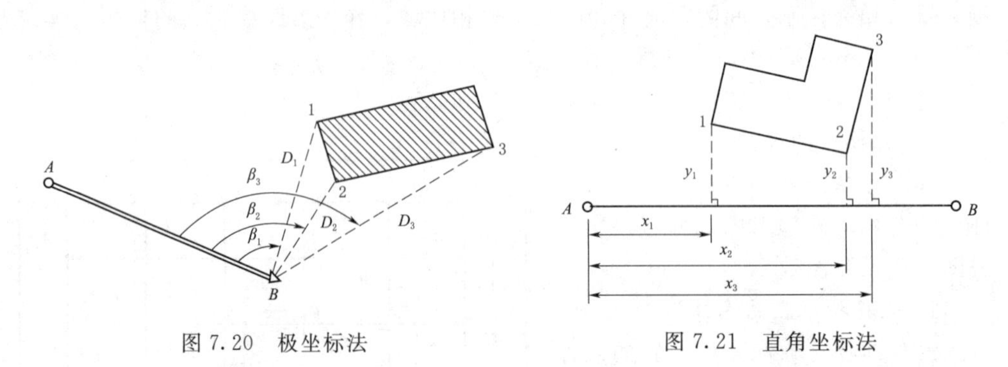

图 7.20　极坐标法　　　　图 7.21　直角坐标法

7.2.4　展绘碎部点

1. 极坐标展点测图

极坐标展点测图的施测方法如图 7.22 所示。在测站点 A 上安置经纬仪，选择另一个控制点 B 作为起始方向（零方向），然后照准所需测的碎部点 P 上的标尺，读出与起始方向之间的水平角、视距和竖角。图板可安放在经纬仪一旁的适当位置上，将量角规的中心圈孔固定在图板上的 a 点处，量取经纬仪所测得的碎部点 P 与起始方向 B 之间的水平角，并沿分度规（量角器）直径边画线，根据测站点至碎部点的水平距离按图示比例尺截取图上长度，即可定出碎部点 P 在图上的位置 p 点。根据经纬仪所测得的竖直角、视距及量取的仪器高，用三角高程测量公式即可求出碎部点的高程。

2. 直角坐标展点测图

极坐标展点测图的水平距离是用普通视距法进行测量的，测站点至碎部点的距离因受到视距精度的限制而不能太长。若将轻便的小型光电测距仪安置在经纬仪上，则施测碎部点的距离可大大增长，这对于充分发挥测站点的作用是极为有利的。若仍用分度规按极坐标展点，分度规的量角精度对长距离的碎部点在测图上的位置有较大影响，从而影响测图精度，解决这一问题的办法是采用直角坐标展点。

为了直接由经纬仪读出测站点至碎部点的坐标方位角，经纬仪在照准已知点 B 定向时（图7.22）应该将度盘配置成 AB 的坐标方位角 α_{AB}。这样，用经纬仪照准碎部点 P 的读数即 AP 的坐标方位角 α_{AP}。

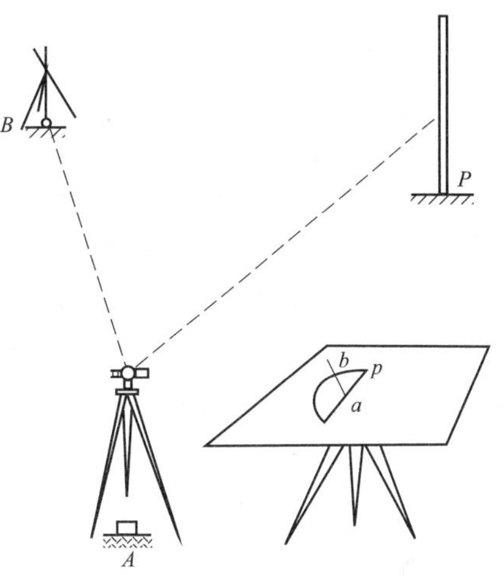

图7.22　极坐标展点测图

按坐标正算公式得 $x_P = x_A + S_{AP}\cos\alpha_{AP}$，$y_P = y_A + S_{AP}\sin\alpha$，用计算器算出 P 点的坐标，然后在图板上直接按坐标值（x_P，y_P）展绘，即得 P 点在图上的位置。

7.2.5　地物地貌的测绘

1. 地物的测绘

通过前面的学习，对地形图已经有了一个基本的了解。地形图是地球表面的地物和地貌在平面图纸上的缩影，需要将地物和地貌测绘到地形图上。地物测绘就是将地面上的各种地物按预定的比例尺和要求，以其平面投影的轮廓或特定的符号绘制在地形图上。地物的表示应符合国家和行业部门制定的有关地形测量的规范及相应比例尺的图式规定。

（1）居民地的测绘。居民地是重要的地形要素，测绘居民地应正确表示其结构形式，反映出外部轮廓特征，区分出内部的主要街道、较大的场地和其他重要的地物。对居民地内部较小的场地，应根据测图比例尺和用图要求，适当加以综合取舍。对独立房屋应进行逐个测绘。

测绘居民地主要是测出各建筑物轮廓线的转折点。居民地房屋的轮廓线的转折点较多，但由于同一座房屋的地基高程一般相同，甚至相连的若干幢房屋的地基高程也相同，因此对其高程不必每点注记，进行代表性注记即可。若每幢房屋的高程不同，则应分别注记。房屋还应注记类别和层数。

（2）道路的测绘。各种道路均属于线状地物，一般由直线和曲线两部分组成。其特征点主要是直线部分的起点、交叉点、终点，直线与曲线的连接点，曲线部分的变换点。

（3）管线、垣栅的测绘。对各种管线均应实测其起点、转折点、交叉点和终点的位置，按相应的符号表示。

垣栅包括城墙、围墙、栅栏、篱笆、铁丝网等，应测定其起点、终点、交叉点和转折点的位置，并以相应的符号表示。

(4) 水系的测绘。对各种水系应测绘其岸边界限和水崖线，并适当注记高程。水崖线一般应测常年水位线或测图时的水位线，必要时加注测图日期。

(5) 独立地物的测绘。独立地物就是指不与周围地物相接触的地物，并可以在地图上使用独立的符号表示出来的，如纪念碑、烟囱、石油井、矿井、盐井、塔、天文台、发电厂、水文观测站及天文测量和大地测量的控制点等，这些地物一般凸出地面，具有较明确的方位意义。凡图上地物轮廓大于图示符号尺寸的，均应以比例符号表示，实测该地物的平面轮廓线，并用相应的符号表示出来。对于图上地物轮廓小于符号尺寸的，依非比例符号表示，实测该地物的几何中心，以相应的符号表示。独立地物在图上的定点和定位线一般按下列原则确定：对凡具有三角形、圆形、矩形等形状的地物，应测定其几何图形的中心点，该点就是相应符号的定位点；对杆形地物（如照射灯、风车等）应测其杆底部的点位，并将相应符号的定位点绘于该点位上。

(6) 植被的测绘。测绘各种植被，应沿该植被外轮廓线上的弯曲点和转折点立尺，测定其位置。依实地形状比例描述地类界，并在其范围内配置相应的符号。在植被符号范围内，有等高线通过的应加绘等高线。对地面较平坦（如水田）不能绘等高线的植被应适当注记高程。

(7) 境界的测绘。境界是区域范围的分界线，分为国界和国家内部境界两种。国内各级境界应按规范要求精确测绘，对界桩、界碑、以河流或线状地物为界的境界，均应按《图式》规定符号绘出。

(8) 测量控制点的表示。测量控制点包括平面控制点和高程控制点。控制点是测图的测站点，决定地形图内各要素的位置、高程和精度，在图上应精确表示。根据控制点测定方法和等级的不同，各种控制点以不同的几何图形如五角星、三角形、正方形、圆形来表示。其几何图形的中心表示实地上标志的中心位置。

2. 地貌的测绘

地貌千姿百态，从几何的观点分析，可以认为它是由不同形状、不同方向、不同倾角和不同大小的面组合而成的。这些面的相交棱线称为地形线。

地形线上的方向变换点和坡度变换点是主要地貌的特征点。测绘中，要正确选择地形线测出特征点，以地形线构成地貌的“骨架”，然后将地貌的形态以等高线的形式描绘出来。所以，地貌的测绘主要是等高线的测绘。有少数特殊的地貌形态不能仅用等高线表示，需要配合特殊的地貌符号表示。

等高线的测绘分直接法和间接法。

(1) 直接法。直接法是将等高线上的若干地貌特征点依次测绘到图纸上，根据实地等高线的走向在图纸上勾画等高线，可以隔几根等高线测一根等高线，中间的等高线采用等分内插的方法画出。这种方法实际上是把等高线当成一种轮廓线来测定，所测绘的等高线有较高的精度。但是，这种方法效率不高，不适合高低起伏较大的丘陵和山区采用。

(2) 间接法。测定等高线一般都采用间接法，如图7.23所示。间接法的作业过程可以概括为4个步骤：测定地形线上的地貌特征点；连接地形线构成地貌骨架；在各地形线上采用等分内插的方法确定基本等高线的通过点；对照实地，连接相邻地形线的等高点，勾绘出各等高线。

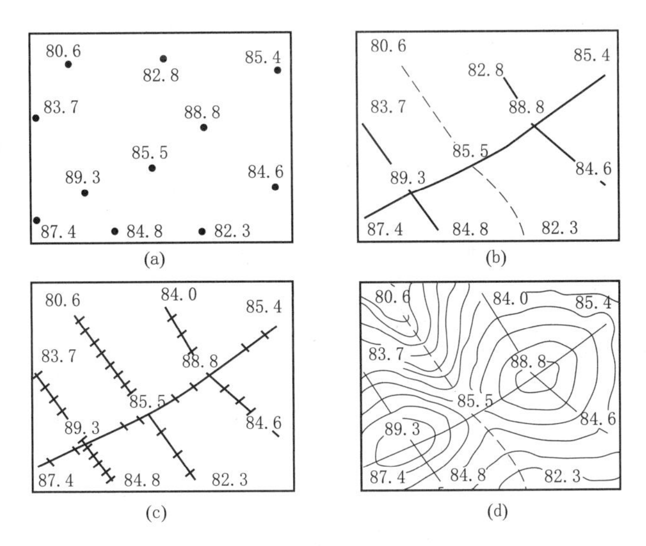

图 7.23　测绘等高线的间接法

1）测定地貌特征点。测定地貌特征点主要是为了确定各地形线的空间位置，故这些特征点应是地形线上的地貌特征点。观测前，应认真观察和分析所测地貌，正确选择具有代表性和概括性的地形线，根据地形线上的方向变化点和坡度变换点来确定立尺点。若立尺点选择不当或将重要的立尺点遗漏，将会改变骨架的位置，从而影响等高线的精度。地貌特征点包括山的最高点、洼地的最低点、谷口点、鞍部的最低点、地面坡度和方向的变换点等。选好地貌特征点后，依次在其上立尺，将地貌特征点测绘到图纸上。在地貌特征点旁注记高程到分米（dm）。地貌特征点的注记如图 7.23（a）所示。

2）连接地形线。当测绘出一定数量的地貌特征点后，应依实地情况及时在图上用铅笔连接地形线，如图 7.23（b）所示。山脊线用实线表示，山谷线用虚线表示。地形线应随地貌特征点的陆续测定而随时连接，并与实地对照，以防出错。

3）确定基本等高线的通过点。在图上有了地形线骨干网之后需要确定各等高线与地形线的交点，即等高线的通过点。由于各地形线上的坡度变换点已经测定，因此，可以认定在图上同一地形线中的两个相邻特征点之间的面是等坡度的。在同一坡度的斜面上各点之间的高差与平距成正比。因此，可以按等分内插的方法确定等高线在地形线上的通过点。

如图 7.24 所示，a、b 为图上某一地形线上相邻的两个碎部点，其高程分别为 63.5m和 67.8m。若测图的等高距为 1m，则 a、b 两点之间应有 64m、65m、66m、67m 的等高线通过。如图 7.25 所示，由于地面点 A、B 之间的连线可以看作是等坡度直线，故 AB 直线上高程为 64m、65m、66m、67m 的 C、D、E、F 点在图上相应的位置为 c、d、e、f 点，即可按相似三角形关系确定基本等高线的通过点。

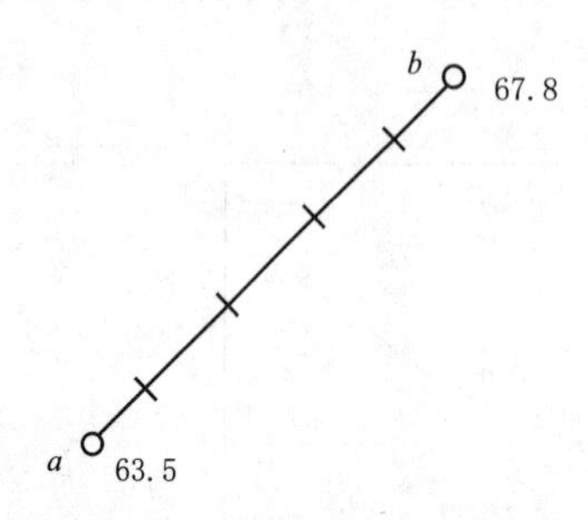

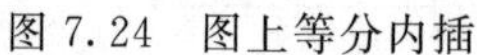
图 7.24　图上等分内插

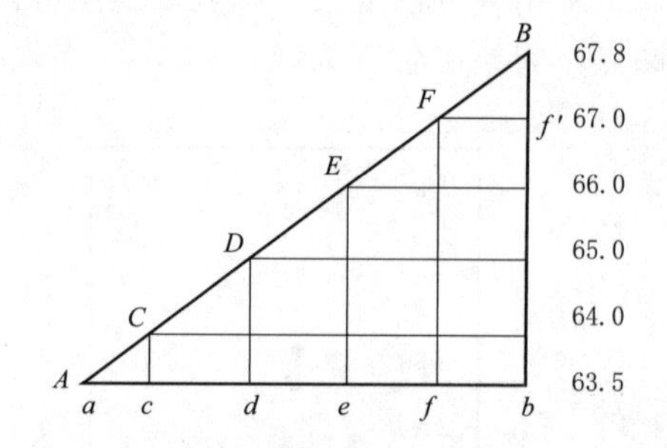

图 7.25　等分内插等高线的通过点

设量得图上 ab 长为 17.5mm，A、B 的高差为 67.8－63.5＝4.3（m），则可求得 ac、fb 在图上的长度及等高线的间距为

$$ac = \frac{ab \cdot Cc}{Bb} = \frac{17.5 \times 0.5}{4.3} = 2.0\,(\text{mm})$$

$$fb = \frac{ab \cdot Bf'}{Bb} = \frac{17.5 \times 0.8}{4.3} = 3.3\,(\text{mm})$$

$$cd = de = ef = \frac{17.5 \times 1.0}{4.3} = 4.1\,(\text{mm})$$

在 ab 边上分别自 a 和 b 量取 2.0mm、3.3mm，即得 c、f 点。c、f 点就是 64m、67m 等高线在 ab 地形线上的通过点。将 cf 三等分得等分点 d、e 点，即得 65m、66m 等高线的通过点。这就是等分内插法。

上述等分内插法为解析法，而在实际测图中常采用目估法。解析法的计算比较烦琐，不适应快速测图的要求。另外，描绘等高线本身容许有一定的误差，而且两相邻点的地面也只能是近似等坡度，精确计算等高线通过点的位置并无多大实际意义。所以，采用目估等分内插就可以了。目估等分内插依然依据上述解析法等分内插的原理进行，只是量算的过程采用目估和心算。首先，根据相邻两点的高差和图上距离，分别确定靠近这两点的等高线通过点，再将剩下部分等分以确定其他等高线通过点。目估等分内插等高线的通过点有一个熟练的过程，初学者应加强练习，提高目估等分内插的精确性。

按上述方法，将各地形线上的等高线的通过点确定下来，如图 7.23（c）所示。

4）对照实际地貌勾绘等高线。勾绘等高线一定要在现场进行，对照实际地貌将地性线上高程相等的点依次按实地走向用圆滑的曲线连接起来，便得到一条等高线。等高线由一系列不同半径的圆弧线连接而成，各处走向应平滑渐变，不应有明显的转折点。另外，还要注意上下等高线的渐变性，等高线与地形线必须正交。描绘等高线时，应边描绘等高线边擦去地形线，等高线描绘完毕时地形线也应全部擦去，如图 7.23（d）所示。

实际测图时，一般不是将所有的地貌特征点测完后才连接地形线的，也不是将所有的等高线通过点确定后才勾绘等高线的，而是一边测绘地貌特征点，一边连接地形线，一边勾绘等高线，即随测、随连、随绘。在时间比较紧张、地形又不复杂的情况下，可以先勾绘计曲线和少量的首曲线，其余的内插等高线可在收工后在室内补绘。

等高线的测绘精度与地形线的密度有关。在地形线密度一定的情况下，等高线的精度主要取决于测绘者勾绘等高线的能力。勾绘等高线不是将高程相等的点随意地连接。等高线在两相邻地形线之间的图上定位和走向完全取决于测绘者对实际地貌的认识和判断。所以，初学者应在学习中注意训练自己的观察能力和勾绘能力。

7.2.6　地形图的检查、拼接与整饰

1. 地形图的检查

为了保证地形图的质量，除在施测过程中应加强检查外，在地形测图完成后，作业员和作业小组应对完成的成果、成图资料进行严格的自查互检，确认无误后方可上交，然后由上级部门组织专门检查。检查工作分室内检查和室外检查两部分。

（1）室内检查。地形原图的室内检查主要查看地形图图廓、方格网、控制点展绘精度是否符合要求，测站点的密度和精度是否符合规定，地物、地貌各要素测绘是否正确、齐全、取舍是否恰当，图式符号的运用是否正确，接边精度是否符合要求等。

（2）室外检查。室外检查是在室内检查的基础上进行的，分巡视检查和仪器检查。

1）巡视检查。巡视检查应根据室内检查的重点按预定的路线进行。检查时将原图与实地对照，查看地物和地貌有无遗漏、综合取舍是否适宜、等高线表示的地貌是否逼真、符号运用是否恰当、地物的说明注记是否正确等。

2）仪器检查。仪器检查是在室内检查和室外巡视检查的基础上进行的，是携带仪器到野外进行设站实测检查。

2. 地形图的拼接

地形图是分幅测绘的，各相邻图幅必须能相互拼接成一体，由于测绘误差的存在，在相邻图幅拼接处，地物的轮廓、等高线不可能完全吻合。若接合误差在允许范围内，则可以进行调整，即两幅图各改正一半，如图7.26所示。

为便于拼接，要求每幅图的四周均须测出图廓线外5mm范围。对线状地物应测至主要转折点和交叉点，对地物的轮廓应将其完整地测出。

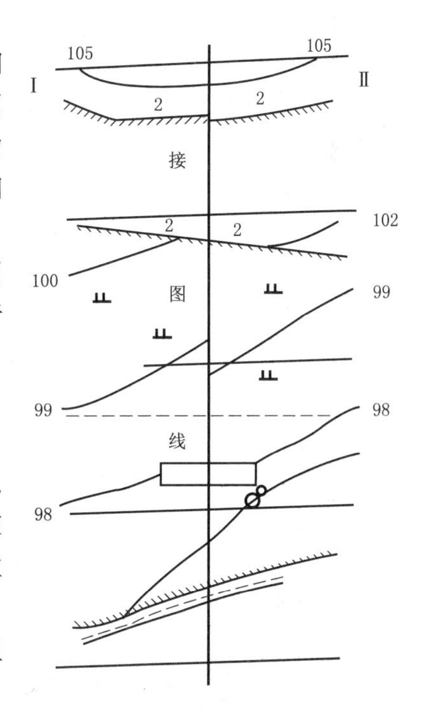

图7.26　地形图的拼接

3. 地形图的整饰

地形图整饰的基本要求如下：

（1）用橡皮小心地擦掉一切不必要的点、线，所有地物和地貌均应按《图式》及相关规定用铅笔重新画出。地物轮廓应清楚并与实测线位严格一致，不准任意变动。

（2）等高线应描绘得光滑匀称，按规定的粗细加粗计曲线。

（3）用工整的字体进行注记，字头朝北。文字的注记位置应适当，应尽量避免遮盖地物。

（4）重新描绘好坐标方格网（因经过较长的测图过程，图上方格网已不清晰了，故须依原绘制方格网时所测点绘制并注意其精度）。此外，还要在坐标格网的规定位置上注明坐标值。

（5）按规定整饰图廓。在图廓外的相应位置注写图名、图号、接图表、比例尺、坐标和高程系统、基本等高距、测绘机关名称、测绘者姓名和测图年月等。

7.2.7　全站仪数字测图方法

1. 野外数据采集

在野外观测碎部点时要绘制工作草图，在工作草图上记录地形要素名称、碎部点连接关系。在室内将碎部点显示在计算机屏幕上，根据工作草图，采用人机交互方式连接碎部点，输入图形信息码和生成图形。具体操作及相关要求如下。

（1）进入测区后，领镜（尺）员首先将测站周围地形、地物的分布情况大概看一遍，认清方向，然后制作含主要地物、地貌的工作草图（若在原有的旧图上标明会更准确），以便观测时在草图上标明所测碎部点的位置及点号。

（2）观测员指挥立镜员到事先选定好的某已知点上立镜定向；观测员快速架好仪器，量取仪器高，启动全站仪，进入数据采集状态，选择保存数据的文件，按照全站仪的操作设置测站点、定向点，记录完成后，照准定向点完成定向工作。为确保设站无误，可选择检核点，测量检核点的坐标，若坐标差值在规定的范围内，则可开始采集数据，否则不能继续测量。

（3）上述两项工作完成后，通知立镜员开始跑点。每观测一个点，观测员都要核对观测点的点号、属性、镜高，并存入全站仪的内存中。

进行野外数据采集时，测站与测点两处作业人员必须时时联络。每观测完一点，观测员要告知绘草图者被测点的点号，以便及时对照全站仪内存中记录的点号和绘草图者标注的点号，并保证两者一致。若两者不一致，则应查明原因，是漏标点了，还是多标点了，或一个位置测重复了等，必须及时更正。

（4）全站仪数据采集通常分为有码作业和无码作业。有码作业需要在现场输入野外操作码。无码作业不需要在现场输入数据编码，而是用草图记录绘图信息，绘草图人员在镜站把所测点的属性及连接关系在草图上反映出来，以供内业处理及图形编辑时使用。另外，在野外采集时，能测到的点要尽量测，实在测不到的点可利用皮尺或钢尺量距，将丈量结果记录在草图上，在室内用交会编辑方法成图。

（5）可以用一站多镜的方法进行地貌采点，一般在地性线上要有足够密度的点，特征点也要尽量测到。例如，在山沟底应测一排点，在山坡边也应测一排点，这样生成的等高线才真实。测量陡坎时，最好在坎上坎下同时测点，这样生成的等高线才没有问题。在其他地形变化不大的地方，可以适当放宽采点密度。

（6）当在一个测站上测完所有的碎部点后，要找一个已知点重测进行检核，以检查施测过程中是否存在由于误操作、仪器碰动或出故障等原因造成的错误。检查确定无误后，关机、装箱搬站。到下一测站，重新按上述采集方法、步骤进行施测。

2. 数据传输及处理

全站仪的数据通信采用的主要技术有串行通信技术和蓝牙通信技术。

数据传输的步骤如下。

（1）仪器与计算机连接。连接仪器与计算机需使用通信电缆。

（2）设置发送设备与接收设备通信参数。在仪器和计算机上同时设置波特率、数据位、奇偶校验、停止位等参数。

（3）数据传输。在仪器上选择要输出的工作文件数据，然后由计算机发出指令控制数据向全站仪输出或接收来自全站仪的数据。

由于全站仪的通信端口、数据存储方式及数据接收端软件等不同，全站仪的通信有多种方式。全站仪的通信端口一般采用 RS－232C 串行端口将全站仪与计算机连接，完成相应的参数设置后，打开专用的传输程序即可进行数据通信。这里的专业传输程序，包括仪器自带程序、成图软件中的数据通信模块等，此通信方式是最常用的方式。

下面以索佳 SET 全站仪为例说明数据下载的方法。

Coord 是应索佳全站仪用户需求而研发的数据编辑通信程序，主要用于索佳 SET 全站仪与计算机间的数据交流。SET 数据编辑通信程序 Coord（以下简称通信程序）具有数据编辑、转换灵活和数据上传下载操作方便等诸多特点，是索佳全站仪用户进行数据通信常用的有效工具。其操作过程如下。

（1）用索佳 DOC27 通信电缆连接仪器与计算机，双击通信程序图标启动通信程序，执行“通信”“参数设置”命令，并将计算机的通信参数设置成与仪器一致，如图 7.27 所示。

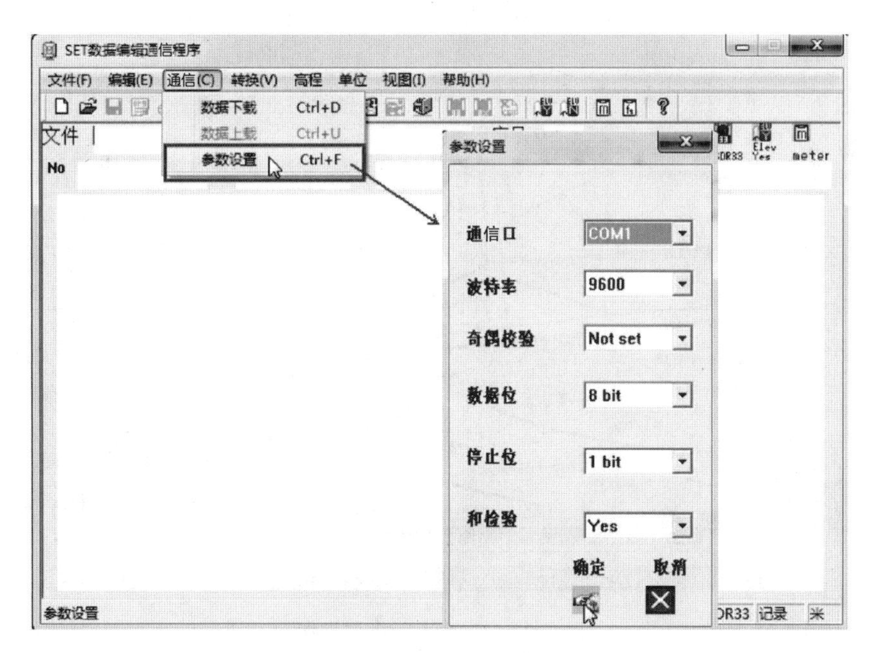

图 7.27　通信参数设置

（2）单击工具栏中的“数据下载”图标进入等待接收下载数据状态。

（3）在仪器端执行“内存”→“文件操作”→“通信输出”命令。

(4) 将光标移至待输出文件名上，按 Enter 键待文件名右端显示 Out 后按 OK 键。

(5) 选取输出格式（SDR33 格式或 SDR2X 格式）后按 Enter 键。

(6) 选取输出“观测数据”后按 Enter 键输出数据。

(7) 按所需数据格式保存数据。

现在的全站仪基本都设置了安全数码卡（Secure Digital Memory Card，SD 卡）接口和通用串行总线（Universal Serial Bus，USB）接口，数据传输可以通过 SD 卡或 U 盘直接读取，不需要专用软件。但坐标数据导入时，其数据格式必须与仪器的要求一致，否则仪器无法读取坐标数据。观测数据既可以存储在内存中，也可以直接存储在 SD 卡上。存储在内存中的数据可以借助 SD 卡传输到计算机。

3. 数据和绘图输出

数字测图软件是数字测图系统的关键，现在国内测绘行业常用的数字软件有南方 CASS 软件、清华山维 EPSW 软件、武汉瑞得 RDMS 数字测图系统等，这里主要介绍用南方 CASS 软件进行数字化测图的方法。南方 CASS 软件是广州南方公司基于 AutoCAD 平台开发的数据采集系统，主要应用于地形成图、地籍成图、工程测量应用、空间数据建库等领域。

CASS8.0 的操作界面主要分为菜单栏、屏幕菜单栏、CAD 标准工具栏、CASS 实用工具栏、命令行及状态栏等，如图 7.28 所示。每个菜单均以对话框或命令行提示的方式与用户交互作答，操作灵活方便。

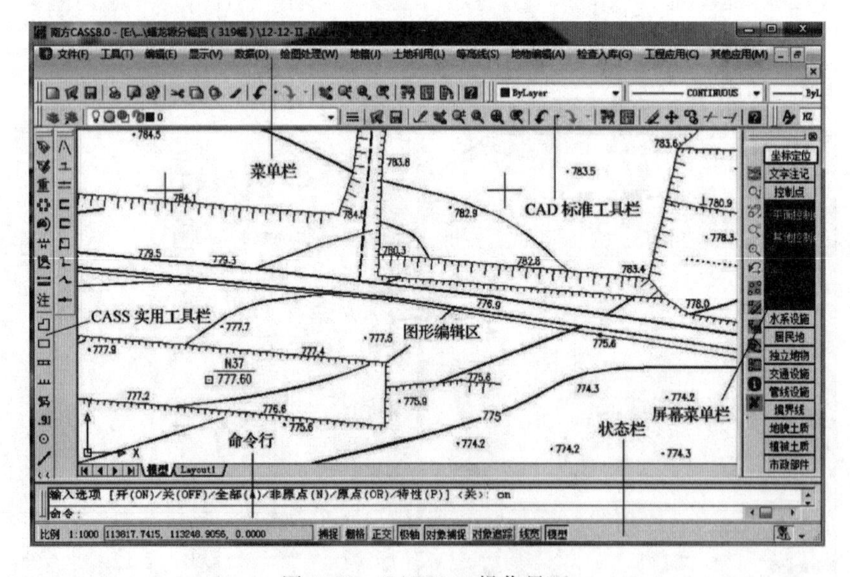

图 7.28　CASS8.0 操作界面

外业用全站仪采集碎部点三维坐标，测图人员绘制由碎部点构成的能概括地物形状和类型的草图并同时记下碎部点的点号（必须与全站仪自动记录的点号一致）。内业人员将全站仪或电子手簿记录的碎部点三维坐标通过 CASS 软件传输到计算机中，转换成 CASS 坐标格式文件并展现在计算机屏幕上，根据野外绘制的草图在 CASS 中绘制地物、地貌。草图法数字测图是一种实用、快速的测图方法，不需要记忆过多的地形符号属性编码。但其不足之处是绘图不直观，容易出错。

(1) 展碎部点。

1) 展野外测点点号。该方法是将 CASS 坐标数据文件中点的三维坐标展绘在绘图区，并注记点号，以方便用户结合野外绘制的草图绘制地物。其创建的点位和点号对象位于 ZDH（展点号）图层，其中，点位对象是 AutoCAD 中的 point 对象，用户可以执行 AutoCAD 的 Ddptype 命令修改点样式。例如，在“绘图处理”菜单中选择“展野外测点点号”命令（图 7.29），紧接着命令行会提示输入绘图比例尺，输入给定比例尺后按 Enter 键，在弹出的对话框中选择 CASS 自带的“Ymsj. dat”演示文件，单击“打开”按钮完成展点操作，此时可在绘图区看见展绘好的碎部点位和点号。需要说明的是，虽然没有注记点的高程数值，但点位本身是包含高程坐标的三维空间点。用户可以使用 AutoCAD 的 ID 打开“节点”捕捉拾取任意一个碎部点来查看。

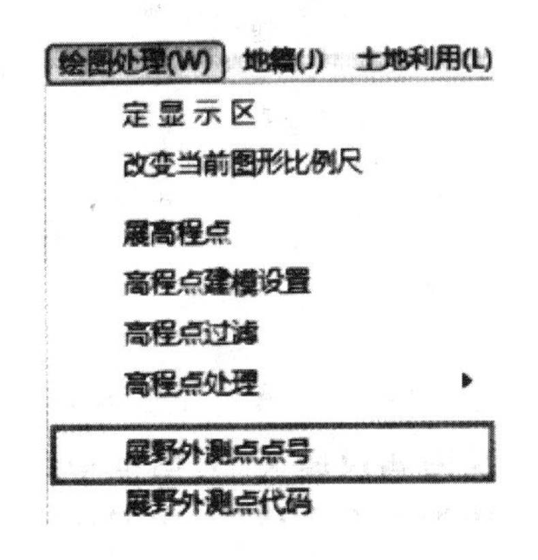

图 7.29　展野外测点点号

2) 展高程点。展高程点的作用是将 CASS 坐标数据文件中的三维坐标展绘在绘图区内，并根据用户选定的间距注记点位的高程值。其创建的点位对象位于 GCD（高程点）图层。例如，执行“绘图处理”→“展高程点”命令，命令行提示如下。

绘图比例尺 1：<500>

输入绘图比例尺的分母值后，按 Enter 键确定，在弹出的对话框中仍然选择前面选定的 Ymsj. dat 文件，单击“打开”按钮，命令行提示如下。

注记高程点的距离（m）：

输入注记高程点的距离，按 Enter 键完成操作。此时点位和高程注记对象与前面绘制的点位和点号对象重叠。为了方便绘制地物，可先关闭暂时不用的 GCD 图层。当需要绘制等高线时，再打开相应的图层。

(2) 结合草图绘制地物。单击屏幕菜单栏中的“坐标定位”按钮，可以根据草图和将要绘制的地物在该菜单中执行相应的命令。

1) 绘制简单房屋的操作步骤。单击屏幕菜单栏中的“居民地”按钮，弹出如图 7.30 所示的“普通房屋”对话框，选中“四点简单房屋”，单击“确定”按钮，关闭对话框，命令行提示如下。

已知三点/2. 已知两点及宽度/3. 已知四点<1>：1

输入点：(第 1 个捕捉点)

输入点：(第 2 个捕捉点)

输入点：(第 3 个捕捉点)

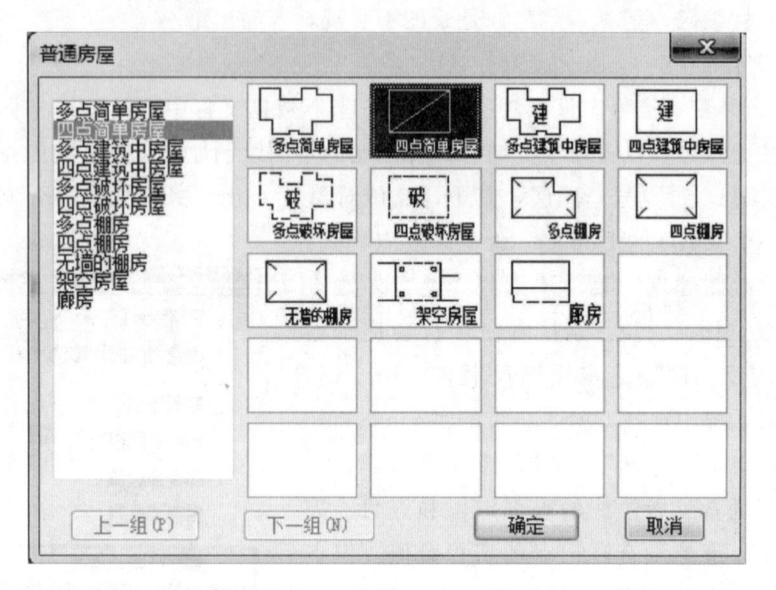

图 7.30　“普通房屋”对话框

2）绘制一条小路的操作步骤。单击屏幕菜单栏中的“交通设施”按钮，在弹出的“交通设施及附属设施类”对话框中选中“小路”，单击“确定”按钮，关闭对话框，根据命令行的提示分别捕捉五个点位后，按 Enter 键结束指定点位的操作，命令行提示如下。

拟合线＜N＞？Y

一般选择拟合，输入 Y，按 Enter 键，完成小路的测绘。

3）绘制一口水井的操作步骤。单击屏幕菜单栏中的“水系设施”按钮，在弹出的“水系设施及附属设施”对话框中选中“水井”后单击“确定”按钮，关闭对话框，单击指定点位，完成水井的绘制。

上述绘制的三个地物，如图 7.31 所示。

(3) 注意事项。在绘制地物的过程中要注意以下事项。

1）为了准确地捕捉到碎部点，必须将 AutoCAD 的自动对象捕捉类型设置为节点捕捉。方法是右击状态栏中的“对象捕捉”按钮，在弹出的下拉菜单中选择“设置”选项，在弹出的“草图设置”对话框中的“对象捕捉”选项卡中勾选“节点”复选框，单击“确定”按钮，即完成设置。自动对象捕捉设置可以在命令执行之前或执行过程中进行。

2）为了便于查看点号，要使用视图缩放命令适当放大绘图区，方法是单击“缩放”工具栏中的视图缩放按钮（常用窗口放大命令）放大绘图区。由于 AutoCAD 自动将“缩放”命令作为透明命令使用，所以视图缩放命令也可以在命令执行过程中

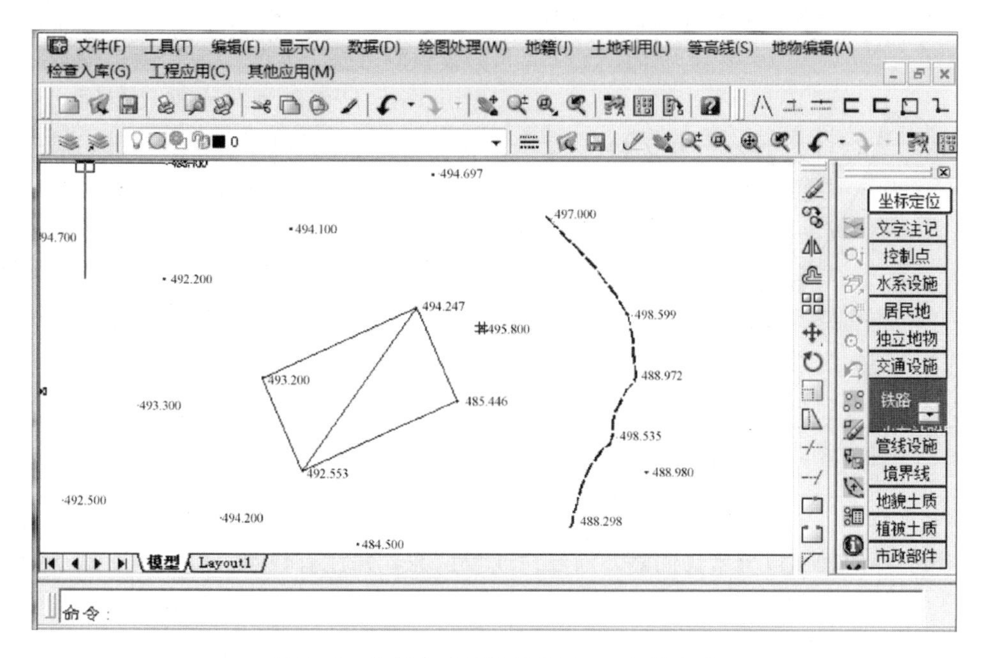

图 7.31　绘制完成的简单房屋、小路及水井

进行。

3）CASS 软件自动将绘制的地物放置在相应的图层中，如将简单房屋放置在 JMD（居民点）图层中，将小路放置在 DLSS（道路设施）图层中，将水井放置在 SXSS（水系设施）图层中。

图 7.32　查看简单房屋编码提示的内容

上述绘制的简单房屋、小路、水井，CASS 软件赋予它们的编码分别为 141200、164300 和 185102。绘制的等高线，CASS 赋予它们的编码分别为 201101（首曲线）、201102（计曲线）和 201103（间曲线）。如图 7.32 所示为查看之前所绘简单房屋编码提示的内容。

7.2.8　水下地形图的测绘

在水利与航运工程建设中，除要测绘陆地上的地形外，还要测绘河道、海洋及湖泊的水下地形。水下地形有两种表示方法：一种是用以航运基准面为基准的等深线表示的航道图显示河道的深浅及暗礁、浅滩、深潭、深槽等水下地形情况；另一种是用于陆地上高程一致的等高线表示水下地形。本节主要介绍用等高线表示水下地形的测绘方法。

水面以下河底地形图的测量是根据陆地上布设的控制点，利用船艇在水面上的航行测定河底地形点（水下地形点）的布设及水下地形点或测探点的水深（获得高程）和平面位置来实现的。其主要测量工作包括水位观测、测深及定位等。

1. 水位观测

水下地形点的高程是以测探时的水面高程（水位）减去水深求得的。因此，在测探水深的同时必须进行水位观测。观测水位采用设置水尺，定时读取水面截在水尺上的读数的方法。水尺一般用搪瓷制成，长度为1m，尺面刻划与水准尺相同。设置水尺时，先在岸边水中打入木桩，然后在桩侧钉上水尺，再根据已知水准点接测水尺零点高程（图7.33，图中H_0表示水尺零点高程，H表示水位）。观测水位应按时读取水面截在水尺上的读数，水位的计算公式为

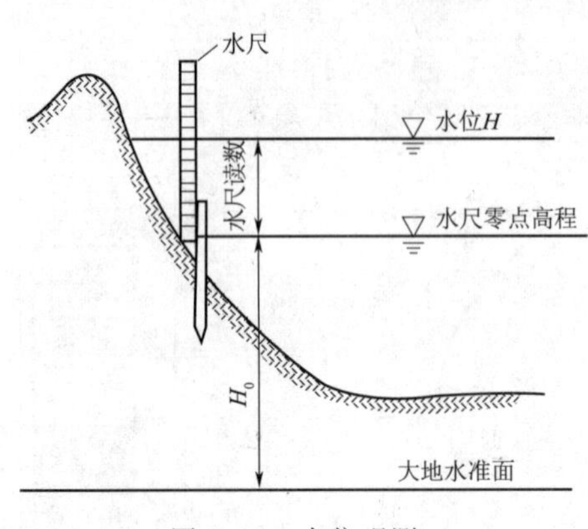

图7.33 水位观测

水位＝水尺零点高程＋水尺读数

2. 测深

（1）测深杆与测深锤。测深杆用松木或其他材料制成，直径为4～5cm，杆长为4～6m。杆的表面以分米为间隔，涂红白或黑白漆，并注有数字。杆底装有铁垫，重0.5～1.0kg，可避免测深时杆底陷入泥沙中影响测量精度，其一般适用于水深小于5m且流速不大的河道。

测深锤由铅砣和砣绳组成。它的重量视流速而定。砣绳最长为10m左右，以分米为间隔，注有不同标志，适用于水深为2～10m、流速小于1m/s的河道。

（2）回声测深仪。测深仪是船载电子测深设备，回声测深仪的基本原理是利用装在离船首约1/3船长处的发射换能器将超声波发射到河底，再由河底反射到接收换能器，由所经过的时间t及声波在水中的传播速度u来计算水深，如图7.34所示。从图7.34中可以得出

$$h=h_s+h' \tag{7.4}$$

式中 h——水深，m；

h_s——发射换能器（或接收换能器）到水底的距离，m；

h'——发射换能器（或接收换能器）到水面的距离，m。

用回声测深仪测量水深时，测得的水深能直接在指示器或记录器上自动显示或记录下来。图7.35为圆弧式记录器的示意图，其中的零线为发射换能器的水深线，它与标尺上零刻划线的间隔就是发射换能器到水面的距离h'（图7.34），其值是固定的，施测时可以预先在记录器上调整好；弯曲的痕迹为河底线。测深定位时，按下定位钮，纸上立即出现一条测深定位线，通过圆弧标尺可在测深定位线处直接读出水深h。除用上述模拟方式记录外，还有许多测深仪是直接用数字方式记录的。

回声测深仪适用范围较广，最小测深为0.5m，最大测深可达500m，在流速为7m/s时也能应用。它具有精度高、速度快的优点。

3. 水下地形点的布设

由于水下地形是看不见的，不能用选择地形特征点的方法进行测量，而要采用船艇在水面上探测的方法，因此必须按一定的形式布设适当数量的地形点。布设的方法有断面法和散点法。

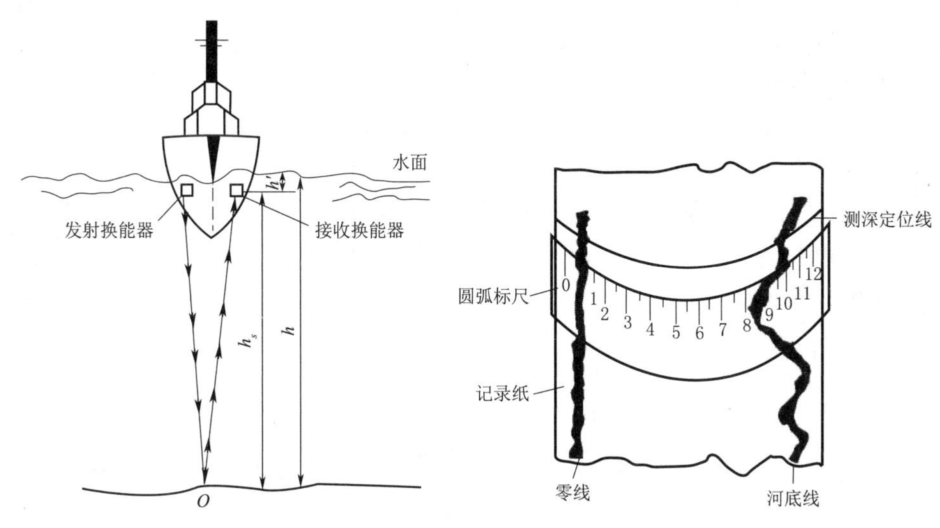

图7.34　回声测深仪的基本原理图　　　　图7.35　圆弧式记录器的示意图

(1) 断面法。在河道横向上每隔一定的距离（一般规定为图上1～2cm）布设一个断面，在每个断面上，船艇由河岸的一端向对岸行驶，每隔一定距离（图上为0.6～0.8cm）施测一点。

布设的断面一般应与河道流向垂直（图7.36中的AB河段）。在河道弯曲处，一般布设成辐射线的形式（图7.36中的CD河段），辐射线的交角α的计算式为

$$\alpha=57.3°S/m \tag{7.5}$$

式中　S——辐射线的最大间距，m；

m——扇形中心点至河岸的距离，m。

两值可用比例尺在图上量得，也可以用全站仪测距获得。

对流速较大的险滩或可能有礁石、沙洲的河段，测探断面可布设成与流向成45°的方向（图7.36中的EF河段，前后导标形成横断面上的船行方向）。

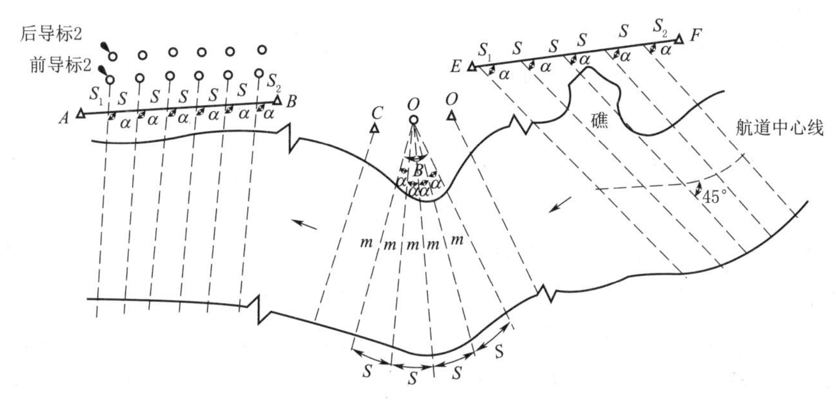

图7.36　布设断面

（2）散点法。当在河岸窄、流速大、险滩礁石多、水位变化悬殊的河道中测深时，船艇在与流向垂直的方向上行驶是极为困难的，这时船艇可斜航。如图7.37所示，测船由左岸的1点向右岸的2点斜航时，隔一定的间距进行测深，到达2点后，由2点又向右岸行驶至9点后，再沿左岸行驶至3点，又转向4点斜航测深。如此连续进行，形成散点。

水下地形点越密，越能真实地显示出水下地形的变化情况。测量时应按测图的要求、比例尺的大小及河道水下地形情况考虑布设：一般河道纵向可稍稀；横向宜密；岸边宜稍密，中间可稍稀。在水下地形变化复杂或有水工建筑物的地区，点距应适当缩短。

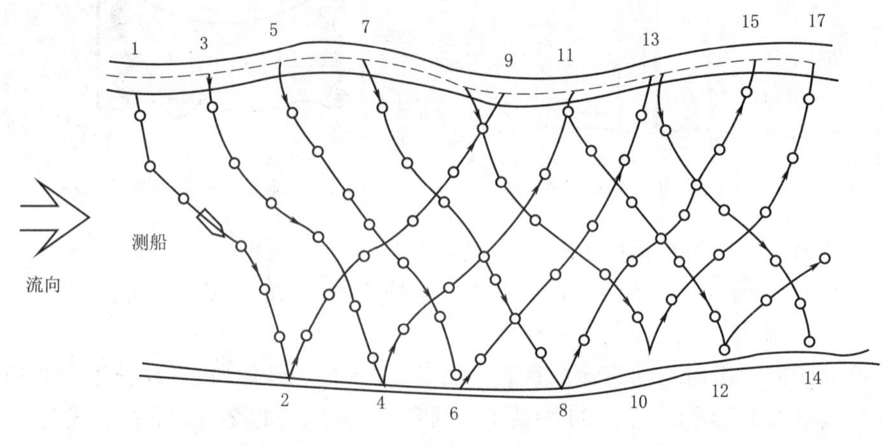

图7.37　布设散点

4. 定位

水下地形图测深定位的施测方法有断面索法、经纬仪前方交会测深定位法和GPS测深定位等。

（1）断面索法。图7.38为断面索法测深定位示意图。首先，通过岸上控制点A沿某一方向（与河道流向垂直的方向）架设断面索，测定它与控制边AB的夹角α，量出水边线到A点的距离，并测得水边的高程求得水位；然后小船从水边开始沿断面索行驶，按一定的间距用测深杆或测深锤，逐点测定水深，这样可在图纸上根据控制边AB与断面索的夹角，以及测深点的间距标定各点的位置和高程（测深点的高程＝水位－水深）。

此法用于小河道的测深定位时较为简单方便。其缺点是施测时会阻碍其他船只的正常航行。

（2）经纬仪前方交会测深定位法。经纬仪前方交会测深定位法是指用角度交会法定出测船在某位置测深时测深点的平面位置。施测时，测船沿断面导标所指的方向航行（图7.39），可在A、B两控制点上各安置一台经纬仪，分别以C、D两点定零方向后，各用望远镜瞄准船上的旗标，随船转动，当船到达1点、船上发出测量口令或信号时，立即正确瞄准旗标，分别读出α、β角，同时在船上测深。测船继续沿断面航行，同法测量2、3等点。测完一个断面后换另一个断面继续施测。

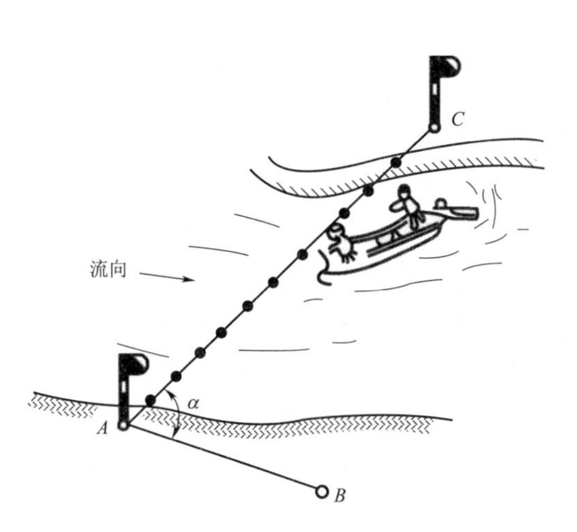

图7.38 断面索法测深定位示意图

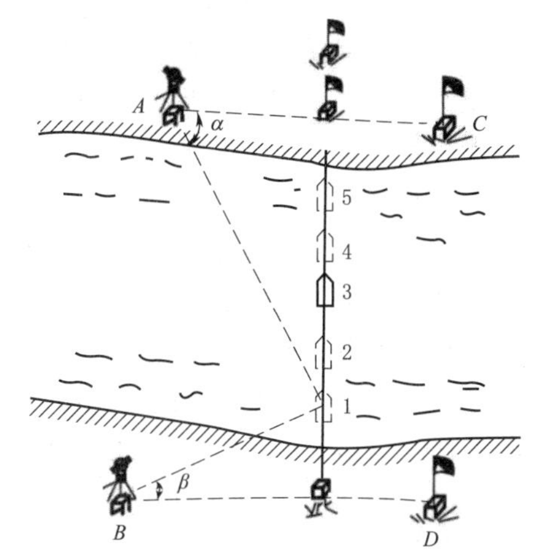

图7.39 经纬仪前方交会测深定位示意图

每天施测完毕后，应将当天的测角、测深及水位观测记录汇总。首先根据观测水位与水深逐点计算测深点的高程，并用半圆分度器在相应控制点上交会出各测深点的位置，注上各点的高程，然后勾绘水下部分的等高线。

（3）GPS测深定位。全球定位系统主要完成水上的定位和导航，现有的差分型GPS接收机，根据差分GPS基准站发送的信息方式可将差分GPS定位分为三类，即位置差分、伪距差分和相位差分。差分GPS是在正常的GPS外附加（差分）修正信号，此修正信号改善了GPS的精度。这三类差分方式的工作原理是相同的，即都是由基准站发送改正数，由用户站接收并对其测量结果进行修正，以获得精确的定位结果。所不同的是发送改正数的具体内容不一样，差分定位精度也不同。如采用伪距差分方式，一般情况下定位精度为1～5m，考虑船体姿态等因素的影响，定位精度在7～10m，可满足1∶10000比例尺水下地形的测绘；如采用载波相位差分方式，定位精度优于1m，一般情况可满足1∶2000比例尺水下地形的测绘；对于比例尺大于1∶2000的水下地形的测绘，须经双频接收机采用处理技术使定位精度达到10～20cm。

大面积水域的水下地形测绘，目前均采用GPS作业方式进行，应用船载GPS＋测深仪＋测图软件的组合，使水下地形测绘快速方便，实现了自动化成图。作业时可采用"1＋1"（1个基准站、1个流动站）的方式，应用GPS和导航软件对测深船进行定位，并指导测深船在指定的测量断面上航行，导航软件和测深系统每隔一个时间段自动记录观测数据，并进行验证潮位输出，测量获得的地形数据点经处理后通过测图软件得到相应比例尺的水下地形图。

任务7.3 地 形 图 的 应 用

地形图是一种全面反映地面上的地物、地貌相互位置关系的图纸。任何规模较大的工程建设项目，都必须借助详细而准确的现状地形图进行规划和设计。

在进行工程建设的规划和设计阶段，首先应对规划地区的情况进行系统而周密的调查和研究。其中，现状地形图是能比较全面、客观反映地面情况的可靠资料。因此，地形图是国土整治、资源勘察、城乡规划、土地利用、环境保护、工程设计、矿藏采掘、水利工程、军事指挥、武器发射等工作不可缺少的重要资料。它们需要从地形图上获取地物、地貌、居民点、水系、交通、通信、管线、农林等多方面的信息，以作为设计的依据。

在地形图上可以确定点位、点与点之间的距离和直线间的夹角；可以确定直线的方位，进行实地定向；可以确定点的高程、两点间的高差及地面坡度；可以在图上勾绘出集水线和分水线，标出洪水线和淹没线；可以根据地形图上的信息计算出图上一部分地面的面积和一定厚度地表的体积，从而确定在生产中的用地量、土石方量、蓄水量、矿产量等；可以从图上了解到各种地物、地类、地貌等的分布情况，计算如村庄、树林、农田等的相关数据，获得房屋的数量、质量、层次等资料；可以从图上决定各设计对象的施工数据；可以从图上截取断面，绘制剖面图，以确定交通、管线、隧道等的合理位置。利用地形图作底图，可以编绘出一系列专题地图，如地质图、水文图、农田水利规划图、土地利用规划图、建筑物总平面图、城市交通图和地籍图等。

7.3.1　确定点的坐标和高程

1. 确定点的坐标

在地形图上进行工程项目规划设计时，通常需要知道图上一些重要地物的平面坐标，或者需要量测一些设计点位的坐标。例如，欲在地形图上设计一栋房屋，为了控制和图上已有房屋的最小距离，则需要确定图上已有房屋离设计房屋最近的一个角点的坐标。由于确定点的坐标精度要求不高，故用图解法在图上求解点的坐标即可。如图7.40所示，欲求图上 P 点的平面坐标，首先过 P 点分别作平行于直角坐标横轴线和纵轴线的两条直线 ef、gh，然后用比例尺分别量取线段 ae 和 ag 的长度，为了防止出现错误，并考虑图纸变形的影响，还应量出线段 eb 和 gd 的长度进行检核，即

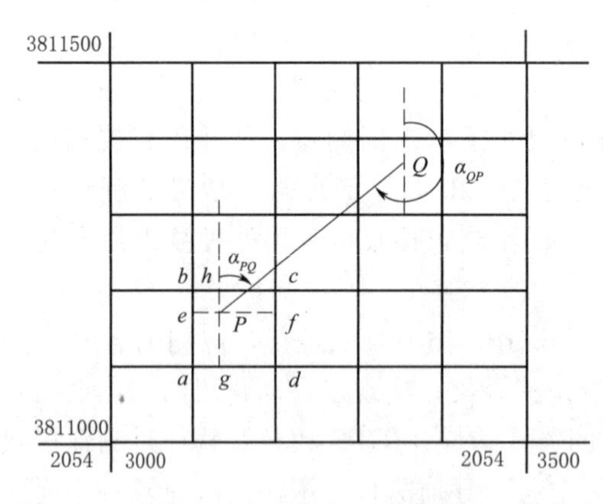

图7.40　在图上求点的坐标、直线距离和方位角

$$ae+eb=ag+gd=10\ (\text{cm})$$

若无错误，则 P 点的坐标计算式为

$$\begin{cases} x_P = x_a + aeM \\ y_P = y_a + agM \end{cases} \tag{7.6}$$

式中　x_a、y_a——P 点所在方格西南角点的坐标；

M——地形图比例尺的分母。

使用式（7.6）时，注意右端计算单位的一致性。在图 7.40 中，P 点的坐标为

$$x_P = x_a + aeM = 3811100 + 65.4 = 3811165.4\,(\mathrm{m})$$

$$y_P = y_a + agM = 20543100 + 32.1 = 20543132.1\,(\mathrm{m})$$

当图纸伸缩过大，在图纸上量出方格边长（图上长度）不等于 10cm 时，为提高坐标的量测精度，就必须进行改正。这时 P 点的坐标可按式（7.7）计算。

$$\begin{cases} x_P = x_a + \dfrac{10}{ab}aeM \\ y_P = y_a + \dfrac{10}{ad}agM \end{cases} \tag{7.7}$$

2. 确定点的高程

地形图上点的高程是根据等高线来确定的。如果所求点恰好位于某一条等高线上，则该点的高程就等于所在等高线的高程。如图 7.41 中的 E 点位于 54m 等高线上，故 E 点的高程为 54m。如果所求点位于两条等高线之间，就可以按比例关系求得其高程。如图 7.41 中的 F 点位于 53m 与 54m 两条等高线之间，求 F 点高程的方法为：通过 F 点作一条大致与两条等高线相垂直的直线，分别交 53m、54m 两条等高线于 m、n 点，从图上量得 $mn=d$，$mF=d_1$，$Fn=d_2$，设等高距为 h，则 F 点的高程为

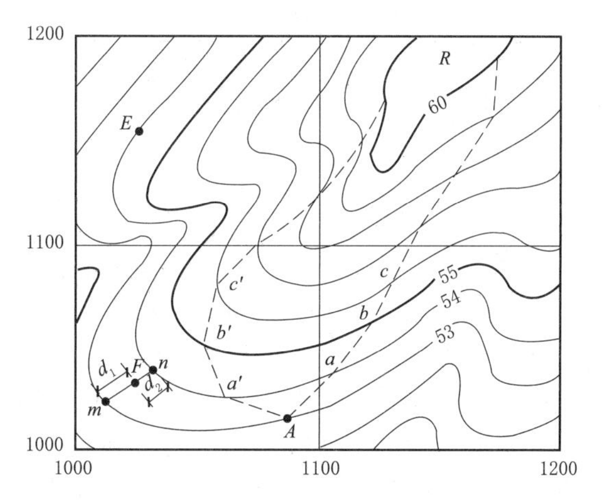

图 7.41　在图上求点的高程、设计等坡度线

$$H_F = 53 + \frac{d_1}{d}h \tag{7.8}$$

或

$$H_F = 54 - \frac{d_2}{d}h \tag{7.9}$$

7.3.2　确定直线的距离、坐标方位角、坡度

1. 求图上直线的水平距离

如图 7.40 所示，欲求图上 PQ 直线的水平距离有以下两种方法。

（1）图解法。用直尺量取图上 PQ 线段的长度再乘以比例尺分母得到 PQ 两点间的实际距离。

（2）解析法。先确定 P、Q 两点的坐标，再按式（7.10）或式（7.11）计算两点间的水平距离。

$$S_{PQ} = \sqrt{(x_Q - x_P)^2 + (y_Q - y_P)^2} \tag{7.10}$$

或

$$S_{PQ} = \frac{x_Q - x_P}{\cos\alpha_{PQ}} = \frac{y_Q - y_P}{\sin\alpha_{PQ}} \tag{7.11}$$

2. 求图上直线的坐标方位角

如图7.40所示，欲求直线 PQ 的坐标方位角，有以下两种方法。

(1) 图解法。先过 P 点作平行于坐标轴的直线，然后用量角器量出 α_{PQ} 的角度值，即直线 PQ 的坐标方位角。为了检核，同样还需量出 α_{QP}，用式 $\alpha_{PQ}=\alpha_{QP}\pm180°$ 校核。

(2) 解析法。先在图7.40上量取 P、Q 两点的坐标，再按式(7.12)计算 PQ 直线的象限角，然后根据 PQ 直线所处的象限来确定该直线的坐标方位角。

$$R_{PQ}=\operatorname{arccot}\left|\frac{y_Q-y_P}{x_Q-y_P}\right| \tag{7.12}$$

3. 求图上直线的坡度

欲求地形图上两点间的坡度，首先，必须求得两点间的水平距离 S 和高差 h，高差 h 可根据地形图上两点的高程来计算；然后，按式(7.13)计算两点间的坡度。

$$i=\tan\delta=\frac{h}{S} \tag{7.13}$$

式中　δ——地面的倾角；

　　　i——坡度，一般用百分率表示。

7.3.3　绘制指定方向的断面图

在进行道路、隧道、管道等工程设计时，往往需要了解某一方向一定范围内的地面起伏情况，这时，可根据该地区的等高线地形图来绘制这一方向的断面图。

如图7.42(a)所示，由于需要了解沿 AB 方向地面的高低起伏情况，可沿地形图上的 AB 方向作一个断面图。首先，在地形图上 A、B 两点间连线，该连线与若干等高线相交即得若干交点，各交点的高程根据等高线的高程即可得到，断面起点 A 到各交点的平距可在该地形图上用比例尺量得。然后，可作出 AB 方向的地形断面图。

作地形断面图可按以下三步进行。

(1) 绘坐标轴线，即在毫米方格纸上画出两条相互垂直的轴线，以横轴 Ad 表示平距，所取比例和地形图一致；以纵轴 AH 表示高程，为了更明显地反映出地面的高低起伏状况，断面图上的高程比例尺一般比平距比例尺大5～10倍。纵轴线上的最低高程取值应比地形图上 AB 线上最低点高程略低。

(2) 向断面上投点，即在地形图上取 A 点至各交点及地形特征点 a、b 的平距，在断面上以 A 点为起点，根据所量平距将各点在横轴上定出，再向纵轴方向定出各点的高程，从而在断面上确定出点位。

(3) 用光滑的曲线连接断面上的各点，即得到 AB 方向的断面图，如图7.42(b)所示。

7.3.4　面积量算

在规划设计中，常需要在地形图上量算一定轮廓范围内的面积；在煤矿生产建设中，为了研究分析地表水对矿井的危害、地表塌陷区及建筑物占地范围等问题，也需要求得某一地块的水平投影面积。求算面积的方法较多，下面介绍几种常用的方法。

1. 图解法

图解法是将欲计算的复杂图形分割成简单图形（如三角形、平行四边形、梯形等）后再量算。若图形的轮廓线是曲线，则可把它近似当作直线看待，当精度要求不高时，可采用透明方格网法、平行线法等计算。

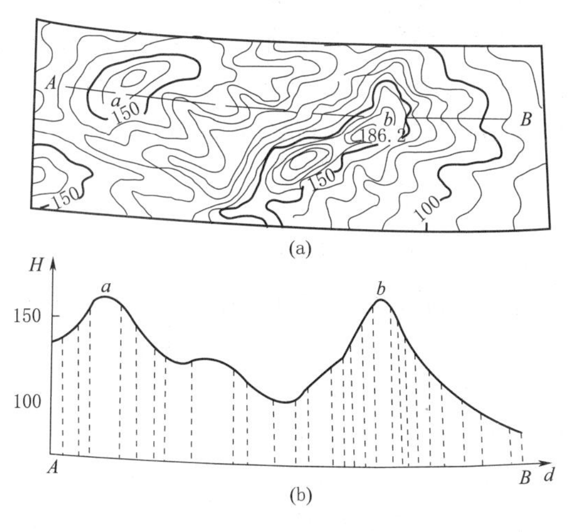

图 7.42　绘制断面图

（1）透明方格网法。如图 7.43 所示，在图纸上画出欲测面积的范围边界，用透明的方格纸蒙在欲测面积的图纸上，统计出图纸上所测面积边界所围方格的整格数和不完整格数，然后用目估法将不完整的格数凑成整格数，再乘上每一小格所代表的实际面积，就可得到所测图形的实地面积。也可以把不完整格数的一半当成整格数参与计算。

（2）平行线法。如图 7.44 所示，先用绘有间隔为 1mm 或 2mm 平行线的透明纸或膜片覆盖在表明范围边界的欲测面积的图纸上，则图纸上欲测面积的范围被分割成许多高为 h 的等高梯形，再测量各梯形中线（图中的虚线）的长度，则该图形面积为

$$s = h\sum_{i=1}^{n} l_i \tag{7.14}$$

式中　h——梯形的高，mm；

　　　n——等高梯形的个数；

　　　l_i——各梯形的中线长，mm。

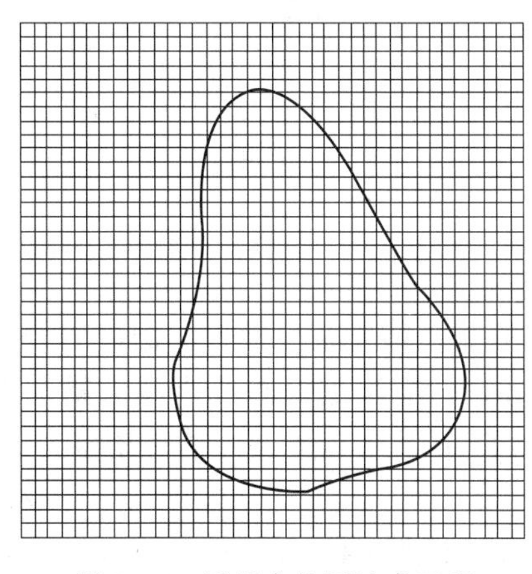
图 7.43　透明方格网法求面积

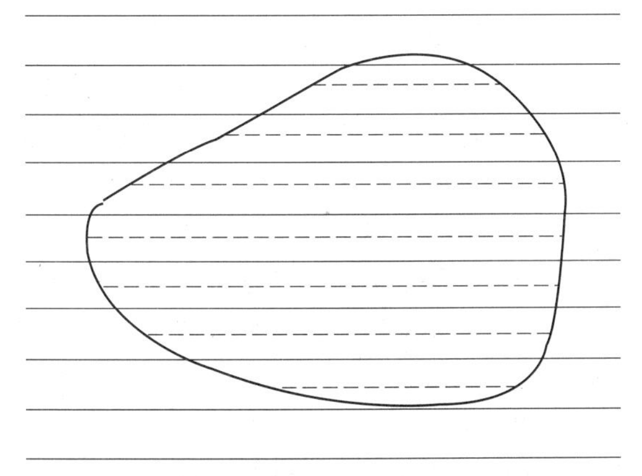
图 7.44　平行线法求面积

最后，将图上面积 S 按比例尺换算成实地面积。

2. 坐标解析法

坐标解析法是用多边形各顶点的坐标来计算其面积的一种方法。多边形顶点的坐

标可以在地形图上直接量取。如图 7.45 所示，1、2、3、4 为任意四边形的顶点。四边形的每一条边和坐标轴、坐标投影（图中虚线）组成一个个梯形。从图中可以看出，四边形 1234 的面积等于矩形 $ABCD$ 的面积减去①、②、③、④四个三角形的面积。四边形 1234 的面积计算式为

$$P=(x_2-x_4)(y_3-y_1)-\frac{1}{2}[(x_1-x_4)(y_4-y_1)+(x_2-x_1)(y_2-y_1)$$
$$+(x_2-x_3)(y_3-y_2)+(x_3-x_4)(y_3-y_4)]$$

经整理后，四边形 1234 的面积可表示为

$$P=\frac{1}{2}\sum_{i=1}^{n}x_i(y_{i+1}-y_{i-1}) \tag{7.15}$$

式中　n——多边形的边数。

当 $i=1$ 时，用 y_n 代替 y_{i-1}；当 $i=n$ 时，用 y_1 代替 y_{i+1}。由于整理的方式不同，四边形 1234 的面积还可以表达成

$$P=\frac{1}{2}\sum_{i=1}^{n}y_i(x_{i-1}-x_{i+1}) \tag{7.16}$$

同样要注意的是，当 $i=1$ 时用 x_n 代替 x_{i-1}；当 $i=n$ 时，用 x_1 代替 x_{i+1}。

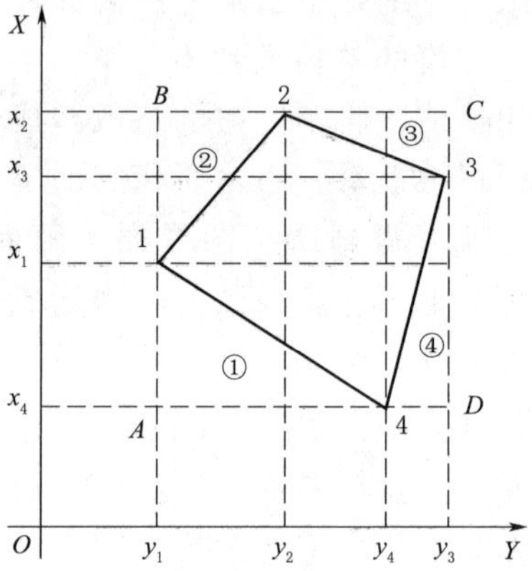

图 7.45　坐标解析法求面积

7.3.5　土地平整及土方量估算

在各种工程建设中，除要对建筑物做合理的平面布置外，还要对原地貌做必要的改造，以便适于布置各类建筑物，排除地面水，以及满足交通运输和敷设地下管线等的需要。这种地貌改造称为平整土地。

在平整土地的工作中，常需预算土石方的工程量，即利用地形图进行填挖土（石）方量的概算。其方法有多种，其中方格网法是应用最广泛的一种。下面介绍采用方格网法平整场地的过程。

图 7.46 所示为一块待平整的场地，其比例尺为 1∶1000，等高距为 1m，要求在划定的范围内将其平整为某一设计高程的平地，以满足填、挖平衡的要求。计算土方量的步骤如下。

1. 绘方格网并求方格角点的高程

在拟平整的范围内打上方格，方格的大小可根据地形复杂程度、比例尺的大小和土方估算精度要求而定，边长一般为 10m 或 20m，然后根据等高线内插方格角点的地面高程，并注记在方格角点的右上方。图 7.46 所示为边长为 10m 的方格网。

2. 计算设计高程

先把每一个方格 4 个顶点的高程加起来除以 4，即可得到每一个方格的平均高程。再把每一个方格的平均高程加起来除以方格数，即得到设计高程 $H_{设}$。

$$H_{设}=\frac{H_1+H_2+\cdots+H_n}{n}=\frac{1}{n}\sum_{i=1}^{n}H_i \tag{7.17}$$

式中　H_i——每一方格的平均高程，m；

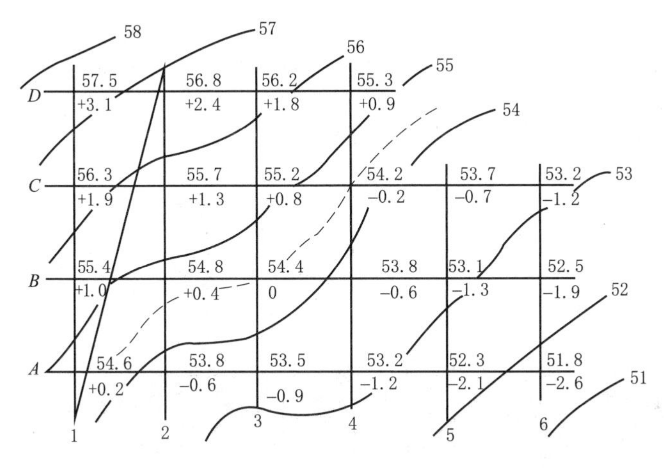

图 7. 46　方格网法估算土石方量

n——方格总数。

从设计高程的计算中可以分析出角点 A_1、A_6、C_6、D_1、D_4 的高程在计算中只用过一次，边点 A_2、A_3、A_4、A_5、B_1、C_1 等的高程在计算中使用过两次，拐点 C_4 的高程在计算中使用过三次，中点 B_2、B_3、B_4、B_5、C_2、C_3 等的高程在计算中使用过四次，为了计算方便，设计高程的计算公式可以写为

$$H_{设}=\frac{\sum H_{角}+2\sum H_{边}+3\sum H_{拐}+4\sum H_{中}}{4n} \tag{7.18}$$

式中　　n——方格总数；

$\sum H_{角}$、$\sum H_{边}$、$\sum H_{拐}$、$\sum H_{中}$——角点、边点、拐点和中点高程的和。

用式（7.18）计算出的设计高程为 54.4m，在图 7.46 中用虚线描出 54.4m 的等高线，该线称为填挖分界线或零线。

3. 计算方格顶点的填、挖高度

根据设计高程和方格顶点的地面高程，计算各方格顶点的填挖高度为

$$h=H_{地}-H_{设} \tag{7.19}$$

式中　h——填挖高度，m，正数为挖，负数为填；

$H_{地}$——地面高程，m；

$H_{设}$——设计高程，m。

例如，$h_1=57.5-54.4=+3.1(\text{m})$，$h_2=56.8-54.4=+2.4(\text{m})$，$h_3=56.2-54.4=+1.8(\text{m})$。

4. 计算填挖方量

角点、边点、拐点和中点的填挖方量可按式（7.20）计算。可以使用 Excel 计算图 7.47 中的填挖方量。如图 7.47 所示，A 列为各方格顶点的点号；B、C 列分别为各方格顶点的挖、填算公式为“＝B3 * E3”，其他单元计算依此类推；G 列为填方量，其中 G3 单元的计算公式为“＝C3 * E3”，其他单元计算依此类推；总挖方量（F25 单元）和总填方量（G25 单元）的计算公式分别为“＝SUM(F3：F24)”和

“=SUM(G3：G24)”。

$$\left.\begin{array}{ll}\text{角点} & \text{填（挖）方高度}\times\frac{1}{4}\text{方格面积}\\ \text{边点} & \text{填（挖）方高度}\times\frac{2}{4}\text{方格面积}\\ \text{拐点} & \text{填（挖）方高度}\times\frac{3}{4}\text{方格面积}\\ \text{中点} & \text{填（挖）方高度}\times\frac{4}{4}\text{方格面积}\end{array}\right\} \tag{7.20}$$

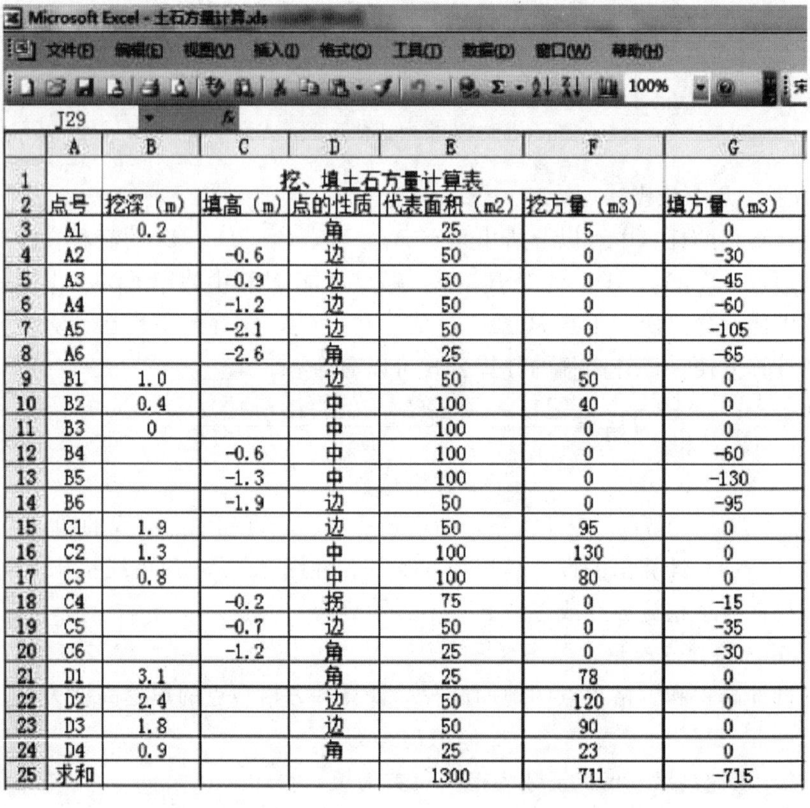

Microsoft Excel - 土石方量计算.xls

	A	B	C	D	E	F	G
1		挖、填土石方量计算表					
2	点号	挖深（m）	填高（m）	点的性质	代表面积（m2）	挖方量（m3）	填方量（m3）
3	A1	0.2		角	25	5	0
4	A2		-0.6	边	50	0	-30
5	A3		-0.9	边	50	0	-45
6	A4		-1.2	边	50	0	-60
7	A5		-2.1	边	50	0	-105
8	A6		-2.6	角	25	0	-65
9	B1	1.0		边	50	50	0
10	B2	0.4		中	100	40	0
11	B3	0		中	100	0	0
12	B4		-0.6	中	100	0	-60
13	B5		-1.3	中	100	0	-130
14	B6		-1.9	边	50	0	-95
15	C1	1.9		边	50	95	0
16	C2	1.3		中	100	130	0
17	C3	0.8		中	100	80	0
18	C4		-0.2	拐	75	0	-15
19	C5		-0.7	边	50	0	-35
20	C6		-1.2	角	25	0	-30
21	D1	3.1		角	25	78	0
22	D2	2.4		边	50	120	0
23	D3	1.8		边	50	90	0
24	D4	0.9		角	25	23	0
25	求和				1300	711	-715

图7.47　使用Excel计算填挖土石方量

由图7.47的列表计算可知，挖方总量为711m^3，填方总量为715m^3，两者基本相等，满足填挖平衡的要求。

7.3.6　数字地形图的应用

利用数字地形图不仅能够很好地完成过去在纸质地形图上进行的各种量测工作，而且精度高、速度快。

在一些专业软件环境下，利用数字地形图可以很容易地获取各种地形信息，如量测任意点的坐标、点与点之间的距离，计算区域面积，量测直线的方位角、点的高程、两点间的坡度，设计坡度线及计算土石方量等。根据需要可以很方便地制作各种专业用图，还可以建立数字地面模型（Digital Terrain Models，DTM），如图7.48所示。

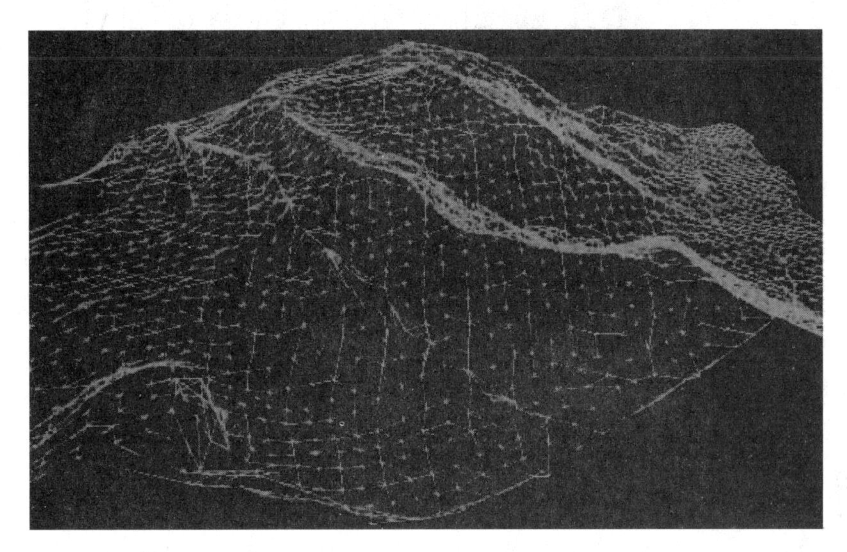

图7.48 数字地面模型

数字地面模型是地理信息系统（Geographic Information System，GIS）的基础资料，可用于土地利用现状分析、土地规划管理和灾情分析等。在军事上可用于导航和导弹制导等。在工业上，利用数字地形测量的原理建立工业品的数字表面模型，能详细地表示出表面结构复杂的工业品的形状，据此可以进行计算机辅助设计和制造。

数字高程模型（Digital Elevation Models，DEM）是国家基础空间数据的重要组成部分，它表示地表区域上地形的三维向量的有限序列，即地表单元上高程的集合。当属性为其他二维表面上连续变化的地理特征，如地面温度、降雨、地球磁力、重力、土地利用、土壤类型等其他地面特征时，此时的DEM就成为DTM。以下介绍DEM（或DTM）的一些应用。

1. 利用DEM绘制等高线图

利用DEM绘制等高线的高程精度，实际上就是DEM的插求点的高程中误差。一般认为，影响DEM在高程方面的主要因素有地形类别、插值算法、外业采集的地形点密度和采集方式、粗差剔除四个方面。通过试验，其等高线的高程精度通常可达到±0.3～±0.4m，可以满足1∶1000比例尺测图时相关规程对丘陵地区的高程要求，即满足1/3～1/2基本等高距的要求。对于数字测图一般可采用增加高程注记的办法来提高整个图幅的高程精度。所需高程点可以通过高程注记点或通过格网模型内插求得，而不再利用大比例尺数字地形图通过等高线内插求得，这是数字测图在用图观点上的一种变革。

2. 利用DEM绘制坡度图与坡向图

坡度和坡向是互相联系的两个参数。坡度反映斜坡的倾斜程度，是水平面与局部地表之间的正切值，是斜度-高度变化的最大比率，常用百分比测量；坡向反映斜坡

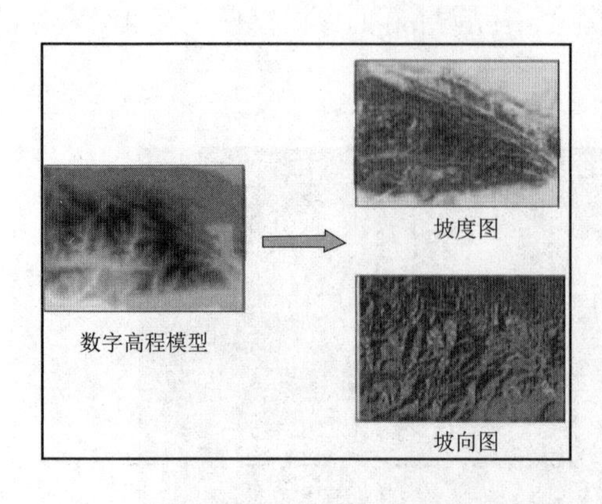

图7.49　利用DEM绘制坡度图与坡向图

所面对的方向，是坡向一变化比率最大的方向，按从正北方向起算的角度测量。坡度和坡向的计算通常使用3×3的网格窗口，每个窗口中心为一个高程点。窗口在DEM数据矩阵中连续移动后完成整幅图的计算工作。在计算出各地表单元的坡度后，可对坡度计算值进行分类，使不同类别与显示该类别的颜色或灰度对应，即可得到坡度图。在计算出每个地表单元的坡向后，可制作坡向图。坡向图是坡向的类别显示图，因为任意斜坡的倾斜方向可取方位角0°～360°中的任意方向，所以通常把坡向分为东、南、西、北、东北、西北、东南、西南八类，加上平地共九类，并以不同的色彩显示，即可得到坡向图，如图7.49所示。

3. 利用DEM绘制地形剖面图

用DEM可以很方便地制作任意一个方向的地形剖面图。根据工程设计的路线，只要知道剖面线在DEM中的起点和终点位置，就可以唯一确定其与DEM格网的各个交点的平面位置和高程，以及剖面线上交点之间的距离，然后按选定的垂直比例尺和水平比例尺，根据距离和高程绘出地形剖面图。剖面线端点的高程按求单点高程的方法计算，剖面线与DEM格网的交点高程可采用简单的线性内插计算；同理，可以沿给定的某方向绘制地层图及表示其在土地景观中点与点之间是否相互通视的视线图，这些在军事活动、测绘、城市和旅游点的规划等工作中都有非常重要的意义。

4. 利用DEM生成地面模型透视图

前面提到，当DTM中地形属性为高程时其就是数字高程模型DEM，一般情况下指以网络组织的某一区域地面高程数据。根据数字高程模型绘制透视立体图是DEM的一个非常重要的应用。将三维地面表示在二维屏幕上实际是一个投影问题。为了取得与人类视觉一致的观察效果，产生立体感强、形象逼真的透视图，在计算机图形领域中广泛采用透视投影，如图7.50所示。

知　识　检　验

1. 什么是比例尺？什么是比例尺精度？
2. 什么是地形图图式？地形图图式中地物的符号分为哪几类？
3. 等高线是什么？等高线有哪些特性？什么是地性线？
4. 说明等高距、等高线平距和地面坡度的概念。它们三者之间的关系如何？
5. 测图前的准备工作有哪些？
6. 什么是碎部点？常用的测定碎部点的方法有哪几种？

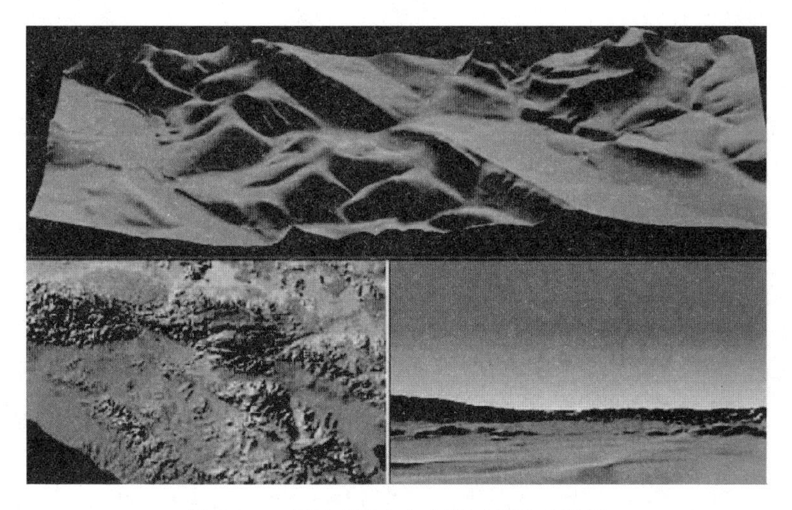

图 7.50 利用DEM生成地面模型透视图

7. 简述利用经纬仪与分度规（量角器）配合进行碎部测图的过程。

8. 数字测图与传统测图方法相比有什么优势？

项目8 施 工 测 设

【知识目标】

了解施工阶段所进行的施工测设工作；了解三项基本测设工作；了解地面点平面位置的测设；了解已知坡度线的测设和了解全面线的测设。

【技能目标】

能够采用经线仪进行已知水平角的测设、极坐标法点位测设、倾斜视线法已知坡度线测设；能够采用水准仪进行已知高程的测设、水平视线法已知坡度线的测设；能够采用全站仪进行已知水平距离的测设、已知水平角的测设、点位测设以及圆曲线测设。

工程测量通常是指在工程建设的规划设计、施工和运营管理等各阶段运用的各种测量理论、方法和技术的总称。在规划设计阶段，要求提供完整可靠的地形资料；在施工阶段，要按规定精度进行施工测设；在运营管理阶段，要进行建筑物的变形观测，判断它们的稳定性，以保证工程质量和安全使用，并借以验证设计理论和施工方法的正确性。

规划设计阶段需要的地形资料通过大比例尺地形图测绘的方法获得，此部分工作在工程建设项目施工以前已经完成。施工阶段所进行的施工测设工作，就是把图上设计好的建筑物（构筑物）的平面位置和高程，用一定的测量仪器和方法标定到实地上去的工作，施工测设也称施工放样。施工测设的实质就是点位的测设（包括点的平面位置测设以及高程位置）和路线的测设。各种不同的专项工程测量如线路工程测量、建筑工程测量等，皆有与本专项工程测量相关的具体要求，但就施工测设工作来看，各种专项工程测量都以水平距离、水平角、高程三项基本测设工作作为点位测设的基础，以曲线测设和坡度线测设作为路线测设的基础。

已知水平距离、水平角和高程的测设为三项基本测设工作，测设时需要采用不同的仪器、运用不同的方法进行；测设点的平面位置可用极坐标法、直角坐标法、角度交会法和距离交会法等方法，根据具体情况确定测设方法，各种方法都必须先根据已知控制点坐标和待放样点的坐标，算出测设数据，再进行实地测设；平面曲线的种类有很多，圆曲线是最常用的一种平面曲线，其测设工作一般分两步进行，先定出圆曲线的主点，即曲线的起点（*ZY*）、中点（*QZ*）和终点（*YZ*），然后进行细部测设，即以主点为基础进行加密，定出曲线上其他各点；已知坡度线的测设就是在目标区域内测定出一条直线，使其坡度值等于设计坡度，通常用水平视线法或倾斜视线法进行测设。本项目介绍的就是以上述内容为主的施工测设工作。

任务 8.1　已知水平距离的测设

已知水平距离的测设，是由地面已知点的起点、线段方向和两点间的水平距离找出另一端点的平面位置的工作，称为已知水平距离的测设。

已知水平距离的测设，按使用仪器工具不同，可分为钢尺测设和全站仪测设；按测设精度不同，可分为一般测设方法和精确测设方法。

8.1.1　钢尺测设

1. 一般方法

由已知点 A 开始，沿给定的方向，用钢尺量取已知水平距离 D，确定出直线的另一端点 B，如图 8.1 所示。为了校核与提高测设精度，在起点 A 处改变读数，按同法量取已知水平距离 D 确定出 B' 点。由于量距有误差，B 与 B' 两点一般不重合，其相对误差符合精度要求，则取两点的中点作为最终位置。

2. 精确方法

当测设精度要求较高时，采用精确方法测设，将所测设的已知水平距离进行尺长改正、温度改正和倾斜改正。

测设时，先根据已知水平距离 D，按一般方法在地面概略地定出 BB'点，如图 8.1 所示，然后按照精密钢尺丈量方法丈量 AB' 的水平距离，并加入尺长、温度及倾斜改正数，计算出 AB'的水平距离 D' 。若 D' 不等于 D，计算出改正数 ΔD，$\Delta D = D' - D$。

沿 AB 直线方向，对 B'点进行改正，即可确定出 B 点的正确位置。如 ΔD 为正，应向里改正；ΔD 为负，则向外改正。

8.1.2　全站仪测设

在已知点 A 上安置全站仪，照准位于 B 点附近的棱镜后，进行距离测量，全站仪直接显示两点间的水平距离 D' ，前后移动棱镜，使全站仪显示的水平距离 D' 等于已知水平距离 D 时，即可确定出 B 点位置，如图 8.1 所示。

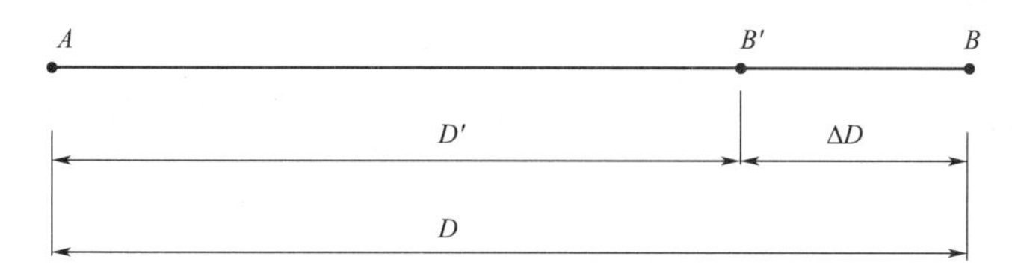

图 8.1　已知水平距离测设

8.1.3　电磁波测距仪测设水平距离

由于电磁波测距仪的普及，目前水平距离的测设，尤其是长距离的测设多采用电磁波测距仪或全站仪。如图 8.2 所示，安置测距仪于 M 点，瞄准 MN 方向，指挥装在对中杆上的棱镜前后移动，使仪器显示值略大于测设的距离，定出 N 点。在 N 点安置反光棱镜，测出竖直角 α 及斜距 L（必要时加测气象改正），计算水平距离 $D' = L\cos\alpha$ ，求出 D' 与应

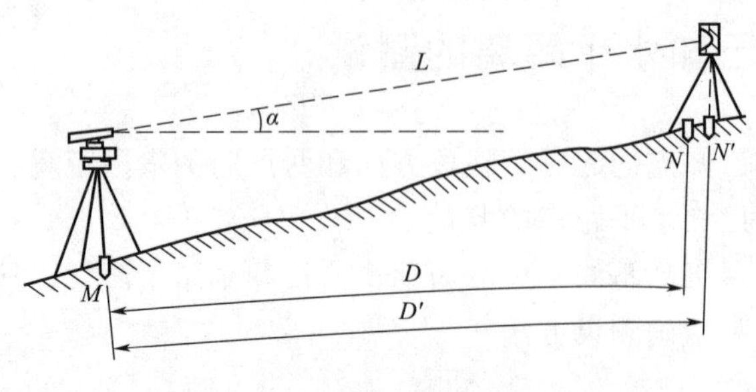

图 8.2　电磁波测距仪测设水平距离

测设的水平距离 D 之差（$\Delta D=D-D'$）。根据 ΔD 的符号在实地用钢尺沿测设方向将 N'改正至 N 点，并用木桩标定其点位。为了检核，应将反光镜安置于 N 点，再实测 MN 距离，其不符值应在限差之内，否则应再次进行改正，直至符合限差为止。若用全站仪测设，仪器可直接显示水平距离，则更为简便。

任务 8.2　已知水平角的测设

已知某角的角顶点和一已知边方向，根据已知水平角的数值，在地面上确定出该角的另一边方向的工作，称为已知水平角测设。测设时可采用经纬仪或全站仪，两者测设方法相同；按测设精度不同，可分为一般方法和精确方法。

8.2.1　一般方法

如图 8.3 所示，测设步骤如下：

(1) 在 O 点安置经纬仪，以盘左位置瞄准 A 点，并使水平度盘读数配置为零（置零）。

(2) 松开水平制动螺旋，顺时针方向旋转照准部，使度盘读数等于已知水平角 β，在此方向上标定出 B' 点。

(3) 以盘右位置按同样方法标定出 B'' 点。

(4) 取 $B'B''$ 的中点 B，则 OB 方向就是该角的另一边方向。

8.2.2　精确方法

如图 8.4 所示，当测设精度要求较高时，可按如下步骤进行：

(1) 先按一般方法测设出 B' 点。

(2) 用测回法对$\angle AOB'$进行若干个测回的观测（测回数根据需要确定），计算出平均值 β'以及其与已知水平角的差值 $\Delta\beta$：

$$\Delta\beta=\beta'-\beta \tag{8.1}$$

(3) 测量出 OB' 的距离，按式（8.2）计算出垂直于 OB' 方向的改正距离 $B'B$。

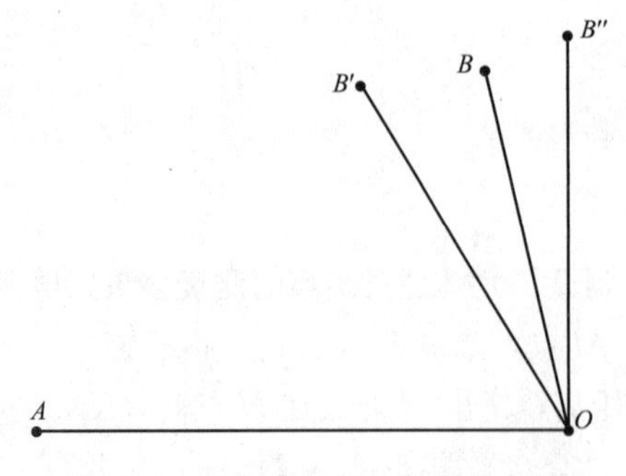

图 8.3　已知水平角一般测设方法

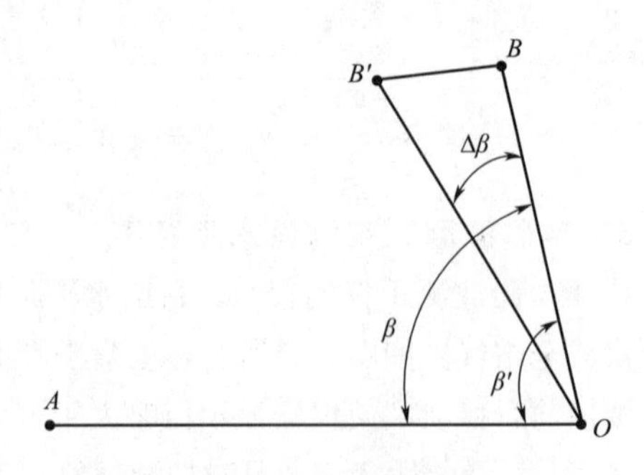

图 8.4　已知水平角精确测设方法

$$B'B = OB'\tan\Delta\beta \approx OB' \frac{\Delta\beta}{\rho} \tag{8.2}$$

式中　$\rho = 206265''$。

（4）自 B' 点沿 OB' 的垂直方向量取距离 $B'B$，确定出 B 点，则 OB 方向就是该角的另一边方向。量取改正距离时，如 $\Delta\beta$ 为正，则沿 OB' 的垂直方向向内量取；如 $\Delta\beta$ 为负，则沿 OB' 的垂直方向向外量取。

任务 8.3　地面点平面位置的测设

地面点平面位置测设的基本方法有极坐标法、直角坐标法、角度交会法和距离交会法等，采用哪一种方法测设，应根据施工现场控制点的分布情况、建筑物的大小、测设精度及施工现场情况决定。

8.3.1　直角坐标法测设

直角坐标法是建立在直角坐标原理基础上进行地面点平面位置测设的一种方法。当建筑场地已建立与相互垂直的主轴线平行的施工坐标系统或建筑方格网时，一般采用此方法。

如图 8.5 所示，A、B、C、D 点是建筑方格网顶点，其坐标值已知 P、S、R、Q 为拟测设的建筑物的四个角点，在设计图纸上已给定四角的坐标，现用直角坐标法测设建筑物的四个角桩。测设步骤如下：

（1）计算放线数据。如图 8.5 所示，根据 A 点和 P 点的坐标计算测设数据 a 和 b，其中 a 是 P 到 AB 的垂直距离，b 是 P 到 AD 的垂直距离，计算公式为

$$\begin{aligned} a &= x_P - x_A \\ b &= y_P - y_A \end{aligned} \tag{8.3}$$

例如，若 A 点坐标为（568.255，256.468），P 点的坐标为（602.300，298.400），则代入上式得

$$a = 602.300 - 568.255 = 34.045\ (\text{m})$$

$$b = 298.400 - 256.468 = 41.932\ (\text{m})$$

（2）如图 8.6 所示，安置经纬仪于 A 点，照准 B 点，沿视线方向测设距离 $b=$ 34.045m，定出点 1。

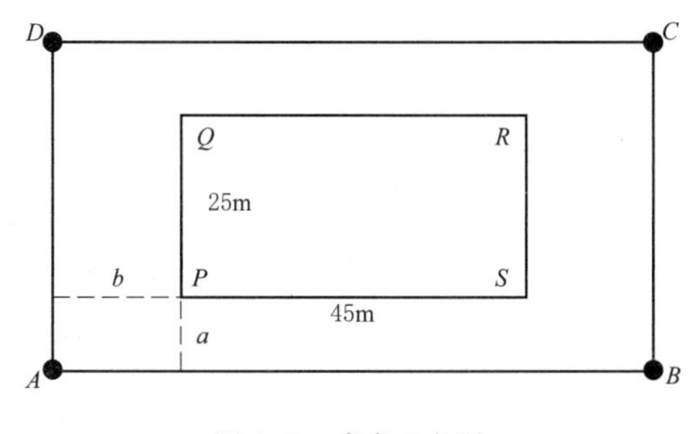

图 8.5　直角坐标法

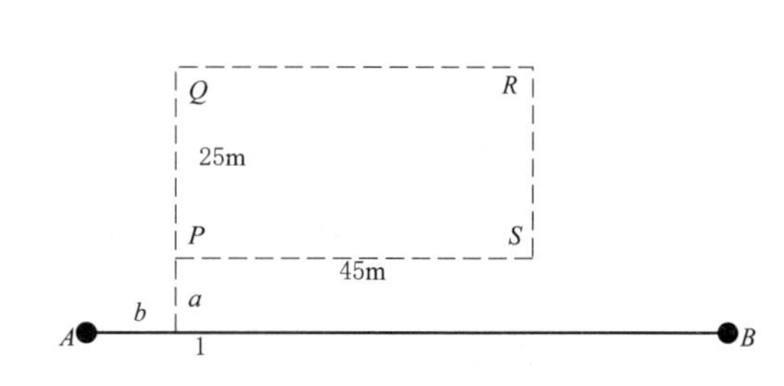

图 8.6　直角坐标法测设

(3) 安置经纬仪于点1，照准 B 点，逆时针方向测设 90°角，沿视线方向测设距离 a，即可定出 P 点。

也可根据现场情况，选择从 A 往 D 方向测设距离 a 定点，然后在该点顺时针方向测设 90°角，最后再测设距离 b，在现场定出 P 点。如要同时测设多个坐标点，只需综合应用上述测设距离和测设直角的操作步骤，即可完成。

8.3.2 极坐标法测设

极坐标法是根据控制点、水平角和水平距离测设点平面位置的方法。在控制点与测设点间便于钢尺量距的情况下，用此法较为适宜。

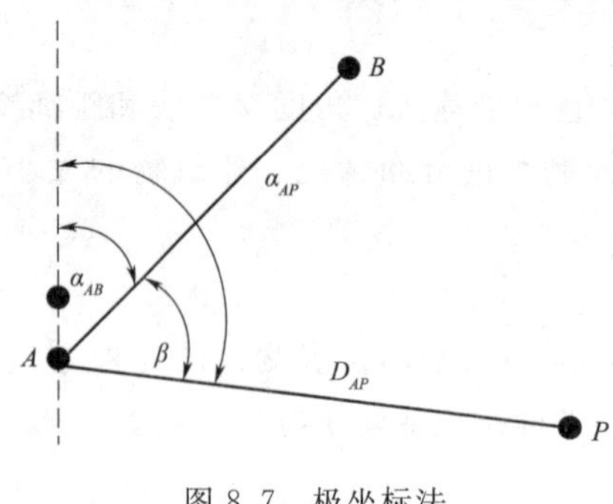

图 8.7 极坐标法

如图 8.7 所示，设 A、B 为施工现场的平面控制点，其坐标为 A(356.812，235.500)，B(418.430,285.610)；P 为欲测设点位，坐标为 P(346.009，318.504)，用坐标法，在 A 点安置仪器测设 P 点的步骤如下：

(1) 根据控制点 A、B 的坐标和 P 的设计坐标，计算所需的测设数据 β 及 D_{AP}。

首先计算 A、B 两点之间的坐标增量：

$$\Delta x_{AB} = x_B - x_A = 418.430 - 356.812 = 61.618$$

$$\Delta y_{AB} = y_B - y_A = 285.610 - 235.500 = 50.110$$

坐标反算，得：$\alpha_{AB} = 39°07'09''$

再计算 A、P 两点之间的坐标增量：

$$\Delta x_{AP} = x_P - x_A = 346.009 - 356.812 = -10.803$$

$$\Delta y_{AP} = y_P - y_A = 318.504 - 235.500 = 83.004$$

坐标反算，反算出 $D_{AP} = 83.704$，$\alpha_{AP} = 97°24'55''$

计算 $$\beta = \alpha_{AP} - \alpha_{AB} = 58°17'46''$$

所以，在 A 点安置仪器测设 P 点的测设数据为：①放样角度 $\beta = 58°17'46''$；②放样距离 $D_{AP} = 83.704$。

(2) 测设时，将经纬仪安置于 A 点，照准 B 点，按已知水平角测设方法测设出 β 角的另外一条边的方向，再沿此方向按已知水平距离的测设方法测设出水平距离 D_{AP}，即可确定 P 点的平面位置。然后测量 AP 之间的距离，与测设距离比较，差值应在容许范围内。

任务8.4 已 知 高 程 的 测 设

根据已知高程点，将已知高程数值的点在实地标定出来的工作，称为已知高程的测设。

8.4.1 基本测设方法

如图 8.8 所示，BM_5 为已知水准点，高程为 $H_{BM_5} = 62.328$m，预测设的已知

$H_{A设}$ =62.500m，欲在木桩上标定出 A 点，使 A 点高程等于已知高程 $H_{A设}$。测设步骤如下：

（1）在已知水准点 BM_5 和 A 点之间安置水准仪，后视 BM_5，读取后视读数 a = 1.588m，计算出水平视线高程为

$$H_i = H_{BM_5} + a = 62.328 + 1.588 = 63.916\,(\text{m})$$

（2）计算水准尺尺底恰好位于 A 点时的前视应有读数 $b_{应}$：

$$b_{应} = H_i - H_{A设} = 63.916 - 62.500 = 1.416\,(\text{m})$$

（3）水准尺竖立在木桩的侧面，读取前视读数 b'，当 $b' > b_{应}$ 时，向上移动水准尺，当 $b' < b_{应}$ 时，向下移动水准尺，直至读取的前视读数与前视应有读数相等即读数为 1.416m 时，紧靠尺底在木桩上标示一明显标志，此标志处高程即为已知高程 62.500m。

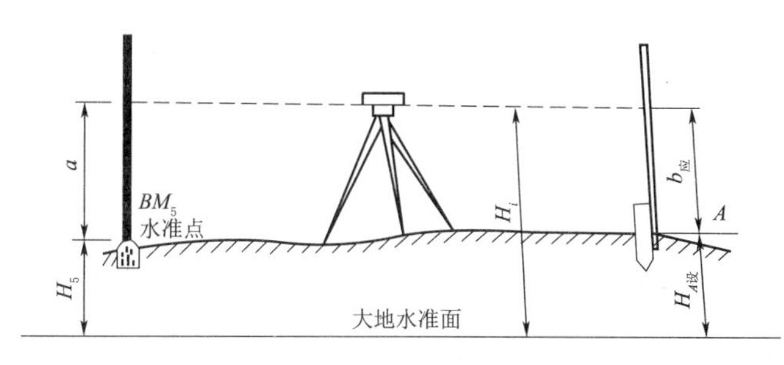

图 8.8　已知高程的测设

在建筑工程中，为了计算方便，通常把建筑物的室内设计地坪高程用±0 标高表示，建筑物的基础、门窗等高程都是以±0 为依据进行测设。因此，首先要在施工现场利用测设已知高程的方法测设出室内地坪高程的位置。

8.4.2　高程点位于顶部的高程测设

在隧道施工中，高程点通常设置在隧道顶部。当高程点 B 位于隧道顶部时，在进行水准测量时水准尺应倒立在高程点上。如图 8.9 所示，A 为已知高程 H_A 的水准点，B 为预测设高程 H_B 的位置，由于 $H_B = H_A + a + b$，则 B 点应有的读数 $b = H_B - (H_A + a)$。因此，将水准尺倒立并紧靠 B 点木柱上下移动，直到尺上读数为 b 时，在尺底标示出设计高程 H_B 的位置。

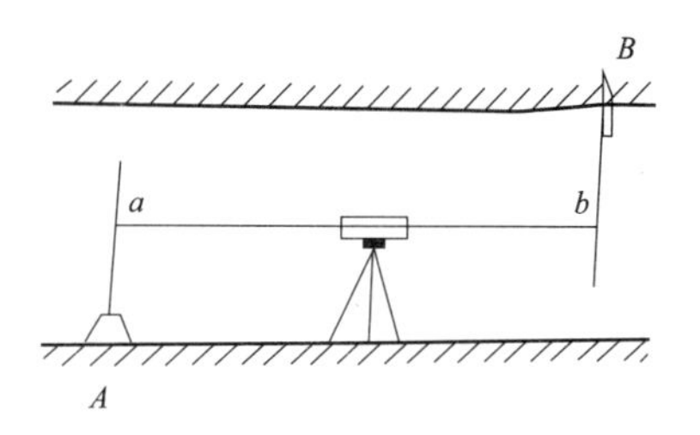

图 8.9　高程点位于顶部的测设

8.4.3　建筑基坑和高层建筑的高程测设

当欲测设高程点与已知水准点的高差较大时，可以采用悬挂钢尺的方法进行测设。如图 8.10 所示的建筑基坑，钢尺悬挂在支架上，零端向下并挂一重物，A 为已知高程为 H_A 的水准点，B 为欲测设高程为 H_B 的位置。在已知高程点和悬挂钢尺的支架之间的地面上，以及悬挂钢尺和欲测设点位之间的建筑基坑内分别安置水准仪，分别在标尺和尺上读数 a_1、b_1 和 a_2。由于 $H_B = H_A + a_1 - (b_1 - a_2) - b_2$，则可以计算出

B 点处标尺的应有读数 $b_2 = H_A + a_1 - (b_1 - a_2) - H_B$。同样地，图 8.11 所示的高层建筑也可以采用类似方法进行测设，即计算出前视读数 $b_2 = H_A + a_1 - (a_2 - b_1) - H_B$，再标示出已知高程 H_B 的位置。

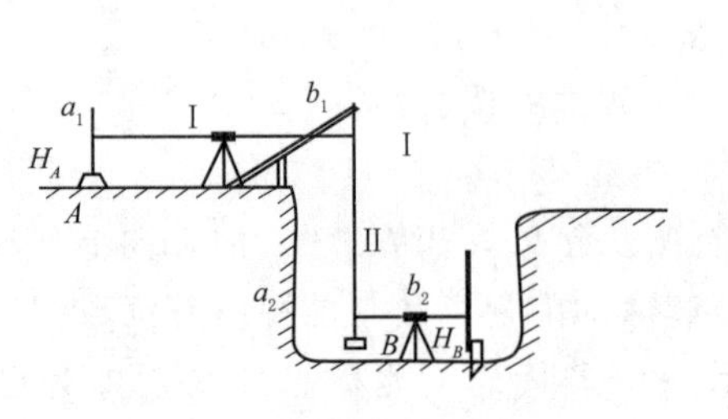

图 8.10 建筑基坑的高程测设

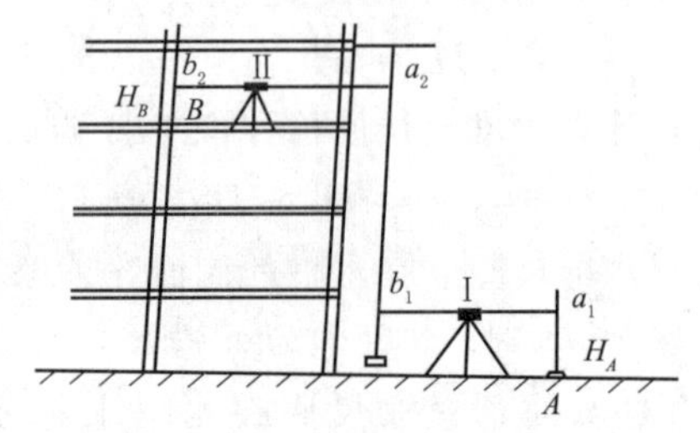

图 8.11 高层建筑的高程测设

任务8.5 已知坡度线的测设

已知坡度线的测设就是在目标区域内测定出一条直线，使其坡度值等于设计坡度。在线路工程、城市管线敷设等工作中经常涉及。

测设坡度线通常有两种方法，即水平视线法和倾斜视线法。当设计坡度不大时，采用水准仪水平视线法；当设计坡度较大时，采用经纬仪或全站仪倾斜视线法。

坡度 i_{AB} 是直线 AB 两端点的高差 h_{AB} 与其水平距离 D_{AB} 之比，即 $i_{AB} = \frac{h_{AB}}{D_{AB}}$。由于高差有正有负，所以坡度也有正负，坡度上升时，i_{AB} 为正，反之为负。常以百分率或千分率表示坡度，如 $i_{AB} = +2\%$（升坡），$i_{AB} = -2‰$（降坡）。

8.5.1 水平视线法

如图 8.12 所示，A、B 分别为设计坡度线的起始点和终点，其设计高程分别为 H_A 和 H_B，AB 间的距离为 D，沿 AB 方向测设坡度为 i_{AB} 的坡度线的步骤如下：

（1）首先在 A、B 两点之间按一定的间隔在地面上标定出中间点 1、2、3 的位置，分别量取每相邻两桩间的距离 d_1、d_2、d_3、d_4，AB 间距 D，即 $D = d_1 + d_2 + d_3 + d_4$。

（2）计算每一个桩点的设计高程，公式为 $H_{设} = H_A + i_{AB} \times d_i$（$d_i$ 即为 A 点和桩点间的距离，例如计算 2 点的设计高程时，公式中的 d_i 即为 d_1 与 d_2 的和）。

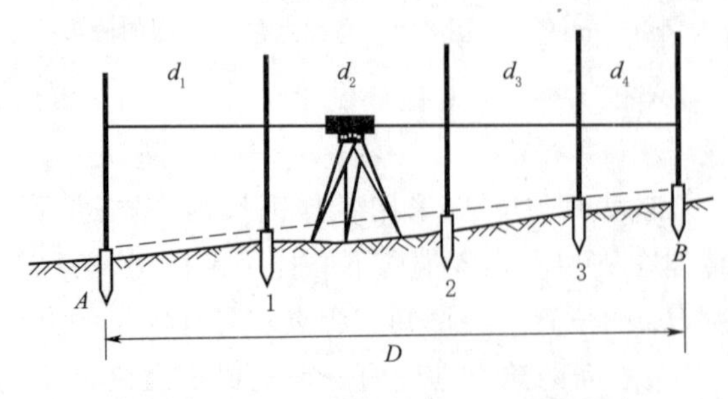

图 8.12 水平视线法测设坡度线

（3）安置水准仪，读取 A 点水准尺后视读数 a，则水准仪的视线高程 $H_{视} = H_A + a$，再算出每一个桩点水准尺的前视应有读数 b，方法是用视线高程减去该点的设计高程，公式为 $b = H_{视} - H_{设}$。

（4）按测设高程的方法，指挥立尺人员，分别使水准仪的水平视线在水准尺读数刚好等于各桩点的

前视应有读数 b 时作出标记，则所有的桩标记连线即为设计坡度线。

8.5.2　倾斜视线法

倾斜视线法是根据视线与设计坡度线平行时，其两线之间的铅垂距离处处相等的原理，来确定设计坡度上的各点高程位置。

如图8.13所示，A、B 分别为设计坡度线的起始点和终点，A 点的设计高程为 H_A，AB 间的距离设为 D。沿 AB 方向测设坡度为 i_{AB} 的坡度线的方法和步骤如下：

（1）根据 A 点的高程、坡度 i_{AB} 和 A、B 两点间的水平距离 D_{AB}，计算出 B 点的设计高程：$H_B = H_A + i_{AB}D_{AB}$。

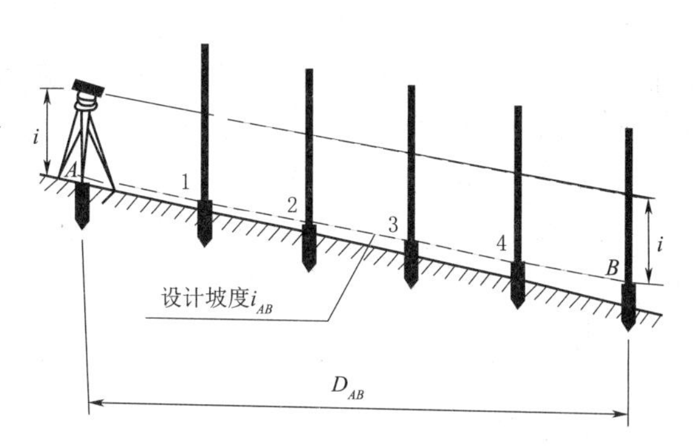

图8.13　倾斜视线法测设已知坡度线

（2）根据设计坡度和 A、B 两点的设计高程，用已知高程的测设方法在 A、B 点上测设出设计高程 H_A 和 H_B 的所在位置。

（3）将经纬仪安置在 A 点上，量取仪器高度 i，用望远镜瞄准 AB 方向，竖直方向转动望远镜制动和微动螺旋，使十字丝中丝读数等于仪器高 i，此时，仪器的视线与设计坡度线平行。

（4）在 AB 方向线上测设中间点，分别在1、2、3、…处打下木桩，依次在木桩上立尺，使各木桩上水准尺的读数均等于仪器高 i，在木桩侧面沿标尺底部作出标识，此标识线即为设计坡度线。

【例8.1】 当坡度较大时，由于坡度线两端高差太大，因此不便按水平视线法测设，这时可采用倾斜视线法。如图8.13所示，A、B 为设计坡度线的两个端点，A 点设计高程为 $H_A = 131.600\text{m}$，坡度线长度（水平距高）为 $D_{AB} = 70\text{m}$，设计坡度为 $i=-10\%$，附近有一水准点 M，其高程为 $H_M = 131.950\text{m}$，测设方法如下：

（1）根据 A 点设计高程、坡度 i 及坡度线长度 D_{AB}，计算 B 点设计高程，即

$$H_B = H_A + i D_{AB} = 131.600 - 10\% \times 70 = 124.600 \text{（m）}$$

（2）按测设已知高程的一般方法，将 A、B 两点的设计高程测设在地面的木桩上。

（3）在 A 点（或 B 点）上安置水准仪，使基座上的一个脚螺旋在 AB 方向上，其余两个脚螺旋的连线与 AB 方向垂直，粗略对中并调节与 AB 方向垂直的两个脚螺旋基本水平，量取仪器高 i。通过转动 AB 方向上的脚螺旋和微倾螺旋，使望远镜十字丝横丝对准 B 点（或 A 点）水准尺上等于仪器高处，此时仪器的视线与设计坡度线平行。

（4）在 AB 方向的中间各点1、2、3、…的木桩侧面立水准尺，上下移动水准尺，直至尺上读数等于仪器高时，沿尺底在木桩上画线，则各桩画线的连线就是设计坡度线。

任务8.6 圆 曲 线 的 测 设

圆曲线是渠道、公路、隧洞等工程中常用的一种曲线，当从一直线方向改变到另一直线方向，需用圆曲线连接，使路线沿曲线缓慢变换方向。

圆曲线的测设一般分两步进行：首先测设曲线的主点，称为圆曲线的主点测设，即测设曲线的起点、中点和终点。然后在已测定的主点之间进行加密，按规定桩距测设曲线上的其他各桩点，称为曲线的详细测设。

8.6.1 圆曲线主点测设

1. 圆曲线的主点

如图 8.14 所示，设交点(JD)的转角为 α，假定在此所设的圆曲线半径为 R，则曲线的测设元素切线长 T、曲线长 L、外距 E 和切曲差 D，按下列公式计算：

切线长：
$$T = R\tan\frac{\alpha}{2}$$

曲线长：
$$\overset{\frown}{L} = R \cdot \alpha \text{（}\alpha\text{ 的单位应换算成 rad）}$$

外距：
$$E = \frac{R}{\cos\frac{\alpha}{2}} - R = R\left(\sec\frac{\alpha}{2} - 1\right)$$

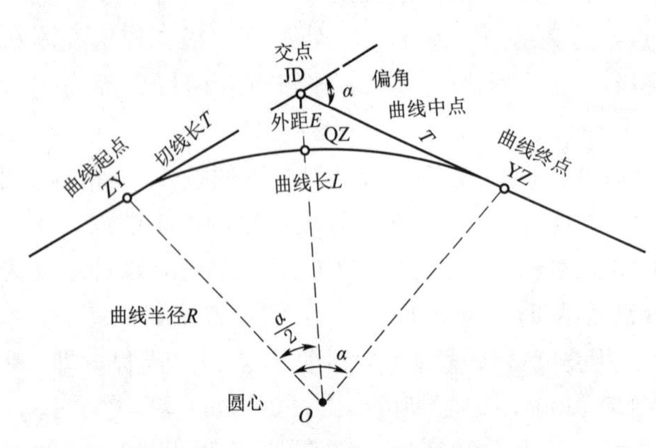

图 8.14 圆曲线测设元素计算

切曲差：$D = 2T - \overset{\frown}{L}$

2. 圆曲线主点里程的计算

交点 (JD) 的里程由中线丈量得到，依据交点的里程和计算的曲线测设元素，即可计算出各主点的里程。

ZY 里程 = JD 里程 − T

$$\begin{array}{r} \text{JD 里程} - T \\ \hline \text{ZY 里程} \end{array}$$

YZ 里程 = ZY 里程 + L

$$\begin{array}{r} +L \\ \hline \text{YZ 里程} \end{array}$$

QZ 里程 = YZ 里程 − $L/2$
$$\begin{array}{r} -\dfrac{L}{2} \\ \hline \text{QZ 里程} \end{array}$$

JD 里程 = QZ 里程 + $D/2$
$$\begin{array}{r} +\dfrac{D}{2} \\ \hline \text{JD 里程} \end{array}$$

3. 圆曲线主点的测设

(1) 利用经纬仪和检定钢尺测设。

1) 曲线起点(ZY)的测设。测设曲线起点时，将仪器置于交点 i(JD_i) 上，望

远镜照准后一交点 $i-1$(JD_{i-1})或此方向上的转点，沿望远镜视线方向量取切线长 T，得曲线起点ZY，暂时插一测钎标志。然后用钢尺丈量ZY至最近一个直线桩的距离，如两桩号之差等于所丈量的距离或相差在容许范围内，即可在测钎处打下ZY桩。如果超出容许范围，应查明原因，重新测设，以确保桩位的正确性。

2）曲线终点(YZ)的测设。在曲线起点(ZY)的测设完成后，转动望远镜照准前一交点 JD_{i+1} 或此方向上的转点，往返量取切线长 T，得曲线终点(YZ)，打下YZ桩即可。

3）曲线中点(QZ)的测设。测设曲线中点时，可自交点 i(JD_i)，沿分角线方向量取外距 E，打下QZ桩即可。

(2) 全站仪坐标测设。使用全站仪测设时，仪器安置在平面控制点或路线转点上，进入放样测量菜单，进入后视定向，包括输入测站点坐标以及后视方位角或后视点坐标；输入圆曲线主点坐标，全站仪显示照准方向与测设方向的方位角差值；旋转照准部，使方位角差值为零；在望远镜照准方向上竖立棱镜，进行距离测量，全站仪显示实测距离与测设距离的差值；前后移动棱镜，使距离差值等于零，此时全站仪显示的方位角差值也为零；在测设出的点位上打大木桩并钉小钉确定点位。

下面介绍圆曲线主点坐标计算方法。

根据 JD_1 和 JD_2 的坐标（x_1，y_1）、（x_2，y_2）如图8.15所示，用坐标反算公式计算第一条切线的方位角 α_{2-1}：

$$\alpha_{2-1}=\tan^{-1}\frac{y_1-y_2}{x_1-x_2}$$

第二条切线的方位角 α_{2-3} 可由 JD_2、JD_3 的坐标反算得到，也可由第一条切线的方位角和路线转折角推算得到，在本例中有

$$\alpha_{2-3}=\alpha_{2-1}-(180°-\alpha)$$

根据方位角 α_{2-1}、α_{2-3} 和切线长度 T，用坐标正算公式计算曲线起点坐标（x_{ZY}，y_{ZY}）和终点坐标（x_{YZ}，y_{YZ}），例如起点坐标为

$$x_{ZY}=x_2+T\cos\alpha_{2-1}$$
$$y_{ZY}=y_2+T\sin\alpha_{2-1}$$

曲线中点坐标（x_{QZ}，y_{QZ}）则由 JD_1 坐标和分角线方位 $\alpha_{2-QZ}=\alpha_{2-1}-\frac{180°-\alpha}{2}$ 计算。

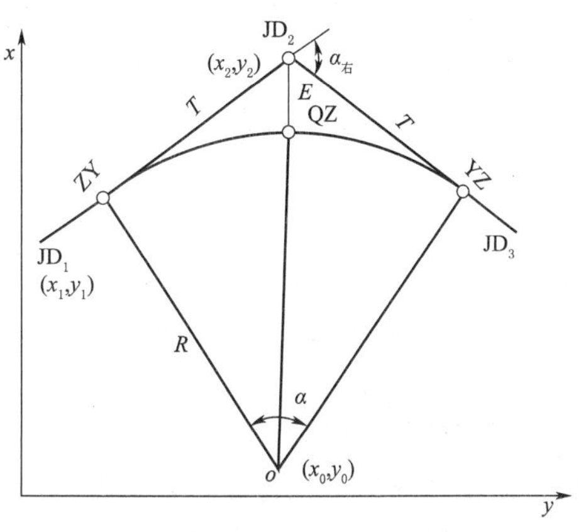

图8.15　圆曲线主点坐标计算

8.6.2　曲线细部测设

圆曲线图的详细测设是指除曲线主点以外，还需要按一定的桩距 l_0 在曲线上测设一些细部点。常用的测设方法有偏角法和切线支距法。

1. 采用偏角法进行曲线细部测设

偏角法是以曲线起点（ZY）或终点（YZ）至曲线上待测设点 P_i 的弦线与切线之间的弦切角 Δ_i 和弦长 c_i 来确定 P_i 点的位置。

（1）测设数据计算。如图 8.16 所示，依据几何原理，偏角 Δ_i 等于相应弧长所对的圆心角 φ_i 的一半，即：$\Delta_i = \frac{\varphi_i}{2}$ 。

则

$$\Delta_i = \frac{\widehat{l_i}}{2R} \quad (\mathrm{rad})$$

弦长 c 可按下式计算：

$$c = 2R\sin\frac{\varphi_i}{2} = 2R\sin\Delta_i$$

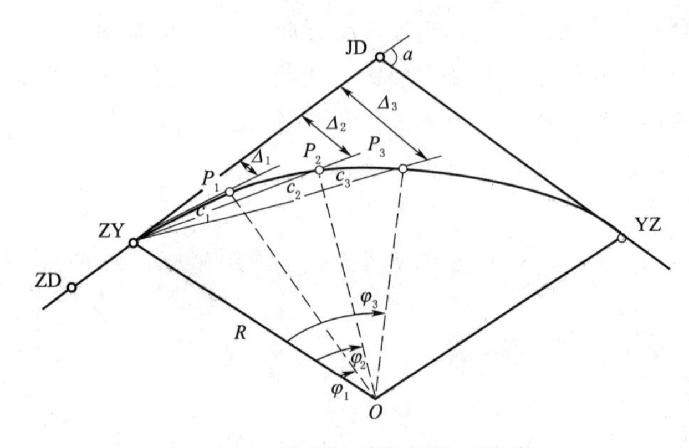

图 8.16　偏角法详细测设圆曲线

（2）测设。具体测设步骤如下：

1）安置经纬仪（或全站仪）于曲线起点（ZY）上，盘左瞄准交点（JD），将水平度盘读数设置为 0°。

2）水平转动照准部，使水平度盘读数为：+920 桩的偏角值 $\Delta_1 = 1°45'24''$，然后，从 ZY 点开始，沿望远镜视线方向量测出弦长 $c_1 = 13.05\mathrm{m}$，定出 P_1 点，即为 K_2+920 的桩位。

3）再继续水平转动照准部，使水平度盘读数为：+940 桩的偏角值 $\Delta_2 = 4°43'48''$，从 ZY 点开始，沿望远镜视线方向量测长弦 $c_2 = 32.98\mathrm{m}$，定出 P_2 点；或从 P_1 点测设短弦 $c_2 = 19.95\mathrm{m}$（实测中，通常采用以弧代弦，取短弦为 20m），与水平度盘读数为偏角 Δ_2 时的望远镜视线方向相交而定出 P_2 点。以此类推，测设 P_3 、P_4 、…，直到 YZ 点。

4）测设至曲线终点（YZ）作为检核，继续水平转动照准部，使水平度盘读数为 $\Delta_{YZ} = 17°04'48''$，从 ZY 点开始，沿望远镜视线方向量测出长弦 $c_{YZ} = 17.48\mathrm{m}$，或从 K_3+020 桩测设短弦 $c = 6.21\mathrm{m}$，定出一点。

2. 采用切线支距法进行曲线细部测设

切线支距法又称直角坐标法，是以曲线的起点 ZY（对于前半曲线）或终点 YZ（对于后半曲线）为坐标原点，通过该点的切线为 x 轴，过原点的半径为 y 轴，按曲线上各点坐标 x、y 设置曲线上各点的位置。

如图 8.17 所示，设 P_i 为曲线上欲测设的点位，该点至 ZY 点或 YZ 点的弧长为 $\widehat{l_i}$ ，φ_i 为 $\widehat{l_i}$ 所对应的圆心角，R 为圆曲线半径，则 P_i 点的坐标按下式计算：

$$x_i = R \cdot \sin\varphi_i$$

$$y_i = R \cdot (1 - \cos\varphi_i) = x_i \cdot \tan\frac{\varphi_i}{2}$$

式中 $$\varphi_i = \frac{\widehat{l_i}}{R} \quad (\text{rad})$$

切线支距法详细测设圆曲线，为了避免支距过长，一般是由ZY点和YZ点分别向QZ点施测，测设步骤如下：

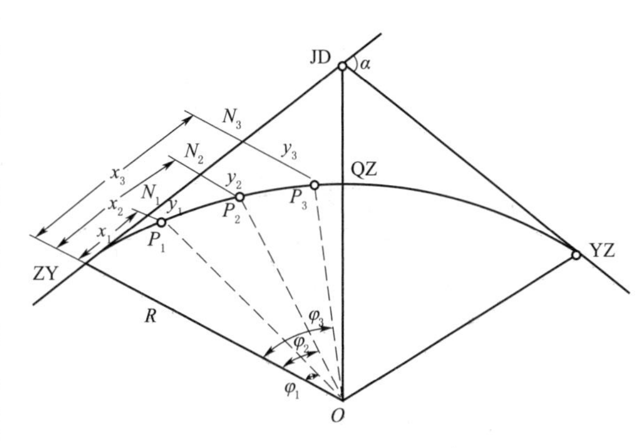

图8.17　切线支距法详细测设圆曲线

(1) 从ZY点（或YZ点）用钢尺或皮尺沿切线方向量取 P_i 点的横坐标 x_i，得垂足点 N_i。

(2) 在垂足点 N_i 上，用方向架或经纬仪定出切线的垂直方向，沿垂直方向量出 y_i，即得到待测定点 P_i。

(3) 曲线上各点测设完毕后，应量取相邻各桩之间的距离，并与相应的桩号之差作比较，若较差均在限差之内，则曲线测设合格；否则应查明原因，予以纠正。

3. 采用全站仪进行曲线细部测设

用全站仪测设圆曲线细部点坐标时，要先计算各细部点在平面直角坐标系中的坐标值，测设时，全站仪安置在平面控制点或线路交点上，输入测站坐标和后视点坐标，再输入要测设的细部点坐标，仪器即自动计算出测设角度和距离，据此进行细部点现场定位。下面介绍细部点坐标的计算方法。

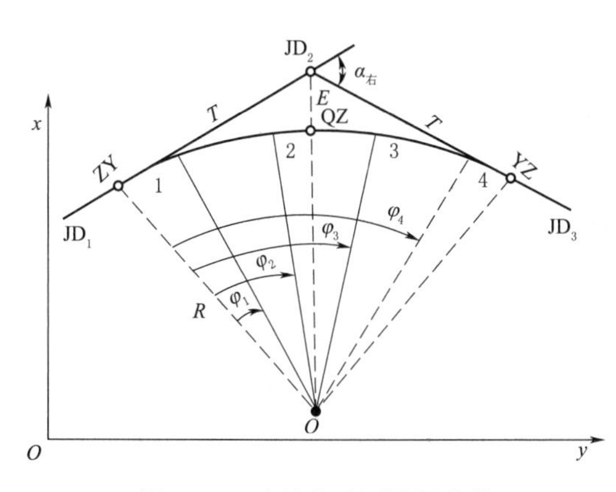

图8.18　全站仪法测设圆曲线

(1) 计算圆心坐标。如图8.18所示，设圆曲线半径为 R，用前述主点坐标计算方法，计算第一条切线的方位角 α_{2-1} 和ZY点坐标（x_{ZY}，y_{ZY}），因ZY点至圆心方向与切线方向垂直，其方位角为

$$\alpha_{ZY-O} = \alpha_{2-1} - 90^\circ$$

则圆心坐标（x_O，y_O）为

$$x_O = x_{ZY} + R\cos\alpha_{ZY-O}$$

$$y_O = y_{ZY} + R\sin\alpha_{ZY-O}$$

(2) 计算圆心至各细部点的方位角。设ZY点至曲线上某细部里程桩点的弧长为

l_i，其所对应圆心角为φ_i，圆心角至各细部点的方位角 α_i 为

$$\alpha_i = (\alpha_{ZY-O} + 180°) + \varphi_i$$

（3）计算各细部点的坐标。

$$x_i = x_O + R\cos\alpha_i$$
$$y_i = y_O + R\sin\alpha_i$$

项 目 小 结

本项目介绍了三项基本测设工作，以及点位的测设、圆曲线的测设和已知坡度线的测设。三项基本测设工作是点位测设的基础，而圆曲线和已知坡度线的测设，虽然测设的是路线，但是任何路线都是由点组成的，所以路线的测设，实质上也是点位的测设。点位测设的方法很多，本项目在介绍三项基本测设工作的基础上，重点介绍了直角坐标法和极坐标法的测设原理，在圆曲线测设和已知坡度线测设中介绍了点位测设方法以及高程测设方法的具体应用。通过本项目的学习，需要掌握以下内容。

（1）已知水平距离、已知水平角和已知高程的测设；

（2）用直角坐标法和极坐标法测设点位；

（3）圆曲线主点要素的计算、圆曲线主点的测设、各种不同的细部测设方法的数据计算方法和细部点测设方法；

（4）用水平视线法和倾斜视线法测设坡度线。

知 识 检 验

1. 什么是施工测设？三项基本测设工作指哪些？
2. 简述用精确方法进行水平角测设的步骤。
3. 简述已知高程点的测设步骤。
4. 测设点的平面位置有哪些基本方法？各适用于何种情况？
5. 圆曲线有哪些主点？圆曲线有哪些主点要素？
6. 简述圆曲线主点的测设主要步骤。
7. 简述用水平视线法进行已知坡度线测设的主要步骤。

项目9 渠 道 测 量

【知识目标】

了解渠道测量的工作任务；掌握中线测量、纵横断面测量和横纵断面图的绘制方法；熟悉土方量的计算、渠道施工放样的基本方法。

【技能目标】

能够熟练进行中线测量、纵横断面测量和纵横断面图的绘制；能够进行土方量的计算。

任务9.1 渠 道 测 量 概 述

1. 渠道测量的含义

渠道通常是指水渠、沟渠，它是水流的通道。渠道测量是指为新建、改建输泄水渠道和人工航道而进行的测量工作。渠道测量的主要内容包括渠道选线、中线测量、纵横断面测量和土方量的计算等。

2. 渠道测量的目的

渠道测量的目的是在地面上沿选定的中心线及其两侧测出纵横断面，并绘制成图，以便在图上绘出设计线；然后计算工程量，编制概算或预算，以作为方案比较或施工的依据。渠道测量一般分为选线测量和定线测量。选线一般在规划阶段进行，在设计部门已初步确定路线的最佳方案后，再进行定线测量。

3. 渠道测量的特性

渠道测量具有如下特性：

(1) 完整性。渠道测量工作贯穿资料收集、设计、施工整个工程建设的各个阶段。

(2) 阶段性。阶段性是测量技术本身的特点，渠道勘测设计、施工放样各阶段都需要反复进行测量工作。

(3) 渐进性。渠道工程从规划设计到施工、竣工经历了一个从粗到精的过程。完美设计需要勘测与设计的完美结合，完美结合要在渠道工程建设的过程中逐步实现。

4. 渠道测量的选线要求

渠道选线的任务是根据工程规划所定的渠线方向、引水高程和设计坡度，在实地确定既经济又合理的渠道中线，选线工作直接影响工程的质量、进度、经济效益等重要问题。因此，该项工作极其重要。

渠道选线的要求为：尽可能使中线短而直，力求避开障碍物，以减少工程量和水土流失；避免经过大挖方、大填方地段，以便省工省料和少占用耕地，中线应选在土质较好、坡度适宜的地带，以防渗漏，冲刷，淤塞或坍塌；灌溉渠道应选在地势较高的地带，以便自流灌溉；排水渠道应尽量选在地势较低的地方，以便增大汇水面积应因地制宜综合利用渠道选线测量。

任务9.2 踏 勘 选 线

渠道选线时除须考虑上述选线要求外，对于不同的渠道还应采用不同的方法，具体的方法是：若工程规模大、路线长，一般应经过实地查勘、室内选线、外业选线等步骤；对于距离比较短的中小型渠道，可直接在实地进行查勘选线，用大木桩标定。

1. 实地查勘

查勘前，先利用兴修渠道地带1∶50000比例尺或较大比例尺的地形图，依据渠道所需要的坡降，将路线方向与周围的地形、地物等情况进行比较，进行渠线的大体布置，拟订几条渠线以做比较；然后，在沿线做调查研究，并收集有关地质、水文、气象、建筑材料来源、施工条件等方面的资料；最后在现场结合实地情况确定路线的起点、转折点、终点，并用大木桩标定其位置，以便分析比较，选取合理的渠线。

2. 室内选线

室内选线就是在图上进行选线，即在合适的地形图上选定渠道中心线的平面位置，并在图上标出渠道转折点到附近明显地物点的距离和方向。若该地区没有合适的地形图，则可在调查踏勘的基础上沿待选线路测绘中线两侧宽为100～200m的带状地形图，比例尺一般为1∶2000～1∶5000，等高线间距为0.5～1.0m。在山区、丘陵地区选线时，为了确保渠道的稳定，应力求挖方。因此环山渠道应先在图上根据等高线和渠道纵坡初选渠线，并结合其他要求在图上定出渠线的位置。

3. 外业选线

外业选线就是将室内所选渠道中心线在实地标定出来，其任务是标出渠道的起点、转折点和终点。外业选线还要根据实地情况，对图上所选渠道中心线做进一步分析研究和补充修改，使之完善，特别是对关键性地段和控制性点位，更应反复勘测，认真研究，从而选定合理的渠线。实地选线时，一般应借助仪器选定各转折点的位置。平原地区的选线比较简单，一般要求尽量选成直线，若遇转弯，则应在转弯处打木桩。山丘地区的渠道一般盘山而走，依山势随弯就弯，但要控制渠线的高程位置，以保证符合引水高程和设计坡度的要求，为此，需要根据已知水准点测量确定。对于较长的渠道线，为避免高程误差累积过大，宜每隔2～3km与已知水准点校核一次。如果选线精度要求较高，那么可用水准仪测定有关点的渠道中线，选定后，一般用大木桩或水泥桩来标定渠道的起点、转折点和终点的位置，以便准确测定渠线的位置，绘略图注明桩点与附近固定地物间的方向和距离。中线选定以后，经过设计到施工还有段时间，因此，应在木桩附近选定地物点，量出地物至桩顶的距离，用红漆在地物上画一个指向木桩方向的箭头，并注明距离，每桩应注三个方向，并绘制草图保存，以备日后寻找。

4. 水准路线的布设

为了满足渠道高程测量和纵横断面测量的需要，在渠道选线的同时，应沿渠线方向在施工范围以外每隔 1～2km 布设一些既便于日后测定渠道高程，又能够长期保存的水准点，并做好水准点的点之记，以备查找。为了统一高程系统，水准点应尽可能与国家等级水准点联测；若不能，则采用独立的高程系统，对于渠线长度小于 10km 的小渠道，一般可按等外水准测量的方法和要求施测；对于大型渠道，应按三、四等水准测量的方法和精度要求施测。

任务9.3　中　线　测　量

沿选定的中线测量转折角、中线交点桩，定出线路中线或实地选定线路中线的平面位置，这项工作称为中线测量。中线测量的主要内容有测设中线交点桩、测定转折角、测设里程桩和加桩；若转弯角度大于 6°，则还要测设曲线主点和细部点的里程桩。

9.3.1　中线的测设方法

中线的测设方法很多，其中，穿线放样法是一种常用的方法，其具体做法如下：

1. 准备数据

如图 9.1 所示，在带状地形图上，从初测时的导线点 C_2、C_1 等点出发作导线边的垂线，它们与设计中线分别交于 D_2、D_1 等点。在图上量取垂线的长度，直角和垂线的长度就是放样数据，有时为了满足通视的需要，要在中线通过高地的地方放样点（如 D_1），这时可以从图上量取极坐标法放样所需的角度 β 与距离 S 设计中线。

2. 实地放样

如图 9.1 所示，实地在相应的导线点上设置直角，并量距，定出 D_2、D 等一系列点，如 $D_2C_2C_1$ 直角，如果垂距较长，用经纬仪设置直角。

3. 穿线

由于图解、量取放样数据存在误差等原因，中线某一直线上的几个点放样到实地后不会正好在一条直线上，因此，要先在实地确定出一条离这些点最近的直线（中线），然后借助经纬仪，设置一系列标桩把中线表示出来。

4. 定出交点

定出交点是指定出相邻两中线段的交点，并测量路线的转向角，当用一台经纬仪工作时，先延长一条中线，并在估计交点位置前后各设一根骑马桩 A、B（图 9.2），然后延长另一条直线与 A、B 桩的连线相交，即得交点 JD。得到交点后，测量转向角 α。这种方法操作简单，外业工作不复杂，也不易出错，即使出错了也容易发现，是工程测量中最常用的方法。图 9.2 为定出交点。

9.3.2　里程桩的测设

1. 里程桩的相关概念

（1）里程桩。为便于计算渠道长度、绘制纵横断面图，需要用花杆和钢尺或全站仪进行定线和测距。在丈量渠线长度的同时，均应用小木桩沿渠道中心线从渠首或分

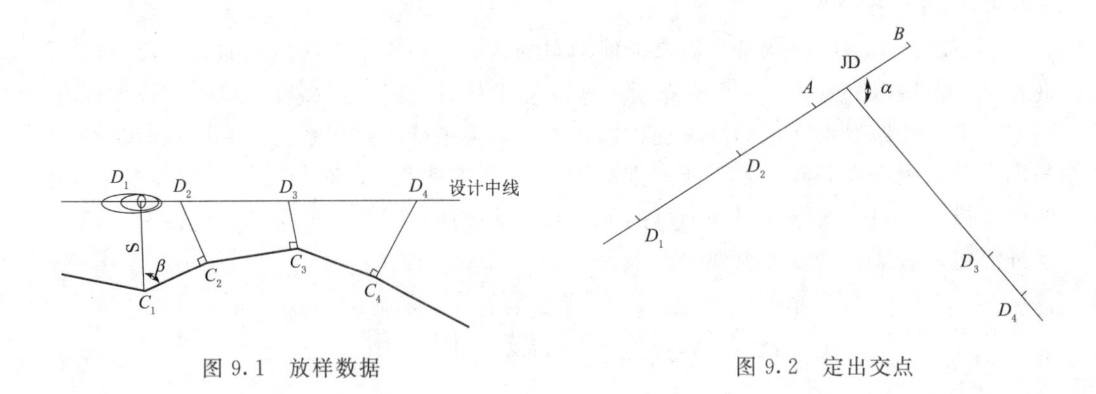

图 9.1 放样数据

图 9.2 定出交点

水建筑物的中心或筑堤的起点标定出中线的位置（无论是直线或是曲线），一般是每隔 100m 或 50m 打一根桩，对于小型渠道也可间隔小于 50m 打一根桩，自上游向下游累积编号，以起点到该桩的水平距离进行编号，并用红漆写在木桩侧面或附近明显的地物上，这样的桩称为里程桩。注写时字迹要工整、醒目，字面要朝向路线的起始方向，注写后要进行校核，中线起点的桩号是“0＋(0)”。桩号中，“＋”号前面是千米数，“＋”后面是不足千米的米数，按规定每隔某一个整数设一根桩（整桩）。例如，整桩号为 1＋100，即此桩距渠道起点为 1km＋100m。

(2) 加桩。在实际工作中遇到特殊情况［如渠线穿越山沟、山冈等地形变化较大的地方和重要地物（如公路、铁路、河道等）的地方，以及渠线上拟建或已建建筑物的中心位置或起终点］时，均要增打一些桩，这些桩称为加桩。加桩也按对起点的距离进行编号，但不是规定间距的整倍数。里程桩（整桩）和加桩均属于中心桩。加桩的桩号可根据相邻里程桩的桩号及其到相应加桩的距离算出。例如，1＋100 里程桩向前 18.5m 处的加桩桩号应是 1＋118.5≈OOEP。改线分段测量，以及事后发现丈量或计算错误等原因使线路的里程不连续、桩号与路线长度不一致时，应加钉断链桩，并在桩上标明断链等式，例如“3＋870.42＝3＋800”表示来向里程大于去向里程，称为长链；“3＋670.42＝3＋700”表示来向里程小于去向里程，称为短链。为了避免在测设里程桩时出现错误，量距时一般用钢尺丈量两次，精度为 1/1000。

2. 里程桩的测设方法

精度要求不高时，可先用皮尺或测绳丈量一次，再在观测偏角时用视距法进行校核。当将桩钉到转折点上时，应用经纬仪测定来水方向的延长线转至去水方向的角值，即转折角（分左转角和右转角），并按设计要求测设圆曲线。线测设时应注意的问题有：当转折角小于 65°时，不测设曲线；当转折角为 6°～12°时设曲线的三个主点桩，并计算曲线的长度；当转折角大于 12°时，需测设曲线的细部点，并且当曲线长度不大于 100m 时，需测设曲线的三个主点桩，并计算曲线的长度；当曲线长度大于 100m 时，按间距 50m 测设曲线桩，并计算曲线的长度。山丘地区的中线测量除按上述方法确定其中心线的位置外，还应确定中线的高程位置从渠首起点开始，用钢尺或全站仪沿着山坡的等高线向前测距，按规定要求标定里程桩和加桩，每量 50m 或

100m用水准测量测定桩位置高程，看渠线位置是否有偏低或偏高的现象，例如，某里程桩应在A点，离渠首距离为D；令渠首进水底板的设计高程为H，设计渠深为h，渠底设计坡度为i，可以计算出A点应有的堤顶高程。按照施工放样的方法测设A点的位置，根据附近的已知水准点引测高程，标定A点在山坡上的实际位置，按此法沿山坡测设延伸渠道。但为了保证盘山渠道外边坡的稳定，应尽量减少填方，一般应根据山坡坡度将桩位适当提高，即将木桩打在略高于A点的位置上。在测设中线桩的同时，还要在现场绘出草图，如图9.3所示。图中的细直线表示渠道中心线，直线上的黑点表示整桩和加桩的位置，JD（桩号为0＋380.9）为转折点，渠道中线在该点处改变的方向为右转24°10′（转折角为24°10′）。但在绘图时，改变后的渠线仍按直线方向绘出，仅在转折点用箭头表示渠线的转折方向，并注明转折角值。至于渠道两侧的地，图9.3渠道中线草图形可用目测法来勾绘中线。测量完成后，一般应绘出渠道测量路线平面图，在图上绘出渠道走向、主要桩点、主要数据等纵断面水准测量，它的任务是测定中线上各中线桩的地面高程，并根据断面图，供渠道纵坡设计使用。

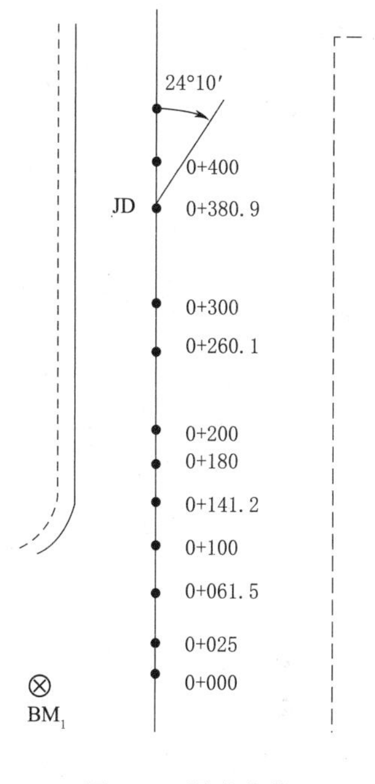

图9.3　渠道中线

任务9.4　纵 断 面 测 量

9.4.1　纵断面的测量方法

渠道纵断面测量是利用视线高法，通过渠道沿线布设的水准点将渠线分成许多段，每段分别与邻近两端的水准点组成附合水准路线，然后从首段开始逐段施测，得到路线中心线上里程桩和曲线控制桩的地面高程。进行纵断面测量时，由于相邻各桩之间距离不远，因此在一站上可以测定若干个桩点的地面高程，其中，最端头的一个桩点用于传递高程，称为转点；中间的不用于传递高程的各个桩点，称为间视点。

1. 水准测量法

（1）用水准仪测量纵断面高程的要求。

1）观测时，应以成像清晰、读数可靠为原则，视距不应超过150m，对水准仪到间视点的距离与前后视转点距离不等差不加限制。

2）一般由两台水准仪同时施测，其中一台仪器测定标石点及临时水准点的高程，另一台仪器观测里程桩及沿线主要地物点的高程。这种做法较为灵活，不会因一台仪器观测超限而要全部重测。

3）对于穿过河沟时的加桩，应联测高程；穿过铁路时，应测出轨面的高程；穿过公路时，应测出路面的高程和宽度。

4）与地面的高差小于2cm时，可以用桩顶高代替地面高，否则应另测桩旁地面的高程。

(2) 测设步骤。如图 9.4 所示，在每一测站上先读取后、前两转点上标尺的读数，再读取两转点间所有间视点的标尺读数。其中，桩 0＋000、桩 0＋200、桩 0＋400 为转点，桩 0＋100、桩 0＋265.6、桩 0＋300 等为间视点。首先从 BM_1（高程为 76.605m）引测高程，得 TP（桩 0＋000）的高程，再将水准仪置于测站 2，后视转点 TP_1，前视转点 TP_2，将观测结果记入表 9.1 的“后视读数”和“前视读数”栏内；然后观测中间间视点桩 0＋100，将观测结果记入表 9.1 中；搬站至测站 3，后视转点 TP_2，前视 TP_3，然后观测间视点桩 0＋265.5、桩 0＋300、桩 0＋361，并将观测结果记入表 9.1 中。

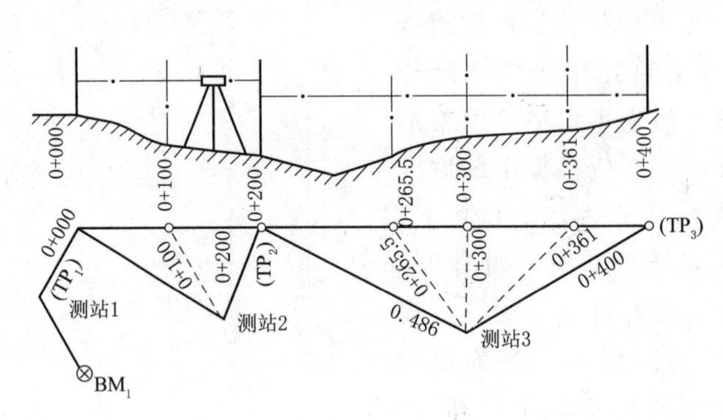

图 9.4　纵断面测量示意图

表 9.1　纵断面水准测量记录

测站	测点	后视读数/m	视线高/m	前视读数/m		高程/m	已知高程/m
				中间点	转点		
1	BM_1	1.245	77.850			76.605	76.605
	0＋000（TP_1）	0.933	78.239		0.544	77.306	
2	＋100			1.56		76.68	
	＋200（TP_2）	0.486	76.767		1.958	76.281	
3	＋265.5			2.58		74.19	
	＋300			0.97		75.80	
	＋361			0.50		76.27	
	＋400（TP_3）				0.425	76.342	
…	…	…	…	…	…	…	…
7	0＋600（TP_6）	0.848	75.790		1.121	74.942	
	BM_2				1.324	74.466	74.451
校核闭合差	$\sum_{后}=8.896$，$\sum_{前}=11.035$ $\sum_{后}-\sum_{前}=-2.139$					$H_{终}-H_{始}=-2.154$	
	$f_h=h_{测}-(H_{终}-H_{始})=+15\text{mm}$，$f_{h允}=\pm 10\sqrt{n}=\pm 26\text{mm}$ $f_h < f_{h允}$，成果符合要求，可进行闭合差调整						

2. 全站仪法

进行纵断面水准测量时，使用全站仪对向观测所测定的高程的精度可达到四等水准测量和测量中线桩地面高程的精度要求。实际工作中一般采用单向观测计算高差的公式计算中线桩的地面高程。若测站点 A 的高程为 H_A，A、P 两点间的高差为 h，

则地面点 P 的高程为

$$H_e = H_A + h = H_A + S\sin\alpha(1-k)S\cos\alpha/2R + i - v$$

式中　k——大气折光系数。

使用全站仪进行纵断面水准测量时，需要注意的事项有：测站应选中线附近的高程已知的控制点，并与中线桩通视；应准确量取仪器高、棱镜高，正确预置测量改正数；应将测站高程、仪器高、棱镜高输入仪器。

9.4.2　纵断面图的绘制

纵断面图一般绘制在印有毫米方格的纸上，是在以中心桩的里程为横坐标、以高程为纵坐标的直角坐标系中进行绘制。为使地面起伏变化更明显，纵轴比例尺一般选为横轴比例尺的十倍。为了节省纸张和便于阅读，纵断面图上的高程可以不从零开始，而从某一合适数值开始绘。根据栏目中注明的最小渠底设计高程确定标高线的起点高程，以保证地低点能在图上标出并留有余地。标高线的起点高程应为整米数，起点往上按高程比例尺划分每米区间，并标注高程。渠道纵断面图如图9.5所示。

渠道纵断面图的绘制方法如下：

(1) 在坐标纸的左下角绘制图标，自上至下依次分桩号、渠底比降、地面高程、渠底高程挖深、填高等栏目。以右方栏边线右侧的适当位置作为渠道起点，自起点向上作一条纵坐标轴，同时将图标每栏横线向右边绘至坐标纸边缘，以图标上边线的延伸线作为横坐标轴。

(2) 在横轴上按水平距离比例尺定出里程桩和加桩的位置，并在栏内相应的位置标注桩号；在“渠底比降”栏绘出渠底设计坡度线，并注明坡度值。将各桩的实测高程填入“地面高程”栏，并按高程比例尺在纵轴上的相应位置标定点位，再用直线将各点依次连接起来，即形成地面线。根据渠底起点设计高程和坡度计算出终点的设计高程，并在纵轴上标定其点并用直线连接起来，即形成设计渠底线；同法可连出渠堤顶线；根据起点（0+000的渠底设计高程、渠底比降和离起点的距离），可以求得相应点处的渠底高程，其中，渠底设计 H 底、渠首底高程 H_a、渠底设计坡度 i 与该点对起点的里程 D 的关系为

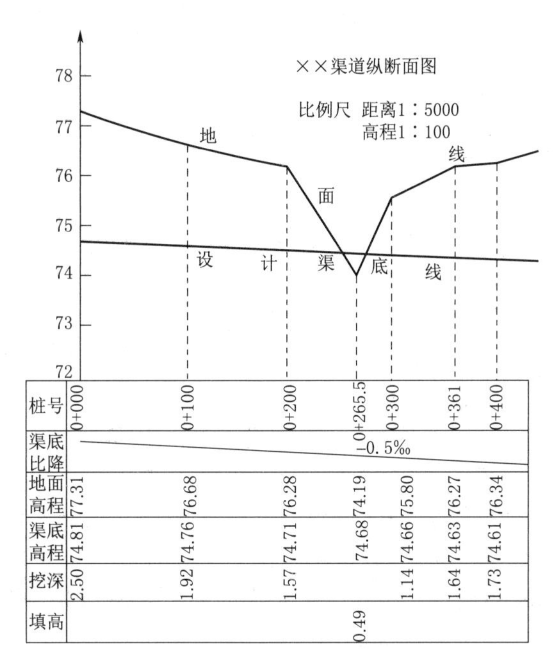

桩号	0+000	0+100	0+200	0+265.5	0+300	0+361	0+400
渠底比降	−0.5‰						
地面高程	77.31	76.68	76.28	74.19	75.80	76.27	76.34
渠底高程	74.81	74.76	74.71	74.68	74.66	74.63	74.61
挖深	2.50	1.92	1.57		1.14	1.64	1.73
填高				0.49			

图9.5　渠道纵断面图

$$LH_a = H_a D$$

根据各桩点的地面高程和渠底高程，即可算出各点的挖深或填高，分别填在图中相应的位置。

垂直于线路中线方向的断面称为横断面，路线所有中心桩一般都应测量其横断面。横断面测量的主要任务是测量横断面地面高低起伏的情况，并绘制出横断面图。横断面图是确定横向施工范围、计算土石方数量的必要资料。

任务9.5 横 断 面 测 量

9.5.1 横断面的测量方法

横断面测量的宽度，是根据实际工程要求和地形情况而定的。由于横断面上中心桩的地面高程已在纵断面测量时测出，因此只要测出各地形特征点相对于中心桩的平距和高差，就可以确定其点位和高程。根据地形、精度等条件或要求的不同，平距和高差常用的施测方法有标杆皮尺法、水准仪皮尺法、经纬仪视距法和全站仪法。

1. *标杆皮尺法*

标杆皮尺法适用于横断面方向坡度较大或断面宽度较小的情况。测量时，先用目测法或方向架标定与渠线垂直的断面方向，此方向即横断面方向；然后以中心桩为零起算点，面向渠道下游分左、右侧施测。

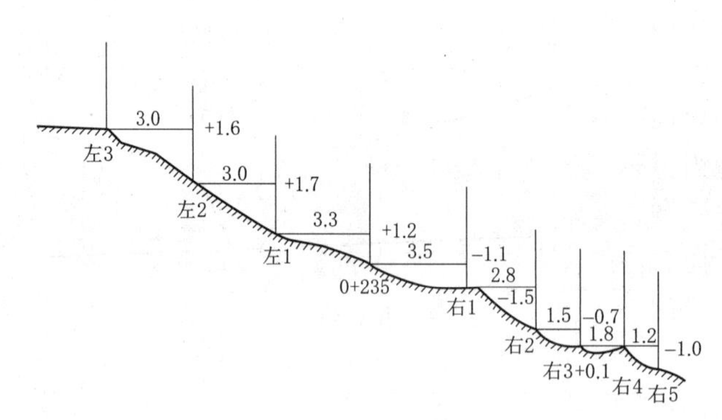

图 9.6 三个标准方向之间的关系

将标杆立于右1点，皮尺靠近中桩地面，拉平量至右1点，读出平距为2.8m；而皮尺截取标杆的红白格数即两点间的高差为－1.5m。按图9.6的格式做好记录，分子表示相邻两点间的高差，分母表示相应的平距。例如，0＋235桩左侧第1点的记录表示该点距中心桩为3.3m，高为1.2m。若延伸方向和已量过的两点间的坡度一致，或和已到的一点高度相同，则通常可以不再往前量，分别用“同坡”或“平”表示。

2. *水准仪皮尺法*

水准仪皮尺法的测量精度较高，只适用于平坦地区较宽的横断面的测量，如图9.7所示。

首先安置水准仪于中线桩附近，用方向架标定断面的方向；若渠道宽度小于50m，则可用目测法标定断面方向；用水准仪照准中线桩（后视点）的标尺，将读数（后视读数）填入表9.2，并计算出视线

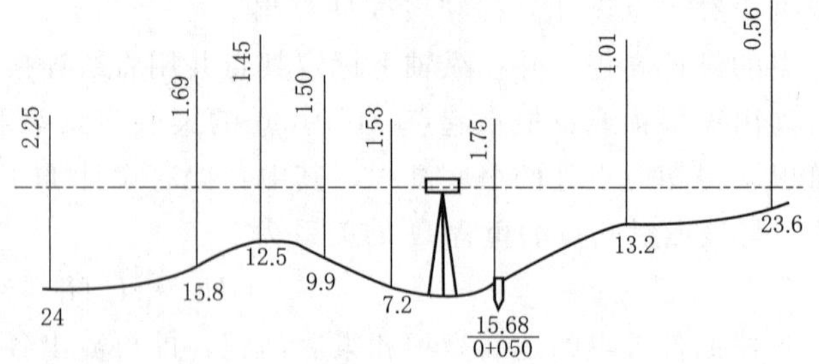

图 9.7 水准仪皮尺法测量横断面

高；以中线桩两侧横断面地形特征点为前视，照准断面方向上各特征点（间视点）处的标尺，将读数（前视读数）填入表9.2，并计算出各特征点的高程；用皮尺量出各特征点至中线桩的水平距离。按渠道前进的方向分左、右侧记录。以分式表示前视读数和水平距离。高差由后视读数与前视读数求差得到。

表9.2　　　　水准仪皮尺法测量横断面记录表

项目	前视读数（左侧） 水平距离	后视读数 桩号	（右侧）前视读数 水平距离
高差 平距	$\frac{2.25}{24}$　$\frac{1.69}{15.8}$　$\frac{1.45}{12.5}$　$\frac{1.50}{9.9}$　$\frac{1.53}{7.2}$	$\frac{1.75}{0+050}$	$\frac{1.01}{13.2}$　$\frac{0.56}{23.6}$

3. 经纬仪视距法

经纬仪视距法适用于地形起伏较大的地区。具体做法是安置经纬仪于中线桩上，先量出仪器高，测定横断面方向，然后用视距法测出各特征点的视距、中丝读数、竖直角，计算出各特征点与中线桩之间的平距和高差。

4. 全站仪法

利用全站仪进行测量横断面速度更快、效率更高。具体方法是安置全站仪于任意一点上（一般安置在测量控制点上），先观测中线桩，再观测横断面上各特征点，观测的数据有水平角、竖直角、斜距、棱镜高、仪器高等。其结果可以通过相应软件来计算，也可以采用全站仪纵横断面测量一体化技术获得。

9.5.2　横断面图的绘制

横断面图的绘制方法与纵断面图的绘制方法相似，也是根据断面测量成果，用毫米方格纸进行绘制，但不需绘制图标，且为了计算方便，横断面图的纵、横轴一般采用同一比例尺，一般为1：100或1：200，小渠道也可采用1：50。绘图时，以中心桩为中点，左右两侧水平距离为横轴，以高程为纵轴，在方格纸上展绘出各地面特征点，依次连接相邻各特征点得到地面线，即得桩横断面图，如图9.8所示。为了节约纸张和使用方便，当在一张坐标纸上绘制多个横断面图时，必须按照里程大小从上至下、从左至右进行绘制；同一纵列的各横断面的中心桩应在同一条纵线上，彼此之间应隔开一定的距离。

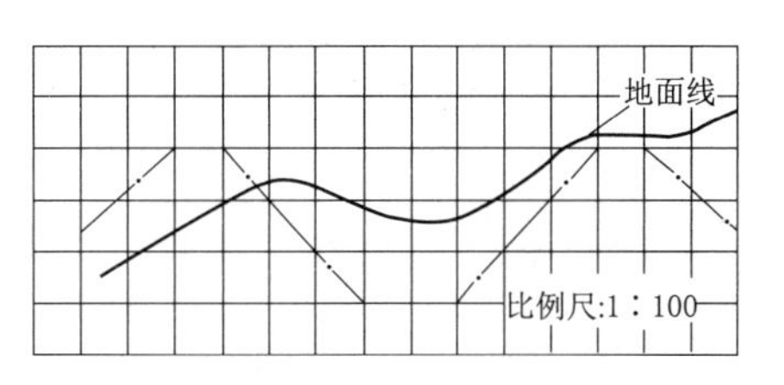

图9.8　渠道横断面图

渠道工程施工时必须在地面上挖深或填高，使渠道断面符合设计要求。所填挖的体积以 m^3 为单位，称为土方量。土方量往往是总工作量的重要指标，是经济核算及合理分配劳动力的重要依据。计算土方量时常采用平均断面法（图9.9），即先算出相邻两中心桩应挖（或填）的横断面面积，取其平均值，再乘以两断面间的距离，即得两中心桩之间的土方量，可用式（9.1）表示。

$$V=\left(\frac{A_1+A_2}{2}\right)D \tag{9.1}$$

式中 V——两中心桩间的土方量，m^3；

A_1、A_2——两中心桩应挖（或填）的横断面面积，m^2；

D——两中心桩间的距离，m。

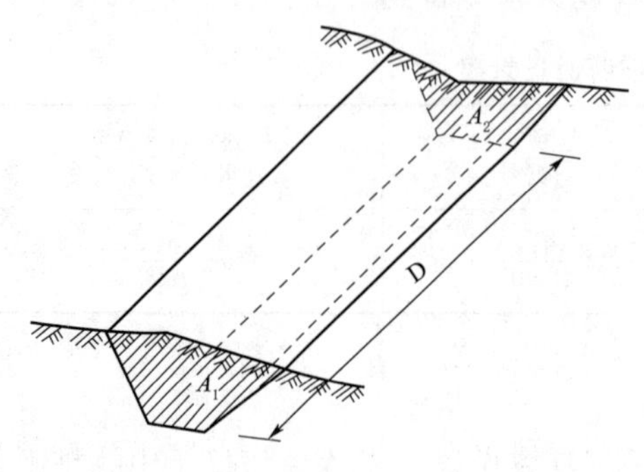

图 9.9 平均断面法测土方量图示

1. 确定挖方或填方的面积范围

在实际工作中确定挖、填方面积时，可按地形横断面图的比例尺，依据渠道设计宽度、深度和渠道内外坡比，制成设计断面模片，套绘在地形横断面图上。地面线与设计断面所围成的面积即挖方或填方面积，在地面线以上为填方，在地面线以下为挖方，如图 9.10 所示。

2. 计算面积

(1) 方格法。方格法是先将透明方格纸蒙在欲测的图形上，分别数出图形范围内挖方或填方的方格数，再乘以每个方格代表的实际面积，求得挖方或填方面积的方法。数方格时，先数整方格，再用目测法取长补短，将不整齐的部分拼凑成整方格，最后加在一起，得到总方格数。

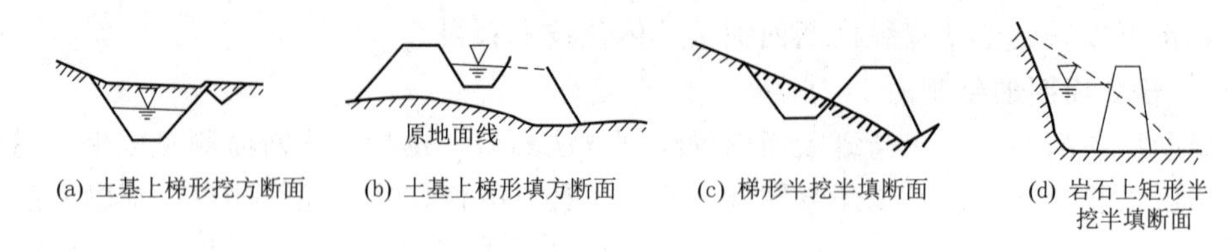

图 9.10 设计断面与地形断面的关系

(2) 梯形法。梯形法是先将欲测图形分成若干等高梯形，然后按梯形面积的计算公式进行量测和计算，求得挖方或填方面积的方法。如图 9.11 所示，将中间挖方图形划分为若干个梯形，其中，l_i（$l_i=1, 2, \cdots, 7$）为梯形的中线长，h 为梯形的高。为了方便计算，梯形的高常采用 1 cm，这样只需量取各梯形的中线长并相加，即可求得图形的面积 A，即

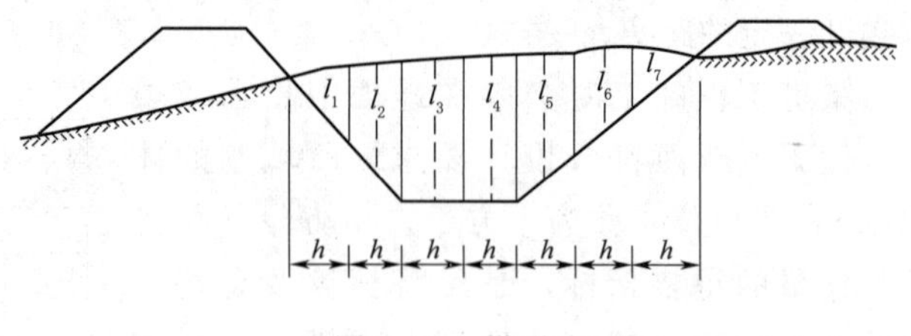

图 9.11 梯形法

$$A=(l_1+l_2+\cdots+l_n)h \tag{9.2}$$

实际工作中常用宽度为 1cm 的长条方格纸逐一量取各梯形的中线长，并在方格纸上依次累加，即从方格纸条的 0 端开始，先量第 1 个梯形的中线长，在纸条上得到 l_1 的终点，再以 l_1 的终点为第 2 个梯形中线长 l_2 的起点，接着量取 l_2，得到 l_1+l_2

的终点，以此类推，依次量取、累加，即得总长，从而由方格纸即可直接得出图形的总面积。由于欲测面积的图形以等高梯形划分，有可能使图形两端三角形的高不等，这时应单独量算其面积，然后和梯形的面积相加即得所求图形的总面积。

3. 计算土方量

先根据相邻中心桩的设计面积及两断面间的距离，按式（9.1）计算出相邻横断面间的挖方量或填方量。然后，将挖量和填量分别求和。总土方量等于总挖方量与总填方量之和，示例见表9.3。

表9.3　　渠道土（石）方量计算表

桩号	中心桩填挖/m		面积/m^2		平均面积/m^2		距离/m	土方量/m^3	
	挖深	填高	挖	填	挖	填		挖	填
0+000	2.50		6.12	1.15					
					7.26	2.08	100	726	208
0+100	1.92		8.40	3.01					
					6.13	4.06	100	613	406
0+200	1.57		3.86	5.11					
					2.28	5.28	50	114	264
0+250	0		0.70	5.45					
					0.35	6.29	15.5	5	97
0+265.5		0.49	0	7.13					
					…	…	…	…	…
…	…	…	…	…					
					…	…	…	…	…
0+600	0.47		5.64	4.91					
合计								4 161	3 506

如果相邻断面有挖方和填方，则两断面之间必有不挖不填点，该点称为零点（如表9.3中的0+250）。零点处横断面的挖方面积和填方面积不一定都为零，故还应到实地补测该点处的横断面，然后分别计算其与相邻断面的土方量。

4. 恢复中线测量

从工程勘测开始，经过工程设计到开始施工，需要很长一段时间，在此期间有一部分中线桩可能被碰动或丢失。为了保证线路中线位置正确可靠，施工前应进行一次复核测量，并将已经被碰动或丢失的交点桩、里程桩恢复和校正好，其方法与中线测量相同。

5. 施工控制桩的测设

中线桩在施工过程中要被锯掉或填埋。为了保证施工方便及可靠地控制中线的位置，需要在不易受施工破坏、便于引测、易于保存桩位的地方测设施工控制桩。

（1）平行线法。平行线法是在设计渠道宽度以外测设两排平行于中线的施工控制桩，如图 9.12 所示。控制桩的间距一般取 10～20m。此法多用于地势较平坦、直线段较长的路段。

（2）延长线法。延长线法是在渠道转折处的中线延长线上及曲线中点至交点的延长线上打下施工控制桩，如图 9.13 所示。延长线法多用于地形起伏较大、直线段较短的山区。

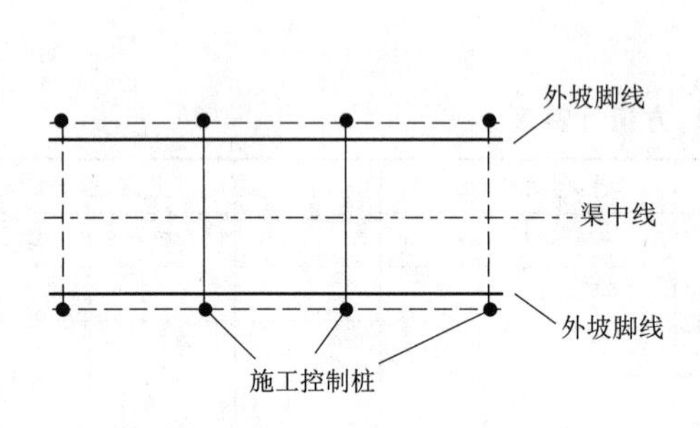

图 9.12　平行线法测设施工控制桩

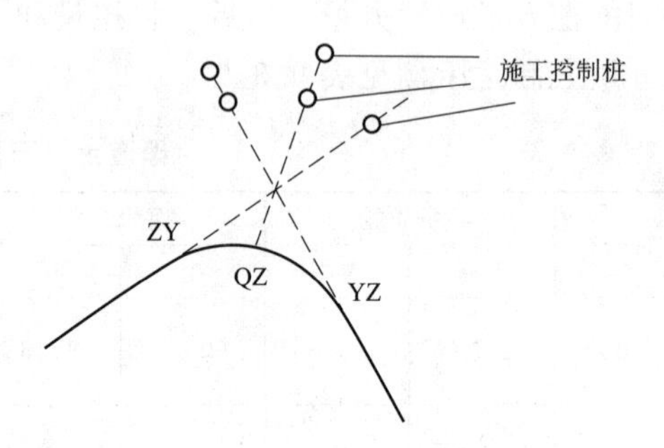

图 9.13　延长线法测设施工控制桩

6. 渠道边坡放样

为了指导渠道的开挖和填土，必须将设计横断面与原地面的交点在实地用木桩（边坡桩和白灰粉标定出来），这项工作称为边坡放样。

放样数据为边坡桩与中心桩的水平距离，该距离通常直接从横断面图上量取。放样时，先在实地用方向架定出横断面方向，然后根据放样数据，在横断面方向上将边坡桩标定在地面上。

如图 9.14 所示，从中心桩 O 向左侧方向量取 L_1 得左内边坡桩 b，再从左内边坡桩 b 量取 L_3 得左外边坡桩 a；同样，从中心桩向右侧量取 L_2 得右内边坡桩 c，分别打下木桩，即得开挖、填筑界线的标志，连接各断面相应的边坡桩，洒以石灰粉，即得开挖线和填土线。

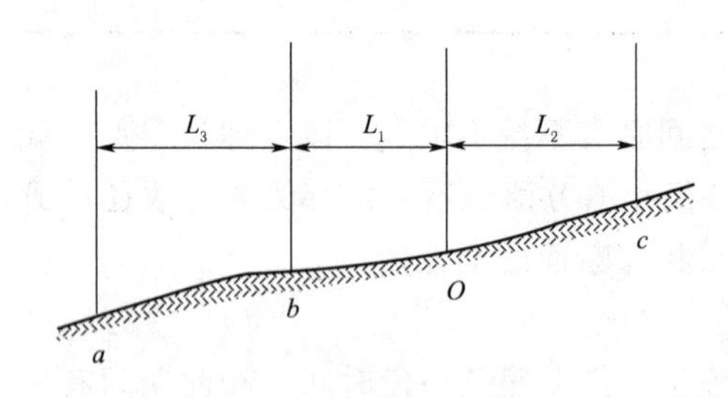

图 9.14　边坡桩放样

为了保证填挖的边坡达到设计要求，还应该把设计边坡在实地标定出来，以方便施工。边坡放样的方法有用竹竿和绳索放样及用边坡板放样。

用竹竿和绳索放样边坡是指在填土不高时，可以一次挂线，即在路基宽的两端分别竖立竹竿，在两竹竿高度等于中桩填土高度处用绳索连接，再用绳索分别与两边的边桩连接，以此在实地标定设计坡度；当填土较高时，可分层挂线施工。用边坡板放样边坡是指施工前按照设计边坡坡度做好边坡样板，施工时按照边坡样板施工放样。

最后，为了保证渠道的修建质量，还要进行验收测量。验收测量一般是用水准测量的方法检测渠底高程，有时还需检测渠堤顶的高程、边坡坡度等，以保证渠道按设计要求完工。

项目10 水工建筑施工测量

【知识目标】

掌握土坝控制测量的方法；掌握土坝清基开挖与坝体填筑的施工测量方法；了解混凝土坝清基开挖线的放样方法；了解混凝土重力坝坝体的立模放样方法；掌握混凝土坝施工控制测量的方法；掌握水闸施工测量的方法。

【技能目标】

能进行大坝的控制测量；能进行大坝清基开挖与坝体填筑的施工测量；能进行混凝土坝的施工控制测量；能进行水闸的施工测量。

为了满足防洪要求，获得发电、灌溉、供水等方面的效益，需要在河流的适宜河段修建不同类型的建筑物来控制和支配水流。这些建筑物通常称为水工建筑物。由不同类型的水工建筑物组成的综合体称为水利枢纽。

水工建筑物种类繁多，按其作用可以分为挡水建筑物、泄水建筑物、通航建筑物、为发电而建的建筑物等。其中，挡水建筑物即拦河大坝，是主要的水工建筑物。拦河大坝按功能可分为以农田灌溉、防洪蓄洪为主的土（石）坝，以水力发电为主的混凝土重力坝及拱坝和支墩坝等。修建大坝需进行的测量工作有：布设平面和高程基本控制网，控制整个工程的施工放样；确定坝轴线和布设坝体细部放样的定线控制网；清基开挖线的放样；坝体细部放样等。对于不同筑坝材料及不同坝型，施工放样的精度要求有所不同，施工内容也有差异，但施工放样的基本方法大同小异。

任务10.1 土坝的控制测量

土坝的控制测量是先根据基本网确定坝轴线，然后以坝轴线为依据布设控制坝体细部放样的坝身控制网。

1. 确定坝轴线

坝轴线即坝顶中心线。在设计图上量取两个端点和一个中点的坐标，根据坐标反算出它们与邻近测图控制点的方位角，用前方交会法进行测设，在实地标出三点一线，即得坝轴线的位置。

小型土坝的坝轴线，一般是由工程设计的有关人员根据当地的地形、地质和建筑材料等条件，经过方案比较，直接在现场选定的，可用大木桩或混凝土桩标定轴线的端点。对于大中型土坝或与混凝土坝衔接的土质副坝，一般经过现场踏勘、图上规划等多次调查研究和方案比较，确定建坝位置，并在坝址地形图上结合枢纽的整体布置，将坝轴线标于地形图上，如图10.1中的M_1、M_2。为了将图上设计好的坝轴线标定在实地上，一般可根据预先建立的施工控制网用角度交会法将M_1、M_2测设到地面上。

坝轴线的两个端点在现场标定后，应用永久性标志标明。为了防止施工时端点被破坏，应将坝轴线的端点延长到两面山坡上，并设立埋石点（轴线控制桩），以便检查，如图10.1中的M_1'、M_2'。

2. 建立平面控制网

(1) 测设坝轴平行线。为方便放样，将经纬仪分别安置在坝轴线的端点上，测设若干条平行于坝轴线的坝身控制线，控制线应布设在坝顶上下游线、上下游坡面变化处。下游马道中线也可按一定间隔布设（如5m、10m、20m等），以便控制坝体的填筑和进行收方。如图10.2所示，将经纬仪分别安置在坝轴线的端点上，用测设90°的方法各作一条垂直于坝轴线的横向基准线，分别从坝轴线的端点起，沿垂线向上、下游丈量定出各点，并按轴距（至坝轴线的平距）进行编号，如上10、上20、下10、下20等。两条垂线上编号相同的点的连线即坝轴平行线。在测设平行线的同时，还可放出坝顶肩线和变坡线，它们也是坝轴平行线。

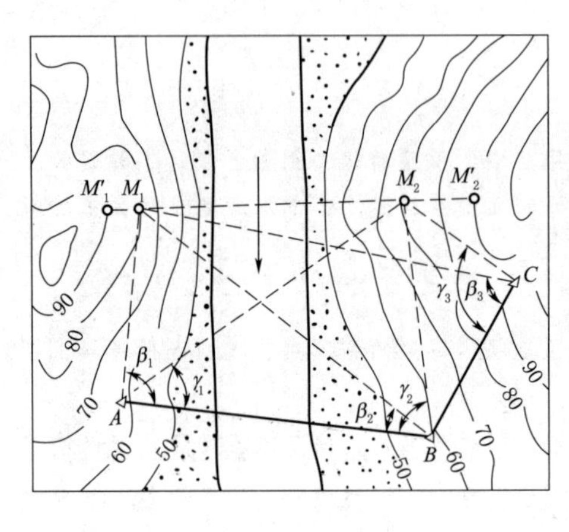

图10.1　坝轴线的确定

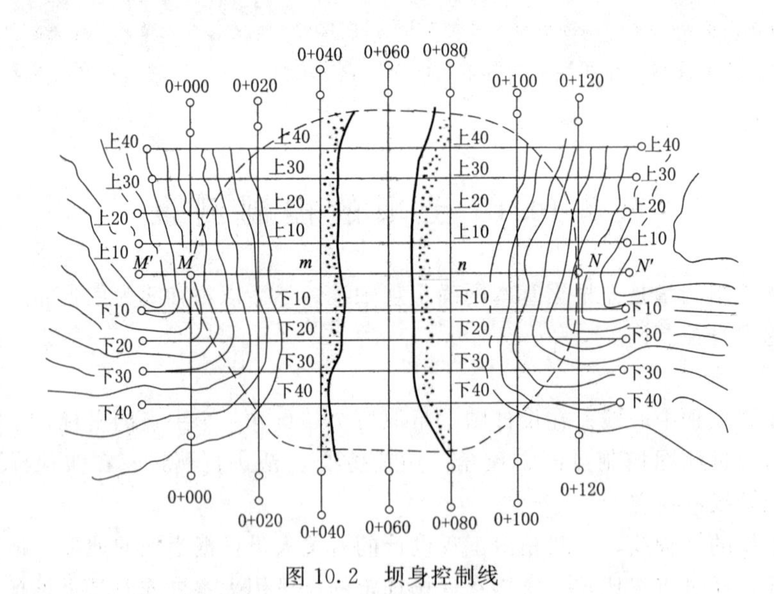

图10.2　坝身控制线

(2) 测设坝轴垂直线。垂直于坝轴线的控制线的间距一般根据坝址的地形条件而定，一般按10～20m的间距设置，具体测设步骤和方法如下。

1) 定零号桩。以坝轴线上与坝顶设计高程相同的地面点作为坝轴线里程桩的起点，称为零号桩。将经纬仪安置在坝轴线上，以坝轴线定向，利用高程放样的方法从已知水准点向上引测高程，当水准仪的视线高略高于坝顶设计高程时，算出坝顶设计高程应有的前视标尺读数，再指挥标尺在坝轴线上移动，当实际前视标尺读数等于应有的前视标尺读数时，该点即坝轴线上零号桩的位置，打桩标定，如图 10.3 中的 M 和 N。

2）以零号桩作为起点，在坝轴线上每隔一定的距离设置里程桩，在坡度显著变化的地方设置加桩。当距离丈量有困难时，可采用交会法定出里程桩的位置。如图 10.3 所示，在便于量距的地方作坝轴线 MN 的垂线 EF，用钢尺量出 EF 的长度，测出水平角$\angle MFE$，算出平距 ME。

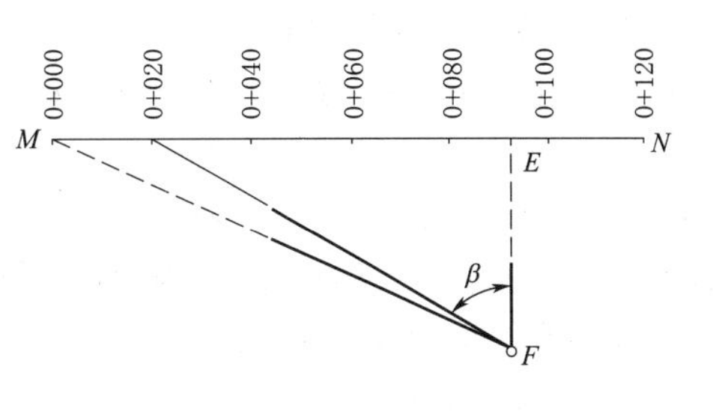

图 10.3　定零号桩

设欲放样的里程桩号为 0＋020，先按式 $\beta=\arctan\dfrac{ME-20}{EF}$计算出 β 角，再用两台经纬仪分别在 M 点和 F 点设站，M 点的经纬仪以坝轴线 MN 来定向，用 F 点的经纬仪测设出 β 角，两台仪器视线的交点即 0＋020桩的位置。其余各桩按同法标定。

3）在各里程桩上测设坝轴线的垂线。将经纬仪分别安置在各里程桩上，瞄准坝轴端，转 90°测设若干条垂直于坝轴线的平行线，垂线测设后，应向上、下游延长至施工影响范围之外，打桩编号，作为测量横断面和放样的依据，这些桩也称为横断面方向桩。

3. 建立高程控制网

用于土坝施工放样的高程控制，可由布设在施工范围以外的永久性水准点组成基本网和布设在施工范围内的临时作业水准点进行两级布设。基本网应与国家水准点联测，组成闭合或附合水准路线，用三等或四等水准测量的方法施测，如图 10.4 所示，由 Ⅲ_A 经 BM_1—BM_6，再至 Ⅲ_A 测定各点的高程。当临时水准点直接用于坝体的高程放样时，应布置在施工范围内不同高度的地方，并尽可能做到安置一、二次仪器就能放样高程。临时水准点应根据施工进程及时设置，附合到永久水准点上（如图 10.4 中的 BM_1—1—2—3—BM_3），并应从水准基点引测它们的高程，经常检查，以防由于施工影响而发生变动。

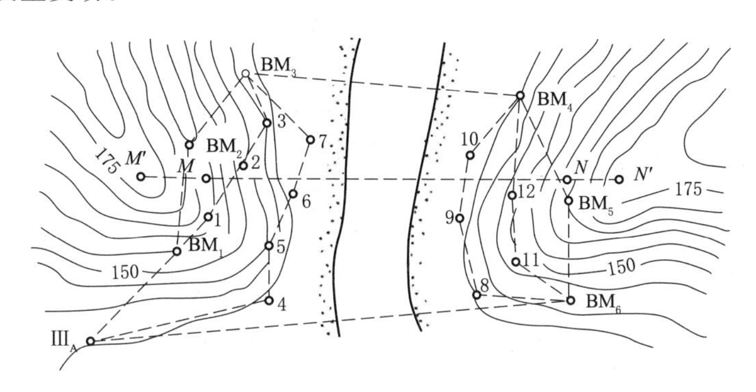

图 10.4　土坝高程控制网

任务10.2　土坝清基开挖与坝体填筑的施工测量

1. 清基开挖线的放样

放样清基开挖线时，可用图解法量取放样数据。从图上量出坝体设计断面与地面上、下游的交点（坝脚点）至里程桩的距离（如图10.5中的 D_1 和 D_2），然后据此在实地上放样出坝脚点，将各坝脚点连起来就是清基开挖线。清基有一定的深度，为了防止塌方，应放一定的边坡，因此，实际开挖线需根据地质情况从所定开挖线向外放宽一定的距离，并撒上白灰标明。

2. 坡脚线的放样

(1) 套绘断面法。清基后的地面与坝底的交线称为坡脚线。坡脚线是填筑土石或浇筑混凝土的边界线。坡脚线的放样可采用套绘断面法。采用套绘断面法时，首先必须恢复轴线上的所有里程桩，在原断面图上修测靠坝脚开挖线部分（修测横断面图），从修测后的横断面图上套绘大坝的设计断面，量出坝脚点的轴距再去放样。坡脚线的放样精度要求较高，应进行检查。如图10.6所示，设所放出的点为 P，检查时，用水准测量测定此点高程为 H_P，则此点至坝轴里程桩的实地平距（或放点时所用的平距）D_P 应等于按式（10.1）算出来的轴距。

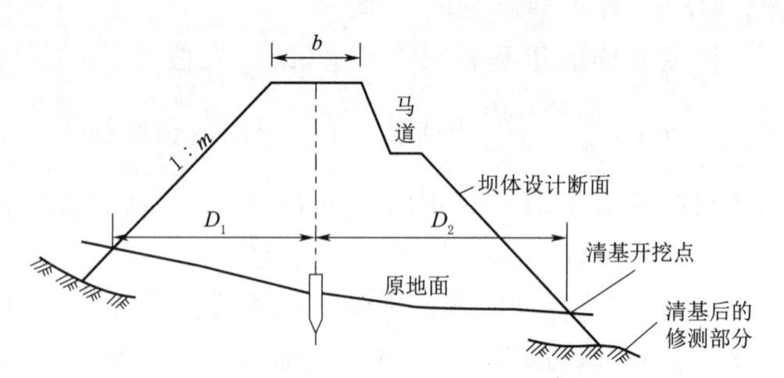

图10.5　图解法求清基放样数据

$$D_P = \frac{b}{2} + (H_{顶} - H_P)m \tag{10.1}$$

若实地平距与计算的轴距相差大于1/1000，则应在此方向上移动标尺重测高程和重量平距，直至量得的立尺点的平距等于所算出的轴距，这时的立尺点才是起坡点应有的位置。所有的起坡点标定完成后，连成起坡线。

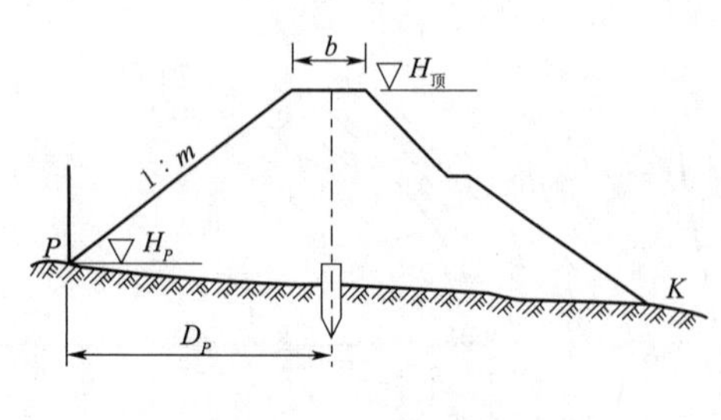

图10.6　套绘断面法

(2) 平行线法。平行线法是指由距离计算高程，然后用高程放样的方法在土坝控制测量中测设的坝轴平行线上定出坡脚点。设点 P 位于任意平行于坝轴线的直线与坝坡面的相交处，如图10.6所示，P 点高程的计算式为

$$H_P = H_{顶} - \left(D_P - \frac{b}{2}\right)m \tag{10.2}$$

将平行于坝轴线的直线与坝坡面相交处的高程计算出来后，用高程放样的方法沿

各平行线测设坡脚点，具体的施测方法与测定轴线上零号桩位置的方法相同。各坡脚点的连线即坝体的坡脚线。

3. 坝体边坡的放样

坝体坡脚线放出之后，就可填土筑坝。土坝施工时应分层上料，上料后即进行碾压，每层碾压后应及时确定上料边界，并用桩（上料桩）将边坡的位置标定出来。标定上料桩的工作称为边坡放样。

（1）坡度尺法。按坝体设计的边坡坡度（1∶m）特制一个大直角三角板，使两条直角边的长度分别为1m和mm，在较长的一条直角边上安一个水准管。放样时，将小绳一头系在坡脚桩上，另一头系在位于坝体横断面方向的竹竿上，将三角板的斜边靠紧绳子，当绳子拉到使水准管气泡居中时，绳子的坡度即应放样的坡度。

（2）轴距杆法。根据土石坝的设计坡度，按式（10.1）算出不同层高坡面点的轴距D_1，编制成表。此表按高程每隔1m计算一值。由于坝轴里程桩会被淹埋，因此必须以填土范围之外的坝轴平行线为依据进行量距。为此，在这条平行线上设置一排竹竿（轴距杆），如图10.7所示。设平行线的轴距为D，则上料桩（坡面点）离轴距杆为$D-D_1$，据此即可定出上料桩的位置。随着坝体的增高，轴距杆可逐渐向坝轴线移近。上料桩的轴距是按设计坝面坡度计算的，实际填土时应超出上料位置，即应留出夯实和修整的余地，如图10.7中的虚线所示。超填厚度由设计人员提出。

4. 坡面的修整

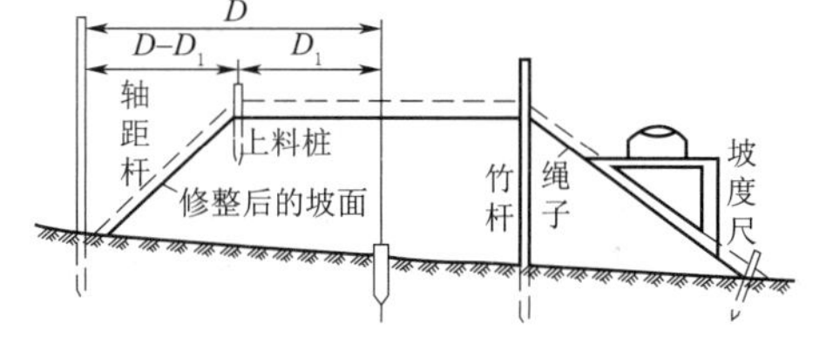

图10.7　轴距杆法放样边坡

（1）水准仪法。先用水准仪测定在坝坡面上所钉的平行于坝轴线的木桩的坡面高程，再量出距离，按式（10.2）计算出木桩的设计高程。用水准仪测出的各点高程与设计高程的差值，即坡面修坡量。

（2）经纬仪法。首先将经纬仪安置在坡顶，量取仪器高，通过设计坡度计算出边坡倾角，然后将望远镜向下倾斜（倾斜角度为边坡倾角），固定望远镜，此时的视线平行于设计坡面，最后沿视线方向竖立标尺，读取中丝读数。仪器高与中丝读数的差值即修坡量。

5. 护坡桩的标定

坡面修整后，需用草皮或石块进行护坡。为使护坡后的坡面符合设计要求，还需测设护坡桩。从坝脚线开始沿坝坡面高差每隔5m布设一排护坡桩，每排护坡桩应与坝轴线平行。在一排中每隔10m定一根木桩，使木桩构成方格网，将设计高程测设在木桩上，再在设计高程处钉一个小钉（高程钉）。在大坝横断面方向的高程钉上系一根绳子，以控制坡面的横向坡度；在平行于坝轴线的方向上系一条活动线，当活动线沿横断面线的绳子上下移动时，其轨迹就是设计的坝坡面。

混凝土坝主要有混凝土重力坝、拱坝和支墩坝。混凝土重力坝是用混凝土浇筑，主要依靠坝体自重来抵抗上游水压力及其他外荷载并保持稳定的坝，其放样精度比土坝要求高。

任务10.3　混凝土坝的施工控制测量

1. 基本平面控制网

施工平面控制网一般按两级布设，不多于三级，首级基本控制多布设成三角网，并应尽可能将坝轴线的两个端点纳入网中作为网的一条边，且按三等以上三角测量的要求施测。大型混凝土坝的基本网兼作变形观测监测网，要求更高，需按一、二等三角测量的要求施测。为了减少安置仪器的对中误差，一般在三角点上建造混凝土观测墩，并在墩顶埋设强制对中设备，以便安置仪器和觇标。施工平面控制网的精度要求是最末一级，控制网的点位中误差，一般不超过±10mm。

10.1　水工混凝土施工放样

2. 坝体控制网

一般在浇筑混凝土坝时，整个坝体是沿轴线方向划分成许多坝段的，而每一坝段在横向上又分成若干坝块。考虑到混凝土的物理和化学特性，以及施工程序和机械的性能，坝体必须分层浇筑，每一层中还应分段分块（或分跨分仓）进行浇筑，因此每层每块都必须进行放样，以建立施工控制网，作为坝体放样的定线依据。坝体细部常用方向线交会法和前方交会法进行放样。建立坝体施工控制网作为坝体放样的定线网，一般有矩形网和三角网两种。前者以坝轴线为基准，按施工分段分块尺寸建立矩形网，后者则由基本网加密建立三角网作为定线网。

(1) 矩形网。如图10.8所示，矩形网是以坝轴线为基准布设的，它是由若干平行和垂直于坝轴线的控制线所组成的，格网尺寸按施工分段分块的大小而定。

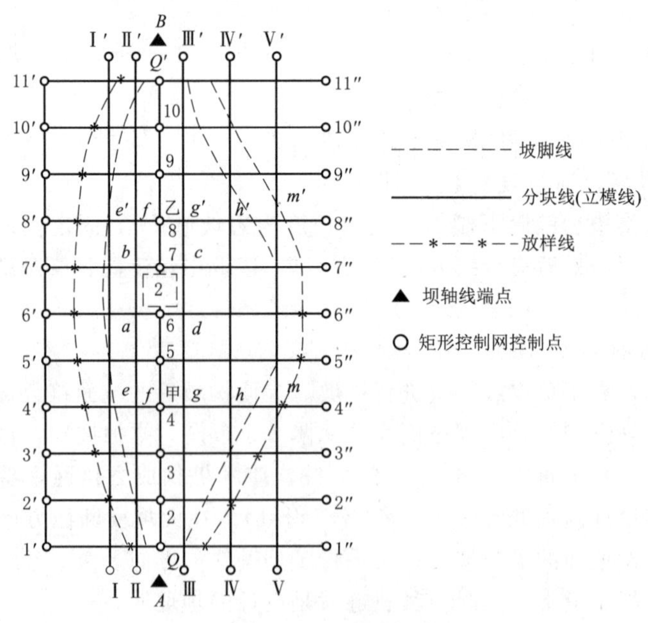

图10.8　矩形网布设

测设时，将经纬仪安置在坝轴线的两端，在坝轴线上选两点，通过这两点测设与坝轴线相垂直的方向线，由这两点开始分别沿垂直方向按分块的宽度钉出 e、f、g、h、m，以及 e'、f'、g'、h'、m'等点，然后将 ee'、ff'、gg'、hh'及 mm'等延伸到开挖区外，在两侧山坡上设置Ⅰ、Ⅱ、…、Ⅴ和Ⅰ′、Ⅱ′、…、Ⅴ′等放样控制点。在坝轴线方向上，运用和土坝控制测量中坝身控制测量零号桩测设相同的方法，找出坝顶与地面相交的两点，再沿坝轴线按分块的长度钉出坝基点，通过这些点分别测设与坝轴线相垂直的方向线，并将方向线延长到上、下游围堰上或两侧山坡上，设置 1′、2′、…、11′和 1″、2″、…、11″等放样控制点。由上述两种线构成矩形网。

（2）三角网。由基本网的一条边建立的定线网称为三角网，其各控制点的坐标可通过测算求得。但坝体的细部尺寸是以施工坐标系为依据的，因此应根据设计图纸求得施工坐标系原点的测量坐标和坐标轴的坐标方位角，然后通过测量坐标系与施工坐标系之间的转换，将其换算为便于放样的统一坐标系统。

3. 高程控制网

高程控制分永久性水准点和临时作业水准点两级布设。基本网是整个水利枢纽的高程控制，应与国家水准点联测，组成闭合或附合水准路线，应视工程的不同要求按二等或三等水准测量施测，并考虑以后可用作监测垂直位移的高程控制。临时作业水准点或施工水准点随施工进程布设，应尽可能布设成闭合或附合水准路线。临时作业水准点多布设在施工范围内，并应从水准基点引测它们的高程，经常检查，如有变化应及时改正。

任务 10.4　混凝土坝的立模放样

1. 混凝土坝清基开挖线的放样

清基开挖线是确定坝基自然表面的松散土壤、树根等杂物的清除范围，它的位置根据坝两侧坡脚线、开挖深度和坡度确定。在清理基础时，测量人员应根据设计图，结合地形情况放出清基开挖线，以确定施工范围。

标定混凝土坝清基开挖线的方法和土坝一样，也可以采用图解法，即先沿坝轴线进行纵横断面测量，绘出纵横断面图，然后在各断面上定出坡脚点，获得坡脚线及开挖线，如图 10.8 所示。和土坝清基开挖线的放样方法相同，实地放样时，先在各横断面上由坝轴线向两侧量距得开挖点，然后据此在实地放样出坝脚点，将各坝脚点连起来即得清基开挖线。在清基开挖过程中，还应控制开挖深度，在每次爆破后应及时在基坑内选择较低的岩面测定高程，并用红油漆标明，以便施工人员和地质人员掌握开挖情况。

2. 混凝土重力坝坝体的立模放样

坝体分段分块时，每块的四个角点都有施工坐标，连接这些角点的直线称为立模线。但是，为了方便安装模板和在浇筑混凝土前检查立模的正确性，通常不是直接放样立模线，而是放出与立模线平行且相距 0.5～1.0m 的放样线（图 10.8）作为立模的依据。

（1）前方交会（角度交会）法。如图 10.9 所示，由设计图纸上查得四个角点（d、e、f、g）的坐标和三个控制点（A、B、C）的坐标，通过坐标反算计算出放样数据——交会角。例如，欲测设 f 点，算出 β_1、β_2、β_3 便可在实地定出其位置。同法依次放出 d、e、g 各角点。应用分块边长和对角线校核点位，确认无误后在立模线内侧标定放样线的四个角点。

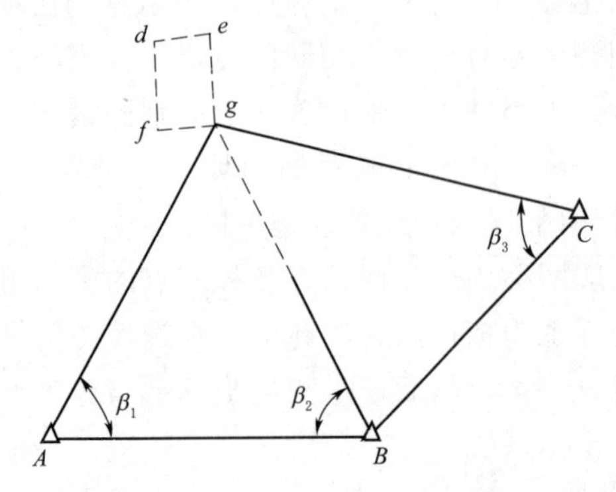

图 10.9　前方交会法立模放样

(2) 方向线交会法。对于直线形水坝，用方向线交会法放样较为简便。如图 10.8 所示，已按分块要求布设了矩形坝体控制网，可用方向线交会法先测设立模线。例如，要测设分块 2 的角点 d 的位置，可在 6′点和Ⅲ点分别安置经纬仪，分别照准 6″点和Ⅲ′点，固定照准部，两方向线的交点即 d 的位置，其他角点 a、b、c 同样按上述方法确定，得出分块 2 的立模线。然后，利用分块的边长及对角线校核标定的点位，无误后在立模线内侧标定放样线的四个角点。

3. 混凝土浇筑高度的放样

为了控制新浇混凝土坝块的高程，可先将高程引测到已浇坝块面上，从坝体分块图上查取新浇坝块的设计高程，立模后，再用水准仪根据坝块上设置的临时水准点在模板内侧每隔一定距离放出新浇坝块的高程，并以规定的符号标明，以控制浇筑高度。

模板安装后，应该用放样点检查模板及预埋件安装的质量，符合规范要求后才能浇筑混凝土。待混凝土凝固后，再进行上层模板的放样。

水闸由闸墩、闸门、底板、两侧翼墙、闸室上游防冲板和下游溢流面等结构组成。水闸大多建在平原地区的软土地基上。地基土壤的承载能力、抗冲能力低，抗渗稳定性差，压缩性大，以及水头低而水位变幅大是水闸的主要工作特点，因此通常以较厚的钢筋混凝土底板作为整体基础，闸墩和翼墙则浇筑在底板上，与底板结成一个整体。

任务 10.5　主轴线的测设和高程控制网的建立

水闸主轴线的测设是指在施工现场标定主轴线端点（如图 10.10 中的 A、B、C、D）。主轴线端点的位置可以根据测图坐标，利用控制点进行放样，在实地标定出来。主轴线端点测出来后，在点 O 处安置经纬仪，测设 AB 的垂线，在施工影响范围外，将点 C、点 D 标定出来。轴线定出后，应在交点检测它们是否相互垂直。若误差超过 10″，则应以闸室中心线为基准，重新测设一条与它垂直的直线，以作为纵向主轴线，其测设误差应小于 10″。主轴线测定后，应向两端延长至施工影响范围之外，每端各埋设两个固定标志以表示方向。

水闸的高程采用三等或四等水准测量方法测定。水准基点应布设在河流两岸不受施工干扰的地方。临时水准点应尽量靠近水闸位置，可以布设在河滩上。

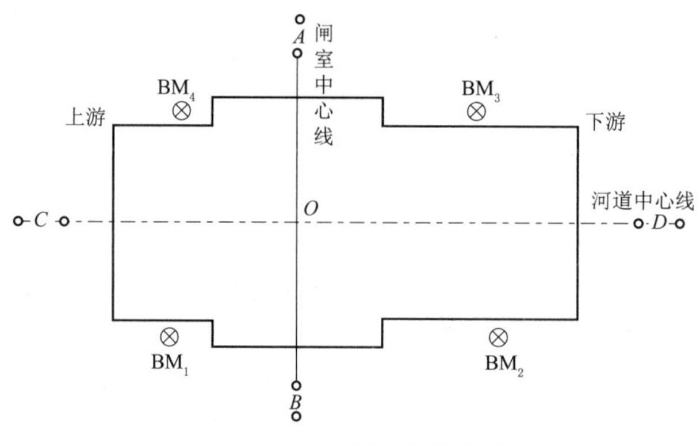

图 10.10　水闸主轴线测设

任务 10.6　基础开挖线的测设和水闸底板放样

1. 基础开挖线的测设

为定出开挖线，可采用套绘断面法。首先从水闸设计图上查取底板形状变换点至闸室中心线的平距，在实地沿纵向主轴线标出点的位置，并测定其高程和测绘相应的横断面图；然后根据设计数据在河床横断面图上套绘相应的水闸断面（图 10.11），量取两断面线交点到测站点的距离 d_L 和 d_R，即可在实地放出这些交点，连成开挖边线。

为了控制开挖高程，可将斜高 l 标注在开挖边桩上。当挖到接近底板高程时，一般应预留 0.3m 左右的保护层，待浇筑底板时再将其挖去，以免间隙时间过长，清理后的地基受雨水冲刷而发生变化。在挖去保护层时，要用水准测量测定底面的高程，测定误差不能大于 10mm。

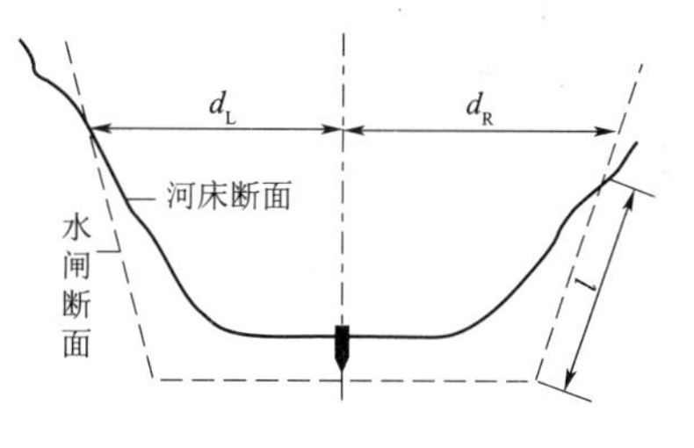

图 10.11　基础开挖线放样

2. 水闸底板放样

水闸底板是闸室和上、下游翼墙的基础。底板放样的目的是放出每块底板立模线的位置，以便安装模板进行浇筑。

由两轴线交点 O 起，在轴线 CD 上分别沿上、下游方向量取底板设计尺寸的一半得两点，在这两个点上分别安置经纬仪，测设与其垂直的两条线，两条线分别与边墩中线相交，交点即四个角点。若在施工场地测设距离有困难，则可推算端点和四个角点的坐标，通过坐标反算在端点处安置经纬仪，用前方交会法放样出角点。水闸底板高程放样可根据闸底板的设计高程和临时水准点的高程，利用水准测量的方法进行。

由于翼墙与闸墩和底板连成一个整体，它们的主筋必须一同绑扎，因此在标定底板立模线时，还应标定翼墙和闸墩的位置，以便竖立连接钢筋。翼墙、闸墩的中心位置及其轮廓线也是根据它们的施工坐标进行放样的，并在地基上打桩标明。

任务10.7 闸门的安装测量

1. 平面闸的安装测量

平面闸门的安装测量包括门楣、底槛、门枕、门轨等的安装和验收测量。平面闸门的底槛主轨、侧轨、反轨等的纵向测量中误差为±2mm。门楣的纵向测量中误差为±1mm，竖向测量中误差为±2mm。底槛和门枕的放样是先定出闸孔中线与门槽中线的交点，再定出门枕中心，然后将门枕中线投测到门槽上、下游混凝土墙上，以便安装；在进行门轨的安装测量前应做好安装门轨的局部控制测量，要求安装后的轨面平整竖直。

2. 弧形闸门的安装测量

弧形闸门由门体、门铰、门楣、底槛和左右侧轨组成。进行弧形闸门安装测量时，应先进行控制点的埋设和控制线的测设，再进行各部分的安装测量。根据图上的设计距离，分别放出门铰中线、门楣、底槛的位置。通过求出侧轨中线上各设计点到辅助线及门铰中线的水平距离，分别放出左右侧轨的位置。为提高放样精度，放样时，可用辅助线到侧轨中线的水平距离校核侧轨中线。

3. 人字闸门的安装测量

人字闸门由上游导墙、进水段、桥墩段、上闸首、闸室、下闸首、泄水段和下游导墙等组成。进行人字闸门安装测量时，首先进行底枢中心点定位，其可根据施工场地和仪器设备而定，一般多采用精密经纬仪投影，配合钢卷尺进行测设；然后进行两个顶枢中心点的投测，既可以采用天顶投影仪投测，也可以采用经纬仪投测；最后是高程测量，一般四等水准点或经过检查的工程水准点都可以作为底枢高程的控制点。在安装过程中，只能使用同一个高程基点。

项目11　隧洞施工测量

【知识目标】

了解隧洞测量的主要内容和程序；理解贯通工程的精度估算和测量方法；掌握隧洞工程控制测量的方法和步骤；掌握隧洞工程施工阶段测量的方法和步骤。

【技能目标】

能熟练使用全站仪、GPS和水准仪导仪器进行隧洞控制测量；能正确识读工程图纸，熟练标定隧洞巷道中腰线；会进行地下导线的施测。

任务11.1　隧洞施工测量概述

隧洞是线路工程穿越山体等障碍物的通道，或是为地下工程施工所做的地面与地下联系的通道。当道路越过山岭地区时，为了缩短线路长度、提高车辆运行速度等，常采用隧洞的形式。在城市里，为了节约土地，也常在建筑物下、道路下、水体下建造隧洞。隧洞通常由洞身、衬砌、洞门等组成。

隧洞施工时一般由隧洞两端洞口进行相向开挖。在长大隧洞施工时，通常还要在两洞口间增加旁洞（包括平洞和斜洞）、斜井或竖井（图11.1），以增加掘进工作面，加快工程进度。为了保证隧洞在施工期间按设计的方向和坡度贯通，并使开挖断面的形状符合设计要求，尽量做到不欠挖、不超挖，各项测量工作必须反复核对，确保准确无误，避免因测量工作的失误，导致对向开挖的隧洞无法正确贯通而造成巨大的损失。

11.1.1　隧洞施工测量的任务

隧洞施工测量与隧洞结构形式、施工方法有着密切联系。进行隧洞施工测量时，应准确标定隧洞中心线，定出掘进中心线的方向和坡度，保证其按设计要求贯通，同时还要控制掘进的断面形状，使其符合设计尺寸。

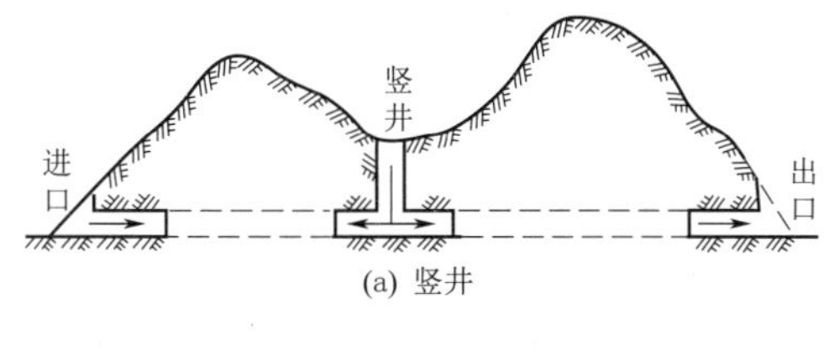

(a) 竖井

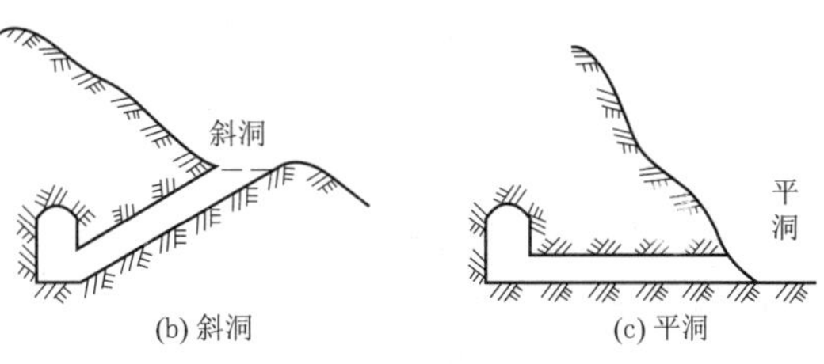

(b) 斜洞　　(c) 平洞

图11.1　竖井、斜洞和平洞示意图

（1）地面上的平面控制测量与高程控制测量。

（2）将地面控制点的坐标、方向和高程传递到地下的联系测量。

（3）地下洞内平面控制测量与

高程控制测量。

（4）根据洞内控制点进行施工放样，以指导隧洞的正确开挖、衬砌与施工。

（5）在地下进行设备安装与调校测量。

（6）竣工测量。

以上测量工作旨在标出隧洞设计中心线和高程，为开挖、衬砌与洞内施工确定方向和位置，保证相向开挖的隧洞按设计要求准确贯通，保证设备的正确安装，并为设计和管理部门提供竣工资料。

11.1.2　隧洞施工测量的程序

1. 地面控制测量程序

（1）收集隧洞轴线附近的地形、地质、交通、控制成果等有关资料。

（2）进行洞外平面控制网和高程控制网的室内设计。

（3）现场选点布网并估算贯通精度。

（4）埋设和建立控制点标志。

（5）边长及角度观测。

（6）水准测量。

（7）内业计算及资料整编。

2. 洞内控制测量及施工测量程序

（1）由洞外控制点放样隧洞的洞口点。

（2）洞口切坡放样。

（3）根据洞外控制点标定开挖方向。

（4）洞内导线测量。

（5）根据洞内导线点测设洞轴线，指示开挖方向。

（6）洞内水准测量及高程放样。

（7）隧洞断面的施工放样。

（8）土石方量测算。

（9）竣工测量。

以上工作程序可在施工过程中根据具体情况适当调整，灵活应用。

11.1.3　隧洞施工测量的内容和作用

随着现代化建设的发展，我国隧洞过程日益增加，如公路隧洞、铁路隧洞、水利工程隧洞、地下铁道、矿山巷道等。按所在平面位置（直线或曲线）及洞身长度的不同，隧洞可分为特长隧洞、长隧洞、中隧洞和短隧洞。例如，直线形隧洞，长度大于3000m 的属于特长隧洞；长度大于 1000m 而不大于 3000m 的属于长隧洞；长度大于500m 而不大于 1000m 的属于中隧洞；长度不大于 500m 的属于短隧洞。同等级的曲线形隧洞，其长度界限为直线形隧洞的一半。

1. 隧洞施工测量的内容

工程性质和地质条件不同，地下过程的施工方法也不同。施工方法不同，对测量的要求也有所不同。总体来说，隧洞施工需要进行的测量工作主要包括以下几项：

（1）地面控制测量。地面控制测量是在地面上建立平面控制网和高程控制网。

(2) 联系测量。联系测量是将地面上的坐标、方向和高程传到地下，建立地面地下统一坐标系统。

(3) 地下控制测量。地下控制测量包括地下平面与高程的控制。

(4) 隧洞内施工测量。隧洞内施工测量是根据隧洞设计进行放样，指导开挖及衬砌的中线及高程测量。

隧道施工测量的工作内容，包括隧道地表（洞外）的平面和高程控制测量、洞口投点测量及洞内外控制点联测工作，尤其是洞口控制网（点）或洞内、外过渡控制点精度的周期检查与质量确认至关重要。在进行洞内控制和施工测量时，应重点考虑设计好洞内施工中线及控制桩点（方向线、水准点）往掌子面引测的方式及需达到的精度。力求布点稳妥、观测可靠，施测形式及成果材料的处理方法缜密合理。隧道洞内的施工周期长、测量环境条件差、施工干扰大，故测量桩位受影响的因素最多。每次往前引测桩点（或方向）必须对原测（既有）启用点进行“搭接”式复测检查并尽量选用精度较高的桩点作为起始点（边）。在洞内施工过程中，测量桩点时常遭到施工毁坏，恢复（补测）这些桩点或增设新点时，保证其精度和日后稳定是一件反复和需要高度重视的工作，补测（重测）时应按照原测精度执行，且要达到原测精度质量指标。隧道测量中，角度观测精度不得低于同级别观测网中边长的观测精度指标，尤其长大隧道更是如此。对于曲线隧道，量边长、测角精度均应得到重视。做好长大隧道贯通误差的预估计算，将对隧道的整体控制测量设计及洞内施工测量起到良好的指导作用。

2. 隧洞施工测量的作用

隧洞施工测量的作用有以下几点：

(1) 标定出地下过程建筑物的设计中心线和高程，为开挖、衬砌和施工制定方向及位置。

(2) 保证开挖不超过规定的界限，保证所有建筑物在贯通前能正确修建。

(3) 保证设备的正确安装。

(4) 为设计和管理部门提供竣工测量资料。

任务 11.2　洞 外 控 制 测 量

11.2.1　地面控制测量

隧洞工程控制测量是保证隧洞按照规定的精度正确贯通，并使地下各项建（构）筑物按设计位置定位的工程措施。

1. 平面控制测量

(1) 中线法。中线法是在隧洞地面上按一定的距离标出中线点，施工时以此作为中线控制桩使用。如图 11.2 所示，A 为进口控制点，B 为出口控制点，C、D、E 为洞顶地面的中线点。

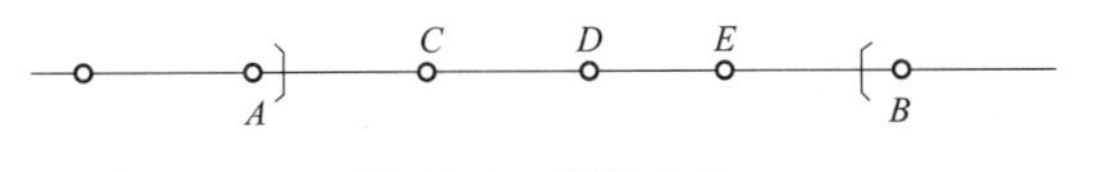

图 11.2　隧洞中线

中线法施工时，分别在 A、B 点安置仪器，从 AC、BE 方向延伸到洞内，作为隧洞的掘进方向。该法适用于隧洞较短、洞顶地形较平坦且无较高精度的测距设备的情况。实际操作时必须反复测量，防止出错，并应注意延伸直线的验核。中线法的优点是中线长度误差对贯通的横向误差几乎没有影响。

(2) 导线法。当洞外地形复杂、量距又特别困难时，可采用光电测距导线进行洞外控制。如图 11.3 所示，A、B 分别为进口点和出口点，1、2、3、4 为导线点，β_1 和 β_2 为连接角。施测导线时应尽量使导线为直伸形，以减少转折角，使测角误差对贯通的横向误差影响减小。

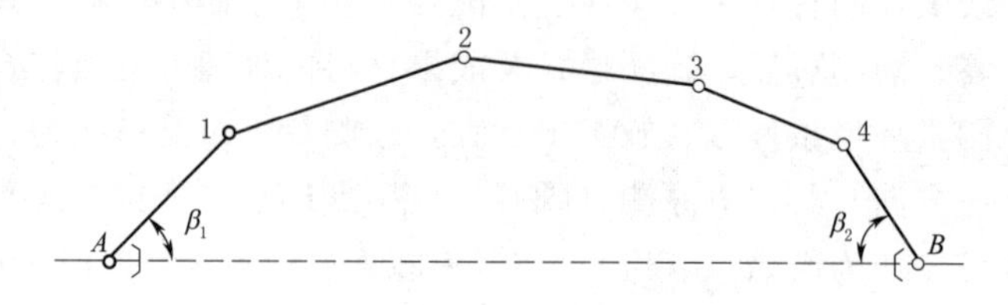

图 11.3 隧洞的导线控制网

(3) 三角网法。三角锁作为隧洞洞外的控制网，必须要测量高精度的基线，测角精度要求也较高，一般长隧洞测角精度为 $\pm 2''$ 左右，起始边精度要达到 1/300000。因此，要付出较多的人力和物力。如果有较高精度的测距仪，多测几条起始边，用测角锁计算，会比较简便。用三角锁作为控制网时，最好将三角锁布设成直伸形，并且用单三角构成，使图形尽量简单。这时边长误差对贯通的横向误差的影响大为削弱，如图 11.4 所示。

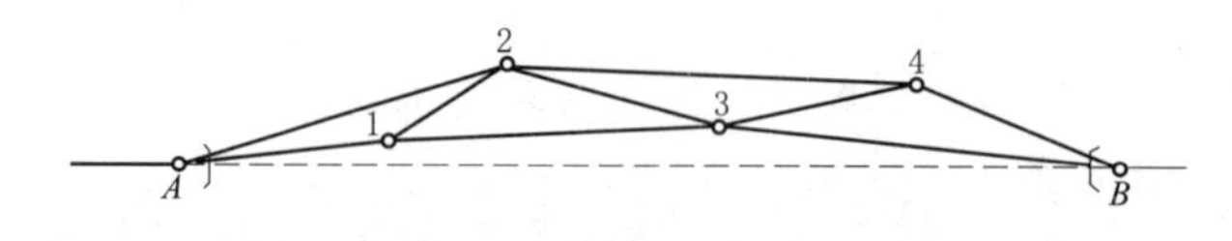

图 11.4 隧洞的三角锁控制网

(4) GPS 法。利用 GPS 建立洞外的隧洞施工控制网，由于无需通视，因此不受地形的限制，减少了工作量，提高了观测速度，降低了费用，并能保证施工控制网的精度。

如图 11.5 所示，A、B 分别为隧洞的进口点和出口点，AC、BF 为进口和出口的定向方向，必须通视。A、C、D、F、E、B 组成四个三角形。用三台（套）GPS 接收机可观测四个时段，用四台（套）GPS 接收机可观测两个时段。若需要与国家高级控制点联测，则可将两个高级点与该网组成整体网，或联测一个高级点和给出一个方位角。

GPS 网首先获得的是 WGS－84 坐标系的成果，应将其转换为以 A 点所在的子午线为中央子午线，以 A、B 点的平均高程为投影面的自由网的坐标数据，然后进行平差计算，从而获得控制网的成果。

进行 GPS 网数据处理时，应注意用水准测量联测一部分 GPS 点的高程，以便求得其他 GPS 点的高程。

2. 高程控制测量

地面高程控制测量的目的是按照规定的精度测量两个开挖洞口的进口点间的高差，并建立洞内统一的高程系统，以保证贯通面上高程的正确贯通。

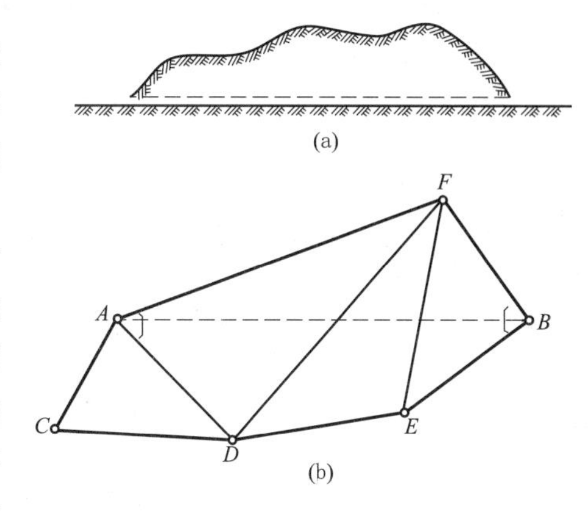

图 11.5　隧洞施工控制网

一次相向贯通的隧洞，在贯通面上对高程要求的精度为±25mm。对地面高程控制测量分配的影响值为±18mm，分配到洞内高程控制的测量影响值为±17mm。根据上述精度要求，按照路线的长度确定必要的水准测量的等级。进口和出口处要各设置两个以上的水准点，两个水准点之间最好能安置一次仪器，即可进行联测。水准点应埋设在坚实、稳定和避开施工干扰的地方。

地面水准测量的技术要求应参照相应等级的水准测量规范的规定。

11.2.2　隧洞洞口位置与中线掘进方向的确定

1. 隧洞洞口位置的确定

地面平面控制测量和高程测量完成后，即可求得隧洞洞口附近控制点的坐标和高程，根据设计参数计算洞内中线点的设计坐标和高程，然后反算得到所需要的测设数据，再选适当的方法实地勘测与标定洞口的掘进方向。

当采用多段对向开挖时，利用地面与地下测量的联系结果，按同样的方法可定出各竖井处的掘进方向。

(1) 测设数据的计算。如图 11.6 所示，A、B、C、D、E、F、H、G 为一条曲线隧洞的洞外平面控制点，其中 A、B 为进洞点，JD 为线路交点，JD 的坐标由设计给定，则在 A 点处的隧洞掘进方向测设数据 β_1 及在 B 点处的掘进方向测设数据 β_2 的计算式分别为

$$\beta_1 = \alpha_A - \mathrm{JD} - \alpha_{AD}$$

$$\beta_2 = \alpha_{BG} - \alpha_B - \mathrm{JD}$$

对于直线隧洞，反算出 AD、AB 及 BG 边的方位角后，即可算得测设数据 β_1 和 β_2。

(2) 洞口掘进方向的标定。隧洞贯通的横向误差主要由隧洞中线方向的测设精度决定，而进洞时的初始方向尤为重要。因此，在隧洞洞口要埋设若干个固定点，将中线方向标定在地面，作为开始掘进及以后与洞内控制点联测的依据。

如图 11.7 所示，在洞口掘进方向埋设并标定 1、2、3、4 桩，在洞口点 A 垂直于掘进方向埋设并标定 5、6、7、8 桩，采用混凝土桩或石桩。所有桩点应埋设在不易受施工干扰和破坏的地方，并测定 A 点至 2、3、6、7 点的距离，以便在施工中随时检查和恢复洞口的位置。

2. 开挖过程中掘进方向的测设

在洞口测设出开挖方向后即可进行开挖，随着隧洞的掘进，应逐步向洞内引测隧洞中线，以控制掘进方向。

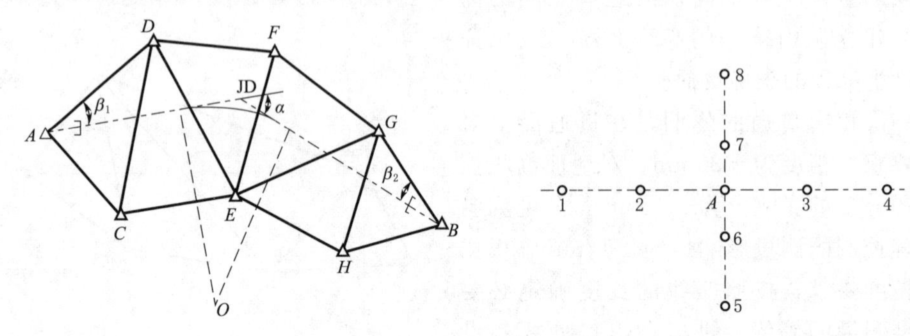

图 11.6　洞口掘进方向测设数据的计算　　　图 11.7　洞口掘进方向的标定

(1) 中线桩的测设。通常每掘进 20m 左右埋设一个中线桩，以便将中线向前延伸。中线桩可埋设在隧洞的底部或顶部，也可在底部和顶部同时埋设。对于直线隧洞，中线桩采用正倒镜分中法进行测设。对于曲线隧洞，由于洞内工作面狭小，通常采用逐点搬站的偏角法进行中线桩的测设。当隧洞不断向前掘进时，为了确保掘进方向的准确性，应先使洞内导线向前延伸，然后根据洞内导线点来测设掘进方向。

(2) 掘进方向的指示。由于洞内工作面狭小、光线暗淡，因此，在隧洞施工中一般使用具有激光指向功能的经纬仪、全站仪或激光指向仪，根据中线方向来指示隧洞的掘进方向。

任务 11.3　隧洞掘进中的测量工作

11.3.1　隧洞中线和腰线的测设

在隧洞掘进过程中要给出掘进的方向和掘进的坡度，这样才能保证隧洞按设计要求掘进。

1. 隧道中线的测设

在全断面掘进的过程中，常用中线给出隧洞的掘进方向。如图 11.8 所示，Ⅰ、Ⅱ为导线点，A 为设计的中线点。已知 A 点的设计坐标和中线的坐标方位角，根据Ⅰ、Ⅱ点的坐标可反算得到 $\beta_{\text{Ⅱ}}$、β_A 和距离 D。在Ⅱ点上安置仪器，测设 $\beta_{\text{Ⅱ}}$ 角和丈量距离 D，便可得到 A 点的实际位置。在 A 点（底板或顶板）上埋设标志并安置仪器，后视Ⅱ点，拨 β_A 角，可得中线方向。

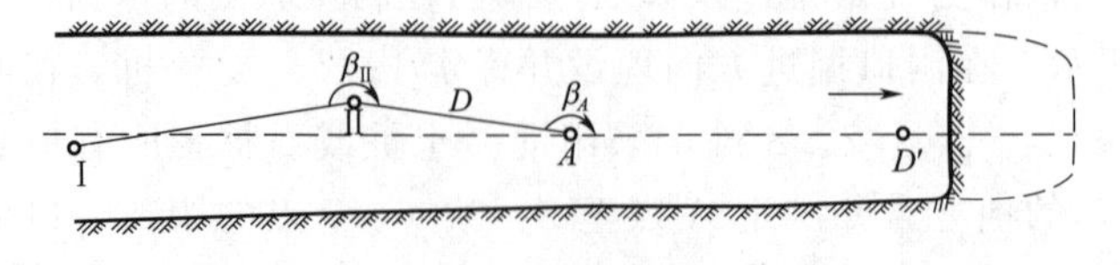

图 11.8　测设隧洞中线

若 A 点离掘进工作面较远，则应在工作面近处建立新的中线点 D'，A 点与 D' 点之间不应大于 100m。在工作面附近，用正倒镜分中法设立临时中线点 D、E、F（图 11.9），并将其埋设在顶板上。D、E、F 点之间的距离不宜小于 5m。在三点上悬挂垂球线，一人在后向前指出掘进的方向，并将其标定在工作面上。

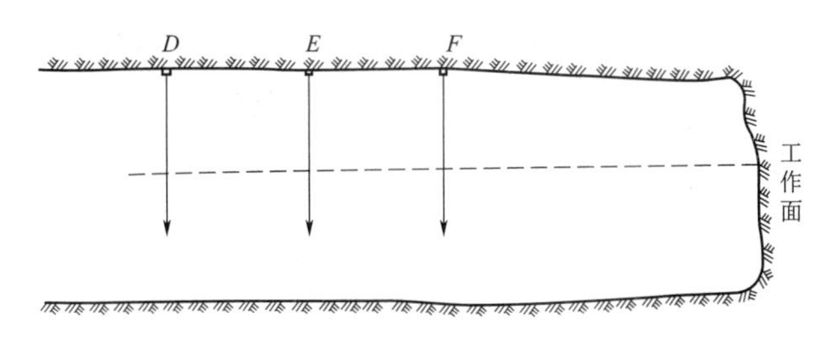

图 11.9 顶板上的临时中线点

当隧洞继续向前掘进时，导线也随之向前延伸，同时用导线测设中线点，以检查和修正掘进方向。

2. 隧洞腰线的测设

（1）用经纬仪测设腰线。在测设中线的同时可测设出腰线。如图 11.10 所示，在 A 点安置经纬仪，量仪器高 i，则仪器视线高程为 H_A+i，将 A 点的腰线高程设为 H_A+l，则两者之差 k 为

$$k=(H_A+i)-(H_A+l)=i-l$$

式中 H_A——A 点的高程，m；

l——仪器腰线高，m。

当经纬仪所测的倾角为设计隧洞的倾角 δ 时，瞄准中线上 D、E、F 三点所挂的垂球线，从视点 1、2、3 向下量 k，即得腰线点 $1'$、$2'$、$3'$。

在隧洞掘进过程中标定隧洞坡度的腰线点时，并不标定在中线上，而是标定在隧洞的两个侧壁上。

如图 11.11 所示，将仪器安置于 A 点，在中线 AD 上的倾角为 δ，若 B 点与 D 点同高，但 AB 线的倾角为 δ'，而并不是 δ，通常称 δ' 为伪倾角。δ 与 δ' 之间的关系可按式（11.1）求出。

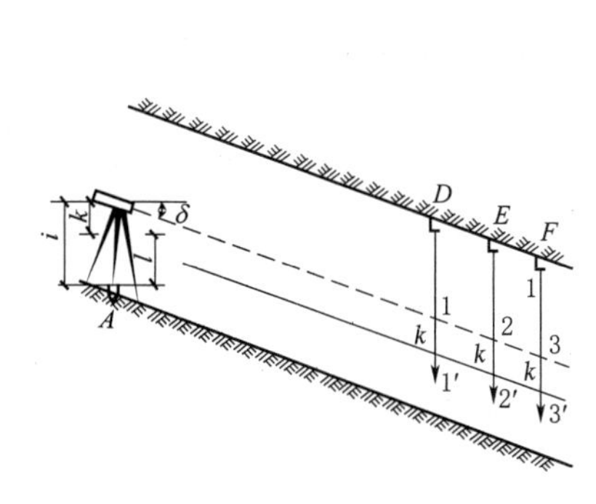

图 11.10 用经纬仪定腰线

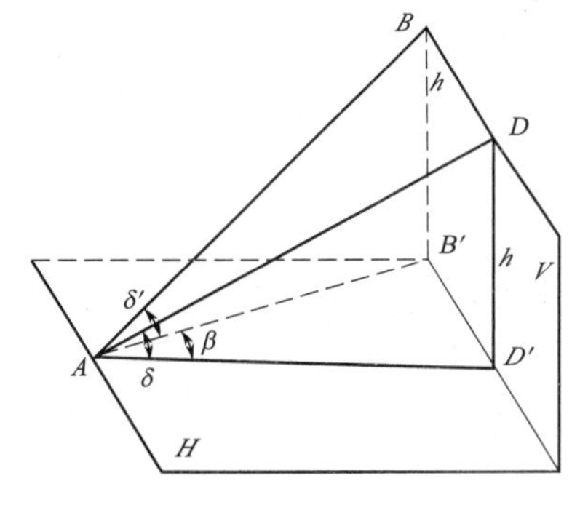

图 11.11 量隧洞倾角

$$\tan\delta = \frac{h}{AD'}$$

$$\tan\delta' = \frac{h}{AB'} = \frac{AD'\tan\delta}{AB'} = \cos\beta\tan\delta \tag{11.1}$$

根据现场观测的β角和设计的δ角计算出δ'之后，就可以在隧洞的两个侧壁上标定出腰线点。如图11.12（a）所示，在A点安置经纬仪，观测1、2两点与中线的夹角β_1和β_2，计算δ'_1、δ'_2，并以δ'_1、δ'_2的倾角分别瞄准1、2两点，从视线向上或向下量取k，即得腰线点的位置。

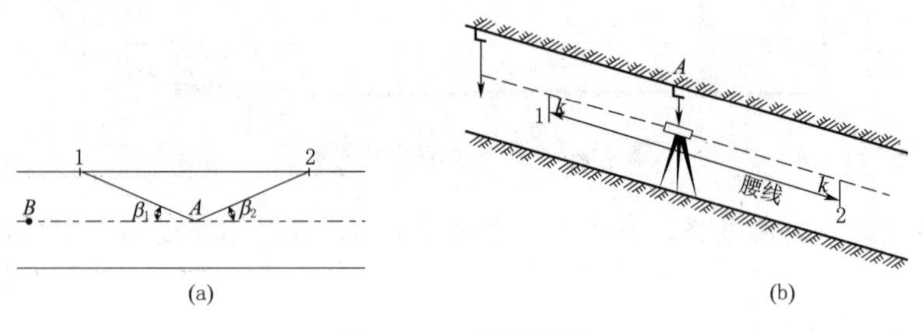

图11.12 腰线放样

（2）用水准仪测设腰线。当隧洞坡度在8°以下时，可用水准仪测设腰线。如图11.13所示，A点的高程H_A、B点的设计高程H设均为已知，设坡度为i，在中线上量出1点与B点的距离l_1及1、2和2、3点之间的距离l_0。则1、2、3点的设计高程分别为$H_1=H_{设}+l_1i+l$，$H_2=H_1+l_0i$，$H_3=H_2+l_0i$；安置水准仪，后视A点，读取读数a，则仪器高程$H_{仪}=H_A-a$；分别瞄准1、2、3点两侧壁上相应位置的水准尺，使读数分别为$b_1=H_1-H_{仪}$，$b_2=H_2-H_{仪}$，$b_3=H_3-H_{仪}$，则尺底即腰线点的位置。在隧洞的两个侧壁上标志1、2、3点，三点的连线即腰线。

11.3.2 折线与曲线段中线的测设

井下车场和运输巷道弯处或巷道分岔处，一般用圆曲线巷道连接。圆曲线巷道的起点、终点、曲线半径和转角（曲线中心角），在设计图中都有规定。

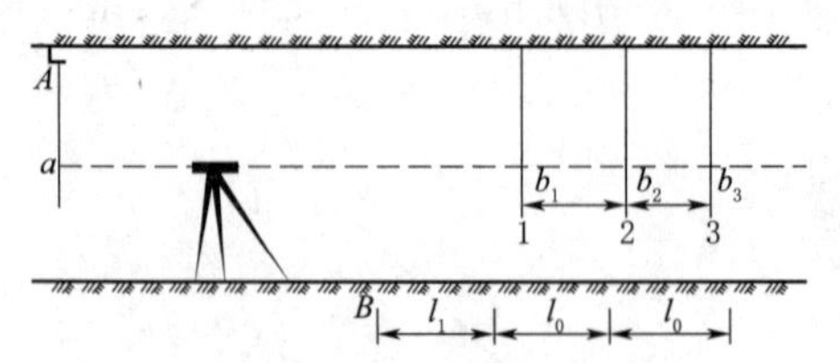

图11.13 用水准仪测设腰线

由于曲线巷道的中线是弯曲的，不能像直线巷道那样直接标定出来，因此只能在小范围内用分段弦线来代替圆弧线，用折线代替整个圆曲线，并实地标定这些弦线来指示巷道掘进的方向。

经纬仪法是曲线巷道测设常用的一种方法。图11.14所示为一条曲线巷道，已知曲线巷道的起点为A，终点为B，曲线半径为R，中心角为α。

1. 计算标定数据

用弦线代替圆弧，首先要确定合理的弦长等分，则弦长为

$$l = 2R\sin\frac{\alpha}{2n} \tag{11.2}$$

A、B 点的转角 β_A、β_B 分别为

$$\beta_A=\beta_B=180°+\frac{\alpha}{2n} \tag{11.3}$$

1、2 点的转角 β_1、β_2 分别为

$$\beta_1=\beta_2=180°+\frac{\alpha}{n} \tag{11.4}$$

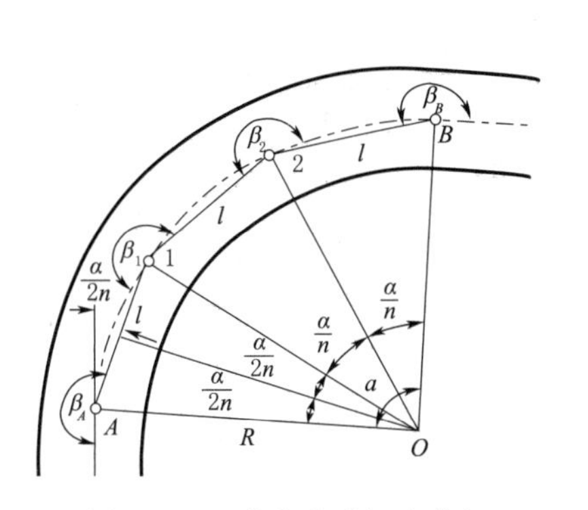

图 11.14　曲线巷道标定数据

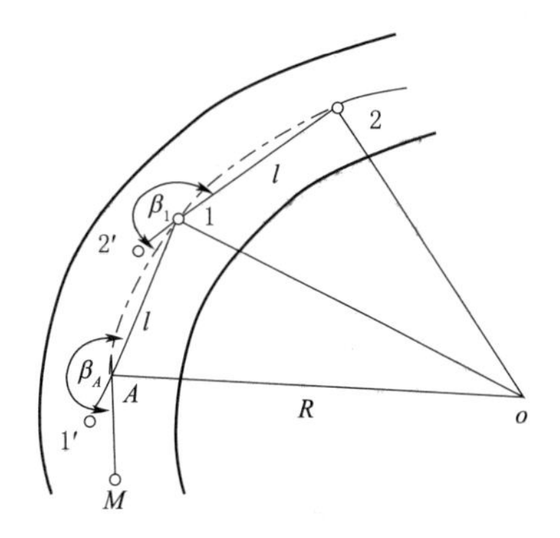

图 11.15　经纬仪法标定曲线巷道

2. 实地标定

如图 11.15 所示，当巷道掘进到曲线起点 A 时，先标定出 A 点。然后在 A 点安置经纬仪，后视另一中线点 M，测设转角 β_A，即可得到弦 A_1 的方向。因为此时曲线巷道尚未掘出，所以只能倒转望远镜，在 A_1 反方向的巷道顶板上标出中线点 1′，用 $A_1{}'$ 的方向指示 A_1 段巷道的掘进方向。同样，当巷道掘进到 1 点后，再置经纬仪于 A 点，在 A_1 方向上量取弦长 l 先准确标出 1 点。然后将经纬仪安置于 1 点，转动望远镜拨转角 β_1，倒镜在顶板上定出 2′点，用 2′1 方向指示 12 段巷道的掘进方向。照此方法逐段标定下去，直至弯道的终点 B。

为了指导掘砌施工，还应绘制 1∶50 或 1∶100 的大样图，在图上绘出巷道两帮与弦线的相对位置，在图上直接量出弦线到巷道两帮的边距。确定边距的方法有半径法和垂线法。

(1) 半径法。当曲线巷道采用金属、水泥或木支架支护时，需要沿半径绘制边距大样图。如图 11.16 所示，边距沿半径方向量取，并计算出内、外帮棚腿间距 $d_{内}$ 和 $d_{外}$，使棚子按设计架在半径方向上。内、外棚腿间距的计算公式分别为

$$d_{内}=d-\frac{dD}{2R}$$

$$d_{外}=d+\frac{dD}{2R}$$

式中　d——设计的棚间距，m；

D——巷道净宽，m。

(2) 垂线法。如图 11.17 所示，垂线法是沿弦线每隔 1m 作弦的垂线，然后从图上量取弦线到巷道两帮的边距，并将数值注在图上，以便施工。

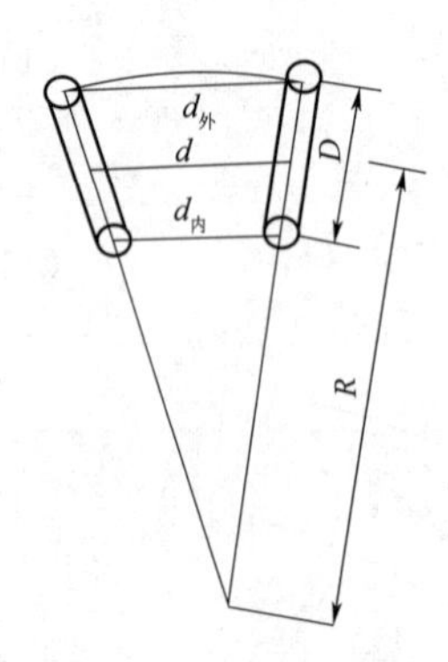

图11.16　棚腿间距图示

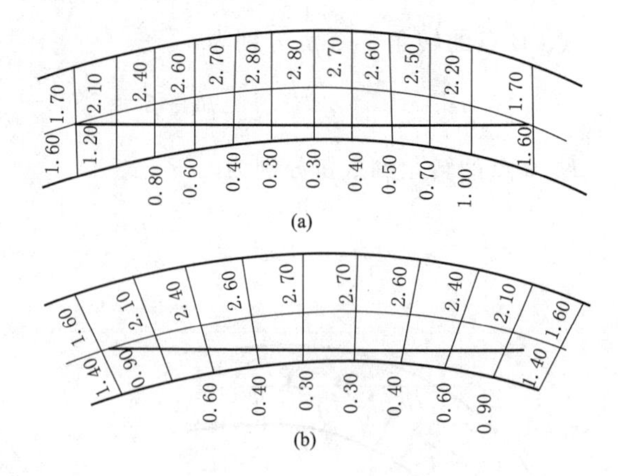

图11.17　巷道大样图示

11.3.3　洞内导线测量

1. 地下导线测量的目的和作用

地下导线测量的目的是以必要的精度，按照与地面控制测量统一的坐标系统，建立地下的控制系统。根据地下导线的坐标，可以放样出隧洞中线及其衬砌的位置，指出隧洞开挖的方向，保证相向开挖的隧洞在所要求的精度范围内贯通。

地下导线的起始点通常设在隧洞的洞口、平坑口、斜井口，这些点的坐标是由地面控制测量测定的。

2. 地下导线的布设

(1) 施工导线。施工导线在开挖面向前推进时，用以进行放样且指导开挖的施工导线的边长一般为25～50m。

(2) 基本控制导线。当掘进长度为100～300m时，为了检查隧洞的方向是否与设计相符合，并提高导线精度，应选择将一部分施工导线点布设成边长较长、精度较高的基本控制导线。基本控制导线的边长一般为50～100m。

(3) 主要导线。当隧洞掘进大于2km时，可选择将一部分基本导线点布设主要导线。主要导线的边长一般为150～800m（用测距仪测边）。对精度要求较高的大型贯通工作，可在导线中加测陀螺边以提高方位的精度。陀螺边一般加在洞口起始点到贯通点距离的2/3处。直线隧洞导线布设方案如图11.18所示，其中，1、2、3、4、5、6、7为基本导线点；Ⅰ、Ⅱ、Ⅲ、Ⅳ为主要导线点。有些点既是基本导线点，又是主要导线点。

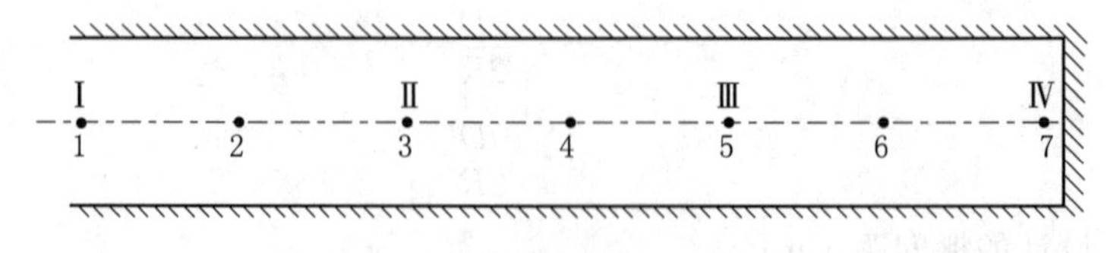

图11.18　直线隧洞导线布设方案

在隧洞工程建设中，导线点大多埋设在顶板上，测角、量距也与地面大不相同。巷道中的导线等级与地面也不同。各级导线的技术指标见表11.1。

表 11.1 各级导线的技术指标

导线类型	测角中误差/(″)	一般边长/m	角度允许闭合差		方向测回法较差/(″)	最大相对闭合差	
			闭（附）合导线	复测支导线		闭（附）合导线	复测支导线
高级	±15	30～90	$\pm30''\sqrt{n}$	$\pm30''\sqrt{n_1+n_2}$	±30	1/6000	1/4000
Ⅰ级	±22	—	$\pm45''\sqrt{n}$	$\pm45''\sqrt{n_1+n_2}$	±30	1/4000	1/3000
Ⅱ级	±45	—	$\pm90''\sqrt{n}$	$\pm90''\sqrt{n_1+n_2}$	±30	1/2000	1/1500

注 1. n 为闭（附）合导线测站数。
2. n_1、n_2 分别为复测支导线第一次、第二次测站数。

当隧洞过长时才考虑布设主要导线。后一种导线的点一般与前一种导线的点重合。导线点一般设在顶板上岩石坚固的地方。在隧洞的交叉处必须设点。为了使用方便、便于寻找，导线的编号应尽量做到简单，按次序排列。

由于地下导线布设成支导线，而且测一个新点后，中间要间断一段时间，所以当导线继续向前测量时，需先进行原测点检测。在直线隧洞中，检核测量可只进行角度观测;在曲线隧洞中，还需检核边长。当有条件时，尽量构成闭合导线。同时，由于地下导线的边长较短，仪器对中误差及目标偏心误差对测角精度的影响较大，因此，应根据施测导线的等级增加对中次数（具体要求参阅有关规定）。井下导线边长的丈量可用钢尺或测距仪进行。

3. 地下导线测量的外业

(1) 选点。隧洞中的导线点要选在坚固的地板或顶板上，应便于观测，易于安置仪器，通视条件较好，导线的边长要大致相等且不小于 20m。

(2) 测角。地下导线测角一般采用测回法或复测法。观测时要严格进行对中，瞄准目标或垂球线上的标志。若导线点在顶板上，则要求经纬仪或全站仪必须具有向上对中功能。

(3) 量边。量边一般是悬空丈量。在水平巷道内丈量水平距离时，将望远镜置于水平位置，瞄准目标或垂球线，在视线与垂球线的交点处做标志（大头针和小钉）。若距离超过一尺段，则中间要加分点。如图 11.19 所示，如果是倾斜巷道，又是点下对中，还要测出竖直角 δ。

当用基本导线丈量边长时，需用弹簧秤施加一个标准拉力，并且测量、记录温度。每尺段串尺三次，互差不得大于±3mm。要往返丈量导线边长，经改正后，往返丈量的较差不超过 1/6000，施工导线可不用弹簧秤，但必须控制拉力，往返较差不应超过 1/2000。

用光电测距仪测量边长，既方便又快速，可大大提高工作效率。

4. 地下导线测量的内业

地下导线测量的计算与地面导线测量相同。只是地下导线随隧洞掘进而布设，在贯通前既难以闭合，也难以附合到已知点上，是一种支线的形式。因此，根据对支线的误差分析得到如下结论。

(1) 测角误差对导线点位的影响随测站数的增加而增大，故应尽量增长导线边，以减少测站数。

(2) 量边的偶然误差影响较小，系统误差影响较大。

(3) 测角误差直接影响导线的横向误差，对隧洞贯通影响较大；测边误差影响纵向误差。

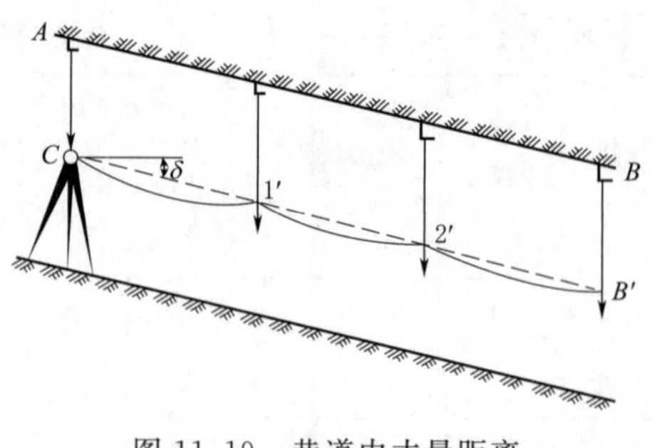

图 11.19 巷道内丈量距离

11.3.4 隧洞开挖断面的放样

每次开挖钻爆前，应在开挖断面上根据中线和规定高程标出预计开挖断面轮廓线。为使坑道开挖断面较好地符合设计断面，在每次掘进前，应在两个临时中线点吊垂线，以目测瞄准（或仪器瞄准）的方法在开挖面上从上而下绘出线路中线的方向，然后再根据这条中线，按开挖的设计断面尺寸（同时应把施工的预留宽度考虑在内）给出断面轮廓线，断面的顶和底线都应将高程定准。最后，按此轮廓线和断面中线布置炮眼位置，进行钻爆作业。

隧洞施工在拱部扩大和马口开挖工作完成后，需要根据线路中线和附近地下水准点进行开挖断面测量，检查隧洞内轮廓是否符合设计要求，并确定超挖或欠挖工程量。一般采用极坐标法、直角坐标法及交会法进行测量。

隧洞断面放样的任务是开挖时在待开挖的工作面上标定出断面范围，以便布置炮眼进行爆破；开挖后进行断面检查，以便修正，使其轮廓符合设计尺寸；当需要衬砌浇筑混凝土时，还要进行立模位置的放样。

断面的放样工作随断面形式不同而不同。通常采用的断面形式有圆形、拱形和马蹄形等。图 11.20 所示为圆拱直墙式隧洞断面，其放样工作包括侧墙和拱顶两部分，从断面设计中可以得知断面宽度 S、拱高 h_0、拱弧半径 R 和起拱线的高度 L 等数据。放样时，首先定中垂线和放出侧墙线，其方法是：将经纬仪安置在洞内中线桩上，后视瞄准另一根中线桩，倒转望远镜，即可在待开挖的工作面上标出中垂线 AB，由此向两边量取 $S/2$，即得到侧墙线；然后根据洞内水准点和拱弧圆心的高程，将圆心 O 测设在中垂线上，则拱形部分可根据拱弧的圆心和半径，用几何作图的方法在工作面上画出来，也可根据计算或图解数据放出圆周上的 a'、b'、c'等点。若放样精度要求较高则可采用计算的方法，其中，放样数据 oa、ob 等（起拱线上各点与 o 点的距离）根据断面宽度和放样点的密度决定，通常 a、b、c 等点取相等的间隔（如 1m）；由起拱线向上量取高度 h_i 即得拱顶 a'、b'、c'等点，h_i 的计算式为

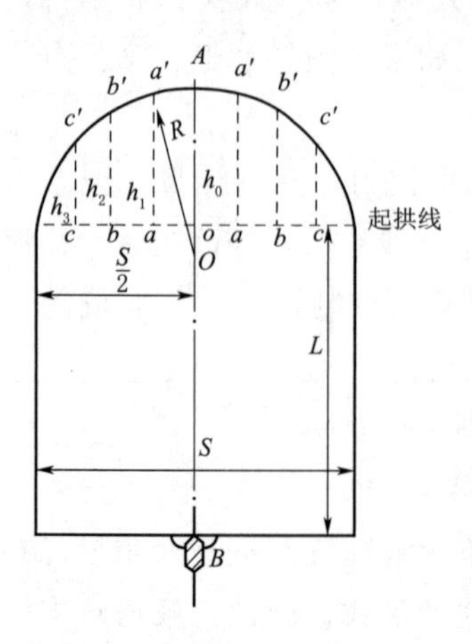

图 11.20 圆拱直墙式断面

$$h_1 = aa' = \sqrt{R^2 - oa^2} - (R - h_0)$$
$$h_2 = bb' = \sqrt{R^2 - ob^2} - (R - h_0)$$
$$h_3 = cc' = \sqrt{R^2 - oc^2} - (R - h_0)$$
$$\cdots$$

根据这些数据既可进行拱形部分的开挖放样和断面检查，也可在隧洞衬砌时依此进行模板的放样。

圆形断面的放样方法与上述方法类似，即先放出断面的中垂线和圆心，再以圆心和设计半径画圆，测设出圆形断面。

任务 11.4　竖井和旁洞的测量

11.4.1　竖井、旁洞的洞外定线

竖井是从隧洞地面中心线上的某处向下开挖至该处隧洞洞底，用来增加对向开挖工作面的管道。竖井的测量工作包括在实地确定竖井开挖的位置，测定高程以求竖井开挖的深度，在开挖至洞底时将地面方向及高程通过竖井传递至洞内，作为掘进的依据。

旁洞是在隧洞一侧开挖打洞，与隧洞中心线相交后，沿隧洞中心线对向开挖以增加工作面的管道。旁洞根据洞口的高低可分为平洞和斜洞，前者沿隧洞设计高程开挖，后者的洞口高于隧洞设计高程。图 11.21 为平洞平面示意图，E 为洞口，EF 为开挖方向，EO 为平洞开挖深度，γ 为平洞与隧洞中心线的交角（由平洞传递的主洞开挖方向）。当平洞洞口位置选定，并确定好开挖方向后，就可在地面上的主洞口 A 或 B 及平洞口 E 用两台经纬仪定出交点 O'（图上未标出），精确丈量 EO' 的水平距离，$EO'=S$（平洞长度），再在 O' 点安置经纬仪精确测出 $\angle AO'E=\gamma$，并在 $O'E$ 的延长线上埋设方向桩 e_1、e_2，以指示平洞开挖方向。当平洞开挖至 O 点附近时（一般要比 EO 长一些），精确定出 O 点，用经纬仪或全站仪精密测设 γ 角，引进主洞开挖方向。

当附近设有控制网时，可根据控制点的坐标和洞口坐标计算所需的放样数据。如图 11.22 所示，A、B 为主洞口的洞口位置，E 为旁洞的洞口位置，K 为控制点，其坐标均已知。设计中，旁洞中线与主洞中线的交角为 γ（可根据需要设定）。为了在 E 点指示旁洞的开挖，必须算出定向角 β 和 EO 的距离 S。为此，首先应算出 O 点的坐标，然后再推算 β 和 S。

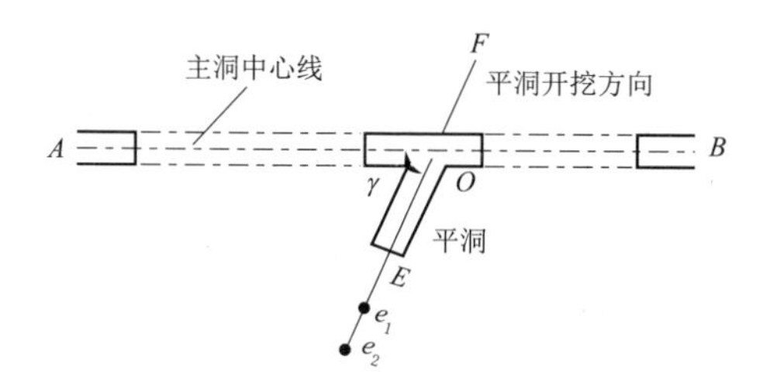

图 11.21　平洞平面示意图

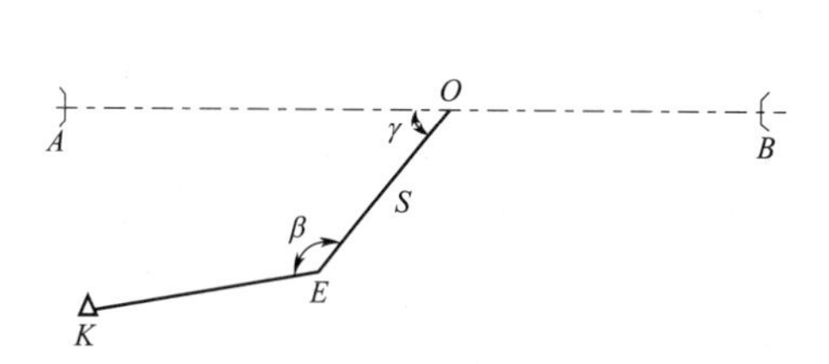

图 11.22　放样数据图示

由图11.22和设计资料可知，$\alpha_{OA}=\alpha_{BA}=\arctan\dfrac{y_A-y_B}{x_A-x_O}$，$\alpha_{OE}=\alpha_{OA}-\gamma$

则交点O的坐标（x_O，y_O）可由式（11.5）解算求得。

$$\left.\begin{aligned}\tan\alpha_{OA}&=\frac{y_A-y_O}{x_A-x_O}\\ \tan\alpha_{OE}&=\frac{y_E-y_O}{x_E-x_O}\end{aligned}\right\}\tag{11.5}$$

由此得定向角$\beta=\alpha_{OE}+180°-\alpha_{EK}$，其中$\alpha_{EK}$值为

$$\alpha_{EK}=\arctan\frac{y_K-y_E}{x_K-x_E}$$

则E、O的距离S为

$$S=\frac{y_E-y_O}{\sin\alpha_{OE}}=\frac{x_E-x_O}{\cos\alpha_{OE}}$$

现场测设时，在E点安置经纬仪，后视K点，精确测设β角，得出旁洞的开挖方向，当开挖至O点后，即可标定沿主洞中线的开挖方向。

由于斜洞洞口高程高于隧洞设计高程，开挖的是倾斜长度，故应根据所得的水平距离S、洞口与隧洞设计高程求得的高差h计算斜距及开挖坡度（$i=h/S$），进行开挖。

11.4.2 通过竖井传递开挖方向和高程

1. 联系测量概述

在隧洞施工中，常用竖井在隧洞中间增加掘进工作面，从多面同时掘进，以缩短贯通段的长度，加快施工进度。这时，为了保证相向开挖面能正确贯通，就必须将地面控制网中的坐标、方向及高程经竖井传递到地下去，这项工作称为竖井的联系测量。其中，坐标和方向的传递，称为竖井定向测量。通过定向测量，可以使地下平面控制网与地面上有统一的坐标系统。通过高程传递可使地下高程系统获得与地面统一的起算数据。

按照地下控制网与地面上联系形式的不同，定向的方法可分为四种：通过一个竖井定向（简称一井定向）、通过两个竖井定向（简称两井定向）、通过横洞（平坑）与斜井定向、应用陀螺经纬仪定向。

竖井的联系测量既可通过一个井筒，也可同时通过两个井筒进行。这种联系测量是利用地上、地下控制点之间的几何关系将坐标、方向和高程引入地下，故称为几何定向。

平洞的联系测量可由地面直接向地下联测导线和水准路线，将坐标、高程和方向引入地下。由于平洞隧洞有进口和出口，导线和水准路线可从隧洞两端引入，因此可大大缩短贯通长度。其作业方法与地面控制测量相同。

斜井的联系测量方法与平洞基本相同。不同之处是隧洞坡度较大，导线测量时要注意坡度的影响。另外，斜井大部分为单头掘进，从洞口引入的导线均为支导线，要加强检核，以防联系测量出错。

随着陀螺仪技术的飞速发展，其在导航和测量工作中已被广泛应用。陀螺仪重量

轻、体积小、精度高、使用方便，在隧洞联系测量工作中是一种经济、快速、影响小的现代化定向仪器。

高程的联系测量是将地面高程引入地下，故又称为导入高程。

显而易见，为使地下隧洞（巷道）贯通，地上、地下的控制点必须在同一个坐标系统和高程系统中，否则后果不堪设想；地下工程与地面工程的相对位置必须正确无误；地下建（构）筑物与地面建筑，特别是重要建（构）筑物的相对关系必须精确。因此，联系测量是非常重要的一项工作。

2. 一井定向和两井定向

（1）一井定向。一井定向是在井筒内挂两根钢丝，钢丝的上端在地面，下端投到定向水平。在地面测算两根钢丝的坐标，同时在井下与永久控制点连接，如此达到将一点坐标和一个方向导入地下的目的。

1）投点。投点所用垂球的重量与钢丝的直径随井深而异。当井深小于 100m 时，垂球的质量为 30～50kg；当井深大于 100m 时，垂球的质量为 50～100kg。钢丝的直径大小取决于垂球的质量。例如，直径为 1.0mm 的钢丝，悬挂垂球的质量可达 90～100kg；直径为 2.0mm 的钢丝，悬挂垂球的质量可达 360～370kg。

投点时，先用小垂球（2kg）将钢丝下放到井下，然后换上大垂球，并置于油桶或水桶内，使其稳定（见图 11.23）。

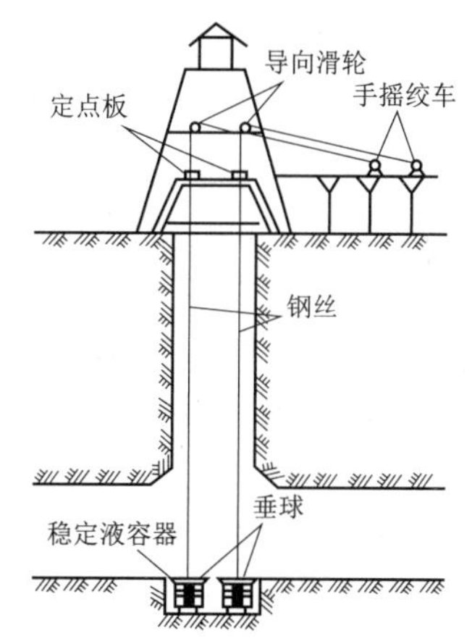

图 11.23 竖井定向

受井筒内气流、滴水的影响，垂球线会发生偏移和不停地摆动，故投点分稳定投点和摆动投点。稳定投点是指当垂球的摆动振幅不大于 0.4mm 时，进行井上、井下同时观测；当垂球摆动振幅大于 0.4mm 时，则按照观测摆动的幅度求出静止位置，并将其固定。

2）连接测量。连接测量是指同时在地面和井下对垂球线进行观测，地面观测是为了求得两垂球线的坐标及其连线的方位角；井下观测是以两垂球的坐标、方位角推算导线起始点的坐标和起始边的方位角。连接测量的方法很多，但普遍使用的是连接三角形法。

如图 11.24 所示，D 点和 C 点分别为地面上的近井点和连接点。A、B 为两垂球线，C'、D' 和 E' 为地下永久导线点。在井上、井下分别安置经纬仪于 C 点和 C' 点，观测 φ、ψ、γ 和 φ'、ψ'、γ'，测量边长 a、b、c、d 及井下的 a'、b'、c' 和 d'。由此，在井上下形成以 AB 为公共边的 $\triangle ABC$ 和 $\triangle ABC'$。由图可以看出，已知 D 点的坐标和 DE 边的方位角，观测 $\triangle ABC$ 的各边长 a、b、c 及 γ 角，就可推算出井下导线起始边的方位角和 D' 点的坐标。

选择 C 和 C' 时应注意：CD 和 $C'D'$ 的长度应大于 20m；C 点和 C' 点应尽可能在 AB 的延长线上，即 γ'、α 和 γ'、β' 不应大于 2°；b/c 和 b'/c 一般应小于 1.5，即 C 和 C' 应尽量靠近垂球线。另外，水平角的观测要用 DJ_6 型以上的经纬仪对中三次，具体观测要求见表 11.2。

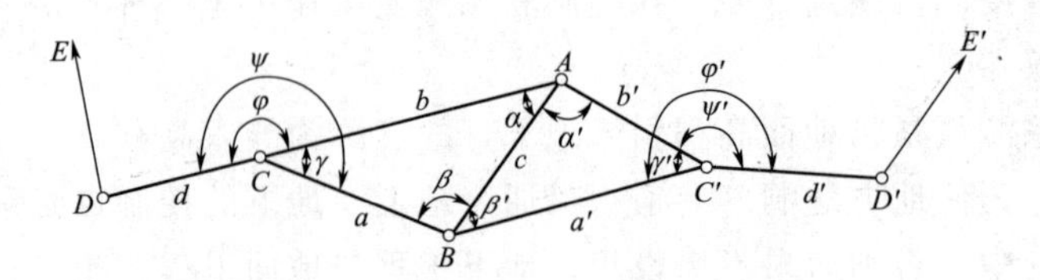

图 11.24　用连接三角形法在井下定向

表 11.2　　　　**水平角的观测要求**

仪器型号	水平角观测方法	测回数	测角中误差/(″)	半测回归零差/(″)	各测回数互差/(″)	重新对中测回间互差/(″)
DJ_2	全圆方向观测法	3	±6	12	12	72
DJ_6	全圆方向观测法	6	±12	30	30	

量边要使用检验过的钢尺，施加标准拉力和测记温度。用钢尺从不同起点丈量6次，读至0.5mm，当观测值互差不大于2mm时，取其平均值作为最后的结果。井上、井下同时量得两垂球线之间的距离之差不得大于2mm。

3）内业计算。如图11.24所示，在△ABC和△ABC'中，c和c'为直接丈量的边长，同时，也可用余弦定理进行计算，即

$$c_{算}^2 = a^2 + b^2 - 2ab\cos\gamma$$

$$c'^2_{算} = a'^2 + b'^2 - 2a'b'\cos\gamma'$$

因此，观测值有一个差值分别为

$$\Delta c_{测} = c - c_{算}$$

$$\Delta c'_{测} = c' - c'_{算}$$

此处，地面上Δc不应超过±2mm，地下$\Delta c'$不应大于±4mm。

可用正弦定理计算α、β和α'、β'

$$\left.\begin{aligned} \sin\alpha &= \frac{a}{b}\sin\gamma \\ \sin\beta &= \frac{b}{c}\sin\gamma \\ \sin\alpha' &= \frac{a'}{b}\sin\gamma' \\ \sin\beta' &= \frac{b'}{c}\sin\gamma' \end{aligned}\right\} \tag{11.6}$$

当$\alpha<2°$、$\beta>178°$时，式（11.6）可简化为

$$\left.\begin{aligned} \alpha &= \frac{a}{c}\gamma \\ \beta &= \frac{b}{c}\gamma \end{aligned}\right\} \tag{11.7}$$

式中　γ——地面观测值，（″）。

当$\alpha>20°$、$\beta<160°$时，可用正弦公式计算α、β。

计算出 α、β 之后，用导线计算方法计算井下导线点的坐标和起始方位角时，尽量按锐角线路推算，如选择 $D—C—A—B—C'—D'$ 线路。井下导线点的坐标和起始方位角的计算公式为

$$\left.\begin{aligned} x'_c &= x_C + \Delta x_{CA} + \Delta x_{BC'} \\ y'_c &= y_C + \Delta y_{CA} + \Delta y_{BC'} \\ \alpha_{C'D'} &= \alpha_{DC} + \varphi - \alpha + \beta' + \varphi' + 4 \times 180° \end{aligned}\right\} \tag{11.8}$$

4）一井定向的误差。一井定向的误差包括地面的连接误差 $m_{上}$、地下的连接误差 $m_{下}$ 和投向误差 θ。

在式（11.8）中，设 φ、α 和 φ'、β' 的中误差分别为 m_φ、m_α、$m_{\varphi'}$、$m_{\beta'}$，则井下一次独立定向的定向边 $C'D'$ 方位角的中误差为

$$M^2_{C'D'} = m^2_{CD} + m^2_\varphi - m^2_\alpha + m^2_{\beta'} + m^2_{\varphi'} + \theta^2 \tag{11.9}$$

在式（11.9）中，起始方位角的中误差 m_{CD} 和联测角的观测误差 m_φ、$m_{\varphi'}$ 可采取措施保证其精度。α、β 和 α'、β' 是间接观测值，影响其精度的因素是多方面的，要给予重视。

综合上述误差公式，可以得出以下结论。

①连接三角形的最有利形状为延伸三角形，角度为锐角（α、β' 和 γ、γ'），在 2°～3°范围，故 C 点和 C' 点应尽可能选在两垂球线连线的延长线上。

②α、β（或 α'、β'）角的误差大小取决于 γ 角的中误差 m_γ 的大小和 a/c、b/c 的比值，应尽可能保证 γ 角的观测精度，并且使 C 点尽量靠近垂球线，以减小 a、b 的长度。

③垂球线的投向误差 θ。由于井筒中垂球线受风流、滴水、钢丝的弹性等因素的影响而发生偏移，产生投点误差，由此引起两垂球连线的偏差 θ，称为投向误差。在一井定向中必须重视投向误差的影响。

（2）两井定向。当有两个竖井，井下有巷道相通，并能进行测量时，就可在两井筒中各放下一根垂球线，然后在地面和井下分别将其连接，形成一个闭合环［图 11.25（a）］，从而把地面坐标系的平面坐标和方位角引测到井下，此即两井定向。

由于 A、B 两垂球线之间的距离 c 较长，按式 $\theta = \pm e\rho''/c$ 计算，投向误差会大大减小。例如，设投点误差 $e = 1\text{mm}$，A、B 之间的距离 $c = 50\text{m}$，则投向误差 $\theta = \pm e\rho''/c = \pm\dfrac{1 \times 206265''}{50000} = \pm 4.1''$。两井法的投向精度大大提高，这是两井定向的最大优点。因此，凡是能用两井定向的隧洞、矿井都应采用两井定向。两井定向的方法与一井定向大致相同。

1）投点。两井定向投点的方法和要求与一井定向相同。由于在井筒中只有一根垂球线，因此投点占用井筒的时间更短，观测的时间也短。

2）连接测量。如图 11.25（b）所示，当两竖井之间的距离较近时，可在两井之间建立一个近井点 C；当距离较远时，两井可分别建立近井点。地面测量时，首先根据近井点和已知方位角测定 A、B 两垂线的坐标，然后布好导线，定向时只测量各垂线的一个连接角和一条边长即可。导线布设时，要求沿两井方向布设成延伸形，以减

少量距带来的横向误差。

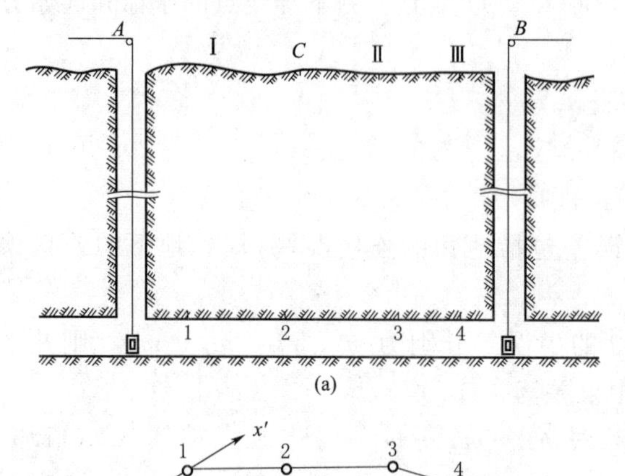

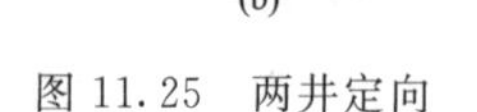

图 11.25 两井定向

井下连接测量是在早已完成的导线两端与垂球线进行联测，只测一个角度和一条边长。

对井上、井下布设的导线应事先做误差预计。根据使用的仪器、采用的测量方法、导线布设的方案，估算一次定向测量的中误差，若不超过±20″，则方案才可用。

3）内业计算。

①根据地面导线计算两垂球线的坐标，反算连线的方位角 α_{AB} 和长度 c。

按导线计算的方法计算得到 x_A、y_A 和 x_B、y_B，反算 AB 的方位角和边长，得

$$\left.\begin{aligned}\alpha_{AB} &= \arctan\frac{y_B-y_A}{x_B-x_A}\\ c &= \sqrt{(x_B-x_A)^2+(y_B-y_A)^2}\end{aligned}\right\} \tag{11.10}$$

②假定井下导线为独立坐标系，以 A 点为原点，以 A_1 为 x'轴，用导线计算方法计算出 B 点的坐标（x'_B，y'_B），反算 AB 的假定方位角和边长，有

$$\left.\begin{aligned}\alpha'_{AB} &= \arctan\frac{y'_B}{x'_B}\\ c' &= \sqrt{x'^2_B+y'^2_B}\end{aligned}\right\} \tag{11.11}$$

③c 和 c'不相等，一方面是因为井上、井下不在一个高程面上，另一方面是因为测量误差的存在，地下边长 c'加上井深改正后与地面相应边长 c 的较差为

$$f_c = c-\left(c'+\frac{H}{R}c\right) \tag{11.12}$$

④求出 AB 边井上、井下两方位角之差，其值为

$$\Delta\alpha = \alpha_{AB} = -\alpha'_{AB} = \alpha_{A1}$$

井下导线各边的假定方位角加上 $\Delta\alpha$，即为井下各导线边的位角。以地面 A 点的坐标（x_A，y_A）和 α_{AB} 为起算数据，并根据改正后的导线各边长 S，计算井下导线的坐标增量 f_x 和 f_y，并求其闭合差 f_s，即

$$\left.\begin{aligned}f_x &= \sum_A^B \Delta x-(x_B-x_A)\\ f_y &= \sum_A^B \Delta y-(y_B-y_A)\end{aligned}\right\} \tag{11.13}$$

$$f_x = \sqrt{f_x^2+f_y^2} \tag{11.14}$$

3. 通过竖井传递高程

将地面上的高程传递到地下去时，应根据隧洞施工布置的不同而采用不同的方法。这些方法是：通过洞口或横洞传递高程、通过斜井传递高程和通过竖井传递高程。

当通过洞口或横洞传递高程时，可由地面向隧洞中布设水准线路，用一般水准测量的方法进行传递。当地上与地下用斜井联系时，按照斜井的坡度和长度的大小，可采用水准测量或三角高程测量的方法传递高程。通过竖井传递高程，可用钢尺或光电测距等。

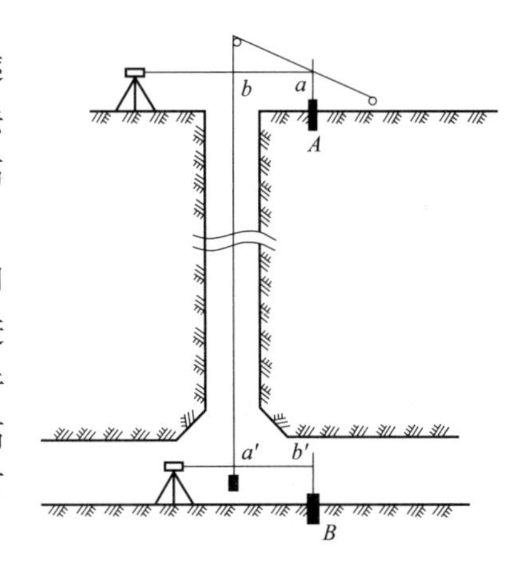

图 11.26　用钢尺导入高程

(1) 用钢尺传递高程。专用钢尺的长度有 100m、500m。如图 11.26 所示，导入高程时，将长钢尺通过井盖放入井下。钢尺零点端挂一个 10kg 的垂球。在地面和井下分别安置水准仪，从水准点 A、B 的水准尺上分别读取读数 a 和 b'，在钢尺上同时分别读取读数 b 和 a'。最后在 A、B 水准点上进行读数，以复核原读数是否有误差。在井上、井下分别测定温度为 t_1、t_2。

1) 拉力改正。拉力改正 Δl_p 的计算公式为

$$\Delta l_p = \frac{l(P-P_0)}{EF}$$

$$l = b - a' \tag{11.15}$$

式中　P——垂球的重量，N；

P_0——标准拉力，N；

E——钢尺的弹性模量，取 $2\times10^6\text{kg/cm}^2$；

F——钢尺的横断面面积，cm^2。

2) 钢尺自重拉长改正。钢尺自重拉长改正 Δl_c 的计算公式为

$$\Delta l_c = \frac{\gamma l^2}{2E} \tag{11.16}$$

式中　γ——钢尺单位体积的质量，g/cm^3；

其他符号意义同前。

井下 B 点的高程为

$$H_B = H_A + (a-b) + (a'-b') + \Delta l_d + \Delta l_t + \Delta l_p + \Delta l_c \tag{11.17}$$

式中　Δl_d——尺长改正数，m；

Δl_t——温度改正数，m；

其他符号意义同前。

当井筒较深时，常用钢丝代替钢尺导入高程。首先在井口近处建立一个比尺台，在台上与钢丝并排固定一把检验用的钢尺，施以标准拉力 P；比尺台的一端设置在摇绞车上，钢丝绕在绞车上，经过两个小滑轮将钢丝下放到井下，挂上 5kg 左右的重

锤，当验证钢丝是自由悬挂于井筒中时，即可进行测量。

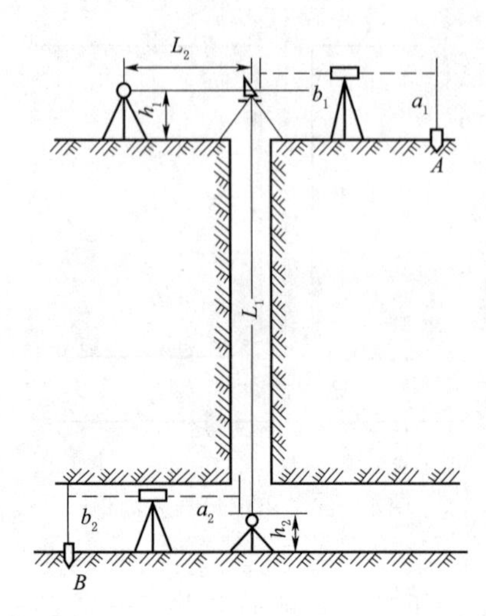

图 11.27 用光电测距仪传递高程

与钢尺导入高程相似，在井上、井下分别安置水准仪，在视线与钢丝相交处各设一个标志。测量时慢慢提升钢丝，利用比尺台上钢丝所移动的距离与井上、井下标志上升的长度相等的原理，用钢尺量出井上、井下标志间的长度，再加以必要的改正，算出高差，即可将高程导入地下。

(2) 用光电测距仪传递高程。用光电测距仪测出井深 L_1，即可将高程导入地下，如图 11.27 所示。该法是将光电测距仪水平安置在井口一边的地面上，在井口安置直角棱镜将光线转折 90°，发射到井下平放的反射镜上，测出测距仪至地下反射镜的距离 L ($L=L_1+L_2$)；在井口安置反射镜，测出距离 L_2；分别测出井口和井下的反射镜与水准点 A、B 的高差 h_1、h_2，则井下 B 点的高程 H_B 为

$$H_B=H_A+h_1-(L-L_2+h_2)+\Delta l \tag{11.18}$$

项目 12 水 库 测 量

【知识目标】

了解水库测量的概念和基本任务；掌握汇水面积的计算方法；掌握水库库容的计算方法。

【技能目标】

能够正确熟练地进行界桩测设；能够熟练地计算汇水面积；能够在水库设计中正确计算水库库容。

本模块主要介绍水库测量的概念和基本任务，水库淹没界限测量，汇水面积与水库库容的计算。本模块的重点和难点是用地形等高线计算水库库容。

任务 12.1 水 库 测 量 概 述

12.1.1 水库测量的概念

水库是指在山沟或河流的狭口处建造拦河坝形成的人工湖泊。水库建成后，可起到防洪、蓄水灌溉、供水、发电、养鱼等作用。有时天然湖泊也称为水库（天然水库）。水库是我国防洪时广泛采用的工程措施之一。在防洪区上游河道的适当位置兴建能调蓄洪水、可综合利用的水库，利用水库库容拦蓄洪水，削减进入下游河道的洪峰流量，以达到减少或避免洪水灾害的目的。水库对洪水的调节作用有两种不同方式，一种起滞洪作用，另一种起蓄洪作用。在水库的勘测设计、施工、运营管理等阶段中所进行的测量工作称为水库测量。

12.1.2 水库测量的基本任务

在设计水库时，需要收集或测绘 1∶50000～1∶100000 各种比例尺地形图，局部地区还需测绘 1∶5000 的地形图；在技术设计和施工阶段，要进行大比例尺测图及施工测量；在运营管理阶段，要进行变形观测。

在水库的规划设计阶段，首先需进行控制测量，包括平面控制测量和高程控制测量。平面控制测量在布设平面控制网时，既可以采用常规的方法分三级布设，首先是基本平面控制网，然后是图根控制网，最后是测站点，又可以采用 GPS 进行布设。当测区内或附近有国家平面控制网时，应进行联测；没有国家平面控制网时，可采用独立的平面坐标系。高程控制测量一般分为三级，即基本高程控制、加密高程控制和测站点高程控制。在控制测量之后要进行地形测量，地形测量的成图方法主要有白纸测图、数字测图和摄影测量等。

任务12.2　水库淹没界线测量

水库淹没界限测量是指测设移民线、土地征用线、土地利用线、水库清理线等各种水库淹没、防护、利用界限工作的总称。这些界限以设计正常蓄水位为基础，结合浸没、塌岸、风浪影响等因素确定。水库淹没界限测量根据需要测设其中一种、几种或全部。

12.2.1　水库淹没界线测量的准备工作

水库边界线的测设常采用几何水准测量法。测设时，用界桩在实地标出其通过的位置，并绘在适当比例尺的地形图上，作为移民规划、迁移安置及库区建设的依据。界桩分为永久界桩和临时界桩。永久界桩以混凝土桩或涂上防腐剂的大木桩或在明显易见的天然岩石上刻凿记号作为标志，主要测设在大居民点、工矿企业、名胜古迹、大片农田和经济作物产区，既要能长期保存又要便于寻找。临时界桩可用木桩或明显地物点（如明显而突出的树干或建筑物的墙壁等）作为标志，临时界桩只需保持到移民拆迁和清库工作完成即可。水库边界线测设的实质就是利用这些界桩在实地放样出一条设计高程线。

当界线通过厂矿区或居民点时，应在进出处各设一个永久界桩，内部每隔若干米测设一个临时界桩，并在主要街道标出界线通过的实际位置。在大片农田及经济价值较高的林区，一般每隔 2～3km 测设一个永久界桩，高程测量的误差应小于 0.1m，再以临时界桩加密到能互相通视为止。在有少量庄稼的山地，可只测设临时界桩显示界线通过的位置。经查勘确定经济价值很低的地区，可不测设界桩。界桩测设工作由测量人员配合水库设计人员和地方、移民等有关单位协同进行，用水准仪或经纬仪分段按设计高程在实地标定，随测随将界桩及标志移交给地方保管。

12.2.2　界桩测设

为了满足测设界桩的精度要求，一般需先在库区边缘布设三、四等闭合水准路线，或利用原有三、四等水准测量成果布设，然后用五等水准测量进行加密控制。五等水准测量应按附合路线从三、四等水准点上进行引测，其路线长度应不超过 30km；尽可能不采用支线或环线，以免弄错起算高程，造成严重后果。

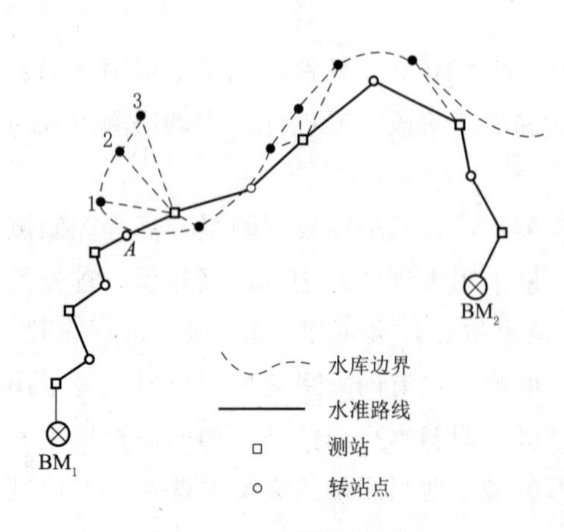

图12.1　淹没界线测设

工程中既可以运用水准仪以仪器高法测设界桩高程，也可以用视准轴位于水平位置的全站仪或经纬仪测设界桩高程。如图12.1所示，欲测设界桩点1，可先从附近的水准点 BM_1 开始，将高程引测至边界附近的 A 点上，然后以 A 点为后视，读取后尺读数，按式（12.1）计算界桩点的前尺读数 b，即

$$b=H_A+a-H_0 \tag{12.1}$$

式中　H_A——后视点高程，m；

a——后尺读数，m；

H_0——待测界桩点的高程，m。

任务 12.3　汇水面积与水库库容的计算

12.3.1　汇水面积的计算

雨水流向同一山谷地面的受雨面积称为汇水面积。汇水面积是根据一系列分水线（山脊线）的连线确定的。当跨越河流、山谷修筑道路时，必须修建桥梁和涵洞，兴修水库必须筑坝拦水，而桥梁、涵洞孔径的大小、水坝的设计位置与坝高、水库的蓄水量等都要根据这个地区的降水量和汇水面积来确定。

汇水面积的边界线是由一系列的山脊线和道路、堤坝连接而成的。由图 12.2 可以看出，由山脊线和公路上的 AB 线段所围成的面积就是这个山谷的汇水面积。在图上作设计道路（或桥涵）的中心线与山脊线（分水线）的交点，沿山脊及山顶点划分范围线（如图12.2中的虚线），该范围线与道路中心线 AB 所包围的区域就是雨水汇集的范围。

汇水面积应按汇水面的水平投影面积计算。计算屋面雨水收集系统的流量时，应满足下列要求。

（1）高出汇水面积有侧墙时，应附加侧墙的汇水面积，其计算方法按《建筑给水排水设计规范》（GB 50015—2003）（2009 年版）的相关规定执行。

（2）球形、抛物线形或斜坡较大的汇水面，其汇水面积应附加汇水面竖向投影面积的 50%。

12.3.2　水库库容的计算

在进行水库设计时，若坝的溢洪道高程已定，则可以确定水库的淹没面积，淹没面积以下的蓄水量称为库容量，简称库容，以 m^3 为基本计算单位，实用以 $10^9\ m^3$ 为单位。水库的库容量是水库设计的一项重要指标。

由于地形复杂，在地形等高线图上计算水库库容时，一般采用的方法是地形等高线法、四棱方柱法和三角棱柱法。以上三种方法都需要划分网格，计算各点的高程，分块计算面积和体积，然后进行累加。下面仅介绍最为常用的地形等高线法。

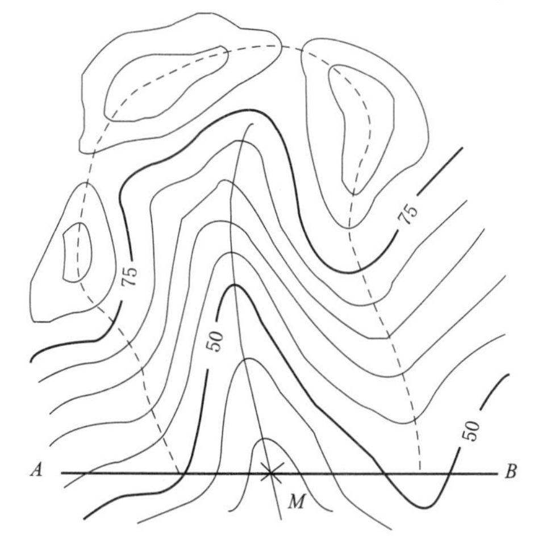

图 12.2　汇水面积边界线

先求出各条等高线所围成的面积，然后计算各相邻两等高线之间的体积，其总和即库容。设 A_1 为淹没线高程的等高线围成的面积，A_2，…，A_n，A_{n+1}为淹没线以下各等高线所围成的面积，其中，A_{n+1}为最低一条等高线所围成的面积，h为等高距，h'为最低一条等高线与库底的高差。

运用平均断面法分别计算相邻两等高线之间的体积，以及最低一条等高线与库底之间的体积，得

$$\left.\begin{aligned} V_1 &= \left(\frac{A_1+A_2}{2}\right)h \\ V_2 &= \left(\frac{A_2+A_3}{2}\right)h \\ &\vdots \\ V_n &= \left(\frac{A_n+A_{n+1}}{2}\right)h \\ V'_n &= \frac{1}{3}A_{n+1}h' \end{aligned}\right\} \tag{12.2}$$

因此，水库的库容为

$$V=V_1+V_2+V_3+\cdots+V_n+V'_n \tag{12.3}$$

当溢洪道的高程不等于地形图上某一条等高线的高程时，应先根据溢洪道的高程用内插法求出水库淹没线，然后计算库容，这时水库淹没线与下一条等高线间的高差不等于等高距，而是等于用内插法求算出来的一个数值。

根据等高线所围成的面积来计算水库库容，其误差来源主要是地形图本身的误差和量测面积的误差。为了提高库容的计算精度，最好选用等高距较小的地形图。

随着计算机技术的发展，使用三维地形实体模型进行水库库容的计算，不但简单，而且快捷准确，因此其应用越来越广泛。

项目 13　水工建筑物变形观测

【知识目标】

了解水工建筑物变形观测的概念、原因、意义、内容、特点和方法等；掌握垂直位移、水平位移和倾斜等变形观测的方法；熟悉建筑物变形观测的工作流程。

【技能目标】

能进行水工建筑物的垂直位移观测；能进行水工建筑物的水平位移观测；能进行工程建筑物的倾斜、裂缝和挠度观测；能进行成果数据的处理及分析。

任务 13.1　变　形　观　测

13.1.1　变形观测的相关概念

变形观测是指对监视对象或物体（简称变形体）进行测量以确定其空间位置随时间变化的特征。变形观测又称为变形测量或变形监测，变形监测更能体现动态变化。变形监测包括全球性的变形监测、区域性的变形监测和工程的变形监测。

全球性的变形监测是对地球自身的动态变化（如自转速率变化、极移、潮汐、全球板块运动和地壳形变）进行的监测。区域性的变形监测是对区域性地壳形变和地面沉降进行的监测。对于工程的变形监测来说，变形体一般包括工程建（构）筑物（以下简称工程建筑物）、机器设备及其他与工程建设有关的自然或人工对象，如大坝、船闸、桥梁、隧洞、高层建筑物、地下建筑物、大型科学实验设备、车船、飞机、天线、古建筑、油罐、贮矿仓、崩滑体、泥石流、采空区、高边坡、开采沉降区域等。变形体用一定数量的有代表性的位于变形体上的离散点（监测点、目标点或观测点）作为代表。可以用监测点的变化描述变形体的变形。

变形又分为变形体自身的形变和变形体的刚体位移。变形体自身的形变包括伸缩、错动、弯曲和扭转四种变形，而变形体的刚体位移则包括整体平移、整体转动、整体升降和整体倾斜四种变形。

变形监测分为静态变形监测和动态变形监测。静态变形通过周期测量得到，动态变形通过持续监测得到。

13.1.2　变形观测的原因和意义

1. 变形观测的原因

一般来说，建筑物的变形主要由两方面原因引起：一是自然条件及其变化，即建筑物地基的工程地质、水文地质、土壤的物理性质、大气温度等，如地下水的升降、地下开采及地震等；二是与建筑物自身相联系的条件，如建筑物本身的荷重、建筑物的结构形式及动荷载（如风力、震动等）的作用。此外，勘测、设计、施工及运营管理不当，也会引起建筑物的变形。

2. 变形观测的意义

（1）安全意义。进行变形观测有助于保障工程安全，监测各种工程建筑物、机器设备，以及与工程建设有关的地质构造的变形，可以及时发现异常变化，并对其稳定性、安全性做出判断，以便采取措施处理，防止事故发生。变形观测对于大型特种精密工程，如大型水利枢纽工程、核电站、粒子加速器、导弹发射场等具有特殊的意义。

（2）科学意义。积累监测分析资料能更好地解释变形机理，验证变形假说，为研究灾害预报的理论和方法，检验工程设计的理论是否正确、参数是否可靠、设计是否合理，以及以后修改设计、制定设计规范提供依据，以防止发生工程破坏事故，提高抗灾能力等。

13.1.3　变形观测的内容、特点和方法

1. 变形观测的内容

水平位移观测：监测点在平面上的变动，它可分解到某一特定方向。

垂直位移观测：监测点在铅垂面或大地水准面法线方向上的变动。

偏距、倾斜、挠度等的测量：可归结为水平位移监测或垂直位移监测。

2. 变形观测的特点

（1）周期性重复观测。

（2）精度要求高。

（3）综合应用多种观测技术。

（4）监测网着重于研究点位的变化。

3. 变形观测的方法

（1）垂直位移。对于垂直位移，多采用精密水准测量、液体静力水准测量和微水准测量的方法进行观测。

（2）水平位移。

1）对于直线形建筑物（如直线形混凝土坝），常采用基准线法进行观测。

2）对于混凝土坝下游面上的观测点，常采用前方交会法进行观测。

3）对于曲线形建筑物（如拱坝），可根据廊道内布设的观测点，采用导线测量的方法进行观测。

4）对于拱坝顶部和下游面上的观测点，可采用前方交会法进行观测。

（3）对混凝土坝挠度的观测，一般都是通过竖井以不锈钢丝悬挂的重锤线（通常称为正垂线）在一定的高程面上设置观测点，用坐标仪观测钢丝的位置，从而算得坝体的挠曲程度。

（4）对坝体和基础的倾斜或转动的情况，可在横向廊道内用倾斜仪观测，或采用液体静力水准测量和精密水准测量的方法，测定高差后再计算其转动角。

（5）裂缝（或伸缩缝）观测则使用测缝计或根据其他的观测结果进行计算。对于工业与民用建筑物变形观测、地表变形观测，也可采用地面摄影测量的方法测定其变形。

13.1.4　变形观测的精度

1. 变形观测的精度要求

建筑变形测量的等级及其精度要求见表13.1，最终沉降观测中误差的要求见表13.2。

表13.1　建筑变形测量的等级及其精度要求

变形测量等级	沉降观测	位移观测	适用范围
	观测点测站高差中误差/mm	观测点坐标中误差/mm	
特级	±0.05	±0.3	特高精度要求的特种精密工程的变形测量
一级	±0.15	±1.0	高精度要求的大型建筑物和科研项目变形观测
二级	±0.50	±3.0	中等精度要求的建筑物和科研项目变形观测；重要建筑物主体倾斜观测
三级	±1.50	±10.0	低精度要求的建筑物变形观测；一般建筑物主体倾斜观测

注　1. 观测点测站高差中误差是指几何水准测量测站高差中误差或静力水准测量相邻观测点相对高差中误差。
2. 观测点坐标中误差是指观测点相对测站点（如工作基点等）的坐标中误差、坐标差中误差、等价的观测点相对基准线的偏差值中误差、建筑物（或构件）相对底部定点的水平位移分量中误差。

表13.2　最终沉降观测中误差的要求

序号	观测项目或观测目的	观测中误差的要求
1	绝对沉降（如沉降量、平均沉降量等）	（1）对于一般精度要求的工程，可按低、中、高压缩性地基土的类别，分别选±0.5mm、±1.0mm、±2.5mm （2）对于特高精度要求的工程可按地基条件，结合经验与分析具体确定
2	（1）相对沉降（如沉降差、基础倾斜、局部倾斜等） （2）局部地基沉降（如基坑回弹、地基土分层沉降）、膨胀土地基变形	不应超过其变形允许值的1/20
3	建筑物整体性变形（如工程设施的整体垂直挠曲等）	不应超过允许垂直偏差的1/10
4	结构段变形（如平置构件挠度等）	不应超过其变形允许值的1/6
5	科研项目变形量的观测	可视所需提高观测精度的程度，将上列各项观测中误差乘以1/5～1/2的系数后采用

2. 变形观测精度等级的确定原则

对一个实际工程，变形观测的精度等级应先根据各类建（构）筑物的变形允许值按表13.2和表13.3的规定进行估算，然后按以下原则确定。

（1）当仅给定单一变形允许值时，应按估算的观测点精度选择相应的精度等级。

（2）当给定多个同类型变形允许值时，应分别估算观测点的精度，并应根据其中的最高精度选择相应的精度等级。

（3）当估算出的观测点精度低于表 13.1 中三级精度的要求时，宜采用三级精度。

（4）对于未规定或难以规定变形允许值的观测项目，可根据设计、施工的原则要求，参考同类或类似项目的经验，对照表 13.1 的规定选取适宜的精度等级。

表 13.3　最终位移量观测中误差的要求

序号	观测项目或观测目的	观测中误差的要求
1	绝对位移（如建筑物基础水平位移、滑坡位移等）	通常难以给定位移允许值，可直接由表 13.1 选取精度等级
2	（1）相对位移（如基础的位移差、转动挠曲等）。 （2）局部地基位移（如受基础施工影响的位移）	不应超过其变形允许值分量的 1/20（分量值按变形允许值的 $1/\sqrt{2}$ 采用，下同）
3	建筑物整体性变形（如建筑物的顶部水平位移、全高垂直度偏差、工程设施水平轴线偏差等）	不应超过其变形允许值分量的 1/10
4	结构段变形（如高层建筑层间相对位移、竖直构件的挠度、垂直偏差等）	不应超过其变形允许值分量的 1/6
5	科研项目变形量的观测	可视所需提高观测精度的程度，将上列各项观测中误差乘以 1/5～1/2 系数后采用

任务 13.2　建筑物垂直位移概述

13.2.1　建筑物垂直位移观测概述

垂直位移观测也称为沉降观测，包括地面垂直位移和建筑物垂直位移。地面垂直位移指地面沉降或上升，位移产生除了因为地壳本身的运动外，主要是由于地下水开采、矿山开挖等人为因素造成的。建筑物垂直位移观测是测定基础和建筑物本身在垂直方向上的位移。

1. 沉降产生的主要原因

（1）自然条件及其变化，如建筑物地基的工程地质、水文地质、大气温度、土壤的物理性质等。

（2）与建筑物本身相关的原因，如建筑物本身的荷重，建筑物的结构形式及动荷载（如风力、震动等）的作用等。

2. 沉降观测的目的

沉降观测的目的是监测建筑物在垂直方向上的位移（沉降），以确保建筑物及其周围环境的安全。建筑物沉降观测应测定建筑物地基的沉降量、沉降差及沉降速度，并计算基础倾斜、局部倾斜、相对弯曲及构件倾斜量。

3. 沉降观测的原理

定期地测量观测点相对稳定的水准点的高差以计算观测点的高程，并将在不同时间所得同一观测点的高程 H 加以比较，从而得出观测点在该时间段内的沉降量 ΔH，即

$$\Delta H = H\,H_i^{(j+1)} - H_i^j \tag{13.1}$$

式中 i——观测点点号；

j——观测期数。

4. 沉降观测的实施

(1) 应按测定沉降的要求分别选定沉降测量点，埋设相应的标石标志，建立高程网。高程宜采用测区原有的高程系统。

(2) 应按确定的观测周期与总次数对监测网进行观测。新建的大型和重要建筑物应从施工开始时就进行系统的观测，直至变形达到规定的稳定程度。

(3) 对各周期的观测成果应及时处理。对重要的监测成果应进行变形分析，并对变形趋势做出预报。

13.2.2 水准基点的设置

为了测定地面和建筑物的沉降，需要在远离变形区的稳定地点设置水准基点，并以它为依据来测定设置在变形区的观测点（沉降点）的沉降量。为了检查水准基点本身的高程是否有变动，每一测区的水准基点不应少于三个，可将其成组埋设，并形成一个边长约为 100m 的等边三角形，如图 13.1 所示。

为便于进行建筑物变形观测，水准基点的设置应符合以下要求。

(1) 水准基点应设置在位置稳定、易于长期保存的地方，并应定期复测。水准基点在建筑施工过程中应 1～2 月复测一次，稳定后每季度或每半年复测一次。当观测点的测量成果出现异常，或测区受到地震、洪水、爆破等外界因素影响时，需及时进行复测，并对其稳定性进行分析。

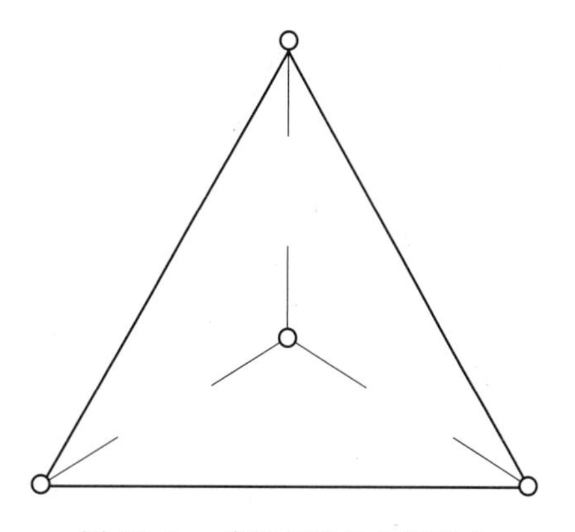

图 13.1 成组埋设的水准基点

(2) 水准基点的标石应埋设在基岩层或原状土层中，在建筑区内，点位与邻近建筑的距离应大于建筑基础最大宽度的 2 倍，标石埋深应大于邻近建筑基础的深度。在建筑物内部的点位，标石埋深应大于地基土压缩层的深度。

(3) 水准基点应避开交通干道、地下管线、仓库堆栈、水源地、河岸、松软填土、滑坡地段、机器振动区，以及其他可能使标石、标志遭受腐蚀和破坏的地方。

13.2.3 沉降观测点的设置

1. 沉降观测点的选点要求

沉降观测点的布置应以能全面反映建筑物地基变形特征并结合地质情况及建筑结

构特点确定。观测点布置合理，就可以全面地、精确地查清沉降情况。这项工作应由设计单位或施工技术部门负责完成。当观测点的布置不便于测量时，测量人员应与设计人员协商，选择合理的布置方案。所有的观测点都应以 1∶500～1∶100 比例尺绘出平面图，并进行编号，以便观测和记录。

2. 沉降观测点的形式与埋设要求

沉降观测的标志可根据不同的建筑结构类型和建筑材料，采用墙（柱）标志、基础标志和隐蔽式标志（用于宾馆等高级建筑物）等形式。各类标志的立尺部位应加工成半球形或有明显的凸出点，并涂上防腐剂。

标志的埋设位置应避开如雨水管、窗台线、暖气片、暖气管、电气开关等有碍设标与观测的障碍物，并应视立尺需要离开墙（柱）面和地面一定距离。

13.2.4　沉降观测周期的确定

建筑物施工阶段的观测应随施工进度及时进行。一般建筑可在基础完工后或地下室砌完后开始观测，大型、高层建筑可在基础垫层或基础底部完成后开始观测。观测次数与间隔时间应视地基与加载情况而定。民用建筑可每加高 1～2 层观测一次，工业建筑可按不同施工阶段（如回填基坑、安装柱子和屋架、砌筑墙体、设备安装等）分别进行观测。如果建筑物均匀增高，应至少在增加的荷载到其 25%、50%、75% 和 100%时各测一次。施工过程中如暂时停工，在停工时、重新开工时应各观测一次。停工期间，可每隔 2～3 月观测一次。

建筑物使用阶段的观测应视地基土类型和沉降速度大小而定。除有特殊要求外，一般情况下，要在第一年观测四次，第二年观测三次，第三年后每年一次，直至稳定。

在观测过程中，如有基础附近地面荷载突然增减、基础四周大量积水、长时间降雨等情况，均应及时增加观测次数。当建筑物突然发生大量沉降、不均匀沉降或产生严重裂缝时，应立即进行几天一次，或逐日，或一天几次的连续观测。

13.2.5　建筑物沉降观测外业实施

1. 确定沉降观测路线并绘制观测路线图

精密水准测量精度高、方法简便，是沉降监测最常用的方法。当采用精密水准测量方法进行沉降监测时，从工作基点开始经过若干监测点形成一个或多个闭合或附合路线，其中以闭合路线为佳，特别困难的监测点可以采用支水准路线往返测量。

在整个监测期间，最好能固定监测仪器和监测人员，固定监测路线和测站，固定监测周期和相应时段。

2. 确定仪器工具

对于一般精度要求的沉降监测，要求仪器的望远镜放大率不得小于 24 倍，气泡灵敏度不得大于 15″/2mm（有符合水准器的可放宽 1 倍），可以采用相当于 DS3 级的水准仪。对于精度要求较高的沉降观测（如高层建筑物的沉降观测），应采用相当于 DS1 或 DS05 级的精密水准仪和铟瓦水准尺。

3. 确定观测的时间和次数

沉降观测的时间和次数，应根据建筑物的基础构造、工程进度、地基土质情况等确定。

4. 沉降观测的工作方式

作为建筑物沉降观测的水准点一定要有足够的稳定性，水准点必须设置在受压、受震的范围以外；同时，水准点与观测点相距不能太近，但水准点和观测点相距太远又会影响精度。为了解决这个矛盾，沉降观测一般采用分级观测的方式，即把沉降观测的布点分为三级，即水准基点、工作基点和沉降观测点；将沉降观测分为两级，即水准基点—工作基点，工作基点—沉降观测点。

如果建筑物施工场地不大，则可不必分级观测，但水准点应至少布设三个，并选择其中最稳定的一个点作为水准基点。

5. 沉降观测点的首次高程测定

沉降观测点首次观测的高程值是以后各次观测用以进行比较的根据，如果初测精度不够或存在错误，不仅无法补测，而且会造成沉降工作中的矛盾现象，因此必须提高初测精度。在条件许可的情况下，应采用精密水准仪提高一个等级进行首次高程测定；同时每个沉降观测点的首次高程，应在同期进行两次观测后确定。

13.2.6 沉降观测成果的整理汇总

对沉降观测成果要及时整理及汇总，有以下几点注意事项。

(1) 进行高程控制测量原始记录、平差计算成果的检查与校核，绘制观测路线图。

(2) 绘制观测点位置图。根据建（构）筑物平面图绘制观测点位置图，如图 13.2 所示。

(3) 沉降观测成果表的填写。每次观测结束后，应先检查记录的数据和计算是否正确，精度是否合格；然后，调整高差闭合差，推算出各沉降观测点的高程。

计算沉降量的方法如下。

1) 计算各沉降观测点的本次沉降量，即

沉降观测点的本次沉降量＝本次观测所得的高程－上次观测所得的高程

2) 计算累积沉降量，即

累积沉降量＝本次沉降量＋上次累积沉降量

3) 进行成果检核，检核公式为

累积沉降量＝本次观测所得的高程－初次观测所得的高程

4) 将各种变形值按时间逐点填写到表 13.4 中，表中记录有沉降观测点本次沉降量、累积沉降量和观测时间、荷载情况等。

(4) 绘制沉降曲线图。沉降曲线图是沉降量、地基荷载与延续时间三者的关系曲线图，该图分为两部分，即时间与沉降量关系曲线和时间与荷载关系曲线，是根据沉降观测结果及有关加荷记录绘制的。通常以纵轴的下方表示沉降量（S）；以纵轴的上方表示地基荷载（P）；以横轴表示延续时间（t），如图 13.3 所示。

1) 绘制时间与沉降量关系曲线。首先，以沉降量 S 为纵轴，以时间 t 为横轴，组成直角坐标系。然后，以每次累积沉降量为纵坐标，以每次观测日期为横坐标，标出沉降观测点的位置。最后，用曲线将标出的各点连接起来，并在曲线的一端注明沉

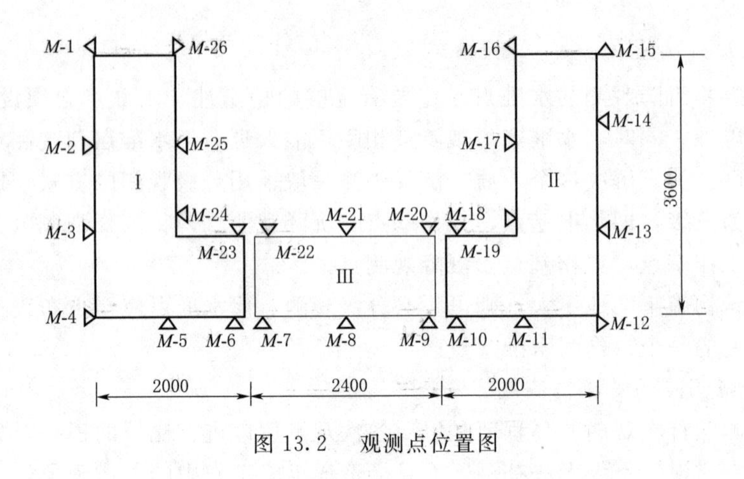

图 13.2　观测点位置图

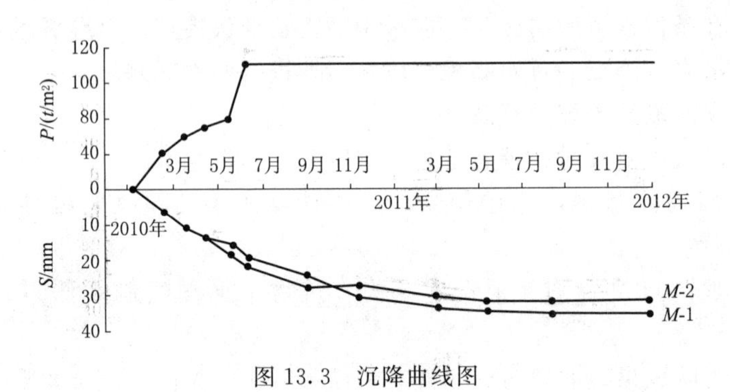

图 13.3　沉降曲线图

降观测点号码，这样就绘制出了时间与沉降量关系曲线。

2）绘制时间与荷载关系曲线。首先，以地基荷载 P 为纵轴，以时间 t 为横轴，组成直角坐标系。再根据每次观测时间和相应的荷载标出各点，将各点连接起来，即可绘制出时间与荷载关系曲线。

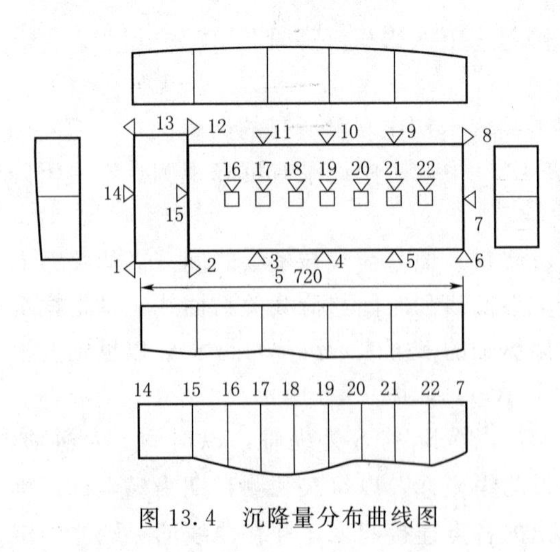

图 13.4　沉降量分布曲线图

（5）绘制沉降量分布曲线图。沉降量分布曲线图又称为沉降展开图。它反映沿每条边每个观测点的沉降量，如图 13.4 所示。

（6）计算建筑物的平均沉降量、相对弯曲和相对倾斜值。

1）平均沉降量。平均沉降量 S 按式（13.2）计算，即

$$S = \frac{\sum_{i-1}^{n} S_i A_i}{\sum_{i-1}^{n} A_i} \qquad (13.2)$$

式中　S_i——观测点 i 的累积沉降量，mm；

　　　A_i——观测点 i 的基础底面积，m^2。

2）相对弯曲。相对弯曲 F 用式（13.3）计算，即

$$F=\frac{2S_2-(S_1+S_3)}{2L} \tag{13.3}$$

式中　S_1、S_3——相对弯曲两端点的沉降量，mm；

　　　S_2——中间点的沉降量，mm；

　　　L——两观测点间的距离，m。

3）相对倾斜值。相对倾斜值 K 按式（13.4）计算，即

$$K=\frac{S_1+S_2}{L} \tag{13.4}$$

式中　S_1、S_2——倾斜段两端观测点的沉降量，mm；

　　　L——两观测点间的距离，m。

（7）根据各观测点累积沉降量绘制等沉降曲线图，如图 13.5 所示。图中各观测点注记的沉降量是达到稳定时的累积沉降量；比例尺及等沉降距的大小根据实际情况确定，以勾绘清楚为原则；示坡线指向低处。

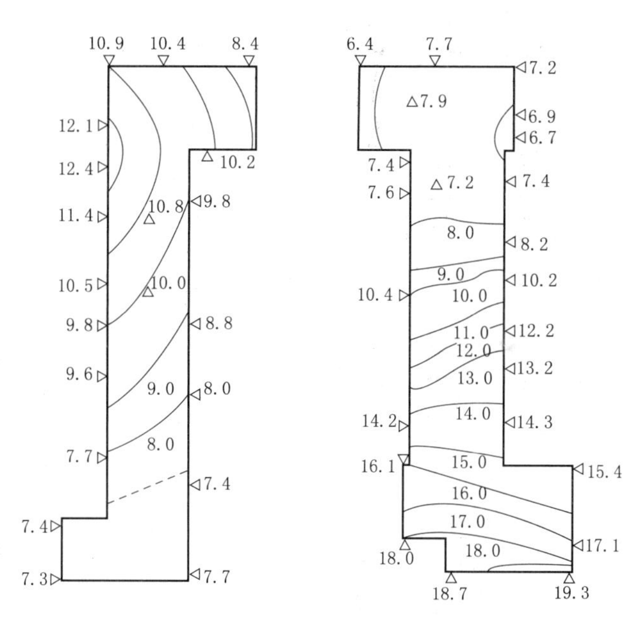

图 13.5　等沉降曲线图

（8）基础倾斜度的计算。建筑物的基础倾斜观测一般采用精密水准仪进行沉降观测的方法。如图 13.6 所示，定期测出基础两端点的差异沉降量 Δh（$\Delta h=S_2-S_1$），再根据两点的距离 L 即可按式（13.5）计算出基础的倾斜度 i，即

$$i=\frac{\Delta h}{L} \tag{13.5}$$

（9）根据观测基础的差异沉降量推算建筑物的上部倾斜。如图 13.7 所示，测得

建筑物基础两端点的差异沉降量 Δh 后，根据建筑物的宽度 L 和高度 H，可按式(13.6)推算出上部结构的倾斜值 Δ，即

$$\Delta = iH = \frac{\Delta h}{L}H \tag{13.6}$$

(10) 综合上述资料编写沉降观测分析报告。

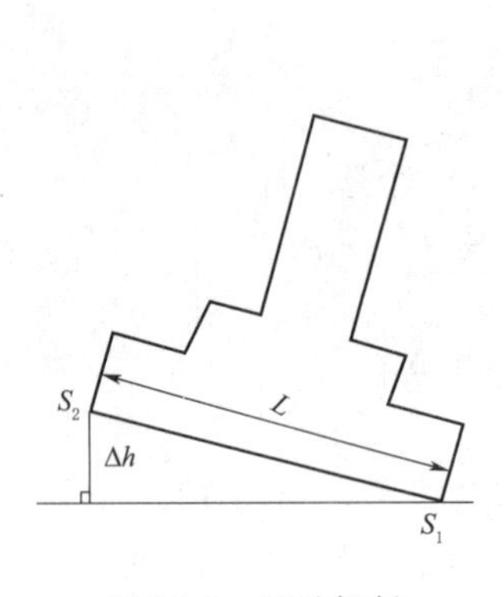

图 13.6　基础倾斜

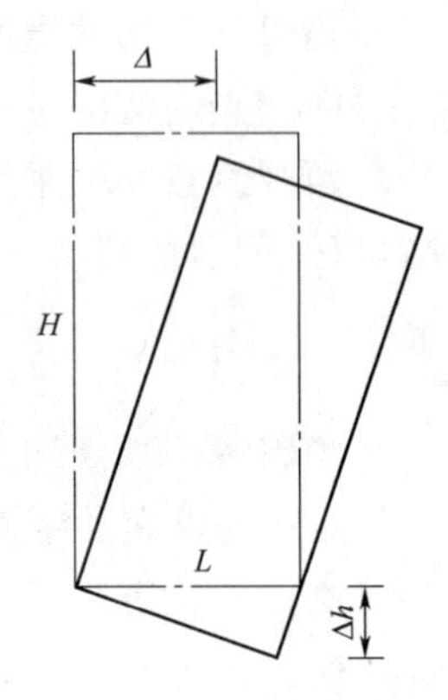

图 13.7　上部倾斜

任务 13.3　水平位移观测

13.3.1　水平位移观测概述

1. 水平位移观测的内容

建筑物水平位移观测包括位于特殊性土地区的建筑物地基基础水平位移观测、受高层建筑基础施工影响的建筑物及工程设施水平位移观测，以及挡土墙、大面积堆载等工程中所需的地基土深层侧向位移观测等。水平位移观测应测定建筑物在规定平面位置上随时间变化的位移量和位移速度。

2. 水平位移观测的布设

(1) 水平位移观测点位的选设。对于建筑物，观测点应选在墙角、柱基及裂缝两边等处；对于地下管线，观测点应选在端点、转角点及必要的中间部位；对于护坡工程，观测点应按待测坡面成排布设。测定深层侧向位移的点位与数量，应按工程需要确定。控制点的点位应根据观测点的分布情况来确定。

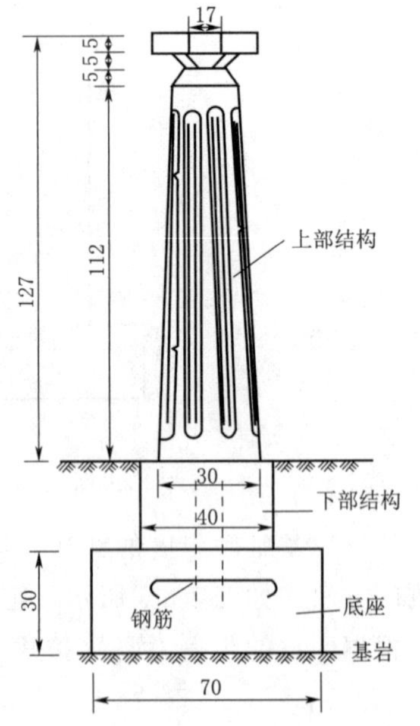

图 13.8　观测墩（单位：cm）

(2) 水平位移观测点的标志和标石设置。建筑物上的观测点可采用墙上或基础标志；土体上的观测点可采用混凝土标志；地下管线的观测点应采用窨井式标志。各种标志的形式及埋设应根据点位条件和观测要求确定。

控制点的标石、标志应按《建筑变形测量规范》（JGJ 8—2007）中的规定采用。对于膨胀土等特殊性土地区的固定基点，也可采用深埋钻孔桩标石，但须用套管桩将其与周围土体隔开。

3. 精度要求

（1）根据表 13.3 确定最终位移量观测中误差。

（2）以最终位移量观测中误差估算单位权中误差，可用式（13.7）或式（13.8）进行估算。

$$\mu = m_s / \sqrt{2Q_X} \tag{13.7}$$

$$\mu = m_{\Delta s} / \sqrt{2Q_{\Delta X}} \tag{13.8}$$

式中　m_s——位移分量 s 的观测中误差，mm；

Q_X——网中最弱观测点坐标的权倒数；

$m_{\Delta s}$——位移分量差 Δs 的观测中误差，mm；

$Q_{\Delta X}$——网中待求观测点间坐标差 ΔX 的权倒数。

（3）求出观测值测站高差中误差后，根据表 13.1 的规定选择位移测量的精度等级。

4. 观测措施

（1）仪器。应尽可能采用先进的精密仪器。

（2）采用强制对中。设置强制对中固定观测墩，使仪器强制对中，即对中误差为零。

目前，一般采用钢筋混凝土结构的观测墩。观测墩各部分的尺寸如图 13.8 所示，观测墩的底座部分要求直接浇筑在基岩上，以确保其稳定性。

在观测墩顶面常埋设固定的强制对中装置，该装置能使仪器及觇牌的偏心误差小于 0.1mm。满足这一精度要求的强制对中装置的式样很多，有圆锥、圆球插入式的，有埋设中心螺杆式的，也有置中圆盘式的，如图 13.9 所示。置中圆盘式的优点是适用于多种仪器，对仪器没有损伤，但加工精度要求较高。

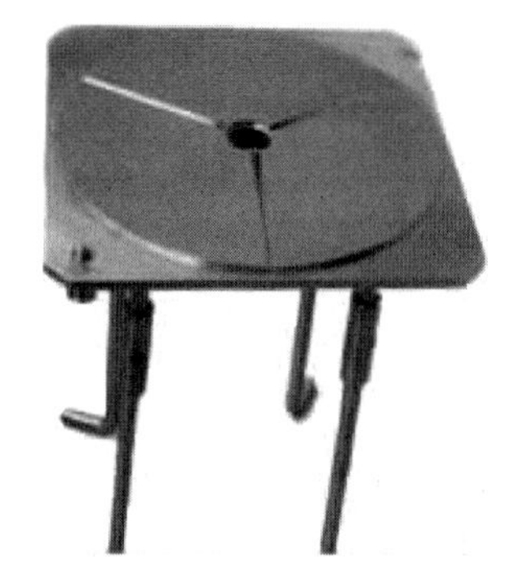

图 13.9　强制对中装置（置中圆盘式）

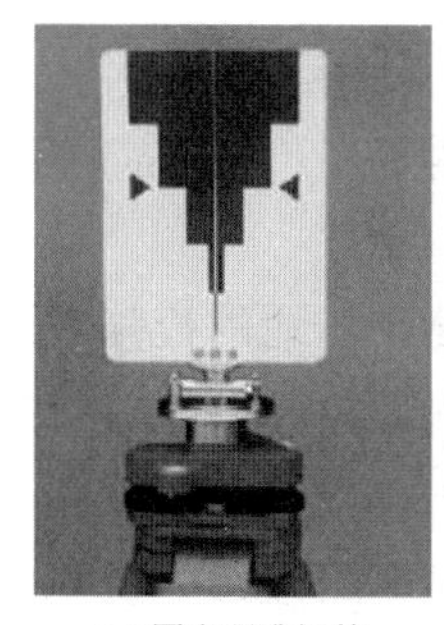

(a) 固定照准觇牌

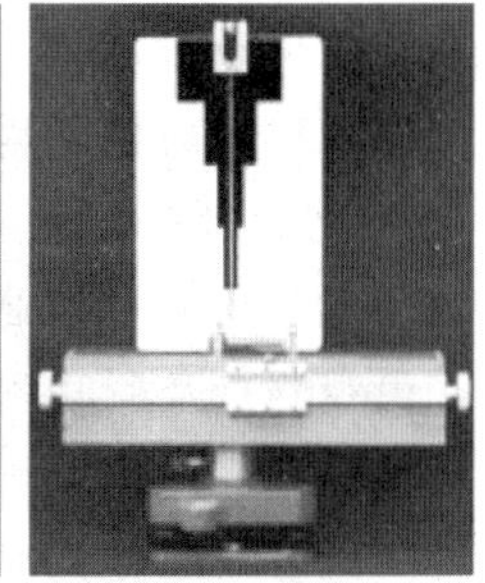

(b) 活动照准觇牌

图 13.10　照准觇牌

（3）照准觇牌。目标点应设置成觇牌（平面形状的），觇牌图案应自行设计，如

图13.10所示。视准线法的主要误差来源是照准误差，研究觇牌的形状、尺寸及颜色对于提高视准线法的观测精度具有重要意义。

设计觇牌应考虑以下几个方面：反差大；没有相位差；图案应对称；应由适当的参考面积。

5. 观测方法

水平位移观测方法的选用见表13.4。

表13.4　水平位移观测方法的选用

序号	具体情况或要求	方法的选用
1	测量地面观测点在特定方向上的位移	基准线法
2	测量观测点任意方向的位移	可视观测点的分部情况，采用前方交会法或方向交会法、精密导线测量法等
3	观测内容较多的大测区或观测点距离稳定地区的测区	用三角、三边、边角测量与基准线法结合的综合测量方法
4	测量土体内部侧向位移	测斜仪观测法

6. 观测周期

水平位移观测的周期，对于不良地基土地区的观测，可与一同进行的沉降观测协调考虑确定；对于受基础施工影响的位移观测，应按施工进度的需要确定，可逐日或隔数日观测一次，直至施工结束；对于土体内部侧向位移观测，应视变形情况和工程进展而定。

7. 提交成果

（1）水平位移观测点位布置图。

（2）观测成果表。

（3）水平位移曲线图。

（4）地基土深层侧向位移图（视需要提交）。

（5）当同时进行基础的水平位移和沉降观测时，可选择典型剖面绘制两者的关系曲线。

（6）观测成果分析资料。

13.3.2　水平位移平面控制测量

1. 平面控制的网点布设要求

（1）对于建筑物地基基础及场地的位移观测，宜按两个层次布设，即由控制点组成控制网、由观测点及所联测的控制点组成扩展网；对于单个建筑物上部或构件的位移观测，可将控制点连同观测点按单一层次布设。

（2）控制网可采用测角网、测边网、边角网或导线网，扩展网和单一层次布网可采用测角交会、测边交会、边角交会、基准线或附合导线等形式。各种布网均应考虑网形强度，长短边不宜差距过大。

（3）基准点（包括控制网的基线端点、单独设置的基准点）、工作基点（包括控制网中的工作基点、基准线端点、导线端点、交会法的测站点等），以及联系点、检核点和定向点，应根据不同的布网方式与构形，按《建筑变形测量规范》（JGJ 8—2016）中的有关规定进行选设。每一测区的基准点和工作基点均不应少于两个。

（4）对特级、一级、二级及有需要的三级位移观测的控制点，应建造观测墩或埋设专门观测标石，并应根据使用仪器和照准标志的类型，考虑观测精度要求，配备强制对中装置。强制对中装置的对中误差最大不应超过 0.1mm。

（5）照准标志应具有明显的几何中心或轴线，并应符合图像反差大、图案对称、相位差小和本身不变形等要求。根据点位情况的不同可选用重力平衡球式标、旋入式杆状标、直插式觇牌、屋顶标和墙上标等形式的标志。

（6）对用做基准点的深埋式标志、兼作高程控制的标石和标志，以及特殊土地区或有特殊要求的标石、标志及其埋设应另行设计。

2. 平面控制测量精度等级的确定

先根据表 13.3 确定最终位移量观测中误差，再根据式（13.7）或式（13.8）估算单位权中误差，最后根据表 13.1 的规定选择位移测量的精度等级。

3. 平面控制网的技术要求

关于平面控制网的一些技术要求详见表 13.5～表 13.12。

表 13.5　　测角控制网的技术要求

等级	最弱边边长中误差/mm	平均边长/m	测角中误差	最弱边边长相对中误差
一级	±1.0	200	±1.0	1∶200000
二级	±3.0	300	±1.5	1∶100000
三级	±10.0	500	±2.5	1∶50000

注　1. 最弱边边长相对中误差中未考虑基线边长误差的影响。
　　2. 有下列情况之一时，不宜按本表取用，应另行设计。
　　　1）最弱边边长中误差不同于表列规定；
　　　2）实际平均边长与表列数值相差较大；
　　　3）采用边角组合网。

表 13.6　　纵断面水准测量记录

测站	测点	后视读数/m	视线高/m	前视读数/m		高程/m	已知高程/m
				中间点	转点		
1	BM_1	1.245	77.850			76.605	76.605
	0+000（TP_1）	0.933	78.239		0.544	77.306	
2	+100			1.56		76.680	
	+200（TP_2）	0.486	76.767		1.958	76.281	
3	+265.5			2.58		74.19	
	+300			0.97		75.80	
	+361			0.50		76.27	
	+400（TP_3）				0.425	76.342	
…	…	…	…	…	…	…	…

续表

测站	测点	后视读数/m	视线高/m	前视读数/m		高程/m	已知高程/m
				中间点	转点		
7	0+600（TP_6）	0.848	75.790		1.121	74.942	
	BM_2				1.324	74.466	74.451
校核闭合差	$\sum_{后}=8.896$，$\sum_{前}=11.035$ $\sum_{后}-\sum_{前}=-2.139$						
	$f_h=h_{测}-(H_{终}-H_{始})=+15\text{mm}$，$f_{h允}=\pm 10\sqrt{n}=\pm 26\text{mm}$ $f_h<f_{h允}$，成果符合要求，可进行闭合差调整						

表13.7　导线测量的技术要求

等级	导线最弱点点位中误差/mm	导线长度/m	平均边长/m	测边中误差/mm	测角中误差/(″)	导线全场相对闭合差
一级	±1.4	$750C_1$	150	$\pm 0.6C_2$	±1.0	1∶100000
二级	±4.2	$1000C_1$	200	$\pm 2.0C_2$	±2.0	1∶45000
三级	±14.0	$1250C_1$	250	$\pm 6.0C_2$	±5.0	1∶17000

注　1. C_1、C_2为导线类别系数。对附合导线，$C_1=C_2=1$；对独立单一导线，$C_1=1.2$；对导线网，导线长度是指附合点与节点或节点间的导线长度，取$C_1\leqslant C_2=1$。
2. 有下列情况之一时，不宜按本表取用，应另行设计。
1）导线最弱点点位中误差不同于表列规定。
2）实际导线的平均边长与总长与表列规定数值相差较大。

表13.8　仪器精度要求及观测方法

变形测量等级	选用仪器型号	水平角观测方法
特级、一级	DJ_1型经纬仪	全组合测角法或方向观测法
二级、三级	DJ_1型或DJ_2型经纬仪	方向观测法或测回法

注　1. 当精度要求较低时，可使用DJ_6型经纬仪。
2. 方向观测法与全组合测角法的操作程序，应按国家现行有关规范执行。
3. 水平角观测的测回数，应按要求的测角精度、使用仪器类型及观测条件确定。

表13.9　方向观测法的限差

仪器类型	两次照准目标读数差/(″)	半测回归零差/(″)	一测回内2C互差/(″)	同一方向值各测回互差/(″)
DJ_{05}	2	3	5	3
DJ_1	4	5	9	5
DJ_2	6	8	13	8

注　当照准方向的垂直超过±3°时，该方向的2C互差可按同一观测时间段内相邻测回进行比较，其差值仍按表中规定。

表 13.10　　DJ_1 型仪器全组合测角法限差

两次照准目标读数差/(″)	一测回中上、下半测回角值之差/(″)	同一角度各测回角值互差/(″)	直接角与间接角、间接角与间接角的互差/(″)	
3	6	5	3～4 个方向	2.5
			5～6 个方向	3.0
			7 个及 7 个以上方向	4.0

注　当照准点的垂直角超过±10″，致使加入垂直角倾斜改正后，上、下半测回角值之差大于 6°时，此项限差可按 8″～10″执行。

表 13.11　　闭合差限差

序号	测量方法	项目	限差要求
1	测角网	三角形最大闭合差	$\leqslant 2\sqrt{3}\, m_\beta$
2	导线测量	每测站左、右角闭合差	$\leqslant 2\, m_\beta$
3	导线测量	方位角闭合差	$\leqslant 2\sqrt{n}\, m_\beta$

注　m_β 为按闭合差计算的测角中误差，n 为测站数。

表 13.12　　丈量距离的技术要求

等级	尺的类型	作业	丈量总次数	定线最大偏差	尺段高差较差	读数次数	最小估读值	最小温度读数	同尺各次或同段各尺的较差	成果取值精确值	经各项改正后的各次或各尺全长较差
一级	铟瓦尺	2	4	20	3	3	0.1	0.5	0.3	0.1	$2.5\sqrt{D}$
二级	铟瓦尺	1	4	20	5	3	0.1	0.5	0.5	0.1	$3.0\sqrt{D}$
	钢尺	2	8	50	5	3	0.5	0.5	1.0	0.1	
三级	钢尺	2	6	50	5	3	0.5	0.5	2.0	1.0	$5.0\sqrt{D}$

注　1. 特级和其他有特殊要求的边长须专门设计确定。
2. 表中 D 是以 100m 为单位计的长度。
3. 表列规定所适应的边长丈量相对中误差，一级为 1∶20000，二级为 1∶10000，三级为 1∶50000。
4. 铟瓦尺、钢尺在使用前应进行检定；丈量二级边长的钢尺，检定精度不应低于尺长的 1/200000；丈量三级边长的钢尺，检定精度不应低于尺长的 1/100000。
5. 各等级边长测量应采用往返悬空丈量方法。使用的锤球、弹簧秤和温度计，均应进行检定。丈量时，引张拉力重量应与检定时相同。
6. 丈量结果应加入尺长、温度、倾斜改正，铟瓦尺还应加入悬链线不对称、分划尺倾斜等改正。

13.3.3　基准线法观测水平位移

1. 基准线法观测水平位移概述

基准线法测量水平位移的原理是以通过大型建筑物轴线（如大坝轴线、桥梁主轴线等）或平行于建筑物轴线的固定不变的铅直平面为基准面，根据它来测定建筑物的水平位移。由两基准点构成基准线，此法只能测量建筑物与基准线垂直方向的变形。图 13.11 为某坝坝顶基准线示意图。A、B 分别为在坝两端所选定的基准线端点。经纬仪安置在 A 点，觇牌安置在 B 点，通过仪器中心的铅直线与 B 点处固定标志中心所构成的铅直平面 P 即形成基准线法中的基准面。这种由经纬仪的视准面形成基准面的基准线法称为视准线法。

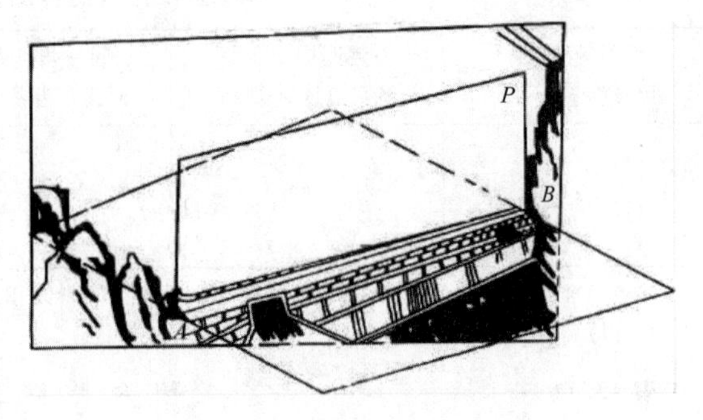

图 13.11　某坝坝顶基准线示意图

视准线法按其所使用的工具和作业方法的不同，又可分为测小角法和活动觇牌法。测小角法是利用精密经纬仪精确地测出基准线方向与置镜点到观测点的视线方向之间所夹的小角，从而计算出观测点相对于基准线的偏离值。活动觇牌法则是利用活动觇牌上的标尺，直接测定此项偏离值。

随着激光技术的发展，出现了由激光光束建立基准面的基准线法，根据其测量偏离值方法的不同，该法有激光经纬仪准直法和波带板激光准直法两种。

在大坝廊道的特定条件下，采用通过拉直的钢丝的竖直面作为基准面来测定坝体偏离值具有一定的优越性，这种基准线法被称为引张线法。

由于建筑物的位移一般来说都很小，因此，对位移值的观测精度要求很高（如混凝土坝位移观测的中误差要求小于 1mm），因此在各种测定偏离值的方法中都要采取一些提高精度的措施。对基准线端点的设置、对中装置的构造、觇牌的设计及观测程序等均进行了不断的改进。

2. 视准线法

（1）测小角法。测小角法是用视准线法测定水平位移的常用方法。测小角法是利用精密经纬仪精确地测出基准线与置镜点到观测点（P_i）视线所夹的微小角度 β_i，并按式（13.9）计算偏离值 ΔP_i。

$$\Delta P_i = \frac{\beta_i}{\rho} D_i \tag{13.9}$$

式中　D_i——端点 A 到观测点 P_i 的水平距离；

$\rho = 206265''$。

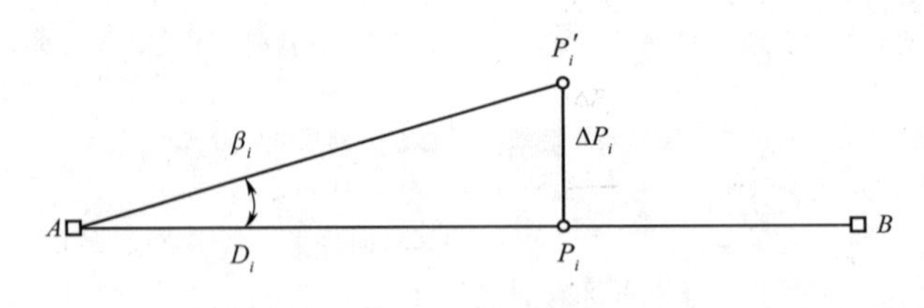

图 13.12　测小角法测水平位移

（2）活动觇牌法。活动觇牌法是视准线法的另一种方法。观测点的位移值是直接利用安置于观测点上的活动觇牌直接读数来测算的，活动觇牌读数尺上的最小分划为 1mm，采用游标卡尺可以读数到 0.1mm。

观测过程如下：在 A 点安置精密经纬仪，精确照准 B 点的目标（觇标）后，建立基准线，此时固定仪器照准部；依次在各观测点上安置活动觇牌，观测者在 A 点用精密经纬仪观测活动觇牌（注意仪器不能左右旋转），并指挥活动觇牌操作人员利用觇牌上的微动螺旋左右移动活动觇牌，使之精确对准经纬仪的视准线，此时在活动觇牌上直接读数，同一观测点各期读数之差即该点的水平位移值。

(3) 误差分析。由于视准线法观测中采用了强制对中设备，因此其主要误差来源是仪器照准觇牌的照准误差。测小角法对于距离 D_i 的观测精度要求不高，一般取相对精度的 1/2000 即可满足要求。所以，在测小角法中，只需丈量一次边长，并且在以后各周期观测中，可以认为此值是不变的。

对于照准误差，从实际观测来看，影响照准误差的因素很多，它不仅与望远镜放大倍率、人眼的视力临界角有关，而且与所用觇牌的图案形状、颜色有关，另外，不同的视线长度、外界条件的影响等也会改变照准误差的数值。因此，要保证测小角法的精度，关键是提高照准精度。由于测小角法的主要误差为照准误差，故有

$$m_\beta = m_V \tag{13.10}$$

式中　m_V——照准误差。

若取肉眼的视力临界值为 60″，则照准误差为

$$m_V = \frac{60''}{V} \tag{13.11}$$

式中　V——望远镜的放大倍数。

测小角法测量小角度的精度要求可按式 (13.12) 估算。

$$m_{\beta_i} = \frac{\rho}{D_i} m_{\Delta P_i} \tag{13.12}$$

当已知 $m_{\Delta P_i}$ 时，根据现场所量得的距离 D_i，即可计算对小角度观测的精度要求。

3. 激光准直法

(1) 激光经纬仪准直法。采用激光经纬仪准直法时，活动觇牌法中的觇牌是由中心装有两个半圆的硅光电池组成的光电探测器。两个硅光电池均连接在检流表上，当激光束通过觇牌中心时，硅光电池左右两半圆上将接收到相同的激光能量，此时检流表指针在零位；反之，检流表指针就偏离零位。这时，移动光电探测器使检流表指针指零，即可在读数尺上读取读数。为了提高读数精度，通常利用游标卡尺，可读到 0.1mm。当采用测微器时，可直接读到 0.01mm。

激光经纬仪准直法的操作要点如下。

1) 将激光经纬仪安置在端点 A 上，在另一端点 B 上安置光电探测器。将光电探测器的读数安置在零位上，调整经纬仪水平度盘微动螺旋，移动激光束的方向，使在 B 点的光电探测器的检流表指针指零。这时，基准面即已确定，经纬仪水平度盘不能再动。

2) 依次在每个观测点处安置光电探测器，将望远镜的激光束投射到光电探测器上，移动光电探测器，使检流表指针指零，此时便可读取每个观测点相对于基准面的偏离值。

为了提高观测精度，在每一个观测点上，探测器的探测需进行多次。

(2) 波带板激光准直法。波带板激光准直系统由激光器点光源、波带板装置和光电探测器三个部件组成，如图 13.13 所示。

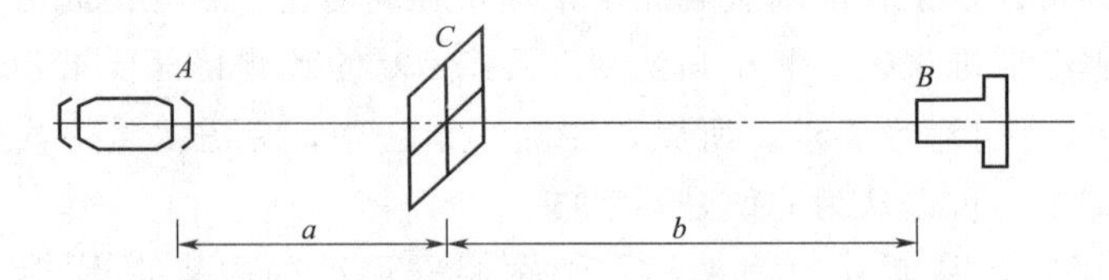

图 13.13　用波带板激光准直系统进行准直测量

在基准线两端点 A、B 分别安置激光器点光源和光电探测器。在需要测定偏离值的观测点 C 上安置波带板。当激光管点燃后，激光器点光源就会发射出一束激光，照满波带板，通过波带板上不同透光孔的绕射光波之间的相互干涉，就会在光源和波带板连线的延伸方向线上的某一位置形成一个亮点（采用图 13.14 所示的圆形波带板）或十字线（采用图 13.15 的方形波带板）。

图 13.14　圆形波带板

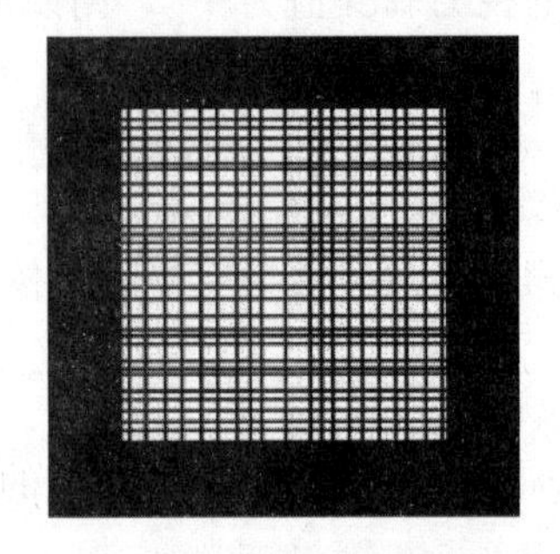

图 13.15　方形波带板

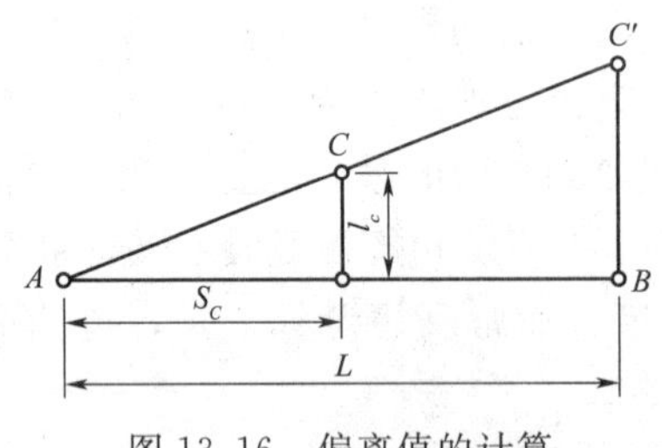

图 13.16　偏离值的计算

根据观测点的具体位置，对每一观测点可以设计专用的波带板，使所成的像正好落在接收端点 B 的位置上。利用安置在 B 点的探测器，可以测出 AC 连线在 B 点处相对于基准面的偏离值 BC'（图 13.16），则 C 点对基准面的偏离值 l_c 为

$$l_c = \frac{S_C}{L}BC'$$

在波带板激光准直系统中，在激光器点光源的小孔光栏后安置一个机械斩波器，使激光束成为交流调制光，这样既可以大大削弱太阳光的干涉，也可以在白天成功地进行观测。

尽管一些试验表明，激光经纬仪准直法在照准精度上比直接用经纬仪时提高 5 倍，但对于很长的基准线观测，外界影响（旁折射影响）已经成为提高精度的障碍，因而有的研究者建议将激光束包在真空管中以克服大气折光的影响。

4. 引张线法

在坝体廊道内，利用一根拉紧的不锈钢所建立的基准面来测定观测点的偏离值的引张线法，可以不受旁折光的影响。

为了解决引张线垂曲度过大的问题，通常采用在引张线中间设置若干浮托装置的方法，它可使垂径大为减少且保持整个线段的水平投影仍为一条直线。

(1) 引张线装置。引张线装置由端点、观测点、测线（不锈钢丝）和测线保护管等组成，如图 13.17 所示。

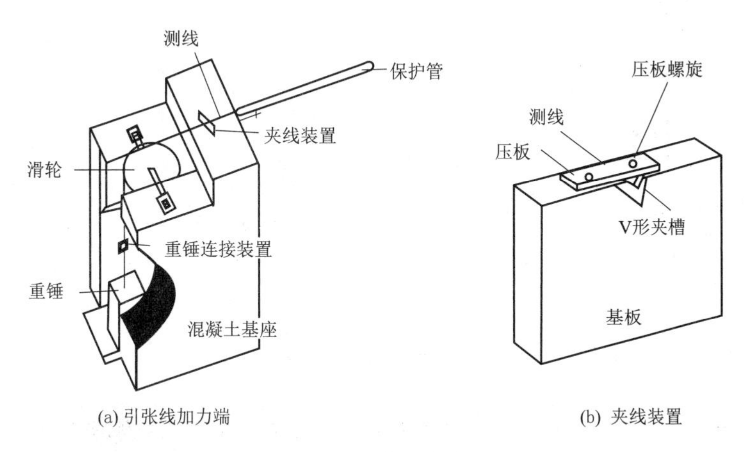

图 13.17 引张线装置

1) 端点。端点由夹线装置、滑轮、重锤连接装置等部件组成。

2) 观测点。观测点由浮船、标尺、保护箱等组成，如图 14.18 所示。水箱和浮船构成浮托装置，浮船置入水箱内，用以支撑钢丝。浮船的大小（或排水量）可以依据引张线各观测点间的间距和钢丝的单位长度重量来计算。一般浮船体积为排水量的 1.2～1.5 倍，而水箱体积为浮船体积的 1.5～2.0 倍。标尺由不锈钢制成，其长度为 15cm 左右，标尺上的最小分划为 1mm。标尺固定在槽钢面上，槽钢埋入大坝廊道内，并与之牢固结合。引张线各观测点的标尺基本位于同一高度面上，尺面应水平，并垂直于引张线，尺面刻划线应平行于引张线。保护箱用于保护观测点的装置，同时也可以起到防风作用，以提高观测精度。

3) 测线。测线一般采用直径为 0.6～1.2mm 的不锈钢丝（碳素钢丝），在两端重锤的作用下引张为一条直线。

4) 测线保护管。测线保护管可以保护测线不受损坏，同时起防风的作用。保护管可以用直径大于 10cm 的塑料管，以保证测线在管内有足够的活动空间。

(2) 引张线读数。引张线法中假定钢丝两端点固定不动的引张线是固定的基准线，因为各观测点上的标尺与坝体是固连的，所以对于不同的观测周期，钢丝在标尺上的读数变化值就直接表示该观测点的位移值。

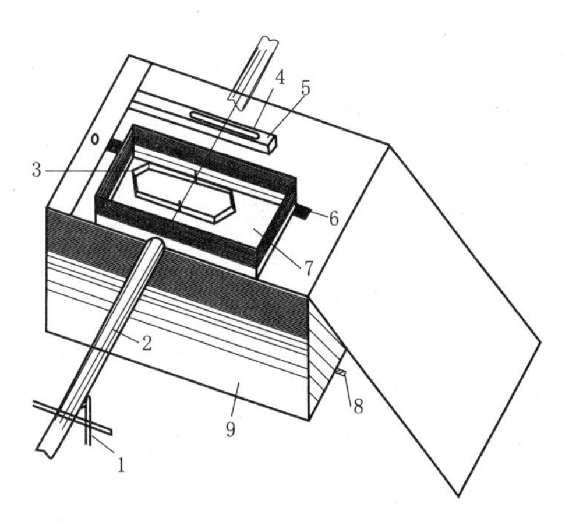

图 13.18 引张线观测点
1—保护管支架；2—测线保护管；3—浮船；4—标尺；5—槽钢；6—角钢；7—水箱；8—钢筋；9—保护箱

观测钢丝在标尺上读数的方法很多，现

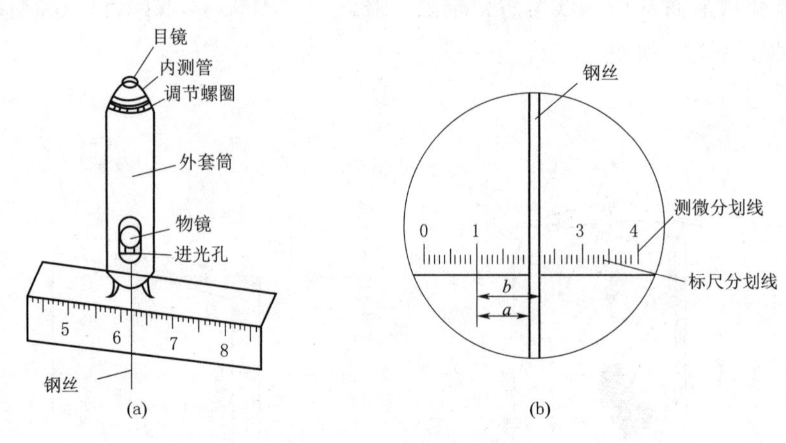

图 13.19　引张线读数

介绍读数显微镜法。该法是利用由刻有测微分划线的读数显微镜进行的，测微分划线的最小刻划为 0.1mm，可估读到 0.01mm。由于通过显微镜后，钢丝与标尺分划线的像都变得很粗大，因此采用测微分划线读数时，应采用读两个读数取平均值的方法。如图 13.18 所示，钢丝左边缘读数 $a=62.00$mm，钢丝右边缘读数 $b=62.20$mm，故该观测结果为 $(a+b)/2=62.10$mm。

通常观测是从靠近端点的第一个观测点开始读数，依次观测到测线的另一个端点，此为一个测回，每次需要观测三个测回。各测回之间应轻微拨动中间观测点上的浮船，使整条引张线浮动，待其静止后，再进行下一个测回的观测工作。各测回之间观测值互差的限差为 0.2mm。

为了使标尺分划与钢丝的像能在读数显微镜场内同样清晰，在观测前加水时，应调节浮船高度到使钢丝距标尺面 0.3～0.5mm。根据生产单位对引张线大量观测资料进行统计分析的结果，三测回观测平均值的中误差约为 0.03mm。可见，引张线测定水平位移的精度是较高的。

13.3.4　交会法则确定水平位移

1. 交会法则测量原理

为精确测定 B_1，B_2，…，B_n 等观测点的水平位移，首先在大坝下游面的合适位置处选定供变形观测用的两个工作基准点 E 和 F；对工作基准点的稳定性进行检核，应根据地形条件和实际情况设置一定数量的检核基准点（如 C、D、G 等），并组成良好图形条件的网形，用于检核控制网中的工作基点（如 E、F 等）。各基准点上应建立永久性的观测墩，并且对强制对中设备和专用的照准觇牌进行利用。对 E、F 两个工作基点，除满足上面的这些条件外，还必须满足交会角 γ 不小于 30°且不大于 150°。

变形观测点应预先埋设好合适的、稳定的照准标志，标志的图形和样式应考虑在前方交会中观测方便、照准误差小。此外，在前方交会观测中，最好能在各观测周期由同一观测人员以同样的观测方法、使用同一台仪器进行观测。

利用前方交会法测量水平位移的原理是：A、B 两点为工作基准点，P 为变形观测点，假设测得的两个水平夹角为 α 和 β，则由 A、B 两点的坐标值和水平角 α、β 即可求得 P 点的坐标，如图 13.21 所示。

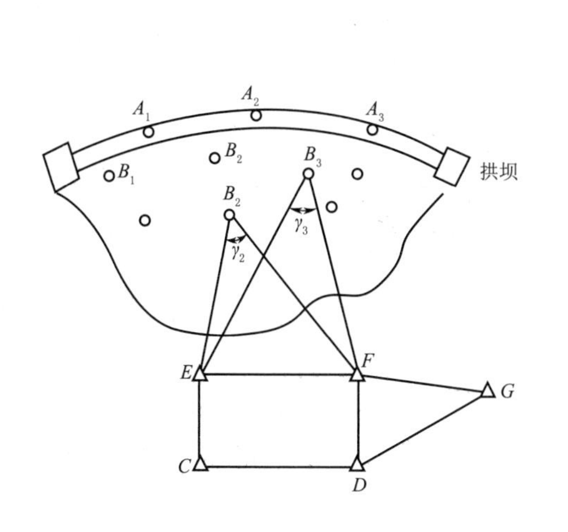

图 13.20 双曲线拱坝变形观测图

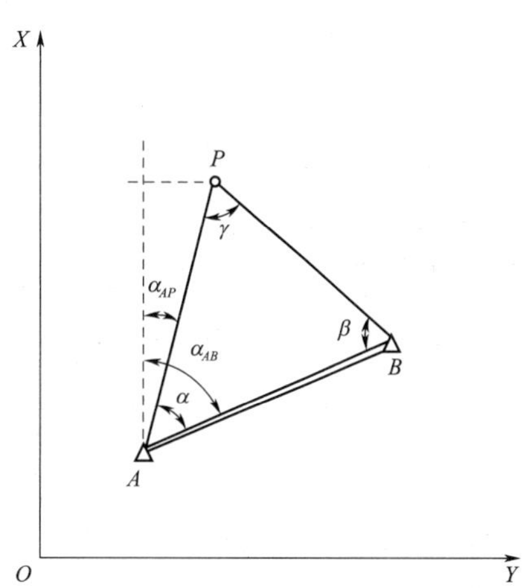

图 13.21 测角前方交会测量原理

从图 13.21 中可得

$$\begin{cases} x_P - x_A = D_{AP}\cos\alpha_{AP} = \dfrac{D_{AB}\sin\beta}{\sin(\alpha+\beta)}\cos(\alpha_{AB}-\alpha) \\ y_P - y_A = D_{AP}\sin\alpha_{AP} = \dfrac{D_{AB}\sin\beta}{\sin(\alpha+\beta)}\sin(\alpha_{AB}-\alpha) \end{cases} \tag{13.13}$$

其中，D_{AB}、α_{AB} 可由 A、B 两点的坐标值通过坐标反算求得，经过对式（13.13）整理得

$$\begin{cases} x_P = \dfrac{x_A\cot\beta + x_B\cot\alpha - y_A + y_B}{\cot\alpha + \cot\beta} \\ y_P = \dfrac{y_A\cot\beta + y_B\cot\alpha + x_A - x_B}{\cot\alpha + \cot\beta} \end{cases} \tag{13.14}$$

第一次观测时，假设测得的两个水平夹角为 α_1 和 β_1，由式（13.14）求得 P 点的坐标为（x_{P_1}，y_{P_1}）。第二次观测时，假设测得的两个水平夹角为 α_2 和 β_2，则 P 点的坐标变为（x_{P_2}，y_{P_2}），那么在此两期变形观测期间，P 点的位移大小可按式（13.15）解算。

$$\begin{cases} \Delta x_P = x_{P_2} - x_{P1} \\ \Delta y_P = y_{P_2} - y_{P1} \\ \Delta P = \sqrt{\Delta x_P^2 + \Delta y_P^2} \end{cases} \tag{13.15}$$

P 点的位移方向 $\alpha_{\Delta P}$ 为

$$\alpha_{\Delta P} = \arctan\frac{\Delta y_P}{\Delta x_P} \tag{13.16}$$

2. 前方交会法的类型

表 13.13　前方交会法的观测值和观测仪器

类型	测角前方交会法	测边前方交会法	边角前方交会法
观测值	β_1、β_2	D_1、D_2	β_1、β_2、D_1、D_2
观测仪器	精密经纬仪	光电测距仪	精密全站仪

3. 测角前方交会法误差分析

（1）测角误差。若设 $m_\alpha = m_\beta = m$，则可推出由测角误差而产生的点位位移值的误差（推导过程略），其值为

$$M = \pm \frac{S_{AB}}{\rho} \frac{m}{\sin^2(\alpha+\beta)} \sqrt{\sin^2\alpha + \sin^2\beta}$$

前方交会时测角中误差 m 是位移测定时误差的主要来源之一，测角精度除与仪器精度等级、测回数和作业人员的水平有关外，还与仪器的对中精度、觇牌的图案等因素有关。

（2）交会角 γ 及图形的影响。图形的好坏对测角前方交会法有重要影响。经过误差分析，可以得出以下两点结论。

1）在交会角 γ 不变的情况下，当水平角 $\alpha=\beta$（对称交会）时，交会最有利，此时位移值的测量精度最高。

2）假设 $\alpha=\beta$，在对称交会时，以不同的交会角 γ 所得的 P 点误差椭圆如图 13.22 所示。当 $\gamma=90°$ 时，P 点的误差椭圆为误差圆；当 $\gamma<90°$ 时，与基线 AB 垂直的方向，其误差较大；当 $\gamma>90°$ 时，与基线 AB 平行的方向，其误差较大；当 γ 在 109°左右时，精度最好。一般规定：交会角 γ 不应小于 30°且不应大于 150°。以上结论对制定变形观测方案有较大的帮助。

（3）交会基准线的影响。如图 13.23 所示，若 AB 为正确的交会基线，AB' 是含有误差 m_s 的交会基线。PP_1 为正确的位移值，$P'P'_1$ 为误差 m_s 影响下所测得的位移值。

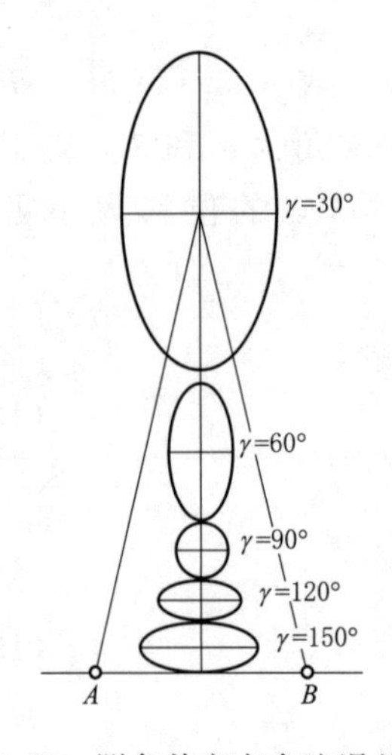

图 13.22　测角前方交会法误差椭圆

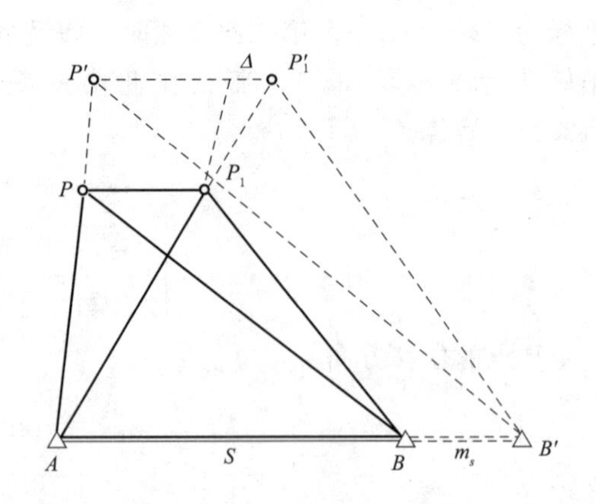

图 13.23　测角前方交会基线丈量精度的影响

由图 13.22 可得

$$\frac{AB'}{AB}=\frac{AP'_1}{AP_1}=\frac{P'P'_1}{PP_1}$$

所以有

$$\frac{AB'-AB}{AB}=\frac{P'P'_1-PP_1}{PP_1}$$

即
$$\frac{BB'}{AB}=\frac{\Delta}{PP_1}$$

又有
$$\frac{BB'}{AB}=\frac{m_s}{S}$$

PP_1 是 P 点的位移值，可用 Δ_P 表示，那么有

$$\frac{m}{S}=\frac{\Delta}{\Delta_P}$$

由此可知，基线丈量精度与 P 点位移值的范围 Δ_P 及位移值的测定精度 Δ 有关。如果 P 点水平位移的范围估计为 $\Delta_P=100$mm，而测定精度要求 $\Delta=\pm0.05$mm，那么基线丈量的精度要求达到 $\frac{m}{S}=\frac{1}{2000}$ 就可以了。当然，尽管在前方交会中对工作基点之间的丈量精度要求不高，但是，为了要检验工作基点的稳定性，一般仍应把工作基点包括在一个有较高精度的变形控制网中。

(4) 外界条件的影响。许多大坝都建立在深山峡谷中，太阳轮流把坝区两岸的山坡照晒，热辐射的作用使两岸山坡附近的大气密度有较大的变化，因而折光场是不均匀的。在坝区前方交会中，应该特别注意旁折光的影响，一定要保证视线离开障碍物有一定的距离并尽量选取有利的观测时间进行观测工作，这对提高交会精度有很大的实际意义。

4. 测边前方交会法测量水平位移

A、B 为两个工作基点且两点间的距离 S 已知，进行测边前方交会时，可在 A、B 两点安置测距仪，测量出水平距离 a、b，如图 14.24 所示，根据余弦定理可得

$$\left.\begin{aligned}\cos\alpha&=\frac{b^2+S^2-\alpha^2}{2bS}\\ \cos\beta&=\frac{\alpha^2+S^2-b^2}{2\alpha S}\end{aligned}\right\}\tag{13.17}$$

设 AB 的方位角 α_{AB} 为已知，则有

$$\left.\begin{aligned}X_P&=X_A+b\cos(\alpha_{AB}-\alpha)=X_B+a\cos(\alpha_{BA}+\beta)\\ Y_P&=Y_A+b\sin(\alpha_{AB}-\alpha)=Y_B+a\sin(\alpha_{BA}+\beta)\end{aligned}\right\}\tag{13.18}$$

经误差分析可知，测边前方交会精度的变化较小，即受图形结构的影响较小，而测角前方交会精度受图形的影响较大。所以，测边前方交会在实际工作中的使用价值更高，并且精度相对于测角前方交会来讲也更高。此外，对某些特殊变形观测点，仅靠测角前方交会或者测边前方交会并不能满足其精度要求，而要采用边角交会法（同时测量角度和距离），这样才可以有效提高测量精度。

5. 测角前方交会法误差分析

（1）各期变形观测应采用相同的测量方法、固定的测量仪器、固定的测量人员。

（2）应对目标觇牌图案进行精心设计。

（3）采用测角前方交会法时，应注意交会角 γ 要不小于 30°且不大于 150°。

（4）仪器视线应离开建筑物一定的距离（防止由于热辐射而引起旁折光影响）。

（5）为提高测量精度，有条件时最好采用边角交会法。

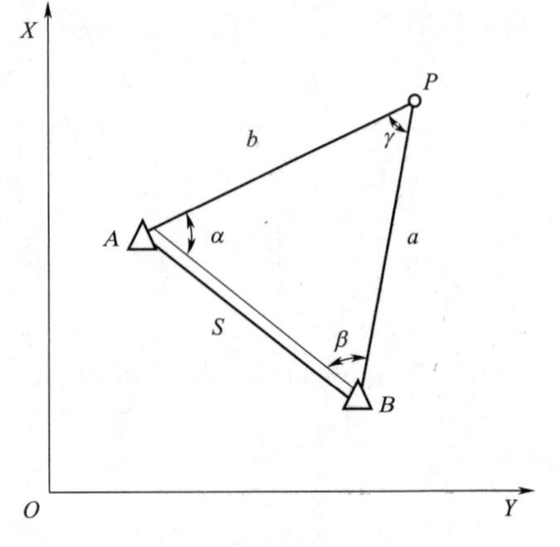

图 13.24　测边前方交会法测量水平位移

13.3.5　导线测量法测定水平位移

1. 导线的布设

应用于变形观测中的导线是两端不观测定向角的导线，可以在建筑物的适当位置（如重力拱坝的水平廊道中）布设，其边长根据现场的实际情况确定，导线端点的位移在拱坝廊道内可用倒垂线来控制，在条件许可的情况下，其倒垂点可与坝外三角点组成适当的联系图形，定期进行观测以验证其稳定性，如图 13.25 所示。

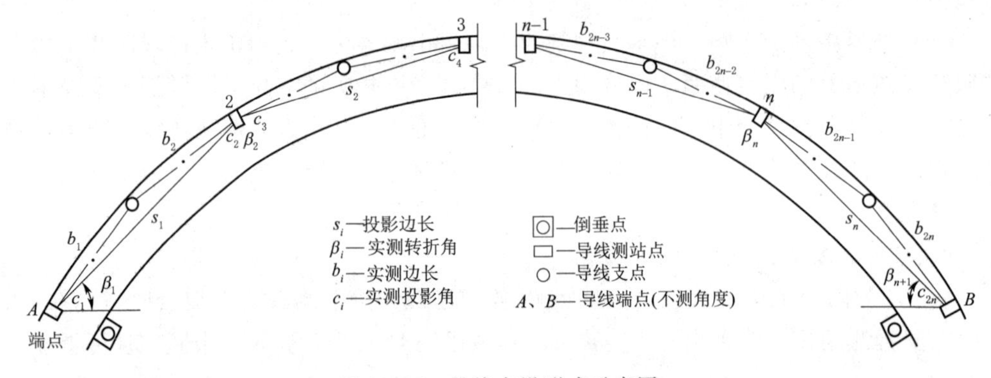

图 13.25　导线布设形式示意图

导线点上的装置，在保证建筑物位移观测精度的情况下，应稳妥可靠。该装置由导线点装置（包括槽钢支架、滑轮拉力架、底盘、重锤和微型觇标图 13.26 等）及测线装置（为引张的铟瓦丝，其端头均有刻划，供读数用，固定铟瓦丝的装置越牢固，其读数越方便且读数精度越稳定）等组成。

2. 导线的观测

在拱坝廊道内，由于受条件限制，一般布设的导线边长较短，为减少导线点数，使边长较长，可由实测边长 b_i 计算投影边长 s_i（图 13.25）。实测边长应用特制的基线尺来测定两导线点间（两微型觇标中心标志刻划间）的长度。为减少方位角的传算误差，提高测角效率，可采用隔点设站的办法，即实测转折角 β_i 和实测投影角 c_i（图 13.25）。

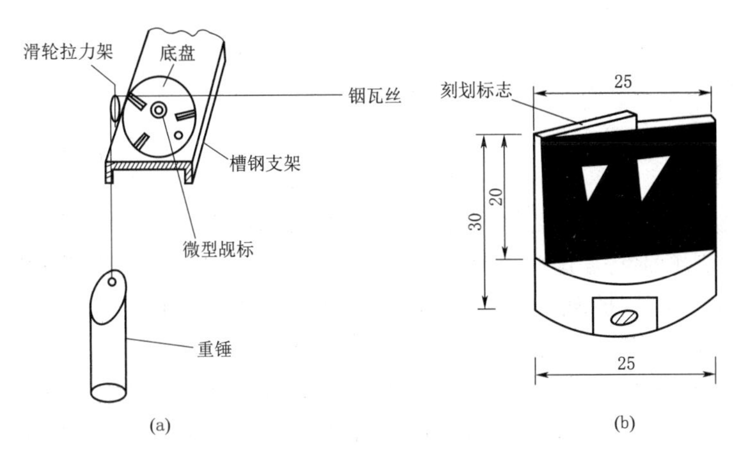

图 13.26 导线测量用的小觇标（单位：mm）

3. 导线的平差与位移值的计算

由于导线两端的不观测定向角 β_{1i}，β_{n+1}（图 13.24），因此，导线点坐标的计算相对要复杂一些。假设首次观测时，精密地测定了边长 s_1、s_2、…、s_n 与转折角 β_2、β_3、…、β_n，则可根据无定向导线平差计算出各导线点的坐标作为基准值。以后各次观测各边边长 s'_1、s'_2、…、s'_n及转折角 β'_2、β'_3、…、β'_n，同样可以求得各点的坐标，各点的坐标变化值即该点的位移值。值得注意的是，端点 A、B 同其他导线点一样，也是不稳定的，每期观测均要测定 A、B 两点的坐标变化值（δx_A、δy_A、δx_B、δy_B），端点的变化对各导线点的坐标值均有影响。

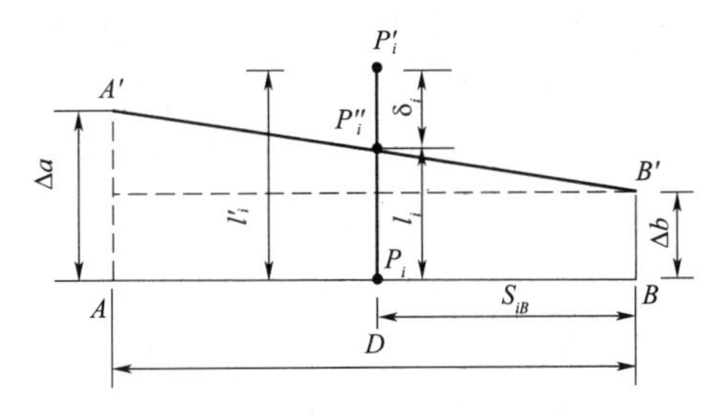

图 13.27 端点位移对偏离值的影响

13.3.6 工作基点位移对变形值的影响

对于基准线观测，当端点 A、B 由于本身位移而变动到 A'、B' 的位置时，则对 P_i 点进行观测所得的偏离值将不再是 l'_i，而变成了 l_i。由图 13.26 可以看出，端点位移对偏离值的影响为

$$\delta_i = l'_i - l_i = \frac{S_{iB}}{D}(\Delta\alpha - \Delta b) + \Delta b \tag{13.19}$$

设 P_i 点首次观测的偏离值为 l_{oi}，则改正后的位移值 d 为

$$d = (l_i + \delta_i) - l_{oi} \tag{13.20}$$

将式（13.20）代入式（13.19），并令 $K = \dfrac{S_{iB}}{D}$，则式（13.20）可以写成

$$d = [l_i + K\Delta\alpha + (1 - K)\Delta b] - l_{oi} \tag{13.21}$$

将式（13.21）进行微分，并写成中误差的形式，得

$$m_d^2 = m_{l_i}^2 + K^2 m_{\Delta\alpha}^2 + (1 - K)m_{\Delta b}^2 + m_{l_{oi}}^2$$

假设

$$m_{i_{oi}} = m_{li} = m_{测}$$

$$m_{\Delta a} = m_{\Delta b} = m_{端}$$

则得

$$m_d^2 = 2m_{测}^2 + (2K^2 - 2K + 1)m_{端}^2$$

观测点越靠近端点，端点位移测定误差对其影响越大。由于靠近端点的观测点一般处于非重点观测部位且这些点距端点较近，因此它们的偏离值测定精度较高，即$m_{测}$较小。考虑到这些情况，可以采用位移值测定的精度要求（±1mm）作为端点位移测定的精度要求，此时，位移值测定的精度仍将接近±1mm。

当前方交会的测站点产生位移时，可以将测站点的位移看作仪器偏心，而对各交会方向施加仪器归心的改正数，然后利用改正后的方向值来计算位移量。

任务 13.4　倾　斜　观　测

13.4.1　倾斜观测的原因与内容

1. 产生倾斜的原因

建筑物产生倾斜的原因主要有地基承载力不均匀；建筑物体形复杂，形成不同荷载；施工未达到设计要求，承载力不够；受外力作用，如风荷、地下水抽取、地震等。一般用水准仪、经纬仪或其他专用仪器来测量建筑物的倾斜度。

2. 倾斜观测的内容

建筑物主体倾斜观测：应测定建筑物顶部相对于底部或各层间上层相对于下层的水平位移与高差，分别计算整体或分层的倾斜度、倾斜方向和倾斜速度。

对于刚性建筑物的整体倾斜，也可通过测量顶面或基础的相对沉降间接测定。

13.4.2　倾斜观测的方法

根据倾斜观测原理，利用仪器测量出建筑物顶部或底部的倾斜位移值Δs，再计算出建筑物的倾斜度，即

$$i = \frac{\Delta s}{H} \tag{13.22}$$

式中　i——建筑物的倾斜度；

H——建筑物的高度，m。

由此可知，倾斜测量主要是测定建筑物主体的偏移值Δs。

1. 从建筑或构件的外部观测主体倾斜的方法

(1) 投点法。观测时，应在底部观测点位置安置水平读数尺等量测设施。在每个测站安置经纬仪投影时，应按正倒镜法测出每对上下观测点标志间的水平位移分量，再按矢量相加法求得水平位移值（倾斜量）和位移方向（倾斜方向）。

(2) 测水平角法。对塔形、圆形建筑或构件，每个测站的观测应以定向点作为零方向，测出各个观测点的方向值和至底部中心的距离，计算顶部中心相对于底部中心的水平位移分量。对矩形建筑，可在每个测站直接观测顶部观测点与底部观测点之间

的夹角或上层观测点与下层观测点之间的夹角，以所测角值与距离值计算整体的或分层的水平位移分量和位移方向。

（3）前方交会法。应用前方交会法时，所选基线应与观测点组成最佳图形，交会角宜为60°～120°。水平位移计算，既可采用直接由两周期观测方向值之差解算坐标变化量的方向差交会法，也可采用按每周期计算观测点坐标值，再以坐标差计算水平位移的方法。

2. 利用底部与顶部通视条件进行倾斜观测的方法

（1）激光铅垂仪观测法。应在建筑顶部的适当位置安置接收靶，在其垂线下的地面或地板上安置激光铅垂仪或激光经纬仪，按一定周期观测，在接收靶上直接读取或量出顶部的水平位移量和位移方向。作业中仪器应严格置平、对中，应旋转180°观测两次取其中数。对超高层建筑，当仪器设置在楼体内部时，应考虑大气湍流的影响。

（2）激光位移计自动记录法。位移计宜安置在建筑底层或地下室的地板上，接收装置可设在顶层或需要观测的楼层，激光通道可利用未使用的电梯井或楼梯间隔，测试室宜选在靠近顶部的楼层内。当位移计发射激光时，从测试室的光线示波器上可直接获取位移图像及有关参数，并自动记录成果。

（3）正倒垂线法。垂线宜选用直径为0.6～1.2mm的不锈钢丝或铟瓦丝，并采用无缝钢管进行保护。采用正垂线法时，垂线上端可锚固在通道顶部或所需高度处设置的支点上。采用倒垂线法时，垂线下端可固定在锚块上，上端设浮筒。用来稳定重锤、浮子的油箱中应装有阻尼液。观测时，由观测墩上安置的坐标仪、光学垂线仪、电感式垂线仪等量测设备，按一定周期测出各测点的水平位移量。

（4）吊垂球法。应在顶部或所需高度处的观测点位置上直接或支出一点悬挂适当重量的垂球，在垂线下底部固定的毫米格网读数板等读数设备上直接读取或量出上部观测点相对于底部观测点的水平位移量和位移方向。

3. 利用相对沉降量间接确定建筑整体倾斜量的观测方法

（1）倾斜仪测记法。可采用水管式倾斜仪、水平摆倾斜仪、气泡倾斜仪或电子倾斜仪进行观测。倾斜仪应具有连续读数、自动记录和数字传输的功能。当监测建筑上部层面倾斜时，仪器可安置在建筑顶层或需要观测的楼层的楼板上。当监测基础倾斜时，仪器可安置在基础面上，以所测楼层或基础面的水平倾角变化值来反映和分析建筑倾斜的变化程度。

（2）测定基础沉降差法。在建筑物基础上选设观测点，采用水准测量的方法，以所测各周期基础的沉降差换算求得建筑整体倾斜度及倾斜方向。

13.4.3 倾斜观测的实施及成果提交

1. 倾斜观测点的布设

（1）主体倾斜观测点位的设置。

1）观测点应沿对应测站点的某主体竖直线，对整体倾斜按顶部、底部，对分层倾斜按分层部位、底部上下对应布设。

2）当从建筑物外部进行观测时，测站点或工作基点的点位应选在与照准目标中心连线成接近正交或成等分角的方向线上，距照准目标1.5～2.0倍目标高度的固定位置处；当利用建筑物内部的竖向通道进行观测时，可将通道底部的中心点作为测站点。

3）按纵横轴线或前方交会布设的测站点，每点应选设 1～2 个定向点；基线端点的选设应考虑其测距或丈量的要求。

（2）主体倾斜观测点位的标志设置。

1）建筑物顶部和墙体上的观测点标志，可采用埋入式照准标志形式；有特殊要求时，应专门设计。

2）不便埋设标志的塔形、圆形建筑物及竖直构件，可以照准视线所切同高边缘认定的位置或用高度角控制的位置作为观测点位。

3）位于地面的测站点和定向点，可根据不同的观测要求，采用带有强制对中设备的观测墩或混凝土标石。

4）对于一次性倾斜观测项目，观测点标志可采用标记形式或直接利用符合位置与照准要求的建筑物特征部位；测站点可采用小标石或临时性标志。

2. 倾斜观测周期的确定

主体倾斜观测的周期可视倾斜速度每 1～3 个月观测一次。如遇基础附近因大量堆载或卸载、场地降雨长期积水等而导致倾斜速度加快时，应及时增加观测次数。施工期间的观测周期，可根据要求参照沉降观测周期的规定确定。倾斜观测应避开强日照和风荷载影响大的时间段。

3. 倾斜观测成果的提交

（1）倾斜观测点位示意图。

（2）观测成果表、成果图。

（3）主体倾斜曲线图。

（4）观测成果分析资料。

任务 13.5　裂　缝　观　测

13.5.1　裂缝观测的内容及周期

裂缝观测应测定建筑物上的裂缝分布位置，裂缝的走向、长度、宽度及其变化程度。观测的裂缝数量视需要而定，对主要的或变化大的裂缝应进行观测。

裂缝观测的周期应视裂缝变化速度而定。通常开始观测时可半月测一次，以后一个月左右测一次。当发现裂缝加大时，应增加观测次数，直至几天或逐日一次的连续观测。

13.5.2　裂缝观测点的布设

对需要观测的裂缝应统一进行编号。每条裂缝至少应布设两组观测标志，一组在裂缝最宽处，另一组在裂缝末端。每组标志由裂缝两侧各一个标志组成。

裂缝观测标志，应具有可供量测的明晰端面或中心。当观测期较长时，可采用镶嵌或埋入墙面的金属标志、金属杆标志或楔形板标志；当观测期较短或要求不高时可采用油漆平行线标志或用建筑胶粘贴的金属片标志。当要求较高、需要测出裂缝纵横向变化值时，可采用坐标方格网板标志。对于使用专用仪器设备观测的标志，可按具体要求另行设计。

13.5.3　裂缝观测方法及成果提交

1. 裂缝观测方法

对于数量不多且易于量测的裂缝，可视标志形式的不同，用比例尺、小钢尺或游标卡尺等工具定期量出标志间距离求得裂缝变化值，或用方格网板定期读取坐标差，计算裂缝变化值；对于面积较大且不便于人工量测的众多裂缝宜采用近景摄影测量方法；当需连续监测裂缝变化时，可采用测缝计或传感器自动测记的方法进行观测。

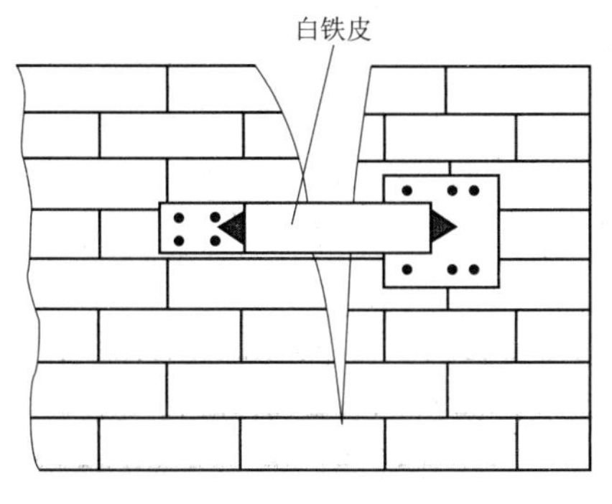

图 13.28　白铁皮标志

观测裂缝时，裂缝宽度数据应量取至 0.1mm，每次观测应绘出裂缝的位置、形态和尺寸，注明日期，附必要的照片资料。当建筑物出现裂缝时，应及时进行裂缝观测。

(1) 石膏板标志。将厚度为 10mm、宽度为 50～80mm 的石膏板（长度视裂缝大小而定）固定在裂缝的两侧。当裂缝继续发展时，石膏板也随之开裂，从而观察裂缝继续发展的情况。

(2) 白铁皮标志。用白铁皮标志进行观测的方法是：用两块白铁皮，一片取 150mm×150mm 的正方形，固定在裂缝的一侧，另一片取 50mm×200mm 的矩形，固定在裂缝的另一侧，使两块白铁皮的边缘相互平行，并使其中的一部分重叠，如图 13.28 所示。在两块白铁皮的表面涂上红色油漆。如果裂缝继续发展，两块白铁皮将逐渐被拉开，露出正方形上原被覆盖没有油漆的部分，其宽度即裂缝加大的宽度，可用尺量出。

(3) 金属棒标志。金属棒标志一般用于测量裂缝的宽度。在实际应用中，可根据裂缝分布情况，对重要的裂缝，选择有代表性的位置，在裂缝两侧各埋设一个标志点。如图 13.29 所示，标志点采用直径为 20mm、长约 80mm 的金属棒，埋入混凝土内 60mm，外露部分为标志点，标志点上各有一个保护盖。两个标志点的距离不得小于 150mm，用游标卡尺定期地测定两个标志点之间的距离变化值，以此来掌握裂缝的发展情况，其测量精度一般可达到 0.1mm。

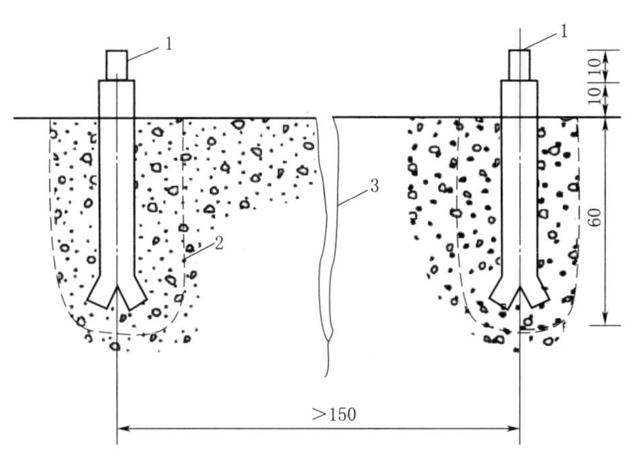

图 13.29　金属棒标志

1—标志点；2—钻孔线；3—裂缝

2. 裂缝观测成果的提交

裂缝观测工作结束后，应提交下列成果：裂缝分布位置图、裂缝观测成果表、观测成果分析说明资料。当同时观测建筑物裂缝和基础沉降时，可选择典型剖面绘制两者的关系曲线。

任务13.6　挠　度　观　测

13.6.1　挠度观测的内容

建筑物基础挠度观测可与建筑物沉降观测同时进行。观测点应沿基础的轴线或边线布设，每个基础不得少于三点。标志的设置、观测方法与沉降观测相同。

建筑物主体挠度观测，除观测点应按建筑物结构类型在各不同高度或各层处沿一定垂直方向布设外，其标志的设置、观测方法应按倾斜观测的有关规定执行。挠度值由建筑物上不同高度点相对于底点的水平位移值确定。

13.6.2　挠度观测的周期和精度

（1）挠度观测的周期应根据荷载情况并考虑设计、施工要求确定。

（2）建筑物基础挠度观测，其观测的精度可按沉降观测的有关规定确定。

（3）建筑物主体挠度观测，其观测的精度可按水平位移观测的有关规定确定。

13.6.3　挠度观测成果的提交

挠度观测点位布置图。

观测成果表与计算资料。

挠度曲线图。

观测成果分析说明资料。